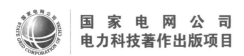

国家电网公司
电力科技著作出版项目

中国电网里程碑工程

（1949~2022）

韩先才 郭贤珊 陈 兵 等◎著

中国电力出版社
CHINA ELECTRIC POWER PRESS

内 容 提 要

新中国成立 70 余年来，伴随着中国电网发展进步的历程，涌现出了一大批标志性工程，它们既是新中国电力工业发展史上的一个个里程碑，也是新中国工业发展史上一步步艰难创业的缩影。

本书从其中选择一些具有典型代表性意义的工程，介绍其背景、概况和成果，包括 110～750kV 交流输变电工程、1000kV 特高压交流输电工程、±100～±660kV 高压直流输电工程、±800～±1100kV 特高压直流输电工程、柔性直流输电工程、青藏高原系列输电工程、抽水蓄能电站工程七大类共 41 项工程。附录中还补充介绍了国家风光储输示范工程和上海 35kV 千米级超导电缆示范工程两个创新工程。

书中记载的工程资料详细、数据确凿，适合从事电网建设和运行的管理、技术人员使用，也可供对电网建设感兴趣、对我国电力工业发展感兴趣的广大读者阅读参考。

图书在版编目（CIP）数据

中国电网里程碑工程：1949～2022 / 韩先才等著．—北京：中国电力出版社，2023.12（2024.12 重印）
ISBN 978-7-5198-7896-2

Ⅰ．①中…　Ⅱ．①韩…　Ⅲ．①电力系统–电力工程–概况–中国–1949-2022　Ⅳ．①TM7

中国国家版本馆 CIP 数据核字（2023）第 099808 号

出版发行：中国电力出版社
地　　址：北京市东城区北京站西街 19 号（邮政编码 100005）
网　　址：http://www.cepp.sgcc.com.cn
责任编辑：刘　薇
责任校对：黄　蓓　常燕昆
装帧设计：张俊霞
责任印制：石　雷

印　　刷：北京博海升彩色印刷有限公司
版　　次：2023 年 12 月第一版
印　　次：2024 年 12 月北京第三次印刷
开　　本：787 毫米×1092 毫米　16 开本
印　　张：28
字　　数：496 千字
印　　数：4001—5000 册
定　　价：158.00 元

本书著作者

韩先才　　郭贤珊　　陈　兵　　陈海波　　张亚迪

（以下按姓氏笔画排序）

王　庆	王泽溪	王　勇	王能峰	申卫华
田云峰	付　颖	朱　纯	任成林	刘力捷
刘　黎	孙帮新	李汝兵	李志东	李战鹰
肖　鲲	吴新平	何　敏	沈海军	张小力
张国忠	张晓阳	陈　钊	陈　越	欧阳强
周　扬	周竞宇	庞　燚	房岭锋	赵芯莹
郝江涛	钟晓波	施红军	袁　骏	涂新斌
黄　勇	黄　海	黄雄辉	龚　泉	商善泽
董跃周	景　天	傅新芬	鲁　翔	曾　晓
谢加荣	詹志雄	穆华宁		

主要著作者简介

韩先才，男，1963 年出生，教授级高级工程师，全国特高压交流输电标准化技术委员会副主任委员，中国电力企业联合会专家委员会特聘研究员，曾任国家电网有限公司特高压建设部、交流建设部、特高压事业部副主任，长期在电网建设领域从事技术和建设管理工作，职业生涯参与了多项电网重点工程建设，其中全过程参与了中国首个特高压工程以及后续多项特高压交流输电工程。

郭贤珊，男，1972 年出生，教授级高级工程师，电力行业高压直流输电标准化技术委员会副主任委员，电力行业电能质量及柔性输电标准化技术委员会副主任委员，现任国家电网有限公司设备管理部副主任，长期从事高压直流输电技术研究、工程建设和运行管理工作，全过程参与了多项特高压直流输电工程和柔性直流输电创新工程。

陈兵，男，1968 年出生，高级工程师，南方电网超高压输电公司总经理，长期从事电网建设和运维管理工作，先后参与了多项重点工程，包括中国首个 ±800kV 特高压直流输电工程、首个交流 500kV 海底电缆工程及首个 ±800kV 特高压多端柔性直流示范工程。

序 一

2020 年 9 月，习近平主席代表中国政府在第七十五届联合国大会上郑重宣示"二氧化碳排放力争于 2030 年前达到峰值，努力争取 2060 年前实现碳中和"。2022 年 10 月，中共二十大指出新时代的中国已经迈上全面建设社会主义现代化强国新征程，明确提出以中国式现代化全面推进中华民族伟大复兴。电网是能源传输、资源配置、市场交易、公共服务的载体和平台，是现代社会发展不可缺少的重要基础设施。新中国成立以来，我国电力行业砥砺奋进、创新发展，建成世界上规模最大、配置能力最强、安全稳定可靠的特大型交直流混联电网，为保障能源供应、优化资源配置、改善生态环境、带动产业创新、促进经济社会高速发展和可持续发展发挥了重要作用。面对高质量发展主题、创新驱动发展战略、"双碳"目标等新形势新要求，以史为鉴、守正创新，对于开创中国式现代化电网发展之路具有重要意义。

回顾中外电网发展历程，从低压、高压到超高压，我国一直处于跟跑状态，与发达国家相比长期落后数十年。面对落后局面，新中国几代电网人开拓进取，攻坚克难，凝聚力量办大事，全力以赴推进电网发展，满足了经济社会高速发展的用电需要。进入 21 世纪，我国基于国情的迫切需要，以特高压电网为重点，产学研用联合攻关，自主创新全面攻克了相关领域关键技术，占领了国际高压输电技术制高点，带动了电工装备制造业实现跨越式发展。我国电网主网架从超高压升级为特高压，我国特高压技术标准成为国际标准，确立了我国在国际高压输电领域的领先地位，实现了从落后、追赶、并跑到超越，书写了世界电力发展史上的中国奇迹。

新中国电网发展进步的历程中，里程碑重大工程是七十多年筚路蓝缕艰难创业的缩影。以一系列里程碑工程为标志，我国一项项技术攻关、一个个项目突破、一级级电压攀升，一步一个脚印实现了从技术、标准、工程到供应链、产业链、价值链的突破和延伸，凝聚了一代代电网人的智慧与心血。当前，清洁化、再电气化、数字化、标准化逐步成为全球能源电力发展大趋势，面对加快建设新型电力系统、推动能源变革转型的迫切要求，如何构建更加科学的现代化电网体系，形成清洁低碳、多能互补、广域互联、智能高效的能源电力发展新体系，是摆在电网人面前的重大课题。书写历史是为了不忘初心、牢记使命，从历史中汲取经验、智慧和力量，为打造具有中国特色的电网高质量发展之路注入新动能。

《中国电网里程碑工程（1949～2022）》首次从里程碑工程角度系统回顾了新中国成立以来电网发展进步历程，从高压、超高压到特高压，从交流、直流到柔性直流，涵盖输电、抽水蓄能等领域的里程碑工程，以"史记"的方式生动再现了新中国电网创新之路、发展历程和成功经验，既是重要的历史资料，又是宝贵的经验传承。本书的出版，对于传承借鉴电网发展的成功历史经验、助力未来电力技术创新和进步具有重要价值，同时对于帮助广大读者全景式了解新中国电网发展进步之路十分有益。

舒印彪

中国工程院院士、中国电机工程学会理事长

2023 年 6 月

序 二

能源是人类生存发展的重要物质基础。作为二次能源的主要形式，电的发明和广泛应用，使得人类的发展进步插上了翅膀。1879 年爱迪生"电"亮世界上第一盏白炽灯，揭开了电气化时代的序幕。140 多年来电力技术飞速发展，交直流输电技术不断进步，电网配置能源资源的能力越来越强，源源不断为经济社会发展注入强大动力，极大提升了生产力水平，推动了人类社会的伟大进步。

中国是世界上较早有电的国家之一，1882 年上海外滩点亮的 15 盏电灯标志着中国电力工业开始起步。但是由于当时中国的社会制度落后和生产力水平不高，科技不能得到很好的发展，导致中国的电力技术进步缓慢，长期落后于世界先进水平。1949 年 9 月，全国发电设备容量和发电量分别居世界第 21 位和第 25 位。新中国成立后，电力发展得到党和国家的高度重视，进入了高速发展期，特别是改革开放后发展速度进一步加快。截至 2022 年底，全国发电装机容量 256405 万 kW，年发电量 88487 亿 kWh，均高居世界第一，有力支撑了国民经济长期高速发展，满足了人民生活水平不断提高的用电需求。中国电网已经成为世界上并网装机容量和发电量最大、电网规模最大、电压等级最高、技术水平最先进的交直流互联电网，我国已经成为全球电力技术的领跑者。

电网的发展和进步，能够通过工程实践来生动体现。新中国成立之初，自主设计、制造、建设 110kV 输变电工程的能力尚不具备。在中国共产党领导下，几代电力人不忘初心，牢记使命，艰苦奋斗，拼搏创新，走出了一条自主创新、勇攀高峰的成功之路。70 多年来，从低压、高压、超高压发展到特高压，留下许多里程碑式的"超级工程"，特高压输电成为中国的金色名片，中国成为世界直流输电技术强国，以高压柔性直流输电技术为代表的系列创新技术达到国际领先水平；与此同时电工装备制造业也实现了跨越式发展，创造了中国工业发展史上的辉煌成就。本人有幸参与了多项重大里程碑式的工程，回顾历史感慨万千。《中国电网里程碑工程（1949～2022）》展示这些"超级工程"的风采，展示了波澜壮阔的中国电力工业发展进步的历史画卷；对于总结成功经验，把握未来发展方向，并以此纪念中国有电

140 周年具有重要历史价值和现实意义。

　　21 世纪以来，应对气候变化、加快能源转型的需求越来越迫切。围绕"双碳"目标，党的二十大报告提出要"加快规划建设新型能源体系"，保障能源安全，促进新能源快速发展，对电力科技创新提出了更高要求，给电网工程创新发展提供了更广阔空间。以史为鉴，可以启迪未来。作为宝贵的电网工程史料，本书的出版，不仅有助于广大读者了解电力发展的历史，而且有利于新时代电力人在迈向未来的征程中，从历史的经纬中得到有益的启示和借鉴，从而创造更加辉煌的成就。

中国工程院院士

2023 年 6 月

前　言

公元前六世纪，古希腊哲学家泰勒斯发现了摩擦起电现象。1600 年，英国物理学家吉尔伯特出版著作《论磁》，指出了电现象与磁现象的本质区别。1752 年，美国科学家富兰克林的"风筝实验"，证明了雷电与人工摩擦产生的电具有相同性质，并因此发明了避雷针。1800 年，意大利物理学家伏特发明了电池（伏特电堆）。1809 年，英国皇家研究院戴维教授用 2000 节电池和 2 根碳棒，制成世界上第一盏弧光灯。1821 年，英国科学家法拉第发明世界上第一台电动机。1827 年，德国科学家欧姆发表著作《直流电路的数学研究》，欧姆定律诞生。1831 年，法拉第发现电磁感应原理，奠定了电机理论基础，继而发明了世界上第一台发电机。1840 年，英国科学家格罗夫爵士用铂丝制成第一台使用意义上的白炽灯。1866 年，德国发明家西门子发明励磁电机。1867 年，比利时发明家格拉姆研制出改进型交流发电机，1869 年又研制出直流发电机，因此世界上诞生了真正能用于工业生产的发电设备。1875 年，法国巴黎建成世界上第一座发电厂，使用直流电为照明供电。1876 年，俄国的雅布洛奇科夫发明了电烛，使用交流电点亮弧光灯，成为实用的照明装置。1879 年 10 月 21 日，美国发明家爱迪生发明了世界上第一盏有使用价值的、用直流电点亮的碳丝白炽灯，1881 年在巴黎世博会上展示了可供1200 盏电灯照明的发电设备，1882 年在纽约曼哈顿建成蒸汽机驱动直流发电机的发电厂给 4000 个灯泡供电，极大地推动了直流电的应用。当时的直流电压为110V，供电范围约 1km。爱迪生的雇员——美籍塞尔维亚人特斯拉提出研究应用交流电技术，被爱迪生拒绝后，自行创建公司研究交流电，并与西屋电气公司合作。1886 年，美国建成第一个单相交流输电系统。1888 年，俄国的多布罗沃利斯基制成第一台三相交流发电机。1891 年，德国建成第一个三相交流输电工程。1893年，特斯拉在芝加哥世博会上展示了用交流电同时点亮 90000 盏灯泡，其后西屋电气公司的交流电方案在尼亚加拉水电站竞标时胜出，1896 年成功把电力输送到

35km 之外的布法罗市,从此交流电取代直流电成为供电的主流。100 多年来,电力技术飞速发展进步,已经从最初的仅用于照明和电报,发展到为各行各业、居民生活提供能源和动力,广泛且深入地影响国民经济和社会发展的各个方面。电源构成从火力发电、水力发电到核能发电、生物质发电、风力发电、太阳能发电,交流电网规模从孤立到联网、从小电网到大电网,直流输电则发展成为用于远距离大容量的输电技术,电压等级从低压、高压、超高压发展到特高压。电力技术发展突飞猛进,日新月异,一直沿着安全、可靠、高效、经济、清洁、智能的方向不断创新发展,堪称人类科技史上最重要的成就之一,有力地推动了人类文明的发展和进步。

1879 年 5 月 28 日,英国电气工程师毕晓浦(J.D.Bshop)在上海的一个仓库里用蒸汽机驱动直流发电机,点燃了中国大地上第一盏电灯(碳极弧光灯)。1882 年,英国人立德尔(R.W.Little)创办上海电气公司,建成中国第一家发电厂,7 月 26 日在外滩点亮 15 盏弧光灯,中国电力工业从此起步。旧中国处于半殖民地半封建社会,列强侵略加上长期战乱,电力工业长期落后于世界先进水平。中国的第一个万伏级输电线路是 1912 年建成的中国大陆第一座水电站——昆明石龙坝水电站的电力送出工程,电压等级 23kV,全长约 34km。1949 年新中国成立时,全国发电设备总容量 185 万 kW,年发电量 43 亿 kWh,人均用电量约 9kWh,35(20)kV 及以上输电线路长 6475km、变电容量 346 万 kVA,最高电压等级是东北日伪满时期建设的 220kV。那时候,中国电网规模很小,电压等级繁多,没有形成统一的标准。只有东北地区建成了一定规模的电力系统,包括丰满水电厂、抚顺火电厂等发电厂,发电装机容量约 82 万 kW,220kV 输电线路 765km,154kV 输电线路 832km,110kV 输电线路 340km,还有一些 66kV 及以下输电线路;华北京津唐地区最高电压等级 77kV,山西省最高电压等级 33kV;华东的江苏、浙江、安徽、上海只有城市孤立供电网,最高电压 33kV;华中三省(河南、湖北、湖南)及江西省均只有孤立的城市供电,最高电压 6.6kV;其他地区电力设施也非常落后。

新中国成立后,几代电力人在一穷二白的基础上艰苦创业,我国电网发展取得了举世瞩目的成就。1954 年 9 月发布《电力工业技术管理暂行法规》,1956 年 6

月发布《电力设备额定电压及周率标准》，1959 年颁发《电力工业技术管理规范》和 GB 156《额定电压》，统一和简化了电压等级，开始建立中国国家电压标准。20 世纪 50～70 年代，主要建设 110kV 和 220kV 工程形成省级电网。70 年代初在西北地区开始建设 330kV 工程，70 年代末开始建设 500kV 工程，逐步形成了以 500kV 和 330kV 为骨干网架的区域电网。1972 年第一个 330kV 交流输变电工程建成投运，1981 年第一个 500kV 交流输变电工程建成投运，1990 年第一个 ±500kV 直流输电工程建成投运。90 年代末开始依托"西电东送"战略和三峡输变电工程建设开启全国联网进程。随着经济社会的持续高速发展，电力需求快速强劲增长，我国电网发展进入了新阶段。2005 年 9 月第一个 750kV 交流输变电工程建成投运，2009 年 1 月第一个 1000kV 特高压交流输电工程建成投运，2010 年 6 月第一个 ±800kV 特高压直流输电工程建成投运。中国电力科技、电工装备制造、工程建设运行的自主创新能力和技术水平大幅提升，摆脱了长期跟随西方发达国家的被动局面，实现了全面升级和跨越式发展，在国际高压输电领域实现了"中国创造"和"中国引领"。截至 2022 年底，全国发电装机容量 256405 万 kW，发电量 86941 亿 kWh，全国电网 220kV 及以上输电线路 876448km、变电设备容量 512896 万 kVA。与此同时，柔性直流输电技术、大容量抽水蓄能建设运行技术等方面都达到了国际领先水平。中国电网已经发展成为世界上并网装机容量和发电量最大、电网规模最大、电压等级最高、技术水平最先进的交直流混联电网，西电东送、南北互供、全国联网（除台湾地区外）格局基本形成，大范围优化能源资源配置的能力大幅提升，有力支撑了国民经济和社会的高速发展和可持续发展。

新中国成立 70 余年来，电力工业践行"人民电业为人民"的宗旨，勇当先行官，不忘初心，砥砺奋进，从"用上电"到"用好电"，再到"中国创造"和"中国引领"，实现了由小到大、由弱到强，直至占领国际高压输电技术制高点的跨越式发展，为中华民族实现从站起来、富起来到强起来的历史飞跃提供了能源支撑。伴随着中国电网发展进步的历程，涌现出了一大批标志性工程，堪称每个时代的"超级工程"，它们既是新中国电力工业发展史上的一个个里程碑，也是新中国工业发展史上一步步艰难创业的缩影。本书从其中选择一些具有典型代表性意义的工程（截止到 2022

年底已建成投运的项目），介绍其背景、概况和成果，试图从一个侧面来记录新中国电力工业发展的辉煌成就，纪念中国有电 140 周年，并以此向为中国电力发展进步作出贡献的一代代电力人致敬！

本书第一章、第二章由韩先才组编和主要撰写，第三章、第四章、第五章由郭贤珊组编和主要撰写，第六章由韩先才、张亚迪组编和主要撰写，第七章由陈海波组编，书中涉及南方电网部分由陈兵组编，全部工程示意图由韩彬绘制，全书由韩先才统稿和审校。附录中收录了国家风光储输示范工程和上海 35kV 千米级超导电缆示范工程。此外，在本书编写过程中得到了许多同志的大力支持和帮助，在此一并表示衷心的感谢。

中国工程院舒印彪院士、李立涅院士为本书作序，特此表示衷心的感谢。

由于本书介绍的新中国成立以来的电网里程碑工程跨越七十年，加之早期工程档案的建立和保存条件有限，收集、辨析、整理资料的难度极大，难免有不够精确之处，敬请读者批评指正。

韩先才

2022 年 12 月

目　录

第一章

110～750kV 交流输变电工程

本章内容包含新中国成立后至 2022 年底之间，中国电网发展史上具有标志性、里程碑意义的 110～750kV 交流输电工程。涉及青藏高原的工程另见第六章。

第一节　官厅—北京 110kV 输变电工程

官厅—北京 110kV 输变电工程是北京地区首次建成投运的 110kV 输变电工程，也是新中国自行设计、自行施工建设的第一个 110kV 输变电工程，于 1955 年 12 月 15 日投入运行。

一、工程背景

1888 年（光绪十四年），清朝宫廷在西苑（中南海）安装第一台发电机组和用电设备，供皇家照明用电，为北京有电之始。1899 年，外商开始在北京建设电厂，供外国驻华使馆用电。1906 年，京师华商电灯公司建成前门电厂并开始发电，通过 5.2kV 配电网向城区和关厢供电。1922 年，石景山发电厂和前门 33kV 变电站建成投运，北京形成完整的发、输、变、配、用的电力系统。1949 年 1 月，北平（北京）和平解放。当时的北京全市电力工业仅有公用发电厂 1 座、总容量 55000kW，自备发电厂若干座；77kV 变电站 1 座，33kV 变电站 10 多座，主变压器容量约 12 万 kVA；77kV 线路 3 条、33kV 线路 20 多条、总长度约 400km。

1949 年 10 月，中央人民政府成立燃料工业部。1954 年 9 月，全国人大一届一次会议通过《中华人民共和国国务院组织法》，国务院设置燃料工业部。1955 年 7 月 30 日，全国人大一届二次会议决定撤销燃料工业部，分别设立煤炭工业部、电力工业部和石油工业部。1958 年 2 月，水利部与电力工业部合并成立水利电力部。1979 年 2 月，水利电力部拆分为水利部和电力工业部。1982 年 3 月，全国人大常委会审议通过《关于国务院机构改革问题的决议》，再次将水利部与电力工业部合并成立水利电力部。1988 年，水利电力部撤销，成立能源部、水利部。1993 年 3 月，全国人大八届一次会议通过决议，撤销能源部，成立电力工业部。1997 年 1 月，国家电力公司成立，电力工业部所属企事业单位按照政企分开的要求划归国家电力公司管理。1998 年 3 月，全国人大九届一次会议批准国务院机构改革方案，撤销电力工业部，其政府职能并入国家经贸委。2002 年 11 月，国务院实施电力体制改革，将国家电力公司拆分为国家电网公司等 11 家公司。2017 年 11 月，按照国务院实施中央企业公司制改制工作部署，国家电网公司更名为国家电网有限公司，由全民所有制企业整体改制为国有独资公司。

1949 年 1 月，北平解放后，全市电业由冀北电力公司北平分公司管理。1949 年 4 月，冀北电力公司北平分公司改组为华北电业公司北平分公司，10 月更名为北京分公司，12 月改称华北电业管理总局北京电业局。1949 年 10 月，中央人民政府成立燃料工业部。1950 年 5 月，华北电业管理总局撤销，北京电业局由新成立的燃料工业部电业管理总局领导。1952 年 12 月，改由新组建的燃料工业部华北电业管理局领导。1956 年 4 月，成立新的北京电业局，统一管理京津唐电网。之后，又经过多次变迁，形成现在的国家电网有限公司华北分部、国网北京市电力公司、国网冀北电力有限公司等相关单位。

新中国成立后，人民政府十分重视北京电力工业的恢复和发展，新建了一批供电设施，1950 年发电设备达到了铭牌出力。"一五"期间北京市的工农业生产和市政建设发展迅速，电力需求猛增，最高负荷从 1949 年的 3.54 万 kW 增长到 1953 年的 6.68 万 kW，1957 年达到 10.9 万 kW，原来的供电系统已经不能满足生产生活发展需要，发电厂方面开始扩建和新建工程，电网方面开始 110kV 电网建设和 33kV 供电设备技术改造。电力工业"一五"计划提出，华北地区发展 110kV 电网。1954 年编制的《54131 工程说明书》提出"北京地区负荷之发展，整个地区的电源不能自足，须取于官厅水电站及唐山发电厂""1955 年下花园电厂扩建完成及官厅第一台机组装成，需同时建设北京东北郊变电站及下官京线路，以便将水电及下花园多余电力输送至北京""因为东郊及东北郊工业负荷很大（约 3.4 万千瓦），并由官厅受电关系，建议在京东北郊建一次变电所，而与石景山、南苑各分担一个局部地区的供电任务""1956 年，唐山第一台 2.5 万千瓦机建成，须同时完成天津宜兴埠变电站、津唐线及京津线升压为 110 千伏运行，借以将唐山电力输送至天津及北京"。从此，北京地区拉开了 110kV 电网建设的序幕。

二、工程概况

官厅—北京 110kV 输变电工程起于河北省张家口市怀来县官厅水电站，止于北京市东北郊 110kV 变电站，工程示意图见图 1-1。

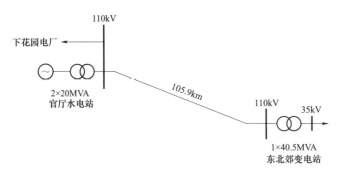

图 1-1　官厅—北京 110kV 输变电工程示意图

官厅水电站是我国第一座自行设计、制造、施工的自动化水电站，安装 3 台 1 万 kW 水轮发电机组（哈尔滨电机厂制造）、2 台 2 万 kVA 主变压器（沈阳变压器厂制造），110kV 进出线 2 回（至北京东北郊变电站、河北张家口下花园电厂），110kV 开关为沈阳高压开关厂制造的多油断路器。

东北郊 110kV 变电站是北京地区第一座 110kV 变电站，安装主变压器 1×4.05 万 kVA（备用相 1 台，单相 1.35 万 kVA），110kV 进线 1 回（至官厅水电站），35kV 出线 6 回。主变压器为沈阳变压器厂制造的产品，110kV 开关为匈牙利制造的少油断路器。

官厅水电站—北京东北郊变电站 110kV 输电线路（简称官京线）全长 105.9km，杆塔 471 基（铁塔 102 基、混凝土电杆 369 基），导线型号为 AC-120。

1939 年 1 月（日本侵华时期），下花园电厂一所工程竣工，后陆续建设二所、三所、四所工程，送出工程线路运行电压为 33kV。几经战乱，1948 年 12 月下花园电厂解放，成为新中国人民电业。1954 年 4 月~1955 年 8 月，下花园电厂第一期扩建 1.5 万 kW 机组投产，采用 110kV 线路通过官厅水电站与北京联网。下花园—官厅 110kV 输电线路（简称下官线）全长 45.29km，混凝土电杆 132 基、铁塔 79 基，导线型号为 AC-95。

三、工程建设情况

北京的水力资源主要是永定河、潮白河两个水系，历史上曾遇到大雨山洪暴发，给京津地区造成洪灾危害。新中国成立后，先后在永定河、潮白河上游修建了官厅水库和密云水库，防洪发电供水变害为利。1951 年 10 月，兼具防洪、灌溉、发电、供水功能的官厅水库开工，1954 年 5 月建成。

1954 年 7 月 1 日，燃料工业部批准了官厅水电站建设工程的初步设计。水电总局组建了官厅水力工程处负责工程的建设管理，由北京水利勘测设计院负责设计，水利部工程处第一机械工程总队负责水工建筑物施工，水电总局安装工程公司负责机电设备安装。1954 年 5 月 16 日开工，1955 年 12 月 26 日第一台机组（3 号机组）投产发电，12 月 27 日举行了剪彩仪式。1956 年 5 月，其余 2 台机组相继建成投产，官厅水电站全部建成。

1955 年 3 月，官京线工程开工。1955 年 4 月 15 日，东北郊变电站工程开工。燃料工业部电业管理总局设计管理局北京电力设计分局（后改称北京电力设计分院，为华北电力设计院前身）负责设计，燃料工业部电业管理总局基建工程管理局送变电第二工程公司（后改为电力工业部基本建设总局北京送变电第二工程局，为北京送变电公司前身）负责施工。1955 年 12 月 3 日，北京 110kV 东北郊变电站投运；12 月 15 日，官厅水电站—北京东北郊变电站 110kV 输电工程投运。下官线工程设计和施工单位与官京线相同，1954 年 12 月 6 日建成，降压 35kV 运行，1955 年 12 月与官京线同期升压为 110kV 运行，下花园电厂与北京电网正式联网运行。工程建成后面貌如图 1-2～图 1-4 所示。

图 1-2　官厅水电站

图 1-3　官厅—北京 110kV 输电线路

图 1-4　下花园—官厅 110kV 输电线路

官厅—北京 110kV 输变电工程建成后，北京通过 110kV 东北郊变电站受电于官厅水电站、下花园电厂，北京地区电网由两个供电中心增加为三个供电中心，缓解了北京用电负荷增长带来的供电紧张局面，提高了供电可靠性，改善了部分地区的电压质量。从此，北京电网进入 110kV 电压等级，开启了 110kV 环网建设的序幕。与此同时，设计、制造、施工队伍通过学习复制苏联技术和工程实践，不断成长壮大，为后来中国电网的发展进步打下了初步基础。

第二节　松东李 220kV 输变电工程

松东李（丰满—东陵—李石寨）220kV 输变电工程是新中国自行设计、自行施工的第一个 220kV 输变电工程。松东李 220kV 输电线路工程于 1954 年 1 月 26 日建成投运，虎石台 220kV 一次变电所工程于 1956 年 7 月建成投运。

一、工程背景

1952 年，抗美援朝战争爆发一年多，中国人民志愿军将士正在朝鲜战场上与以美帝国主义为首的"联合国军"浴血鏖战。当时丰满水电站续建工程正在抓紧推进，而辽宁鞍山、沈阳、抚顺、本溪等地区的许多大型厂矿急需电力供应。在中央人民政府下达的项目批示中，要求松东李 220kV 输电线路工程在 1954 年 3 月 31 日前建成投运，以保障丰满水电站电力外送和辽宁重点工业基地的用电需求。

丰满水电站位于吉林省吉林市东南 24km 处的松花江上，是我国第一座大型水电站和松花江流域重要的水利枢纽工程，有"中国水电之母"之称。丰满水电站于 1937 年日本侵占东北期间开工兴建，原计划安装 8 台机组和 2 台厂用机组（装机容量 56.3 万 kVA），1943 年 3 月第一台机组投产，1945 年日本战败撤退时土建工程完成约 89%、安装工程完成约 50%（4 台机组发电），通过 154kV 和 220kV 输电线路送出电力。日本投降时由苏联红军接管，中方接收时只剩下 2 台机组（1 号和 4号）和 2 台厂用机组，至解放前夕尚未完工的丰满水电站基本处于停工瘫痪状态。1948 年吉林省解放后，丰满水电站开始恢复发电。新中国成立后，"一五"计划将丰满水电站未完工程列为 156 项重点建设项目之一。丰满水电站在苏联的帮助下开展了续建工程，以"恢复生产、支援战争、支援建设"。1953 年 7 号和 8 号机组投运，1954 年 6 号机组投运，1955 年 2 号机组投运，1956 年 5 号机组投运，1960年 5 月 3 号机组投运，至此丰满水电站原计划的 8 台水轮发电机组全部发电，成为当时亚洲规模最大的水电站。松东李（丰满—东陵—李石寨）220kV 输电线路工程（简称松东李线），也是当时我国 156 项重点工程之一，工程代号"506"，1954 年 1 月 26 日建成投运。1956 年 7 月，新中国第一个自主设计、自主施工的 220kV 变电站工程（虎石台一次变电所）建成后，松东李线路工程"π"入形成 220kV 松虎线和 220kV 虎李线。

当时，国外运行的最高电压等级线路是瑞典 1952 年建设的一条 380kV 输电线路，220kV 依然是世界先进水平，只有美国、苏联等少数几个国家具有独立设计、建设的能力。新中国刚刚成立三年多，电力工业处于起步阶段，摆在电力建设者面前最大的困难是没有设计和建设标准，没有经验可以借鉴。通过自主设计、自主施工首个 220kV 输电线路工程的成功实践，新中国输变电工程设计和施工能力达到了当时世界先进水平，在我国电网建设史上具有重要的开创性意义。

二、工程概况

1. 建设规模

松东李 220kV 输电线路工程起于吉林省吉林市丰满水电站，经过沈阳东陵地区，止于辽宁省抚顺市李石寨一次变电所，横跨吉辽两省，沿线地形为崇山峻岭占

31%、丘陵占 37%、平地及低洼地占 32%，全长 369.25km，采用 11 种塔型共 919 基铁塔，导线采用 ACY-400 钢芯铝线。松东李 220kV 输电线路工程示意图如图 1-5 所示。

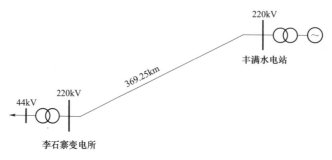

图 1-5　松东李 220kV 输电线路工程示意图

李石寨变电所位于抚顺西部矸子山脚下。1934 年日伪满时期开始建设。1935 年，抚顺发电所以 154kV 经李石寨开闭所向沈阳、鞍山送电。1938 年，抚顺发电所通过 4 回 44kV 抚李线经李石寨变电所向工厂和居民供电。1943 年，李石寨变电所安装日本三菱公司制造的主变压器 4×5 万 kVA（备用相 1 台），电压为 220/44kV。1944 年 6～12 月，丰满水电站 2 台单机 6.5 万 kW 机组（2 号和 7 号）相继投产。同时，吉林省第一条 220kV 输电线路——松抚线（丰满发电厂—抚顺）建成，12 月 25 日以 154kV 向抚顺送电，1945 年 4 月抚顺变电所 220kV 主变压器安装完成后升压至 220kV 供电。8 月 15 日，日本投降后李石寨变电所停运。1950 年，丰满水电站以 154kV 经松抚线送电至李石寨变电所 220kV 母线，再经抚浑南、北线转送沈阳浑河变电所；抚顺发电厂以 44kV 送电至李石寨变电所 44kV 母线，带 6 组电容器作为无功补偿。1953 年 8 月 31 日，松抚线升压至 220kV，15 万 kVA 主变压器投运，低压侧与抚顺地区 44kV 电网联网。建设松东李工程时，李石寨变电所母联配套工程建成后改为双母线运行。

虎石台 220kV 一次变电所位于沈阳市北郊约 16km 处，是"一五"计划重点工程（代号"3001 工程"）。电压为 220/154/44kV，安装苏联制造的变压器 4×4 万 kVA（备用相 1 台），断路器均采用民主德国制造的空气断路器。

2. 参建单位

1952 年 12 月，为了"一五"计划建设，燃料工业部根据财经委员会决定对电业管理总局进行改组，其管辖范围扩大为全国电业。接管了东北人民政府工业部管辖的东北电业管理局，改称燃料工业部电业管理总局东北电业管理局。全国的电力企业集中到燃料工业部管理，形成了垂直垄断、政企合一的电力工业管理体系。1954年 3 月电业管理总局决定成立基建工程管理局，各大区管理局领导的火电、送变电等施工单位统归基建工程管理局领导。同月，电业管理总局决定改组设计局，将东北、华东、北京设计分局及中南、西南、华北、西北电业管理局设计处业务划归电业管理总局设计局领导。

松东李 220kV 输电线路工程设计单位是燃料工业部电业管理总局东北设计分局（东北电力设计院前身），施工单位是东北电业管理局送变电工程公司（后改为电业管理总局基建工程管理局送变电第三工程公司，即吉林送变电公司和辽宁送变电公司的前身）。

虎石台 220kV 一次变电所工程初步设计由东北设计分局承担，北京设计分局（华北电力设计院前身）负责技术设计和施工设计，电业管理总局基建工程管理局送变电第三工程公司施工。

3. 建设历程

1952 年 7 月，东北设计分局接受松东李 220kV 输电线路工程设计任务。当时中国尚无设计规程，设计人员便向苏联专家咨询学习，参照苏联的送电线路勘测规程，并参考苏联《电气设备安装规程》编制设计准则，经东北电业管理局同意、报燃料工业部审核同意后暂照其进行设计，同时又进行了一些铁塔力学试验。1953 年 1 月提出初步设计，6 月提出技术设计。1953 年 7 月 15 日工程开工建设，1954 年 1 月 23 日竣工，1 月 26 日正式投入运行。

1953 年，东北设计分局接受虎石台 220kV 一次变电所工程设计任务，在苏联专家指导下，1953 年第四季度选所，1954 年完成初步设计。之后改由北京设计分局负责技术设计和施工设计（东北设计分局主要设计人员仍参加），1954 年 9 月完成技术设计，1955 年 8 月完成施工图交付。1954 年 10 月工程开工建设，1956 年 5 月竣工，7 月建成投运，松东李线路工程"π"入虎石台一次变电所，形成 220kV 松虎线和 220kV 虎李线。

三、建设成果

松东李 220kV 输电线路工程建成投运后，《人民日报》和苏联《真理报》均报道了此项工程，中央新闻纪录电影制片厂拍摄了专题纪录片，国家邮电部 1955 年发行了一枚特种邮票以资纪念。工程建成原貌如图 1-6～图 1-9 所示。

图 1-6　20 世纪 50 年代亚洲最大规模的丰满水电站

图 1-7　松东李 220kV 输电线路工程

图 1-8　李石寨 220kV 变电所

图 1-9 虎石台 220kV 变电所

松东李 220kV 输变电工程的成功建设和运行，满足了丰满水电站电力送出和辽宁重工业基地用电需求，开创了我国电力工业建设的新篇章，对于我国电力工业发展进步和国民经济恢复发展具有重要意义。依托松东李工程，新中国第一代电力建设者，面对工期紧迫、技术力量薄弱、标准和经验欠缺的困难，参照苏联有关技术资料，学习苏联先进经验，围绕工程建设开展研究、试验和工程实践，掌握了 220kV 输变电工程设计和施工技术，编制了新中国第一本电力设计手册（如图 1-10 所示），培养了一批专业技术人员，为新中国电力工业的发展进步积累了宝贵的经验，储备了技术和人才。

图 1-10 新中国第一本电力设计手册

第三节 刘家峡—天水—关中 330kV 输变电工程

刘家峡—天水—关中 330kV 输变电工程（简称刘天关输变电工程）是中国第一

个 330kV 超高压输变电工程，是中国自行设计、自己制造设备、自行安装施工的工程，也是当时中国电压等级最高、输电距离最长、输送容量最大的交流输电工程。1972 年 6 月 16 日，工程正式投运。

一、工程背景

1955 年 7 月，全国人大一届二次会议通过《关于根治黄河水害和开发黄河水利的综合规划的决议》，决定建设刘家峡水电站，这是"一五"计划中 156 个重点项目之一。刘家峡水电站位于甘肃省永靖县境内的黄河干流，距离兰州市约 100km，是我国第一座自行设计、自己制造、自行施工的百万千瓦级大型水电站。刘家峡水电站总库容 57 亿 m^3，安装 5 台机组，装机容量 122.5 万 kW，年发电量 50 多亿 kWh，由西北勘测设计院负责勘测，北京勘测设计院负责设计（1969 年两院撤销，由水电四局设计院接替负责勘测设计），刘家峡水电工程局（1970 年改名为水电部第四工程局）负责施工。1958 年 9 月 27 日，刘家峡水电站开工；1969 年 3 月，首台机组发电（同年 4 月刘家峡—龚家湾 220kV 输电线路工程建成投运）；1974 年 12 月，5 台机组全部投产发电。刘家峡水电站大型水利枢纽工程以发电为主，兼具防洪、灌溉、防凌、养殖等功能。

建设刘家峡水电站的同时，需要研究电力的送出与消纳。当时甘肃省电力负荷不足 50 万 kW，相邻的青海省不足 9 万 kW，而 500km 之外的陕西关中地区极度缺电。1964 年，大西北成为"三线"建设（20 世纪 60～70 年代中国以加强国防为中心的战略大后方建设，是国防建设和国家经济建设的重要组成部分）的重点之一，经过综合论证，国家提出在西北建设一条刘家峡水电站电力送出的 330kV 输电线路，并把有关技术研究列为全国重大科研项目之一。1969 年初，刘家峡—天水—关中 330kV 输变电工程被列为国家重点建设项目之一，力争两年建成。

建设刘家峡—天水—关中 330kV 输变电工程，有利于刘家峡水电站电力送出和消纳，满足陕西用电需求，形成陕甘青一体的电力网络，充分发挥水火互济和联网效益。

二、工程概况

1. 建设规模

刘家峡—天水—关中 330kV 输变电工程起于甘肃省永靖县境内的刘家峡水电

站，经天水市秦安县境内的秦安变电站，止于陕西省宝鸡市眉县境内的汤峪变电站，设计输送能力 40 万 kW。输电线路全线单回路架设，全长约 534km（刘家峡—天水段长 275.5km，天水—关中段长 258.5km），全线杆塔 1219 基，平丘段采用拔梢预应力钢筋混凝土电杆（358 基），山地段采用自立式铁塔（861 基）。工程沿线平地占 26%，山地占 71.6%，关山重冰区占 2.4%。工程沿线海拔为 600～2500m，海拔 2000m 以上采用 2×K-272-Ⅱ型扩径导线，关山重冰区采用 2×LHGJJ-300 加强型导线，其余地段采用 2×LGJ-300 型普通导线。刘家峡—天水段地线采用 GHJ-70，天水—关中段地线采用 GJ-70，重冰区地线采用 GJ-100。刘家峡—天水线末端秦安变电站侧和天水—关中线末端汤峪变电站侧各装设 1 组 330kV 串补装置，全线补偿度为 30%。刘家峡—天水—关中 330kV 输变电工程示意图如图 1-11 所示。

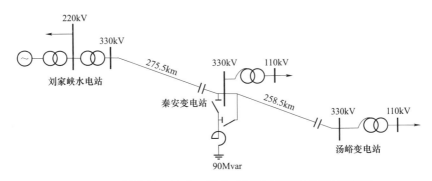

图 1-11　刘家峡—天水—关中 330kV 输变电工程示意图

秦安 330kV 变电站位于甘肃省天水市秦安县郑川乡，设计 2 台主变压器，330kV 进出线 2 回。一期主要设备包括 1 台容量为 9 万 kVA 的三相有载调压自耦变压器（降压 110kV 送出），1 台 363kV、9 万 kvar 的三相并联电抗器，1 座 330kV、3.645 万 kvar 的串补站。

汤峪 330kV 变电站位于陕西省宝鸡市眉县境内的汤峪河畔，规模按总容量 39 万 kVA、2 台主变压器和 2 台容量为 3 万 kvar 的调相机考虑，分别采用 110kV 和 220kV 向关中和汉中供电，330kV 进线 1 回。一期主要设备包括 1 台安装容量为 15 万 kVA 的三相自耦变压器（降压 110kV 送出），1 座 330kV、3.888 万 kvar 的串补站，1 台调相机。

2. 参建单位

1964 年，国家决定在西北建设 330kV 输变电工程，把 330kV 输变电技术研究列为当时的 31 项重大科学研究项目之一。来自全国 46 个单位（包括高校）的科研、设计、制造、施工等方面的技术人员进行了上百个项目的试验研究。工程设计方面，水利电力部抽调了西北、东北、西南电力设计院和电力建设研究所的设计和技术人员 120 余人组成设计组，以西北电力设计院为主。

1969 年 1 月，兰州军区和水利电力部军管会联合召开"330 工程设计纲要审查及建设部署会议"。1969 年 3 月，中央批准由兰州军区和水利电力部组成"330 工程联合指挥部"。1969 年 4 月，330 工程联合指挥部召开指挥扩大会议，决定下设四个分部，联合指挥部将通过各分部对工程（包括刘天关 330kV 输变电工程和刘连西 220kV 输变电工程）从设计、施工、生产准备直至投产后移交生产实行一元化领导。西北电力建设局送变电工程公司（甘肃送变电公司前身）负责组成一分部，东北电力建设局送变电工程公司（吉林送变电公司和辽宁送变电公司前身）负责组成二分部，西北电业管理局西安送变电工程处（陕西送变电公司前身）负责组成三分部，青海直属队负责组成四分部。

工程建设采取分段包干的方法。一分部负责线路西段刘家峡—甘肃省武山县榆盘镇约 190km 线路和秦安变电站；二分部负责线路中段甘肃省武山县榆盘镇—陕西省千阳县约 240km 线路和汤峪变电站；三分部负责线路东段陕西省千阳县—汤峪变电站约 100km 线路；四分部负责 220kV 刘连西输变电工程。

设备制造方面，我国机械制造部门、科研单位和沈阳、西安、上海、南京、抚顺等地的有关工厂通力合作，成功研制了包括 330kV 变压器、高压并联电抗器、断路器、串补装置、避雷器、电容式电压互感器（capacitive voltage transformer，CVT）、电流互感器、晶体管保护等在内的全套设备。其中，包括沈阳高压开关厂生产的刘家峡水电站 330kV 空气断路器，西安高压开关厂生产的秦安变电站、汤峪变电站 330kV 空气断路器，沈阳变压器厂生产的秦安变电站 1 号主变压器，西安变压器电炉厂生产的秦安变电站 363kV 高压并联电抗器、汤峪变电站 1 号主变压器，西安电器厂生产的串补电容器，以及西安电瓷厂和抚顺电瓷厂生产的 330kV 磁吹避雷器、西电公司制造的 330kV CVT 等。

3. 建设历程

1964 年，国家正式提出在西北地区建设 330kV 输变电工程。1967 年 10 月，国家计委正式批准设计任务书。1969 年初，刘天关输变电工程被列为国家重点建设项目。1969 年 3 月，中央批准成立"330 工程联合指挥部"。1969 年 10、11 月，汤峪变电站、秦安变电站土建工程先后开工；1970 年 5 月，线路工程开工；1972

年 4 月 26 日，开始系统调试，1972 年 5 月 10 日，刘家峡水电站和陕西关中电网一次并网成功。1972 年 6 月 16 日，刘天关输变电工程正式投入运行。

三、建设成果

在"330 工程联合指挥部"的统一领导下，全体工程建设者鼓足干劲，艰苦奋战，按计划完成了中国第一个 330kV 输变电工程的建设任务，满足了刘家峡水电站电力送出和陕西关中地区用电需求。从此陕甘青电网形成，黄河上游的水电和关中北部的煤炭资源实现了水火互济、调峰节能，联网的实现还使线损管理和电压管理提高到一个新的水平，陕甘青电网成为国内经济效益、社会效益体现最为充分的跨省电网。依托刘天关输变电工程，我国在电网新技术、新设备、新材料、新工艺的研发应用方面取得了显著成果，在输变电工程系统技术、设备制造技术、设计施工技术各方面迈上了新台阶，推动了我国超高压输电技术的发展，为后续 330kV 及更高电压等级的输变电工程建设打下了基础。刘天关输变电工程的成功，代表了中国 20 世纪 70 年代输变电工程建设的最大成就，标志着中国已经掌握 330kV 输变电工程技术，中国电网从高压时代进入超高压时代，电网建设开始向超高压、远距离、大容量方向发展。

刘家峡—天水—关中 330kV 输变电工程先后获得一系列重要奖项和荣誉：1978 年获陕西省科学大会奖（330kV 输变电技术），1979 年获全国科学大会奖（330kV 输变电技术），1981 年获国家优秀设计奖，1982 年获水利电力部优秀设计奖。工程的主要成果或创新包括以下几个方面：

（1）攻克全国 31 项重大科学研究项目之一的《330 千伏输变电技术研究课题》，完成 330kV 刘家峡—天水—关中输变电工程建设任务，全面自主掌握了 330kV 超高压输变电技术。

（2）自主研发全套 330kV 超高压设备，包括 330kV 变压器、三相并联电抗器、空气断路器、三柱双断口隔离开关、磁吹避雷器、串补装置、CVT、电流互感器、新型晶体管保护等。

（3）第一次采用 2×K-272-Ⅱ型扩径导线，海拔 2000m 以上地区共采用了两段约 73km 的扩径导线，既满足了电晕要求，又满足了机械强度的要求。

（4）第一次成功研制了尺寸小、质量轻、强度高的 XP-10 型及 XP-16 型绝缘子。

（5）试制成功 XYJ-272-Ⅱ型预绞式线夹，通过鉴定其性能超过英国产品，达到当时世界先进水平。

（6）在高山峻岭地段，采用预制式钢筋混凝土基础和金属基础，现场拼装代替了常用的现浇基础，既省料省力，又能保证施工质量。

（7）平丘地区采用拔梢预应力钢筋混凝土电杆，结构简单、不带拉线、少占农田、节约钢材。

工程建成后原貌如图1-12～图1-16所示。

图1-12　刘家峡水电站

图1-13　秦安330kV变电站

图1-14　汤峪330kV变电站

图 1-15 刘家峡—天水—关中 330kV 输电线路工程

图 1-16 拔梢预应力钢筋混凝土电杆

第四节 平顶山—武昌 500kV 输变电工程

平顶山—武昌 500kV 输变电工程（简称平武工程）是中国第一个建成投运的 500kV 输变电工程，也是当时中国电压等级最高、输电距离最长、输送容量最大的交流输变电工程，由中国自行设计、自行安装施工。1981 年 12 月 22 日投入运行。

一、工程背景

1974 年，毛泽东主席、周恩来总理亲自批准武汉钢铁公司从西德、日本引进先进轧钢设备"一米七轧机"（零七工程）。该设备系统联动试车时冲击负荷达 12.2 万 kW，加上武钢老厂负荷，最高冲击负荷将达到 15.2 万 kW。为了保证系统电压质量，电网正常出力应为冲击负荷的 20 倍以上，即达到 300 万 kW。经过研究论证，国家决定尽快建设一条 500kV 线路，联通河南、湖北两省电网，以满足武钢"一米七轧机"工程试车需要，以及葛洲坝水电站投运后鄂豫两省水火互济、电力交换、系统安全经济运行的需要。

1978 年，河南平顶山姚孟电厂已有一台 30 万 kW 机组投产发电，另一台 30 万 kW 机组即将投产，并且准备扩建 2 台 30 万 kW 机组。同时，湖北省葛洲坝电厂一期工程二江电厂即将投产发电，容量 96.5 万 kW，二期工程大江电厂预计 20 世纪 80 年代中期全部竣工投产，葛洲坝水电站总容量将达到 271.5 万 kW。建设平武工程，河南、湖北两省电网通过 500kV 联网，主网装机容量超过 500 万 kW，可以满足武钢 1.7m 轧机冲击负荷需求，有利于湖北和河南两省电网水火互济、安全经济运行，并为未来建设华中 500kV 骨干网架奠定基础。

1978 年 7 月 17 日，水利电力部向国家计划委员会提交了（78）水电计字第 309 号《关于平顶山至武汉五十万伏联网输变电工程计划任务书的报告》。1978 年 8 月 9 日，国家计划委员会印发计计（1978）554 号《关于平顶山至武汉五十万伏输变电工程计划任务书的复文》，批准建设河南平顶山至湖北武昌的输变电工程，输送容量初期 50 万 kW、远期 100 万 kW。1979 年 2 月，国家计委、国家经委、国家建委联合向国务院提交《关于解决武钢 1.7 米轧机用电问题的请示报告》，强调为了满足武钢 1.7m 轧机用电需要，要求加速平武工程和鄂豫两省的电源建设，集中精力打好平武工程歼灭战，保证在 1980 年底全线全程送电，同年 3 月国务院批转了该报告。

二、工程概况

1. 建设规模

新建三站两线，即姚孟电厂 500kV 升压站、双河 500kV 变电站、凤凰山 500kV 变电站，平顶山—双河 500kV 线路（含汉江大跨越）、双河—凤凰山 500kV 线路（含长江大跨越），建设相应的通信和无功补偿及二次系统设备。概算总投资约 3.7 亿元。平顶山—武昌 500kV 输变电工程示意图见图 1-17。

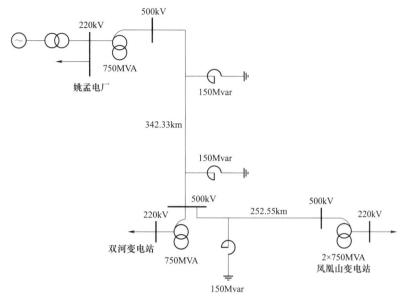

图 1-17　平顶山—武昌 500kV 输变电工程示意图

（1）姚孟电厂 500kV 升压站工程。姚孟电厂 500kV 升压站一期工程安装 1 组单相自耦有载调压型主变压器 1×75 万 kVA，1 回 500kV 出线（至双河）、装设 1 组 15 万 kvar 并联电抗器，电气主接线采用 3/2 方式，主变压器中压侧为 220kV、低压侧为 20kV。

（2）双河 500kV 变电站工程。双河 500kV 变电站位于湖北省钟祥市双河镇。一期工程安装 1 组单相自耦有载调压型主变压器 1×75 万 kVA，2 回 500kV 出线（至姚孟、凤凰山）、均装设 1 组 15 万 kvar 并联电抗器，电气主接线采用 3/2 方式，220kV 出线 6 回，主变压器低压侧为 20kV。

（3）凤凰山 500kV 变电站工程。500kV 凤凰山变电站位于武汉市武昌县纸坊镇。一期工程安装 2 组单相自耦有载调压型主变压器 2×75 万 kVA，500kV 出线 1 回（至双河）、电气主接线采用 3/2 方式，220kV 出线 6 回，主变压器 35kV 低压侧各安装 1 组 12 万 kvar 静止补偿器。

（4）输电线路工程。平顶山—双河—武昌 500kV 输电线路起于河南平顶山姚孟电厂升压站，经湖北省钟祥市双河 500kV 变电站，止于湖北武昌凤凰山 500kV 变电站，跨越河南、湖北两省，总长度为 594.88km（姚双线长 342.33km、双凤线长 252.55km），其中河南段长 196km、湖北段长 398.88km。沿线地形平地占 27%，丘陵占 33%，湖沼占 33%，山区占 7%。湖北段最大风速为 27.5m/s（大跨越为 31.5m/s），覆冰 10mm（大跨越为 15mm）；河南段最大风速为 30m/s，覆冰 10mm。

全线铁塔 1514 基（河南 488 基、湖北 1026 基），其中一般线路 1502 基、大跨越 12 基。姚孟电厂出线后，从九里山至谢庄 28km 为同塔双回路（平武线、平东线）。

一般线路导线采用 4×LGJQ-300 轻型钢芯铝绞线，地线采用 LHGJJ-90 加强型钢芯铝合金绞线；塔型包括干字型耐张塔（华东电力设计院设计）、酒杯型刚性直线塔（东北电力设计院设计），以及拉线 V 型塔、内拉线门型塔、直线小转角塔、猫头型铁塔等。

湖北钟祥中山口汉江大跨越全长 2179m，跨越塔全高 120.5m，跨距 1055m；武汉金口长江大跨越全长 2137m，跨越塔全高 135.5m，跨距 1166m。两个大跨越导线均采用 3×LHGJT-440 特强型钢芯铝合金绞线；地线采用 LHGJT-150 特强型钢芯铝合金绞线；两个大跨越均采用耐一直一直一耐跨越方式，双回路设计，跨越塔为钢管桁架塔头和环形断面变坡度的钢筋混凝土塔身混合结构。

2. 参建单位

从 1971 年开始，在水利电力部的组织领导下，有关设计科研单位围绕我国即将出现的第一批 500kV 输变电工程进行系统规划前期工作和科研技术储备工作。水利电力部、湖北省电力局等围绕葛洲坝水电站接入系统设计工作，结合湖北系统规划及三峡水电接入系统问题，对今后出现的超高压电压等级进行论证，1973～1976 年先后三次提出报告推荐中南地区采用 500kV。1977 年 1 月，又提出《要求重定长江葛洲坝电站输电电压等级的汇报提纲》，要求将水利电力部、第一机械工业部 1971 年确定的 220kV 及 330kV 电压等级改为 220kV 及 500kV。1978 年 4 月，葛洲坝技术委员会第 10 次会议重新确定"葛洲坝电站电压等级采用二十二万伏和五十万伏"。1978 年 5 月和 7 月，水利电力部向国家计划委员会提出《关于葛洲坝至武昌五十万伏输变电工程设计计划任务书的报告》和《关于平顶山至武汉五十万伏联网输变电工程计划任务书的报告》。1978 年 8 月，国家计委以计计字（1978）第 554 号文批准了平武工程建设计划任务书，水电部以（78）水电计字第 389 号文（急件）转发了国家计划委员会的复文。

另外，为了做好超高压输变电工程科研设计工作，水利电力部成立了全国超高压输变电情报网，组织翻译出版了大量资料；湖北地区有关科研设计单位也组成了湖北省超高压电网研究协作组，翻译介绍了国外超高压特高压电网系统过电压、绝缘配合，以及输变电方面的科研成果和设计、施工、运行方面的文献资料，研究讨论有关专题，刊登各单位研究成果及论文，前后共出版资料 27 期约 100 万字。研究成果为后来的平武工程建设提供了有利条件。

1979 年 8 月，平武工程总指挥部成立，主持平武工程建设实施工作。平武工程建设得到了国家基本建设委员会、电力工业部和鄂豫两省省委省政府的高度重视和沿线十五个县市党委政府的大力支援，鄂豫两省先后成立平武工程指挥部和沿线县市的平武工程领导小组。两省人民政府专门召开平武工作会议，号召沿线人民支持平武工程。1979 年 9 月，湖北省电力局成立襄阳地区电力局超高压工段和武汉供电局超高压工区，负责姚双线湖北段和双河变电站、凤凰山变电站、双凤线的工程质检验收及投产前各项生产准备工作（1982 年 3 月成立湖北省超高压输变电局负责运行维护）；姚双线河南段则由南阳地区电业局和平顶山供电局负责运行维护。1982 年，鄂豫联网后成立华中网调，管理范围为河南省中调、湖北省中调。

工程设计方面，由武汉电力设计院（后改称中南电力设计院）归口牵头全部工程设计工作，负责全线初步设计，以及凤凰山变电站、双河变电站、线路工程湖北段（含长江大跨越、汉江大跨越）施工图设计；河南省电力勘测设计院负责姚孟升压站、线路工程河南段施工图设计。在设计准备阶段，参加设计研究工作的还有东北、华东、华北、西北、西南等 7 个电力设计院和有关大专院校。

现场施工方面，姚孟升压站由河南电建一处和三处施工，双河变电站由湖北电力二处施工，凤凰山变电站由湖北电力三处（湖北省送变电公司前身）施工。一般线路工程施工单位为河南电建四处、吉林工程处、甘肃工程处、湖北电力三处、一冶电装公司。长江大跨越施工单位为武汉大桥局（南岸基础施工）、湖北电力一处（北岸基础施工和跨越塔塔头吊装）、一冶筑炉公司（混凝土塔身浇制）、湖北省电力工程三处（架线施工）。汉江大跨越施工单位为武汉大桥局（西岸基础施工）、湖北电力一处（东岸基础施工和跨越塔塔头吊装）、一冶筑炉公司（西岸混凝土塔身浇制）、内蒙古电力三处（东岸混凝土塔身浇制）、湖北电力三处（架线施工）。

系统调试方面，由电力科学研究院、武汉高压研究所、南京自动化研究所、湖北和河南两省电力试验研究所和中心调度所、有关设计、施工、运行、大专院校负责。

超高压主设备制造方面，姚孟升压站设备制造单位是法国 Alstom 公司（500kV 主变压器）、法国 MG 公司（500kV 断路器、隔离开关、接地开关、500kV 导线、金具及支柱绝缘子）、瑞典 ASEA 公司（500kV 并联电抗器、500kV 避雷器、500kV 电压互感器、500kV 电流互感器、500kV 阻波器、控制保护通信设备）；双河变电站设备制造单位是法国 Alstom 公司（500kV 主变压器、500kV 并联电抗器）、法国 MG 公司（500kV 断路器、隔离开关、接地开关、500kV 导线、金具及支柱绝缘子）、瑞典 ASEA 公司（500kV 并联电抗器、500kV 避雷器、500kV 电压互感器、500kV 电流互感器、500kV 阻波器、控制保护通信设备）；凤凰山变电站设备制造单位是日本日立公司（500kV 主变压器）、法国 MG 公司（500kV 断路器、隔离开关、接地开关、500kV 导线、金具及支柱绝缘子）、瑞典 ASEA 公司（500kV 避雷器、500kV 电压互感器、500kV 电流互感器、500kV 阻波器、35kV 静止补偿装置、控制保护通信设备）。其他还有挪威 EB 公司（双凤线、姚双线的电力复用载波机）。

3. 建设历程

1978 年 8 月，国家计划委员会批准建设平武工程；11 月，水利电力部组织召开第一次平武工程会议落实任务，会后便组织与日本日立公司、瑞典 ASEA 公司、法国 MG 和 Alstom 公司进行第一次技术谈判。1978 年 11 月，初步设计完成。1979 年 4 月，线路终勘定位完成。1980 年 6 月，施工设计完成。

1979 年 5 月，电力工业部平武工程领导小组成立；8 月，平武工程总指挥部成立。1979 年 11 月 15 日，全线开工建设。1981 年 11 月 16 日，姚孟升压站零起升压成功；11 月 22 日，凤凰山变电站零起升压成功；12 月 8 日，双河变电站零起升压成功。1981 年 12 月 14~21 日，系统调试完成；12 月 22 日，投入运行。1982 年 7 月 1 日，运行单位正式接收。

三、建设成果

平武工程投运，鄂、豫两个省级电网通过 500kV 实现联网，总装机容量超过 500 万 kW，水火调剂作用巨大，电网运行频率稳定性大为改善，提高了电厂运行可靠性，保证了武钢 1.7m 轧机的正常生产，取得了巨大的经济和社会效益。

平武工程采用"技术与贸易相结合"的方式和"以市场换技术"的政策，促进中国重大技术装备的研发制造经历"引进、消化、吸收、再创新"时代，不仅保证了电力重点工程建设，而且为输变电设备制造企业"引进国外技术"或"合作生产"提供了案例和经验，后续工程国产设备不同程度地运用了引进的先进技术。通过几年的引进、消化、吸收，产品性能、技术水平和质量明显提高。此外，引进了不少国外先进制造技术和装备，工厂生产条件大大改善，生产效率有所提高，质量稳定性及合格率明显提高，输变电设备制造行业的整体实力得以显著提升。

平武工程填补了中国 500kV 超高压电网的空白，促进我国超高压输变电技术在

20 世纪 80 年代初达到了一个新的水平，为后续超高压输变电工程建设积累了经验和数据，培养锻炼了中国首批从事 500kV 输变电工程科研、设计、建设管理、安装、试验、调试、运行、调度各方面的技术力量，编制了系统的技术规范，对于推动中国 500kV 电网大规模建设起到了积极的促进作用。

平武工程 1982 年 4 月被评为水利电力部优秀工程，1982 年 9 月被评为国家优质工程"银奖"，1984 年被全国优秀设计评选委员会评定为国家优秀设计奖"金奖"。平武工程的成果和创新包括如下几个方面。

（1）工程建设质量良好。平武工程电压高、线路长、输送功率大，引进了国外设备，采用了大量新技术。建设初期，设计、施工、制造、调试、运行等均欠缺经验，参建单位攻坚克难，努力奋战，按照"高质量、高速度、高水平、低消耗"的要求完成了建设工作。施工质量经验收委员会评定：输电线路基础工程优良率为 97.4%，全线铁塔组立优良率为 99%，架线优良率为 98%以上。变电方面以凤凰山变电站为例，土建工程项目经验收质量评定优良率为 90%，电气安装项目经验收质量评定优良率为 98%。从验收检查的结果来看，平武工程的施工工艺质量达到了当时国内最佳水平，某些工艺（如放线等）已接近或达到国外先进水平。

（2）培养锻炼了电网建设专业队伍。从设计、施工、制造、到安装调试和运行维护都为我国超高压输变电工程建设锻炼了队伍，培养了人才，积累了经验。平武工程从线路到变电站，由国外引进了部分先进设备和制造技术。施工过程中举办了爆破压接，架线施工技术研究和张力机、SF_6 断路器、主变压器、静止补偿器安装调试等专业培训班 18 个，参加人员近 1000 人次，编制各种施工工艺、规程 30 余种。经过技术交底、学习、考试和现场实际试点操作演示，推动施工技术的普及和提高。在线路和变电站的基础工程中，按地质情况推广使用原状土基础；在组塔工程中推广使用全倒装组塔，部分采用 45t 越野汽车式起重机组塔；架线工程中全部采用张力放线新技术，引进了加拿大和意大利的张力放线机，提高了架线工程质量和效率。平武工程架线平均施工效率为 0.8km/日，最好的架线队如吉林工程处放线速度达到 1.3km/日，接近国外先进水平。变电方面从大型变压器运输、机械化吊装、国外设备开箱检验到安装调试，积累了大量经验，锻炼了一批掌握现代化设备施工的专业队伍，为之后的超高压输变电工程建设发挥了极大的作用。

（3）提升了工程建设管理水平。平武工程建设于特殊历史时期之后，施工管理各方面百废待兴。平武工程中率先恢复了过去行之有效的制度，从材料、机具、施工方法、人员四个方面加强质量管理工作。在施工准备阶段走访制造厂，从生产初期严格把关，有效解决了原材料、加工质量问题。施工过程中结合工程需要培训专业骨干，根据工程特点，大量推广保证工程质量起关键作用的施工机具和施工方法，保障工程质量。运用科学的管理办法，如用统筹法安排施工综合进度抓关键网络，用步进程序施工法指导施工等。推行管理百分制评比办法，加强现场管理，把管理成效与个人奖励结合，大大推动了工程建设管理水平的提高。

（4）通过计划管理有效控制投资。平武工程一般线路工程的单位造价为 21.12 万元/km，变电工程为 51.57 元/kVA，在当时国内同期建设的 500kV 工程中造价最低，得益于有效的工程管理和计划管理。湖北境内的工程由施工单位按概算投资包干，河南境内的工程按审批的概算及上级有关规定执行。这两种办法都明确了承包单位的经济责任，有利于各施工单位加强管理，积极完成任务，在计划时间内顺利建成，不仅没有拖延工期多耗投资，还使施工单位有所结余，且设计质量过硬，未出现大的遗漏项目，没有大的质量返工和追加项目。

（5）严格进口设备检验取得良好成效。平武工程三个变电站的主要设备是从国外引进，设备总价约 4000 万美元，占三站总投资的 58%。进口设备供货国家和公司多，安装单位多，设备超限件多，难度大，运输方式多。平武工程总指挥部成立了外事工作领导小组，两省指挥部也成立相应的领导机构，有关施工单位成立外事办公室。总指挥部在上海港口设立了进口设备接运办事处，配备技术管理人员、交通工具和起重设备。各级办事机构的工作人员认真学习对外经济工作的方针政策，合同条款、商检、保险及索赔等有关业务知识。1980 年 5 月~1981 年 11 月，在上海港口接运远洋货轮 24 艘，进口设备 7175 件（箱），总重 6526t；在北京接运装载电子计算机的专机 2 架，共 31 箱，重 13t；由北京站中转 53 箱补发件，重 10t。在分配转运工作中，做到确切掌握外轮到港日期，以减少卸货等待时间和租用大型装卸设备的费用。在运输环节上，认真调查到岸港口的起卸能力，选择合理的运输方案。设备检验工作由各级接运机构按电力部制定的《关于进口成套设备检验工作的规定》，与各地商检局和工程技术人员密切配合，把好口岸检验、开箱检验和品质检验三个环节，及时发现和处理问题。共查出不符合技术标准的设备和配件 835 台（件），各种短缺共三万余件，均通过外事谈判妥善处理，索赔总价约 40 万元，并索取部分补偿设备，保证了设备的质量，维护了国家权益。

平武工程建成后原貌如图 1-18~图 1-23 所示。

图 1-18 姚孟发电厂

图 1-19 双河 500kV 变电站

图 1-20 凤凰山 500kV 变电站

图 1-21　中山口汉江大跨越

图 1-22　金口长江大跨越

图 1-23　平武工程输电线路

第五节　元宝山—锦州—辽阳—海城 500kV
输变电工程

　　元宝山—锦州—辽阳—海城 500kV 输变电工程（简称元锦辽海 500kV 输变电工程）是中国第一个自行设计、自己制造、自行安装施工建成投运的 500kV 输变电工程。1986 年 12 月 29 日，工程建成投运。

一、工程背景

新中国成立至 1978 年改革开放前，除 1972 年 6 月西北地区建成投运的刘家峡—天水—关中 330kV 输变电工程外，我国其他地区电网的最高电压等级是 220kV。20 世纪 60 年代提出过超高电压等级的讨论，但因文化大革命影响而中断。到 70 年代初期，水利电力部、第一机械工业部先后多次组织对超高电压等级进行讨论。直到东北、华北、华东等地区先后进行电力规划并相继落实一批装机容量为 100 万～120 万 kW 的大型水（火）电基地，远距离大规模输电的需求迫切，要求加快超高压输电研究工作。水利电力部、第一机械工业部相继组织有关单位对更高一级电压（380、500、750kV）进行了大量研究论证，1976 年 6 月水利电力部（76）水电计字第 115 号文将我国超高电压等级确定为 500kV 和 750kV。

元宝山电厂位于内蒙古自治区赤峰市元宝山区，一期工程安装从法国引进的 1×30 万 kW 机组（1979 年 2 月投运，当时国内单机容量最大），二期工程安装从法国、联邦德国引进的 1×60 万 kW 机组（1985 年 12 月投运，当时国内单机容量最大），最终规模可达 150 万 kW。锦州发电厂位于辽宁省锦州市八角台，一期工程安装 3×20 万 kW 国产机组（1983 年首台机组发电，另外 2 台机组 1984 年 10 月前陆续投产发电），二期工程安装 3×20 万 kW 国产机组（1988 年 6 月前陆续投产发电，达到最终规模 120 万 kW）。针对两座电厂投产后远距离大规模送出电力的需求，发展长距离、大容量超高压输电技术成为当务之急。

1978 年 1 月 31 日，东北电业管理局以（78）东电计字第 56 号文《上报元宝山—辽阳—海城五十万伏送变电工程计划任务书》报水利电力部。依据元宝山电厂第一期工程初步设计审批意见，该厂为区域性电厂，以 220kV 解决当地供电问题，以更高一级电压等级送东北主网南部，应采用 500kV 电压等级。1978 年 2 月 13 日，水利电力部以（78）水电计字第 56 号《请审批元宝山—辽阳—海城五十万伏送变电工程计划任务书的报告》上报国家计划委员会，提出力争 1979 年底建成先以 220kV 电压向电网送电，其中辽阳至海城段拟作为 500kV 送变电设备的试验线段。1978 年 5 月 27 日，水利电力部以（78）水电计字第 215 号文紧急上报国家计划委员会，再次建议该线路列入 1978 年基建计划。1978 年 7 月 29 日，国家计划委员会印发计计（1978）514 号《关于辽宁元宝山经锦州辽阳至海城输变电工程计划任务书的复文》，同意建设元宝山经锦州辽阳至海城 500kV 输变电工程及相应通信试验工程，同意该项目追列入 1978 年基本建设计划，指出建设 500kV 电压等级的超高压输变电工程在我国是一项新的工作，请水利电力部会同第一机械工业部组织有关科研设计、制造、施工单位共同配合、精心设计、精心研制、精心施工，力求做到技术上先进、经济上合理。1978 年 8 月 15 日，水利电力部以（78）水电计字第 258 号文转发国家计划委员会复文至东北电业管理局，要求按此安排工作。

1979 年 1 月 4 日，东北电业管理局以（79）东电计字第 3 号《报送锦州—海城 500 千伏送变电新建工程计划任务书》至水利电力部，建设锦州电厂向电网送电的配套工程。1979 年 2 月 26 日，水利电力部以（79）水电计字第 61 号文上报国家计划委员会。1979 年 10 月 4 日，国家计划委员会印发计燃（1979）554 号《关于锦州至海城五十万伏送变电工程设计任务书的复函》，同意建设 500kV 锦州变电站和锦州至海城 180km 输电线路。

二、工程概况

1. 建设规模

元锦辽海 500kV 输变电工程包括新建锦州（董家）500kV 变电站、辽阳 500kV 变电站、海城（王石）500kV 变电站，新建元宝山—锦州—辽阳 500kV 线路（简称元锦辽线）、锦州—海城—辽阳 500kV 线路（简称锦海辽线），建设相应的通信及二次系统设备。元锦辽海 500kV 输变电工程示意图如图 1-24 所示。

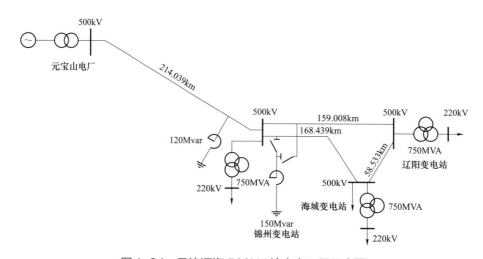

图 1-24　元锦辽海 500kV 输变电工程示意图

（1）锦州（董家）500kV 变电站工程。锦州（董家）500kV 变电站位于辽宁省锦州市东北约25km处的大业乡董家村附近，安装主变压器1×75万kVA，500kV采用双母线带旁路接线方式、出线3回，安装500kV并联电抗器2组（元锦线1×12万kvar，锦辽线、锦海线共用1×15万kvar），220kV出线2回。

（2）辽阳500kV变电站工程。辽阳500kV变电站位于辽阳市西南方向21km，辽阳县沙岭乡王罗屯和夏家台两村之间，安装主变压器1×75万kVA，500kV采用双母线带旁路接线方式、出线2回，220kV出线6回，主变压器三次侧安装2台12万kVA调相机。

（3）海城（王石）500kV变电站工程。海城（王石）500kV变电站位于鞍山市东南40km处的海城市王石乡，安装主变压器1×75万kVA，500kV采用双母线带旁路接线方式、出线3回（大连间隔设备缓装），220kV出线5回，60kV侧安装并联电容器4×32Mvar、并联电抗器4×30Mvar。

（4）500kV输电线路工程。输电线路工程全线单回路架设，总长600.19km，分为元锦辽线（373.047km）、锦海辽线（226.972km）两个工程。全线杆塔1412基（元锦段492基、锦辽段372基、辽海段146基、锦海线402基）。

元锦辽线从元宝山电厂出线，经500kV锦州变电站，至500kV辽阳变电站（其中元锦段214.039km，锦辽段159.008km）。按大跨越设计6处（大凌河2处，老哈河、辽河、浑河、太子河各1处），跨越塔高度为60～80m。设计覆冰10mm。最大设计风速为32m/s。海拔为0～912m。一般线路，导线采用4×LGJQ-300，避雷线采用LBGJ-120（元锦段）、GJ-70（锦辽段）；大跨越线路，导线采用4×LGJJ-300，避雷线采用LBGJ-120（元锦段）、GJ-100（锦辽段）。

锦海辽线从500kV锦州变电站出线，经500kV海城变电站，至500kV辽阳变电站（锦海段168.439km，辽海段58.533km）。按大跨越设计4处（大凌河、辽河、浑河、太子河各1处），跨越塔高度为60～80m。设计覆冰10mm。最大设计风速为32m/s。一般线路，导线采用4×LGJQ-300，避雷线采用GJ-70（局部采用LGJ-185）；大跨越线路，导线采用4×LGJJ-300，避雷线采用GJ-100。

2. 参建单位

东北电业管理局500kV线路筹建处负责工程建设管理。锦州电业局、辽阳电业局、鞍山电业局分别负责变电工程建设管理，并负责属地范围内工程运行维护工作。

工程设计方面，东北电力设计院负责初步设计和施工设计。水利电力部科技司，电力科学研究院，电力规划设计院，电力建设研究所，东北电业管理局，东北、华东、西南、西北电力设计院，南京线路器材厂，四平线路器材厂，东北电业管理局送变电公司，中国科学院长春应用化学研究所等单位组成杆塔设计和金具设计三结合小组。

现场施工方面，锦州（董家）变电站施工单位是锦州市第一建筑工程公司（土建工程）、锦州电业局电力安装公司（电气安装及部分土建工程）；辽阳变电站施工单位是辽宁省第三建筑公司（土建工程）、东北电管局送变电公司（电气安装工程）；海城（王石）变电站施工单位是辽宁省第三建筑公司（土建工程）、东北电管局送变电公司（电气安装工程）；送电线路工程施工单位是东北电业管理局送变电公司、吉林省送变电公司和黑龙江省送变电公司。

超高压主设备制造方面，锦州（董家）变电站供货商有沈阳变压器厂（主变压器、500kV 电流互感器）、西安变压器厂（500kV 电抗器）、西安高压开关厂、西门子公司（500kV 断路器）、抚顺电瓷厂（500kV 避雷器）、西安电力电容器厂（500kV 电压互感器）。辽阳变电站供货商有西安变压器厂（主变压器）、沈阳高压开关厂和平顶山高压开关厂（500kV 断路器），抚顺电瓷厂（500kV 避雷器）、沈阳变压器厂（500kV 电流互感器）、瑞典 ASEA 公司（500kV 电压互感器）、哈尔滨电机厂（调相机）。海城（王石）变电站供货商有沈阳变压器厂（主变压器）、平顶山高压开关厂和日本日立公司（500kV 断路器）、法国 ALSTOM 公司（500kV 电流互感器）、西安电力电容器厂（500kV 电压互感器）。

3. 建设历程

1974 年 6 月，根据水利电力部科技便函通知，东北电力设计院组织技术骨干成立 500kV 设计小组，着手进行 500kV 系统规划、工程建设综合技术研究等工作。1975 年 7 月，水利电力部科技委正式下达 500kV 科研任务。东北电力设计院于 1975 年开始进行元宝山—鞍山—营口 500kV 电网系统规划、计划任务编制、线路设计技术条件书编制等工作。1976 年 4 月，"东北元锦辽海 500 千伏输变电系统科研协作组"（简称"科研协作组"）在北京成立，对系统稳定、过电压、变压器选型等开展了大量研究工作。1976 年还组成了东北电力设计院担任网长，全国电力系统科研、设计、施工、运行等单位和高校参加的 500kV 输变电技术情报网。1977 年 3 月，电力部在芜湖召开 500kV 超高压输变电工程设计技术条件书讨论及科研协调会。1978 年，水利电力部、第一机械工业部联合分别在保定、西安召开元锦辽海 500kV

输变电工程设备技术条件协调会。1978 年 8～9 月,"科研协作组"进行了相关技术研究和校验,为设备研制和工程建设打下了基础。

1978 年 7 月 29 日,国家计划委员会印发计计（1978）514 号《关于辽宁元宝山经锦州辽阳至海城输变电工程计划任务书的复文》。1979 年 10 月 4 日,国家计划委员会印发计燃（1979）554 号《关于锦州至海城五十万伏送变电工程设计任务书的复函》。

线路工程分为元锦辽线（373.047km,包括锦辽线、元锦线）、锦海辽线（226.972km,包括锦海线、辽海线）两个部分,实行分段、分期施工,先后建成投运。在锦州变电站、辽阳变电站建成之前,已建成的锦辽线、元锦线暂以 220kV 降压运行,满足相关电厂送出需求,发挥经济效益。

1979 年 1 月 16 日,国家基本建设委员会以（79）建发燃字第 19 号文批复水利电力部上报的《元锦辽 50 万伏送电线路新建工程初步设计审核意见》;1981 年 2 月 23 日,国家基本建设委员会以（81）建发燃字第 61 号文批复水利电力部上报的《锦海辽 500kV 送电线路新建工程初步设计审查意见》。

1979 年 11 月 27 日,电力部印发（79）电火字第 36 号《50 万伏锦州变电所初步设计审核意见》;1980 年 4 月 2 日,电力部印发（80）电火字第 18 号《五十万伏辽阳变电所初步设计审核意见》;1982 年 2 月 26 日,电力部印发（82）电火字第 11 号《五十万伏海城变电所初步设计审查意见的批复》。

1979 年 11 月 1 日,锦辽（董辽）线开工;1981 年 9 月 11 日,降压至 220kV 投入运行;1984 年 5 月 21 日,升压至 500kV 运行。

1980 年 7 月 1 日,元锦（元董）线开工;1982 年 12 月 7 日,降压至 220kV 投入运行;1985 年 11 月,升压至 500kV 运行。

1981 年 9 月,锦海（董王）线开工;1985 年 11 月 25 日,降压至 220kV 投入运行;1986 年 11 月 24 日,升压至 500kV 运行。

1982 年 10 月,辽海（辽王）线开工;1986 年 12 月 29 日,投入运行。

1980 年 6 月 22 日,锦州变电站、辽阳变电站开工。

1982 年 11 月 26 日,海城变电站开工。

1984 年 1 月 27 日,锦州变电站锦辽线间隔、主变压器开始试运行。

1985 年 11 月 27 日,锦州变电站、辽阳变电站正式投运。

1986 年 11 月 24 日,海城变电站投入运行。

1986 年 12 月 29 日,随着辽海线投入运行,元锦辽海 500kV 输变电工程全面建成投入运行。

三、建设成果

元锦辽海 500kV 输变电工程是我国"六五"期间重点电力工程，国家计划委员会、基本建设委员会、财政部、水利电力部、第一机械工业部等高度重视，对工程建设发挥了巨大推动作用。工程的成功建设有利于解决元宝山电厂、锦州电厂送出和辽宁南部地区用电紧张问题。作为 500kV 设备国产化的起步工程，为我国电工装备制造业的发展进步积累了宝贵经验，通过工程实践探索形成了标准化建设管理模式和规范，提升了施工技术水平。工程创新成果为我国大规模建设运行 500kV 超高压电网打下了重要基础，促进我国的超高压输变电技术迈上了一个新台阶。

工程创新成果先后获得了一系列重要奖项和荣誉：《500 千伏输变电技术研究（部分成果）》获 1978 年全国科学大会奖；元锦辽 500kV 送变电工程 1987 年获国家级优秀设计金质奖、国家科技进步二等奖；锦海辽 500kV 送变电工程 1991 年获部级优秀设计奖。海城 500kV 变电站工程 1990 年获辽宁省优质工程称号。

工程建成后原貌如图 1-25～图 1-31 所示。

图 1-25　20 世纪 80 年代初元宝山发电厂

图 1-26 锦州（董家）500kV 变电站

图 1-27 辽阳 500kV 变电站

图 1-28 海城（王石）500kV 变电站

图 1-29　元锦辽海 500kV 输变电工程输电线路 1

图 1-30　元锦辽海 500kV 输变电工程输电线路 2

图 1-31　元锦辽海 500kV 输变电工程输电线路 3

第六节　广东—海南 500kV 交流联网海底电缆工程

广东—海南 500kV 交流联网海底电缆工程是中国第一个 500kV 长距离大容量跨海输电工程，也是世界上继加拿大本土至温哥华岛 500kV 交流海底电缆工程之后的第二个同类工程，2009 年 6 月 30 日正式投运。

一、工程背景

2000 年 3 月，国家"十五"计划提出"建设西电东送的北、中、南三条大通道，推进全国联网。"2001 年 1 月，国家经济贸易委员会发布《电力工业"十五"规划》，设想到 2005 年末除新疆、西藏、海南外，中国大陆各相邻电网基本实现互联。2002 年 2 月，《电力体制改革方案》印发，海南电网划入新成立的中国南方电网有限责任公司。

"十五"期间，海南电网是一个孤立电网，电网装机规模小，而发电机组容量较大，电网频率合格率差，安全稳定水平较低。发电机组故障跳闸时常造成低频减载动作，引起一定范围的停电。"十五"期间，海南电网负荷增速加快，但省内可开发的水电资源有限，建设新的燃煤电厂又受到环保制约，电源建设不确定因素较多，电网面临缺电困扰。2005 年 9 月，"达维"台风给海南电力设施造成重创，电网系统全部瓦解，出现历史罕见的全省范围大面积停电，海南电网孤网运行、电网结构薄弱、大机小网、供电可靠性低、抗灾能力差等问题更加凸显。因此，在全国联网大格局下，为满足海南省经济社会发展需要，提高海南电网的运行可靠性和供电质量，迫切需要建设"效益型"与"送电型"结合的海南联网工程，实现海南电网与南方电网主网相联，从根本上解决海南电力发展问题，保障海南经济社会又好又快发展。

2001 年，受海南省电力公司委托，中南电力设计院借鉴国外有关超高压海底电缆联网工程经验，结合海南联网工程实际，对近期联网、远期过渡等问题进行大量计算和论证，拟定了交、直流联网的多个方案，完成了《海南联网工程初步可行性研究报告》。

2002 年 6 月，国家电力公司南方公司正式启动海南联网一回工程可行性研究工作，中南电力设计院从海南能源资源和能源平衡、南方电力市场及电力流向等不同角度，对联网的必要性进行了论证，对主要影响联网工程造价的海底电缆，向国外多家电缆厂商进行了咨询；补充了联网规模的论证、不同联网方案的优化比选、联网推荐方案的电气计算和有关专题研究工作；开展了工程选站（所）、送电线路的工程选线，重点是跨越琼州海峡海底电缆路径的选择工作；完善了投资估算、财务评价和相关经济分析工作；提交了《南方电网和海南电网联网工程可行性研究（中间）报告》。2003年6月20~21日，中国南方电网有限责任公司（简称南方电网公司）委托电力规划设计总院召开了可研（中间）报告的评审会议，明确了"根据联网效益，联网输电容量占海南电网负荷比例，以及联网两端的内部网架适应性，联网规模选300MW~600MW为宜，考虑未来电网发展的适应性和海底输电通道资源的有限性以及路由的困难性，建议本次联网规模按600MW为主开展下一步工作，海底电缆路由远期留有增容至1200MW左右的可能性"。2003年8月13日，电缆海底路由及海底走廊宽度由国家海洋局南海分局在广州组织会议进行了协调并印发《南方电网琼州海峡海底电缆路由协调会会议纪要》，除满足本期600MW、一回交流线路的要求外，还预留了远期增容至1200MW左右、两回交流线路的条件。

2003年12月，南方电网公司组织两个考察团对国外四个电缆厂和多个交直流海底联网工程进行了考察，结合国外工程经验补充了相关研究，最终提出了《南方电网与海南电网联网工程可行性研究》报告。2004年2月12~13日，受南方电网公司委托，中国电力工程顾问集团公司在海口主持召开了南方电网主网与海南电网联网工程可行性研究评审会议。2004年5月26日，取得中国电力工程顾问集团公司评审意见（电顾规划〔2004〕4号）。2005年10月27日，国家发展和改革委员会印发了发改能源〔2005〕2209号《国家发展改革委关于海南联网工程核准的批复》。

二、工程概况

1. 建设规模

广东—海南500kV交流联网工程额定输送容量600MW，联网线路采用架空线路和海底电缆混合方式。工程起于广东湛江市港城500kV变电站，经110.236km架空线路接入徐闻县徐闻高抗站，再经15.190km架空线路到达徐闻县南岭海缆终端站，然后通过30.2km海底电缆穿越琼州海峡到达海南澄迈县林诗岛海缆终端站，再经13.468km架空线路进入澄迈县福山500kV变电站。工程核准动态总投资暂按12亿元控制，初步设计工程总投资26亿元。广东—海南500kV交流联网工程示意图如图1-32所示。

（1）港城 500kV 变电站扩建工程。扩建港城变电站 500kV 出线间隔 1 个，出线上装设高压并联电抗器 1×150Mvar。

（2）徐闻 500kV 高抗站。500kV 出线 2 回（北至港城变电站，南至南岭海缆终端站），南侧出线上装设高压并联电抗器 2×180Mvar。

（3）福山 500kV 变电站。安装变压器 1×750MVA，500kV 出线 1 回（至林诗岛海缆终端站）、出线上装设 2 组高压并联电抗器（150Mvar+180Mvar）；220kV 出线 5 回（至海口电厂 2 回、洛基 2 回、官塘 1 回）；主变压器低压侧装设 3×45Mvar 低压电抗器和 2×45Mvar 低压电容器。

（4）南岭 500kV 海缆终端站。主要设备有海缆终端、避雷器、海缆油泵站等。其中海缆终端是海底电缆与架空线路连接过渡的重要设备，由挪威 Nexans 公司提供，现场手工制作安装，顶部通过接线端子与架空线路相连。

（5）林诗岛 500kV 海缆终端站。主要设备与 500kV 南岭海缆终端站相同。

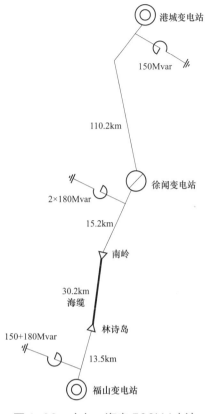

图 1-32 广东—海南 500kV 交流联网工程示意图

（6）架空线路。包括 500kV 港城变电站—徐闻高抗站—南岭终端站、500kV 林诗岛终端站—福山变电站两部分，总长度为 138.9km，导线截面积采用 4×300mm²。

（7）海底电缆。海底电缆采用挪威 Nexans 公司产品，单根长度约为 30.2km，规格为交流 500kV 铜芯单芯自容式牛皮纸绝缘铅护套聚乙烯护套充油电缆，外被铜线铠装，导体截面积为 800mm²，油道内径为 30mm，电缆总外径为 139mm，空气中质量为 47.93kg/m，额定载流量为 815A。深水区电缆敷设间隔平均为 100～150m，走廊宽度约 2km（含海南联网二回规划路由）。

2. 参建单位

南方电网公司是工程项目法人，直接领导工程建设工作，包括确定总体目标、审批工程招标及设备选型等重大事项，审查重大技术方案和专题研究成果，指导协调工程建设工作。中国南方电网有限责任公司超高压输电公司作为项目建设主体，全面负责工程组织实施及运维管理。

工程设计方面，中南电力设计院负责海缆方案，以及福山变电站、徐闻高抗站、南岭终端站、林诗岛终端站、线路四标段设计；广东省电力设计研究院负责港城变电站二期扩建和线路一、二、三标段设计。

现场建设方面，江西诚达监理公司负责福山变电站、线路四标段监理；广东天安工程监理公司负责港城变电站二期扩建，以及徐闻高抗站和线路一、二、三标段监理；广东天广工程监理咨询公司负责南岭终端站、林诗岛终端站及海底电缆工程监理；贵州送变电公司负责福山变电站土建及线路二标段、线路四标段施工；安徽送变电公司负责福山变电站电气安装；广东省输变电公司负责港城变电站二期扩建及徐闻高抗站、线路三标段施工；广东威恒输变电工程公司负责林诗岛终端站施工；葛洲坝集团电力公司负责南岭终端站施工；挪威 Nexans 公司负责海底电缆敷设；广西送变电公司负责线路一标段施工。

3. 建设历程

2005 年 10 月 27 日，广东—海南 500kV 交流联网工程获得国家发改委核准。

2007 年 2 月 10 日，广东—海南 500kV 交流联网工程开工建设。

2009 年 3 月 11 日，海底电缆开始敷设。

2009 年 3 月 29 日，完成三根海底电缆的敷设。

2009 年 4 月 1 日，开始实施海缆冲埋保护。

2009 年 6 月 30 日，广东—海南 500kV 交流联网工程投入运行。

2011 年 2 月 23 日～3 月 23 日，完成海缆二次冲埋，共完成 204 段，冲埋作业长度为 4348m，有效冲埋长度为 2295m。

2011 年 9 月 11 日～12 月 23 日，完成海缆抛石保护工作，抛石施工作业长度为 22625m，共 271 段，抛石总量达 26 万 t。

三、建设成果

工程建成投运后，海南电网与南方电网主网实现联网，从根本上解决了海南电网孤网运行问题，有效提高了海南电网的供电质量和安全可靠性，为海南电网与南方主网之间电力互送、调剂余缺、获得紧急事故支援创造了条件，也有利于覆盖南方五省（区）的南方统一电网的形成，有助于推进泛珠三角区域能源合作。

依托工程实践，系统地研究了包括海底电缆选型、路由设计、机械保护方式、路由监控、埋深检测、抛石保护、交接试验、海缆与架空线混合线路参数测量、绝缘油混合替代、海底电缆故障识别及定位、紧急油流模式下的海缆供油、备缆维护管理、海南电网与南方电网主网联网后系统安全运行等一系列技术问题，掌握了具有国际先进水平的海底电缆联网工程设计、施工、运维关键技术，特别是在抛石保护与路由监控技术方面达到国际领先水平，填补了国内空白，可以为后续海底电缆工程提供宝贵经验。

工程建成后面貌及施工场景如图 1-33～图 1-40 所示。

图 1-33 港城 500kV 变电站

图 1-34 徐闻 500kV 高抗站

图 1-35　南岭 500kV 海缆终端站

图 1-36　林诗岛 500kV 海缆终端站

图 1-37　福山 500kV 变电站

图 1-38　500kV 架空输电线路

图 1-39　海上施工船作业

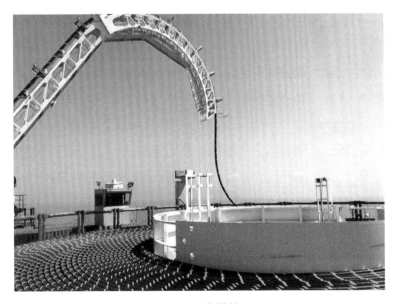

图 1-40　海缆施工

第七节　上海静安（世博）500kV 输变电工程

静安 500kV 变电站是世界第二座、中国首座 500kV 全地下变电站，静安变电站—三林变电站双回 500kV 电缆线路是中国第一个长距离 500kV 交联聚乙烯绝缘电缆线路工程，也是世界上首个采用 500kV 整体预制式中间接头的交联聚乙烯绝缘电缆线路工程。工程于 2010 年 4 月 16 日建成投运。

一、工程背景

进入 21 世纪发展新阶段，党中央、国务院高度重视上海市转型发展，要求将上海建设成为国际经济、金融、贸易、航运中心和现代化国际大都市。随着上海经济社会快速发展，电网负荷高速增长，2004 年上海中心区域最高负荷达到 830 万 kW（中心区域内电力主要依靠 220kV 线路送入，仅有浦东杨高 1 座 500kV 变电站，容量为 2×75 万 kVA），未来还将大幅增长，需要增加 500kV 变电容量以满足需求。2002 年 12 月，上海市电力公司在《上海电力系统安全战略研究》中首次提出将 500kV 终端变电站深入城市中心的设想。2003 年 6 月，《上海市电网电源十一五发展规划和 2020 年远景目标前期研究》明确在上海市中心区规划 500kV 静安变电站。

由于城市中心区域国土空间资源高度紧张，电网发展受到城市规划、环境保护等因素的严格限制，架空输电线路和室外变电站建设面临的制约因素越来越突出。2004 年，上海市电力公司提出在城市中心公用事业用地建设 500kV 地下变电站的构想，以满足上海市城区不断增长的用电需求，为 2010 年世博会提供可靠电力供应，获得了上海市政府的原则性同意。2005 年 7 月 29 日，国家电网公司向国家发展和改革委员会上报《关于上海世博静安 500 千伏输变电项目核准的请示》（国家电网发展〔2005〕498 号）。2006 年 9 月 25 日，国家发展和改革委员会印发《国家发展改革委关于华东电网玉环送出等 500 千伏输变电工程项目核准的批复》（发改能源〔2006〕1998 号），同意建设上海静安（世博）500kV 输变电工程。

二、工程概况

1. 建设规模

核准建设内容包括：新建静安（世博）500kV 变电站，安装 2 台 500kV 变压器，容量为 2×150 万 kVA，2 台 220kV 变压器，容量为 2×30 万 kVA；建设静安变电站—三林变电站双回 500kV 地下电缆 2×17.2km；相应的二次系统工程和无功补偿设备。工程核准动态投资为 270824 万元，由上海市电力公司出资建设。

（1）静安（世博）500kV 变电站。该变电站位于上海市静安区北京西路、成都北路、山海关路、大田路合围的区域内。地下变电站建筑设计为筒形地下四层结构，筒体外径为 130m，基坑开挖深度为 34m，地面上为静安雕塑公园。地下 1 层（-11.5m）布置 220、110、35kV GIS 及 1 号继电器室及生产辅助设施；地下二层（-16.5m）布置电缆隧道接口、电缆层等；地下三层（-26.5m）是主设备区，包括 500kV 主变压器、GIS，220kV 主变压器、电抗器，66kV 配电装置，35kV 电抗器、接地变压器，2 号继电器室等；地下四层（-31.0m）为电缆层、变压器/电抗器基础和油池、辅助生产设施等。

静安（世博）变电站为 500kV 变电站（500/220/66kV）和 220kV 变电站（220/110/35kV）合建。本期安装 500kV 单相自耦中压侧无励磁调压变压器 2×150 万 kVA，220kV 三相三绕组高压侧无励磁调压变压器 2×30 万 kVA。配电装置均采用 GIS 组合电器设备，500kV 本期 2 回电缆进线（三林开关站），220kV 本期进线 1 回、出线 13 回，110kV 出线 12 回，35kV 出线 36 回。66kV 侧装设并联电抗器 8×60Mvar，35kV 侧装设并联电抗器 2×30Mvar，另外预留 3 台 220kV 高抗。

（2）静安变电站—三林变电站双回 500kV 电缆线路。电力电缆隧道工程起于北京西路静安（世博）500kV 变电站，止于华夏西路 500kV 三林变电站，全长 15.264km，沿线经过上海市静安区、黄浦区、浦东新区，共设 14 个工作井。其中 0～6 号工作井、8～10 号工作井为盾构法隧道，内径为 ϕ5.5m，长约 8.89km，隧道断面分 4 个区域，下半区 3 回 500kV 电缆，1 回 220kV 电缆；6～8 号工作井、10～14 号工作井为顶管法隧道，内径为 ϕ3.5m，长约 6.21km，支架两侧布置共分五层，500kV 电缆布置在最下层，其上为专用接头层，中层布置 500kV（规划）和

220kV 电缆，次上层布置 220kV 电缆和接头，最上层敷设控制电缆。

500kV 电力电缆产品，回路 1 采用铜芯 2500mm² 单芯交联聚乙烯绝缘平铝护套低烟无卤阻燃外护套电力电缆，外径为 152mm，空气中的质量为 39.5kg/m，总长约 15.615km；回路 2 采用铜芯 2500mm² 单芯交联聚乙烯绝缘波纹铝护套聚氯乙烯阻燃外护套电力电缆，外径为 167mm，空气中的质量为 42.6kg/m，总长约 15.657km。

2. 参建单位

上海市电力公司行使项目法人职能，上海市电力公司电网建设公司为项目建设单位，上海市电力公司超高压输变电公司负责变电站运行维护工作，上海市电力公司检修公司负责电缆运行维护工作。

工程设计方面，华东电力设计院负责静安（世博）变电站工程，上海电力设计院负责电力隧道和电缆工程。

设备制造方面，500kV 变压器由中国机械设备（香港）有限公司制造，220kV 变压器由西门子变压器有限公司制造，500kV 电缆由日本 VISCAS 公司（回路 1）、法国 NEXANS 公司（回路 2）制造，500kV GIS 由 ABB 瑞士有限公司制造，220kV GIS 由河南平高东芝高压开关有限公司制造，126/72.5kV GIS 由苏州阿海珐高压电气开关有限公司制造，66、35kV 电抗器由日本 ITOCHU 公司制造。

现场建设方面，建筑工程施工单位为上海建工集团，土建监理单位为上海建科监理有限公司；电气安装单位为上海送变电工程公司，电缆安装单位为上海电力电缆工程有限公司，电气调试单位为上海送变电工程公司和华东电力试验研究院有限公司，电气监理单位为上海电力工程建设监理有限公司。

3. 建设历程

2005 年 8 月，上海市发展和改革委员会同意先行开展静安变电站项目建设准备工作。2005 年 12 月 18 日，静安变电站土建工程开工。2006 年 7 月 15 日，完成静安变电站地下连续墙施工。2006 年 12 月 31 日，完成静安变电站桩基施工。2007 年 7 月 5 日，北京西路—华夏西路电力电缆隧道工程开工。2008 年 5 月 31 日，静安变电站完成逆作法土方开挖及结构施工，建筑结构封底。2009 年 1 月 2 日，静安变电站电气主设备开始安装。2009 年 7 月 10 日，隧道 1～2 号进洞，标志着电力电缆隧道全线顶通。2009 年 9 月底，静安变电站工程调试开始。2009 年 11 月 20 日，电缆隧道全线建设完成。2010 年 1 月底，静安变电站自动化调试工作结束。2010 年 3 月 18 日，静安变电站开始启动。2010 年 4 月 16 日，上海静安（世博）500kV

输变电工程竣工投运。

三、建设成果

静安（世博）500kV 变电站是继日本东京电力公司 2000 年 11 月建成的新丰洲变电站之后，世界上第 2 座 500kV 地下变电站。500kV 进线两回电力电缆敷设于北京西路—华夏西路电力隧道中，是中国第一个长距离 500kV 交联聚乙烯绝缘电缆工程，线路最长、接头数量最多。上海静安（世博）500kV 输变电工程的建成投运，有利于解决上海浦西内环线内中心城区电力供应日益紧张问题，满足 2010 年世博会供电需要，具有改善中心城区电网结构、增加降压容量、优化中心城区供电模式、提高供电可靠性等作用，对于建设现代城市电网、促进绿色发展和可持续发展具有重要意义。

工程建设取得了多项创新成果，如国内第一个多级降压的 500kV 地下变电站，大容量 500kV 变电站和电缆（设计容量 180 万 kW）深入城市中心，超大容量变压器（华东地区最大）应用；首次设计完善的全站工业控制系统；首次采用压入型闭式喷淋冷却塔，全三维设计实现碰撞检测和实时漫游；世界上首个采用 500kV 整体预制式中间接头的交联电缆工程；首次实现 500kV 交联聚乙烯绝缘电缆在超长距离隧道内敷设并成功应用"全机械、全自动、全输送、全变频"敷设方式；首次采用电缆水平终端以最短路径和 500kV GIS 连接；首次采用圆形地下结构逆作法；首次在上海地区提出了抓斗式成槽和铣削式成槽相结合的地下连续墙成槽技术；首次在上海采用桩侧后注浆灌注桩抗拔桩技术；通过大量新技术的采用和全方位全过程的信息化监控，成功实现超深基坑和深层地下结构的安全实施等。此外，隧道工程穿越中心城区各类障碍物，包括轨道交通、黄浦江与大型市政设施，攻克诸多技术难关，在施工过程中留下了大量现场数据和施工方案，为后续城市中心区域电力电缆隧道的建设积累了宝贵经验。

上海静安（世博）500kV 输变电工程获得了一系列重要奖项和荣誉：2007 年度上海市双观摩工程、2007 年度上海市节约型工地样板工程、2008 年度市优质结构、2008 年度市优质安装工程、2009 年度上海市建设工程白玉兰奖、2010～2011 年度中国建设工程鲁班奖（国家优质工程）。此外，"上海中心城 500 千伏地下变规划研究"获 2006 年上海市优秀工程咨询成果一等奖，"500 千伏世博输变电工程可行性研究"获 2007 年电力行业优秀工程咨询成果一等奖，"地下变电站大型设备的运输及吊装方案研究"项目获2009年中国电力建设科学技术成果二等奖,"高压电力电缆隧道消防关键技术研究及其应用"获 2009 年度中国电力建设科学技术成果一等奖、2009 年度公安部消防局科学技术奖二等奖、2009 年度中国施工企业管理协会科学技术奖技术创新成果一等奖,"电力隧道施工控制及运营维护管理与数字化技术研究"荣获国家版权局颁发的计算机软件著作权。

工程效果图及建成后面貌如图 1-41~图 1-45 所示。

图 1-41　静安（世博）500kV 变电站全地下四层筒形结构效果图

图 1-42　静安（世博）500kV 变电站俯瞰图

图 1-43 静安（世博）500kV 变电站设备 1

图 1-44 静安（世博）500kV 变电站设备 2

图 1-45 500kV 交联聚乙烯绝缘电缆线路

第八节 舟山 500kV 联网输变电工程

舟山 500kV 联网输变电工程是中国 500kV 电压等级建设规模最大、技术难度最高的跨海联网工程，西堠门大跨越为当时世界第一输电高塔（380m），500kV 交联聚乙烯绝缘海底电缆为世界首次工程应用。

一、工程概况

舟山群岛位于浙江省东北部的东海之滨，是长江流域和长江三角洲对外开放的海上门户和通道，是国家级新区、江海联运服务中心、自由贸易试验区等国家级战略的叠加区域。随着舟山群岛开发开放推进，电力需求呈爆发式增长，迫切需要与大陆实现坚强联网，为舟山经济社会发展提供稳定可靠的电力保障。基于舟山特殊的地理环境，敷设海底电缆或架设海上大跨越输电线路是实现联网的必选之策。

海底电缆按照绝缘型式分为充油、交联聚乙烯两种。交联聚乙烯绝缘海底电缆在落差适应性、运行维护便利性等方面优于充油海底电缆，是海底电缆未来的技术发展方向。2016 年之前，交流海底电缆电压等级最高为 500kV，只有充油型，技术掌握在 Nexans 等少数国外厂商手中。随着我国电缆产业的发展，截至 2015 年底，国内制造企业、试验单位已经掌握了交流 220kV 交联聚乙烯绝缘海底电缆技术，具备制造交流 500kV 交联聚乙烯绝缘海底电缆的条件。

世界上最早的输电线路大跨越是美国 1925 年建成的 20kV 电压等级 Tacoma 大跨越（跨距 1920m，塔高 96m）。中国第一个输电大跨越是 1960 年 3 月建成投运的 220kV 武汉沌口长江大跨越（跨距 1722m，钢筋混凝土塔高 135.65m，地线钢架最高悬挂点高 146.75m），电压等级和塔高均为亚洲第一。20 世纪 80 年代后，中国大跨越工程迅猛发展，1987 年建成的 500kV 狮子洋珠江大跨越（跨距 1547m，组合角钢塔高 235.5m）成为中国首个世界第一高塔；1992 年建成的 500kV 南京大胜关长江大跨越（跨距 2053m，钢筋混凝土塔高 257m）再次刷新世界纪录，至今仍然是世界上最高的混凝土结构输电塔；此后，2004 年建成投运的 500kV 江阴长江大跨越（跨距 2303m，组合角钢塔高 346.5m），2010 年建成投运的 500kV 舟山螺头水道大跨越（跨距 2756m，钢管混凝土塔高 370m）又先后刷新世界纪录。

2011 年 6 月 30 日，国务院以国函〔2011〕77 号文件批准设立浙江舟山群岛新区，这是继上海浦东、天津滨海和重庆两江后又一个国家级新区，也是我国首个以海洋经济为主题的国家级新区。2013 年，开展浙江舟山群岛新区建设三年（2013 年～2015 年）行动计划。2013～2015 年，投资 3000 亿元加快基础设施建设，舟山生物燃料乙醇、新奥国际液化天然气、富通电缆、中浪环保、永凯制糖等一批大项目落户舟山。2015 年 2 月，作为立足国际视野、打造"21 世纪海上丝绸之路"重要节点的具体举措，国家发展和改革委员会同意在舟山规划建设世界级大型、综合、现代化的石化产业基地。舟山电网用电需求迅猛增长。

2015 年，国网浙江省电力公司组织开展舟山 500kV 联网输变电工程可行性研究，决定采用"海缆+架空"方案，自主研发、制造、建设、试验世界首条 500kV 交联聚乙烯绝缘海底电缆和建设 2 座 380m 世界第一输电高塔，实现舟山与大陆超高压联网。2015 年 11 月 11～12 日工程可研报告通过评审，2016 年 1 月 7 日印发评审意见（电规规划〔2016〕15 号），2016 年 5 月 4 日获得国家电网公司批复（国家电网发展〔2016〕419 号）。2016 年 5 月 6 日，国网浙江省电力公司向浙江省发展和改革委员会提交《关于申请核准浙江舟山 500 千伏联网输变电工程项目的请示》（浙电发展〔2016〕375 号）。2016 年 5 月 31 日，浙江省发展和改革委员会印发《省发展改革委关于舟山 500 千伏联网输变电工程项目核准的通知》（浙发改能源〔2016〕342 号）。

二、工程概况

1. 核准建设规模

（1）第一联网通道部分。

春晓 500kV 变电站扩建至舟山变电站 500kV 间隔 2 个，扩建 1×6 万 kvar 低压电抗器；利用已建 220kV 春晓—舟山线路形成 500kV 春晓—舟山线路，新建、改造线路 2×61km。

（2）第二联网通道部分。

扩建舟山 500kV 变电站，装设主变压器 2×100 万 kVA，500kV 出线 3 回，220kV 出线 10 回，装设高压电抗器 1×18 万 kvar、低压电抗器 3×6 万 kvar、低压电容器 2×6 万 kvar。新建镇海 500kV 变电站，装设主变压器 1×100 万 kVA，500kV 出线 5 回，220kV 出线 8 回，装设高压电抗器 1×18 万 kvar、低压电抗器

2×6万kvar、低压电容器2×6万kvar。新建500kV镇海海缆终端站和舟山海缆终端站。新建镇海—舟山500kV线路，总长52.5km。其中，架空线路35.5km（含与220kV同塔四回13km），海底电缆17km（三相分开敷设，截面积1800mm²）。北仑—句章500kV双回线路π进镇海变电站，新建线路（4×12+2×1.4）km；改造110kV瀣浦线。句章500kV变电站保护改造。

舟山500kV联网输变电工程动态投资估算481262万元，由国网浙江省电力公司出资，工程示意图如图1-46所示。

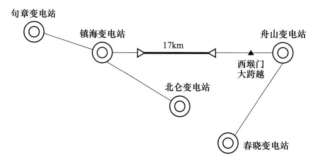

图1-46　舟山500kV联网输变电工程示意图

2.建设内容

（1）第一联网通道子项工程。

春晓—舟山500kV线路工程全长59.083km，同塔双回架设，其中原线路升压20.7km，新建架空同塔双回线路38.383km，导线采用4×JL1/LB20A-300/40铝包钢芯铝绞线。

春晓500kV变电站扩建2个500kV出线间隔，4号主变压器低压侧扩建1组60Mvar低压并联电抗器。

（2）第二联网通道子项工程。

镇海—舟山500kV线路工程一般线路：新建同塔双回路20.758km，同塔四回路3.614km。其中500kV导线采用4×JL1/LB20A-300/40铝包钢芯铝绞线，220kV导线采用2×JL1/LB20A-400/35铝包钢芯铝绞线。

镇海—舟山500kV线路工程海底电缆：新建1回海底电缆，路径长度为17km。采用单芯截面积为1800mm²的交联聚乙烯绝缘复合光纤海底电缆，陆上段采用电缆沟方式敷设，水下段采用冲埋方式敷设。

镇海—舟山500kV线路工程西堠门大跨越：采用"耐—直—直—耐"跨越方式，

杆塔 5 基，耐张段长 4193m，跨越档距分别为 1016、2656、521m，为 500kV 与 220kV 同塔四回路设计，导线均采用 4×JLB23-380 铝包钢绞线，地线采用 2×OPGW-300 不锈钢管层绞式四层绞合全铝包钢结构。跨越塔分别位于金塘岛、册子岛，呼高 293m，全高 380m，为当时世界第一输电高塔，铁塔各项设计参数也达到了世界之最。

镇海—舟山 500kV 线路工程沥港跨越：位于大鹏岛—金塘岛之间，采用"耐—耐"跨越方式，线路长 1050m，为双回路线路。导线采用 2×JLHA1/EST-800/100 特强钢芯铝合金绞线，地线采用 2×OPGW-185。呼高 33m，全高 65.5m。

镇海—舟山 500kV 线路工程桃夭门大跨越：位于册子岛—富翅岛之间，采用"耐—直—耐"跨越方式，线路长 2526m，同塔四回路建设，500kV 和 220kV 导线均采用 4×JLB23-380 铝包钢绞线，地线采用 2×OPGW-300。桃夭门 1 号塔为 SSMT1 型铁塔，呼高为 36m，全高 85m。桃夭门 2 号塔为 SSZK3 型铁塔，呼高为 150m，全高 224.4m。

镇海—舟山 500kV 线路工程响礁门跨越：位于富翅岛—舟山本岛之间，采用"耐—直—直—耐"跨越方式，线路长 1987m，同塔四回路架设。500kV 导线采用 2×JLHA1/EST-800/100 特强钢芯铝合金绞线，220kV 导线采用单根 JLHA1/EST-1000/80 特强钢芯铝合金绞线，地线采用 2×OPGW-185。响礁门 1 号塔采用 SSMT3 型铁塔，呼高 90m，全高 145m。响礁门 2、3 号塔采用 SSZK2 型铁塔，呼高 110m，全高 176.55m。响礁门 4 号塔采用 SSMT2 型铁塔，呼高 39m，全高 91m。

北仑电厂—句章开断接入镇海变电站 500kV 线路工程：新建架空线路同塔四回路 11.176km，同塔双回路 1.808km；导线采用 4×JL/G1A-630/45 钢芯铝绞线。

镇海 500kV 变电站新建工程：本期建设 100 万 kVA 主变压器 1 组；500kV 出线 5 回，采用 GIS 组合电器户外布置；220kV 出线 8 回，采用 GIS 组合电器户外布置。

舟山 500kV 变电站新建工程：本期建设 100 万 kVA 主变压器 2 组；500kV 出线 3 回，采用 HGIS 组合电器户外布置；220kV 出线 10 回，采用 GIS 组合电器户外布置。

镇海 500kV 海缆终端站新建工程：装设 500kV 避雷器 1 组，户外布置。

舟山 500kV 海缆终端站新建工程：装设 500kV 避雷器 1 组，户外布置。

句章 500kV 变电站保护改造工程。

3. 参建单位

2016 年 11 月，国网浙江省电力公司成立以董事长为组长的建设领导小组，以副总经理为总指挥的工程建设指挥部。2018 年 4 月国网浙江省电力有限公司建设分公司成立后，组建以主要领导为组长的工程领导小组，以分管领导为总指挥的现场指挥部。

国网浙江省电力有限公司行使项目法人职责，国网浙江省电力有限公司建设分公司行使建设管理职责，国网浙江省电力有限公司检修分公司负责 4 个变电站的运行维护工作，宁波供电公司、舟山供电公司负责输电线路及 2 个海缆终端站的运行维护工作及工程建设属地协调工作。

2016 年 12 月 6 日，国家电网公司基建部成立工程技术支撑保障组和科研攻关小组（见基建技术〔2016〕121 号），联合浙江大学、西安交通大学、中国电力科学研究院等 27 家学术科研机构和各行业专家，开展海底电缆、特高塔、滩涂变电站 3 大方向共 22 项课题研究。

工程设计方面，江苏省电力设计院负责镇海 500kV 变电站设计，浙江省电力设计院负责其余子项工程设计。

设备制造方面，宁波东方电缆股份有限公司、中天科技海缆有限公司、江苏亨通高压海缆有限公司等负责制造 500kV 交联聚乙烯绝缘海底电缆（HYJQ71-F-290/500kV-1×1800mm^2+2×12B）；浙江盛达铁塔公司、温州泰昌铁塔公司等负责大跨越杆塔制造；保定天威保变电气股份公司负责主变压器（ODFS-334000/500）制造。

现场建设方面，浙江电力建设工程咨询有限公司负责工程现场监理；浙江火电建设有限公司负责镇海 500kV 变电站土建施工；江苏省送变电公司负责沥港跨越、桃天门大跨越、响礁门跨越、镇海 500kV 变电站电气安装施工；浙江省送变电公司负责其余子项工程施工，包括建设 380m 高塔和敷设 17km 海底电缆。

4. 建设历程

2016 年 12 月 28 日，工程开工建设。

2017 年 8 月 22 日，西堠门大跨越 380m 高塔基础施工首例试点。

2017 年 11 月 8 日，西堠门大跨越 380m 高塔开始组立。

2018 年 10 月 1 日，西堠门大跨越 380m 高塔结顶。

2018 年 11 月 9 日，西堠门大跨越开始直升机加高速张力机展放钢导引绳。

2018 年 11 月 14 日，世界首条 500kV 交联聚乙烯绝缘海底电缆开始敷设。

2018 年 12 月 16 日，镇海变电站、北句线 π 接工程启动投产。

2018 年 12 月 19 日，海底电缆主体工程完工。

2018 年 12 月 24 日，西堠门大跨越全线贯通。

2019 年 1 月 3 日，世界首条 500kV 交联聚乙烯绝缘海底电缆顺利通过安装后电气试验。

2019 年 1 月 15 日，镇舟线、舟山变电站启动投产。

2019 年 1 月 30 日，春晓变电站扩建启动投产。

2019 年 10 月 15 日，春舟线启动投产，工程全面建成投产。

三、建设成果

工程秉承"追求卓越、铸就经典"的国优精神，采用"产学研用一体化"创新模式，成功构建了以超高压海底电缆、特高塔、滩涂变电站为主体的，具有完全自主知识产权、国际领先的超高压海洋输电技术体系，为输电线路超长大跨越建设、岛礁电网互联互通和海上风电集中送出提供了"中国方案"。

工程先后获得 2021 年国家优质工程金奖、2021 年度国家水土保持示范工程、第十四届中国钢结构金奖国家级奖项 3 项，获 2021 年度中国电力优质工程等省部级质量奖 1 项，获"2020 年工程建设项目绿色建造设计水平评价一等成果"等省部级优秀设计奖 5 项（其中一等奖 4 项），获省部级科技进步奖 13 项（其中一等奖 3 项），获发明专利 25 项、实用新型专利 84 项，获省部级 QC 成果 20 项（其中一等奖 8 项），出版《500kV 交联聚乙烯（XLPE）绝缘海底电缆工程技术》等专著 4 本，形成标准 15 项（其中行业标准 7 项、团体标准 3 项、企业标准 5 项，全方面涵盖海缆和大跨越设计、制造、试验、施工以及验收等环节）。工程取得的成果及创新如下。

（1）成功研发应用世界首条 500kV 交联聚乙烯绝缘海底电缆。自主研发、制造、敷设、试验世界首条 500kV 交联聚乙烯绝缘海底电缆，占据了国际海洋输电技术的制高点。中国电机工程学会成果鉴定委员会鉴定结论：该工程海底电缆关键技术为国际领先水平。

1）建立了 500kV 海底电缆电磁暂态仿真模型，提出了超高压海底电缆绝缘厚度设计方法。

2）创新提出铜丝铠装设计方案，在满足 40 年腐蚀寿命的情况下，载流量比相同条件钢丝铠装提升约 35%。

3）建立了交流 500kV 交联聚乙烯绝缘海底电缆大长度连续制造生产体系，首次实现了 18.15km、500kV 交联聚乙烯绝缘海底电缆一次性连续生产与工程应用。

4）自主研发应用世界首个 500kV 交联聚乙烯工厂接头，见图 1-47。

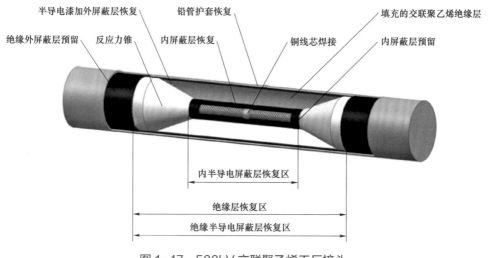

图 1-47　500kV 交联聚乙烯工厂接头

5）研发出 500kV 交联聚乙烯绝缘海底电缆现场快速抢修接头，见图 1-48。

图 1-48　500kV 交联聚乙烯绝缘海底电缆现场快速抢修接头

6）建立了 500kV 交联聚乙烯绝缘海底电缆试验评价体系，实现了大长度海底电缆制造、敷设质量的有效评估，确保海底电缆长期运行可靠性。

7）自主研制了基于空心电抗器的 204.8MVA 世界最大容量、180 高 Q 值变频谐振耐压装置。

8）打造了排水量为 14300t、载缆量为 5000t 的国内最大海底电缆敷设平台，见图 1-49。经法国船级社先进性检测，达到国内领先、国际先进水平。

图 1-49 万吨级海底电缆高精度敷设平台

9）提出了高精度海底电缆敷设方法，开发了海底电缆敷设智慧管理系统，实现了海底电缆敷设精度达亚米级（远小于国内 5～15m 的行业水平）。

10）首次研制出 5000t 级载缆量海底电缆水平退扭系统，实现了大截面海缆应力完全释放。

（2）建成 380m 世界第一输电高塔。

1）系统解决了 380m 输电高塔抗风、承载力等关键设计难题，并通过仿真计算、风洞试验，完成特高塔可靠性验证。

2）创新采用点焊通用模具、双面坡口开设方法及装置等先进技术，实现大尺寸构件精准加工，60127 根塔材制作一次成优，同构件具备互换性，组装后整塔倾斜率仅为规范允许值的 1/37。

3）引进 S-64F 重型直升机，成功突破直升机加高速张力机展放钢导引绳的技术，实现了 2656m 超长大跨越导引绳的不落水跨海展放，最大限度减少施工对国际航道的影响。

4）创新采用钢管混凝土泵送导管浇筑技术，实现了 262.3m 超高空钢管混凝土灌注施工。

5）研制最大起重力矩 1260t·m、最大使用高度 400m 世界最高新型落地双平臂抱杆。

6）采用 S-64F 直升机协作进行 500kV 输电线路双肢角钢塔吊装组立，填补了直升机组立双肢角钢塔施工技术的国际空白。

（3）践行"绿水青山就是金山银山"理念，打造水土保持示范工程，节能环保成效突出。

1）"架空+海缆"方案比原全架空方案节约海洋资源 6 万 m²。

2）采用混压同塔四回路设计，节约线路走廊面积 40 万 m²。

3）研制应用高精度海缆敷设技术，节约用海面积 340 万 m²。

4）采用岩石锚杆基础，节约混凝土方量 6000m³。

5）选用钢管混凝土结构和 Q420 特强钢，节约钢材 8000t。

6）全线林区采用高跨设计，保护林木资源。

7）基础采用全方位不等高设计，大大减少基面开挖；采用全掏挖基础型式，减少对原状土的扰动。

8）在滩涂上建设 6467m 绿色施工栈桥，保持滩涂生态系统的正常运转，真正做到"零占用、零污染"。

9）塔基施工首次采用直升机立塔、跨海架线施工，施工便道长度较批复方案减少 15.268km。

10）完成全国首个输变电工程海岸线生态化修复项目，打造近自然海岛基岩生态岸线。

舟山 500kV 联网输变电工程建设后面貌如图 1-50～图 1-56 所示。

图 1-50　镇海 500kV 变电站

图 1-51　舟山 500kV 变电站

图 1-52　春晓 500kV 变电站

图 1-53　镇海海缆终端站

图 1-54　舟山海缆终端站

图 1-55　西堠门大跨越

图 1-56　舟山 500kV 联网输变电工程输电线路

第九节 官亭—兰州东 750kV 输变电示范工程

官亭—兰州东 750kV 输变电示范工程是我国自行设计、自行施工建成投运的第一个 750kV 输变电工程，也是当时我国电压等级最高的交流输电工程。2005 年 9 月 26 日正式投入运行。

一、工程背景

我国西北地域辽阔，东西长约 1400km，南北宽约 900km，土地面积占全国总量约 1/3；人口较少，占全国总数约 7%；能源资源丰富，水力资源主要分布在黄河上游，煤炭资源主要分布在陕西、宁夏（新疆开发之前）；负荷中心则主要集中在陕西关中、甘肃兰州、宁夏银川、青海西宁等地。地域条件和资源禀赋决定了西北电网范围大、东西部水火互济、省间交换潮流大、输电距离较长，同时具备建设大型能源基地、实施西电东送、促进西部大开发带动经济社会发展的独特优势和巨大潜力。

1972 年，330kV 刘天关输变电工程投运后，经过 30 年发展，我国西北地区已经建成了覆盖西北全网、具有相当规模的 330kV 主网架，为经济社会发展发挥了重要支撑作用。随着西部大开发和"西电东送"战略的推进，长距离、大容量输电需求越来越突出，现有 330kV 电网已经难以适应发展要求，西北地区自身电力发展和大规模电力外送都迫切需要建设更高一级电压的电网。

20 世纪 70 年代，水利电力部组织对全国更高一级电压的问题进行了研究，初步提出了 500kV 和 750kV 两个等级。1993 年，GB 156—1993《标准电压》将 750kV 正式列入我国电压等级的系统标称电压。1997 年，国家科技部委托中国电工技术学会开展特高压输电技术初期软课题研究，论证结果认为我国今后需要发展 750kV 及特高压输电技术。1998 年，国家电力公司将"西北电网高一级电压选择研究"列入科技项目计划，完成了 21 个专题研究报告，主要结论为：西北电网迫切需要在 330kV 之上发展高一级电压，750kV 是合适的且具有较大技术经济优势，对全国 500kV 以上更高一级电压选择不会产生不利影响。之后，国家机械工业局、国家电力公司、中国西北电力集团公司等先后组织研讨，对于西北电网采用 750kV

电压等级达成基本共识，认为输变电设备行业具备设备研制能力，建议结合公伯峡水电站外送工程建设试验线段。

2001 年 4 月，国家电力公司以国电科〔2001〕226 号将"西北电网 750kV 输变电工程关键技术研究"21 项课题列入当年第一批科技项目；2001 年 6 月，国家电力公司西北公司成立 750kV 电网工程办公室，全面推进西北地区发展 750kV 电压等级的论证工作，加快工程前期和关键技术研究等工作。2002 年 3 月，国家电力公司组织开展 750kV 关键技术第二批变电站方面 4 项研究课题。2002 年 5 月 13 日，国家电力公司向国家发展计划委员会上报国电计〔2002〕295 号《西北电网公伯峡水电站送出及 750kV 输变电示范工程可行性研究报告书》；8 月 23 日，国家发展计划委员会听取国家电力公司有关汇报，同意"在进一步听取机械制造部门意见的基础上，加快按基建程序审批西北 750kV 输变电示范工程"。2002 年 9 月 20 日，"西北电网 750kV 输变电示范工程关键技术研究"第一批科研项目在北京通过国家电力公司组织的总验收，验收评审委员会认为：项目研究取得的成果填补了国内空白，达到了国际先进水平；项目研究取得的参数和结论，为西北 750kV 电网的发展提供了必要的技术基础。2003 年 1 月 28 日，国家发展计划委员会办公会通过《西北电网公伯峡水电站送出及 750kV 输变电示范工程可行性研究报告书》，2 月 12 日以计基础〔2003〕196 号上报国务院；2 月 19 日，国务院第 68 次总理办公会通过；3 月 7 日，国家发展计划委员会以计基础〔2003〕360 号《印发国家计委关于审批西北电网公伯峡水电站送出及青海官亭至甘肃兰州东 750 千伏输变电示范工程可行性研究报告的请示的通知》。2003 年 4 月，国家电力公司组织开展 750kV 关键技术第三批建设运行方面 4 项研究课题。2003 年 9 月 17 日，国家发展和改革委员会下达发改投资〔2003〕1215 号《国家发展改革委关于同意 750 千伏输变电示范工程开工的通知》，工程总投资 14.6 亿元，2005 年建成投产。

二、工程概况

1. 批准建设规模

（1）新建青海官亭 750kV 变电站工程，安装变压器 1×150 万 kVA（备用相 1 台）；750kV 出线 1 回，330kV 出线 8 回；750kV 出线安装高压并联电抗器 1×30 万 kvar，330kV 母线安装高压并联电抗器 1×9 万 kvar，低压侧安装 66kV 并联电抗器 2×6 万 kvar。

（2）新建甘肃兰州东 750kV 变电站工程，安装变压器 1×150 万 kVA（备用相 1 台）；750kV 出线 1 回，330kV 出线 5 回，低压侧安装并联电抗器 2×6 万 kvar。

（3）新建 1 回 750kV 线路，长 146km（含 OPGW 光缆）。

（4）新建 330kV 线路 351km。其中，公伯峡水电站—官亭变电站 3 回，长 176km；官亭变电站—阿兰变电站 1 回，长 81km；青海李家峡—甘肃兰州西双回线路 π 进官亭变电站，线路长 94km。

（5）扩建青海阿兰变电站 330kV 出线间隔 1 个。

（6）其他二次系统设备。

工程动态总投资 14.6 亿元，其中 750kV 部分 10.5 亿元。750kV 官亭—兰州东输变电示范工程示意图如图 1-57 所示。

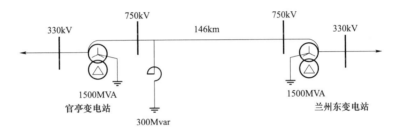

图 1-57　官亭—兰州东 750kV 输变电示范工程示意图

官亭 750kV 变电站位于青海省民和县官亭镇，平均海拔 1870m，总占地面积 10.282hm²（围墙内 9.1hm²）。

兰州东 750kV 变电站位于甘肃省兰州市榆中县小康营乡，平均海拔 1890m，总占地面积 13.149hm²（围墙内 12.575hm²）。

750kV 线路工程起于官亭 750kV 变电站，途经青海省民和县、甘肃省永靖县、东乡县、临洮县、榆中县、兰州市七里河区（在甘肃省永靖县刘家峡镇祁家渡附近跨越黄河），止于兰州东 750kV 变电站。全线单回路架设，建成后全长 140.708km，其中青海省境内 13.1km、甘肃省境内 127.608km，共有铁塔 263 基（另有 4 基换位子塔）。沿线地形平地占 4%，山地占 74%，高山大岭占 22%。海拔为 1735～2873m，最大风速 30m/s，覆冰 10、15mm。导线采用 6×LGJ-400/50 钢芯铝绞线和 6×LGJK-300/50 扩径钢芯铝绞线。地线一根为 OPGW，另一根为普通地线。塔型主要采用自立式铁塔（酒杯型、干字型等），局部试验性铁塔采用了门型拉线塔（5 基），根据不同污秽等级和适用区段采用复合绝缘子和瓷绝缘子。

2. 参建单位

2003 年 4 月 7 日，国家电网公司印发总计〔2003〕5 号《国家电网公司转发关于西北电网公伯峡水电站送出及 750 千伏输变电示范工程可行性研究报告的批复的通知》，其中明确国家电网公司作为 750kV 部分的项目法人，国家电网公司西北公司作为其余部分项目法人，并委托西北公司负责建设。

（1）有关研究单位：中国电力科学研究院、武汉高压研究所、国电电力建设研究所、南瑞继保电气有限公司、西北电力设计院、西安交通大学。

（2）工程设计单位：中国电力工程顾问集团公司（评审）、西北电力设计院（设计）、南非 ESKOM 公司（设计咨询）、中南电力设计院（变电设计监理）、西南电力设计院（线路设计监理）。

（3）试验调试单位：试验单位包括西北电力试验研究院、青海省电力试验研究院、甘肃省电力试验研究院，试验咨询单位为湖北省电力试验研究院，系统调试单位为西北电网有限公司、中国电力科学研究院。

（4）现场建设单位。

监理总牵头单位为中国超高压输变电建设公司。

官亭变电站：由湖北鄂电建设监理公司、甘肃光明电力工程咨询监理公司联合监理，青海电力建设总公司施工。

兰州东变电站：由中国超高压输变电建设公司、西北电力建设工程监理公司、青海智鑫电力建设监理公司联合监理，甘肃送变电工程公司施工。

线路工程：Ⅰ、Ⅱ、Ⅲ施工标段由河南立新电力建设监理公司、青海智鑫电力建设监理公司联合监理，Ⅳ、Ⅴ施工标段由甘肃光明电力工程咨询监理公司、西北电力建设工程监理公司联合监理；Ⅰ标段由陕西送变电公司（15～48 号铁塔）和青海电力建设总公司（1～14 号铁塔）联合施工，Ⅱ标段由甘肃送变电公司（60～97号铁塔）和宁夏送变电公司（49～59 号铁塔）联合施工，Ⅲ标段（98～157 号铁塔）由湖南送变电公司施工，Ⅳ标段（158～213 号铁塔）由东北电业管理局送变电公司施工，Ⅴ标段（214～263 号铁塔）由山东送变电公司施工。

（5）设备制造与监造单位。

官亭变电站：天威保变电气有限公司（主变压器）、特变电工衡阳变压器有限公司（750kV 高抗）、韩国（株）晓星/新东北电气（沈阳）高压开关有限公司（750kV GIS）、西电高压开关有限公司（750kV 隔离开关）、西电电力电容器有限公司

（750kV CVT）、西电高压电瓷有限公司（750kV 避雷器）。

兰州东变电站：西电变压器有限公司（主变压器）、韩国（株）晓星/新东北电气（沈阳）高压开关有限公司（750kV GIS）、桂林电力电容器总厂（750kV CVT）、抚顺华泰电瓷电气有限公司（750kV 避雷器）。

线路材料：铁塔制造厂包括潍坊长安铁塔有限公司、南京大吉铁塔有限公司、青岛武晓有限公司、常熟铁塔厂、天水铁塔厂、宝鸡铁塔厂、浙江盛达铁塔有限公司、江苏苏源电力有限公司；导、地线制造厂包括特变电工新疆电缆厂、重庆电线电缆有限公司、甘肃诚信电线电缆有限公司、青海昂特电器有限公司、无锡华能电缆有限公司；OPGW 制造厂为江苏通光信息有限公司；绝缘子制造厂包括大连电瓷有限公司、NGK 唐山电瓷有限公司、淄博泰光电力器材厂、广州麦克林电力有限公司；金具制造厂包括四平线路器材厂、扬州双汇电力器材厂、江苏捷凯电力器材公司、辽宁锦兴电力金具有限公司、北京帕尔普线路器材有限公司、西安创源电力金具有限公司。

监控和保护供货单位：北京四方继保自动化有限公司、国电南瑞科技有限公司、南瑞继保工程有限公司、国电南京自动化有限公司、许继电器有限公司。

设备监造单位：意大利 CESI 公司（750kV 变压器、电抗器）、荷兰 KEMA 公司（750kV GIS）、西北电力试验研究院（750kV 变压器、电抗器）、国电电力建设研究所（铁塔）、上海电缆研究所（导线监造）。

3. 建设历程

2002 年 5 月 13 日，国家电力公司向国家发展计划委员会上报国电计〔2002〕295 号《西北电网公伯峡水电厂送出及 750kV 输变电示范工程可行性研究报告书》。

2003 年 3 月 7 日，国家发展计划委员会以计基础〔2003〕360 号文件《印发国家计委关于审批西北电网公伯峡水电站送出及青海官亭至甘肃兰州东 750 千伏输变电示范工程可行性研究报告的请示的通知》，批复西北电网公伯峡水电站送出及 750kV 官亭至兰州东输变电示范工程可行性研究报告。

2003 年 3 月 27 日，国家电网公司成立国家电网公司西北 750kV 官亭至兰州东输变电示范工程领导小组。4 月 2 日，召开第一次会议。

2003 年 5 月 19 日，国家电网公司印发国家电网科〔2003〕154 号《750kV 变电所设计暂行技术规定（电气部分）》等 9 项企业标准。

2003 年 8 月 1～2 日，国家电网公司在北京召开官亭—兰州东 750kV 输变电示范工程兰州东变电站和官亭变电站预初步设计专家评审会。

2003 年 8 月 3 日，官亭—兰州东 750kV 输变电示范工程 750kV 变压器、电抗器采购合同签字仪式在北京举行。

2003 年 9 月 1～3 日，国家电网公司在北京主持召开了官亭—兰州东 750kV 输变电示范工程初步设计评审会。

2003 年 9 月 17 日，国家发展和改革委员会下达发改投资〔2003〕1215 号《国家发展改革委关于同意 750 千伏输变电示范工程开工的通知》。

2003 年 9 月 19 日，官亭 750kV 变电站开工。

2004 年 4 月 20 日，750kV 简化 GIS 设备在甘肃兰州举行技术转让、合作生产、设备采购三个合同的签字仪式。

2004 年 4 月 21 日，兰州东 750kV 变电站开工。

2004 年 8 月 1 日，750kV 输电线路工程开工。

2005 年 7 月 29 日，官亭—兰州东 750kV 输变电示范工程启动验收委员会成立。8 月 4 日召开第一次会议，原则通过了启动验收有关工作安排。

2005 年 8 月 15 日，兰州东 750kV 变电站 330kV 部分、相关送出线路带电运行；8 月 25 日，全部 330kV 系统带电运行。

2005 年 9 月 4 日，国家电网公司组织在甘肃兰州召开官亭—兰州东 750kV 输变电示范工程竣工验收总结会。

2005 年 9 月 6 日，启动验收委员会第二次会议召开，决定 9 月 7 日开始官亭—兰州东 750kV 输变电示范工程系统调试；9 月 18 日，工程系统调试工作圆满结束，进入 72h 试运行；9 月 21 日，试运行顺利完成。

2005 年 9 月 26 日，官亭—兰州东 750kV 输变电示范工程竣工投产仪式分别在北京主会场和兰州东变电站、官亭变电站两个分会场同时举行。官亭 750kV 变电站侧开关一次合闸成功，工程正式带电运行。

三、建设成果

官亭—兰州东 750kV 输变电示范工程是我国第一个 750kV 超高压输变电工程，也是当时国内电压等级最高的输变电工程。经过各方共同努力，仅用两年时间就高质量、高效率地完成了工程建设任务，表明我国已经具备了自主建设和运营 750kV 电网的能力。这是中国电力工业发展史上的重要里程碑，标志着我国电网建设和输变电设备制造水平跨入世界先进行列。工程的建成投产，有利于推动西部水火电基地规模化开发和送出，对于促进西北地区资源优势转化为经济优势、满足东部负荷中心用电需求、服务经济社会可持续发展具有重要意义。

官亭—兰州东 750kV 输变电示范工程先后获得了一系列重要奖项和荣誉：2007 年"国家优质工程银奖"，2008 年"国家科学技术进步奖一等奖""全国优秀勘察设计金质奖"等国家级奖项。工程取得的创新成果如下：

（1）成功建设了 750kV 输变电示范工程。我国第一次自主设计、制造、施工、调试和运行具有世界先进水平的 750kV 超高压输变电工程，填补了我国 500kV 以上电压等级的空白。这是世界上海拔最高的 750kV 输变电工程（世界上其他工程海拔一般在 1500m 以下），空气间隙和外绝缘水平相当于海拔较低地区 1000kV 特高压的水平。

（2）全面掌握了 750kV 交流输电核心技术。虽然自 1965 年加拿大建成世界上第一个 735kV 输变电工程后，国外 30 多年大量的工程经验提供了重要参考借鉴，但是我国西北地区高海拔（海拔世界最高）、强紫外线、温差大、风沙大、局部污秽重，客观上决定了不能直接照搬国外技术，必须立足自主创新。国家电网公司分三批开展了 29 项关键技术研究课题，内容包含系统技术、设计技术、设备技术、建设运行技术等各方面，研究取得了丰硕成果，支撑了示范工程建设运行，形成了 18 项企业标准。

（3）成功研制了全套 750kV 设备。国家发展和改革委员会拨出专项研究经费大力支持设备制造本地化，国家电网公司与机械制造部门团结合作，采取多重措施帮助制造企业走原始创新、集成创新和引进消化吸收再创新之路。各相关制造企业高度重视，十分珍惜官亭—兰州东 750kV 输变电示范工程建设机遇，全力以赴产品研发制造技术攻关。成功研制了 750kV 变压器、电抗器、隔离开关、避雷器、互感器、保护和监控系统、铁塔、导线、金具、绝缘子等，确保满足工程需求的设备材料供应，750kV GIS 设备通过"技术转让、合作生产"模式使我国在短期内掌握了核心技术，具备了自主研制能力，设备总体国产化率达到较高水平（超过 90%），国产设备性能稳定，技术指标符合设计标准和规范要求。

（4）创新管理思维积累了宝贵经验。官亭—兰州东 750kV 输变电示范工程得到了国家高度重视，要求国家电网公司高质量高标准完成建设任务，为西部大开发、促进经济社会发展做出新贡献。国家电网公司先后成立了官亭—兰州东750kV输变电示范工程领导小组、工程协调办公室，西北电网有限公司在系统内通过竞聘方式选拔人员成立了750kV电网工程办公室，以及示范工程建设运行领导小组，组建了现场指挥部，建立了高效严密的组织体系。引入具有高海拔（1500m及以上）750kV工程经验的南非国家电力公司ESKOM进行初步设计咨询；引入设计监理，提高设计质量；引入国际、国内设备监造，严把设备质量关；引入施工监理，规范监理工作；引入现场试验咨询，严把交接试验关口；引入专业环保监理，加强环境保护；引入专业安全文明策划，提高现场管理水平。集中各方面的智慧和力量，保障工程顺利建设和安全运行。

工程建成后面貌如图1-58～图1-61所示。

图1-58　官亭750kV变电站

图1-59　兰州东750kV变电站

图 1-60 官亭—兰州东 750kV 输变电示范工程输电线路 1

图 1-61 官亭—兰州东 750kV 输变电示范工程输电线路 2

第二章

1000kV 特高压交流输电工程

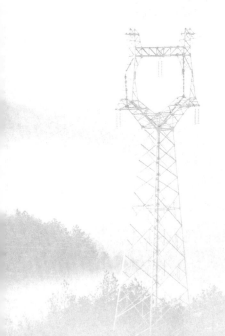

特高压是指交流 1000kV 及以上、直流 ±800kV 及以上电压等级。特高压输电技术具有输电容量大、输送距离长、输电损耗低、节约土地资源的优点，是适合中国国情的先进输电技术。1000kV 特高压交流输电是当今世界上电压等级最高、技术水平最先进的交流输电技术，目前只有中国完全拥有并规模化应用这项先进技术。2009 年 1 月，中国首个特高压交流输电工程建成投运；截至 2022 年底，中国已经累计建成了 34 个单项工程（变电站 33 座，串补站 1 座，输电线路超过 15000km），带动我国电力科技和电工装备制造业实现了跨越式发展，在国际高压输电领域实现了"中国创造"和"中国引领"。本章重点介绍其中三个技术创新具有代表性意义的工程。

第一节　1000kV 晋东南—南阳—荆门 特高压交流试验示范工程

1000kV 晋东南—南阳—荆门特高压交流试验示范工程（简称特高压交流试验示范工程）是中国的首个特高压输电工程，2009 年 1 月 6 日正式投入运行，也是当时世界上唯一商业运行的特高压输电工程。作为我国发展特高压输电技术的起步工程、中国高压输电技术跨越式发展进步的标志性工程，特高压交流试验示范工程的成功建设和运行，大幅提升了我国电网技术水平和自主创新能力，实现了国内电工装备制造业的产业升级，对于推动我国电力工业的科学发展，保障国家能源安全和电力可靠供应具有重大意义。

一、工程背景

20 世纪 70 年代，苏联、美国、意大利、日本等国先后启动了特高压输电技术研究，但只有苏联建成了完整工程。1985 年 8 月，苏联建成投运的 3 座 1150kV 特高压变电站和 905km 特高压输电线路，是世界上第一个实际运行的特高压输电工程，1992 年 1 月降压至 500kV 运行；1990 年开始建设的 ±750kV、6000MW 特高压直流输电工程也在实施过程中停建。因此，当时世界上特高压输电技术的发展并不成熟。我国对特高压输电技术的跟踪始于 20 世纪 80 年代，1986 年水利电力部下达"关于远距离输电方式和电压等级论证"课题，"七五""八五"期间国务院重大装备办公室先后下达"特高压输电技术前期研究""远距离输电方式和电压等级论证"两项国家科技项目，其后在武汉高压研究所建设了试验研究线段，在特高压输电技术领域进行了初步探索。

2004 年 12 月，国家电网公司根据我国经济社会发展对电力需求不断增长，以及能源资源与消费呈逆向分布的基本国情，提出了发展特高压输电技术的战略构想，联合电力、机械等相关行业的科研、设计、制造等单位和协会、高校，提出了"科学论证、示范先行、自主创新、扎实推进"的基本原则，全面开展了特高压输电前期论证研究。当时世界上没有商业运行的工程，没有成熟的技术和设备，也没有相应的标准和规范。特高压输电代表了国际高压输电技术研究、设备制造和工程应用的最高水平，基于我国相对薄弱的基础工业水平，自主研究开发一个全新的更高电压等级所需的全套技术和设备，面临着全面严峻的挑战。

2005 年 1 月 12 日，国家电网公司向国家发展和改革委员会就我国发展特高压输电做了专题汇报，建议加快前期工作。2005 年 2 月 16 日，国家发展和改革委员会印发《国家发展改革委办公厅关于开展百万伏级交流、±80 万伏级直流输电技术前期研究工作的通知》（发改办能源〔2005〕282 号）。2005 年 6 月，国务院办公厅印发《今明两年能源工作要点》，要求"通过科学论证，制定好特高压输变电试验示范线路建设和输变电设备等方案，在示范工程技术成熟的基础上，研究提出特高压输变电网架规划。"

按照国家统一部署，国家电网公司组织了国外特高压前期研究经验的调研考察，开展了我国 500kV 和 750kV 电网建设运行经验、1986 年以来特高压科技攻关成果的全面总结，会同国内各行业、高等院校、有关部门和单位等方面，针对发展特高压输电的重大问题进行了全面、系统、深入的研究论证。2005 年 6 月 21~23 日，国家发展和改革委员会在北戴河主持召开特高压输电技术研讨会；10 月 31 日，在北京主持召开特高压座谈会，社会各界达成广泛共识，认为我国发展特高压输电十分必要、技术可行，赞成试验示范先行、在成功的基础上发展改进。此后，发展特高压输电先后列入了一系列国家重大发展战略。

与此同时，示范工程方案也在研究中。2005 年 1 月下旬，国家电网公司组织召开特高压工程可行性研究启动会议，按照"自主创新、标准统一、安全可靠、规模适中"的原则，在广泛咨询论证和深入优化比选的基础上，决定推荐 1000kV 晋东南—南阳—荆门输变电工程作为特高压试验示范工程。2005 年 9 月 22~23 日，

1000kV 晋东南—南阳—荆门特高压交流试验示范工程可行性研究在北京通过评审。2005 年 10 月 19 日，国家电网公司向国家发展和改革委员会上报《关于晋东南至荆门特高压试验示范工程可行性研究报告的请示》（国家电网发展〔2005〕691 号）。

2006 年 6 月 13～14 日，国家发展和改革委员会组织召开特高压输变电设备研制工作会议，讨论形成了特高压设备研制与供货方案。2006 年 6 月 20 日，国家发展和改革委员会印发《国家发展改革委办公厅关于开展交流 1000 千伏、直流 ±800 千伏特高压输电试验、示范工程前期工作的通知》（发改办能源〔2006〕1264 号）。2006 年 6 月 30 日，国家电网公司向国家发展和改革委员会上报《关于晋东南至荆门特高压交流试验示范工程项目核准的请示》（国家电网发展〔2006〕502 号）。2006 年 8 月 9 日，国家发展和改革委员会印发《国家发展改革委关于晋东南至荆门特高压交流试验示范工程项目核准的批复》（发改能源〔2006〕1585 号）。

二、工程概况

1. 建设规模

新建晋东南 1000kV 变电站、南阳 1000kV 开关站、荆门 1000kV 变电站，新建晋东南—南阳 1000kV 线路（含黄河大跨越）、南阳—荆门 1000kV 线路（含汉江大跨越），建设相应的通信和无功补偿及二次系统设备。工程核准动态总投资 58.57 亿元，由国家电网公司出资建设。1000kV 晋东南—南阳—荆门特高压交流试验示范工程示意图如图 2-1 所示。

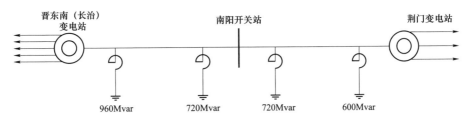

图 2-1　1000kV 晋东南—南阳—荆门特高压交流试验示范工程示意图

（1）晋东南变电站工程。晋东南 1000kV 变电站位于山西省长治市长子县石哲镇。安装变压器 1×3000MVA（1 号主变压器）；1000kV 采用户外 GIS 组合电器设备，出线 1 回（至南阳开关站），装设高压并联电抗器 1×960Mvar；500kV 采用户外 HGIS 组合电器设备，出线 5 回（至久安变电站 3 回、晋城变电站 2 回）；

主变压器低压侧装设 110kV 低压电抗器 2×240Mvar 和低压电容器 4×210Mvar。

（2）南阳开关站工程。南阳 1000kV 开关站位于河南省南阳市方城县赵河镇。1000kV 采用户外 HGIS 组合电器设备，出线 2 回（至晋东南变电站、荆门变电站各 1 回），每回出线各装设高压并联电抗器 1×720Mvar。

（3）荆门变电站工程。荆门 1000kV 变电站位于湖北省荆门市沙洋县沈集镇。安装变压器 1×3000MVA（1 号主变压器）；1000kV 采用户外 HGIS 组合电器设备，出线 1 回（至南阳开关站），装设高压并联电抗器 1×600Mvar；500kV 采用户外 HGIS 组合电器设备，出线 3 回（至斗笠变电站）；主变压器低压侧装设 110kV 低压电抗器 2×240Mvar 和低压电容器 4×210Mvar。

（4）输电线路工程。晋东南—南阳—荆门 1000kV 线路途经山西、河南、湖北三省，全线单回路架设，总长 639.847km（晋东南—南阳段 358.541km、南阳—荆门段 281.306km），其中一般线路 633.24km、黄河大跨越 3.651km、汉江大跨越 2.956km。全线铁塔 1284 基，平均塔高 77.2m，平均塔重 70.5t。工程沿线地形平地占 33%，河网占 8%，丘陵占 26%，山地占 19%，高山大岭占 14%。海拔 100～1380m。全线设计覆冰 10mm。最大设计风速为平丘段 27m/s、山区段 30m/s。一般线路导线采用 8×LGJ-500/35 钢芯铝绞线，大跨越导线采用 6×AACSR/EST-500/230 特高强钢芯铝合金绞线。全线两根地线，其中一根为铝包钢绞线，另一根为 OPGW 光缆。

黄河大跨越位于河南省孟州市化工镇附近，采用"耐—直—直—直—耐"的跨越方式，耐张段总长 3651m，档距为"450m—1220m—995m—986m"；直线跨越塔采用酒杯型钢管塔，呼高 112m，全高 122.8m，重 460t；耐张塔采用干字型角钢塔，呼高 38m，全高 68m。汉江大跨越位于湖北省钟祥县伍家庙乡李家台村（北岸）、文集镇沿山头村（南岸），采用"耐—直—直—耐"的跨越方式，耐张段总长 2956m，档距为"706m—1650m—600m"；直线跨越塔采用酒杯型钢管塔，呼高 168m，全高 181.8m，重 990t；耐张塔采用干字型角钢塔，呼高 40m，全高 72m。

2. 参建单位

2006 年 6 月 7 日，国家电网公司成立特高压试验示范工程建设领导小组，办公室设在国家电网公司特高压办公室（后为特高压建设部），下设专家委员会和特高压交流输电标准化技术工作委员会。特高压建设部行使项目法人职能，其他有关部门按照职责行使归口管理职能。电力建设工程质量监督总站负责工程质量监督工作。中国电力工程顾问集团公司接受委托负责初步设计评审。国网建设公司（后为国网交流建设公司）负责变电站和输电线路工程建设管理。国电通信中心负责系统通信工程建设管理。国网运行公司负责三个变电站（开关站）的运行维护工作。山西、河南、湖北省电力公司负责输电线路运行维护工作、500kV 配套工程建设和有关地方协调工作。中国电力科学研究院承担系统调试方案编制和实施工作。

依托特高压交流试验示范工程开展了覆盖工程全过程 9 大方面的 180 项课题研究。主要承担单位为中国电力科学研究院、国网武汉高压研究院、国网北京电力建设研究院、国网电力科学研究院、国网交流建设公司、国网北京经济技术研究院、国网运行公司、中国电机工程学会、中国机械工业联合会，以及有关大专院校和工程设计、设备研制、施工、试验和调试、调度和运行等方面的单位。

工程设计方面，中国电力工程顾问集团公司是牵头和协调单位。晋东南变电站的设计单位是华北电力设计院（主体）、西北电力设计院、西南电力设计院（设计监理），南阳开关站的设计单位是华东电力设计院（主体）、东北电力设计院、西北电力设计院（设计监理），荆门变电站的设计单位是中南电力设计院（主体）、西南电力设计院、东北电力设计院（设计监理）。晋东南—南阳段线路的设计单位是华北电力设计院（主体）、西北电力设计院、华东电力设计院，南阳—荆门段线路的设计单位是中南电力设计院（主体）、东北电力设计院、西南电力设计院，其中黄河大跨越、汉江大跨越分别由华北电力设计院、中南电力设计院设计；设计监理是湖南省电力设计院（黄河大跨越）、江苏省电力设计院（汉江大跨越），以及山西、河南、山东、浙江、湖北省电力勘测设计院（一般线路）。

特高压设备制造方面，晋东南变电站是天威保变电气股份有限公司（1000kV主变压器）、西电变压器有限责任公司（1000kV 高压并联电抗器 4×320Mvar）、平高电气股份有限公司（1100kV GIS 开关设备）、西安电力机械制造公司（1000kV避雷器）、桂林电力电容器有限责任公司（1000kV 电容式电压互感器）、湖南长高高压开关集团股份公司（1100kV 接地开关）；南阳开关站是西电变压器有限责任公司（1000kV 高压并联电抗器 7×240Mvar）、新东北电气（沈阳）高压开关有限公司（1100kV HGIS 开关设备）、廊坊电科院东芝避雷器有限责任公司（1000kV 避雷器）、西安电力机械制造公司（1000kV 电容式电压互感器、1100kV 接地开关）、抚顺电瓷制造有限公司（1000kV 户外棒形支柱绝缘子）；荆门变电站是特变电工股份有限公司（1000kV 变压器、1000kV 高压并联电抗器 4×200Mvar）、西安西开高压电气股份有限公司（1100kV HGIS 开关设备）、抚顺电瓷制造有限公司（1000kV 避雷器）、湖南长高高压开关集团股份公司（1100kV 接地开关）、上海 MWB 互感器有限公司（1000kV 电容式电压互感器）、西安电力机械制造公司（1000kV 户外棒形支柱绝缘子）。中国电力科学研究院、国网武汉高压研究院、荷兰 KEMA 公司、意大利 CESI 公司、俄罗斯 VEI 研究院承担监造和技术咨询，山西电力科学研究院、河南省电力试验研究院、湖北省电力试验研究院参加。

现场建设方面，晋东南变电站是山东诚信监理公司（监理 A）、河南立新监理公司（监理 B）、山西省电力建设四公司（建筑工程）、湖南送变电公司（电气安装工程），山西电力科学研究院、武汉高压研究院、中国电力科学研究院（特殊交接试验）；南阳开关站是中国超高压输变电建设公司（监理 A）、湖北鄂电监理公司（监理 B）、安徽送变电公司（建筑工程）、河南送变电公司（电气安装工程），河南电力试验研究院、武汉高压研究院、中国电力科学研究院（特殊交接试验）；荆门变电站是湖南电力监理咨询公司（监理 A）、北京中达联监理公司（监理 B）、山东送变电公司（建筑工程）、湖北输变电公司（电气安装工程），湖北省电力试验研究院、武汉高压研究院、中国电力科学研究院（特殊交接试验）；线路工程监理单位依次为黑龙江电力监理公司（山西段）、河南立新监理公司（河南段 1）、安徽电力监理公司（黄河大跨越）、湖北鄂电监理公司（河南段 2）、山东诚信监理公司（河南段 3）、江苏宏源监理公司（湖北段 1）、湖南电力监理咨询公司（湖北段 2）、江西诚达监理公司（汉江大跨越）；线路工程施工单位，一般线路依次为东电送变电公司、山西供电承装公司、山西送变电公司（山西境内），上海送变电公司（山西、河南境内），吉林、黑龙江、江苏、山东、陕西、河北、河南、湖南、安徽送变电公司（河南境内），浙江、江西、北京、湖北、甘肃、华东送变电公司（湖北境内），黄河大跨越为安徽送变电公司，汉江大跨越为湖南送变电公司。

3. 建设历程

2006 年 8 月 19、20 日和 26 日，晋东南变电站、南阳开关站和荆门变电站先后举行奠基仪式。2006 年 12 月 27、28 日和 29 日，荆门变电站、晋东南变电站、南阳开关站土建工程相继开工。2006 年 12 月 26、28 日，黄河、汉江大跨越工程相继开工。2007 年 4 月 26 日，线路工程开工动员暨施工合同签字仪式大会召开。2008 年 2 月 13 日，西电变压器有限责任公司首台 240Mvar 特高压电抗器通过型式试验；3 月 9 日，西电变压器有限责任公司首台 320Mvar 特高压电抗器通过型式试验。2008 年 4 月 8 日，新东北电气（沈阳）高压开关有限公司研制的首台特高压 HGIS 通过型式试验。2008 年 5 月 18 日，特变电工衡阳变压器有限公司研制的首台 200Mvar 特高压电抗器通过型式试验。2008 年 6 月，河南平高电气股份有限公司研制的特高压 GIS 通过型式试验。2008 年 7 月 16 日，特变电工沈阳变压器集团有限公司研制的首台特高压变压器通过型式试验。2008 年 7 月 19 日，天威保变电气股份有限公司研制的首台特高压变压器通过型式试验。2008 年 8 月 30 日，西电集团西安西电开关电气有限公司研制的特高压 HGIS 通过型式试验。2008 年 10 月 25 日、11 月 12 日，荆门变电站和晋东南变电站 500kV 系统先后完成启动调试投运。2008 年 12 月 5 日，特高压交流试验示范工程启动验收委员会第四次会议召开，决定启动 1000kV 系统启动调试。2008 年 12 月 8～30 日，顺利完成系统调试，包括两端零起升压试验、设备投切试验、联网运行试验三大类 15 项试验，以及 14 项测试项目。在联网运行试验阶段，在南阳开关站两侧分别开展了人工短路试验，大负荷试验时最大输送功率达到 2830MW（工程设计输送容量 2400MW，最大输送能力 2800MW）。2008 年 12 月 30 日，开始 168h 试运行。2009 年 1 月 6 日 22 时，顺利完成 168h 试运行考核，特高压交流试验示范工程正式投入运行。

三、建设成果

国家电网公司组织协调集中各方力量，立足国内、自主创新，经过 29 个月的攻坚克难，全面完成了国家确定的特高压试验示范工程建设任务，验证了特高压输电的技术可行性、设备可靠性、系统安全性和环境友好性。依托特高压交流试验示范工程实践，我国建成了世界一流的特高压试验研究体系，全面掌握了特高压交流输电核心技术，成功研制了代表世界最高水平的全套特高压交流设备，在世界上首次建立了特高压交流输电技术标准体系，探索提出并成功实践了"用户主导的创新管理"模式，创造了具有鲜明时代特色的"特高压精神"（忠诚报国的负责精神、实事求是的科学精神、敢为人先的创新精神、百折不挠的奋斗精神和团结合作的集体主义精神）。

特高压交流试验示范工程创新成果先后获得了一系列重要奖项和荣誉：2009 年新中国成立 60 周年百项经典暨精品工程，2009 年国家重大工程标准化示范，2009 年中国机械工业科学技术奖特等奖，2010 年中国电力优质工程奖，2010 年电力行业工程优秀设计一等奖，2010 年中国标准创新贡献奖一等奖，2010 年国家优质工程金质奖，2010 年中国电力科学技术奖一等奖，2011 年第二届中国工业大奖，2011 年国家优质工程奖 30 年经典工程，2012 年全国建设项目档案管理示范工程，2012 年国家科学技术进步奖特等奖，2013 年第二十届国家级企业管理现代化创新成果一等奖，2019 年庆祝中华人民共和国成立 70 周年经典工程。国际大电网委员会（CIGRE）等国际组织认为，这是"一个伟大的技术成就"，是"世界电力工业发展史上的重要里程碑"。

（1）建成了代表世界最高水平的交流输电工程。在国家统一领导下，国家电网公司严格执行国家有关法律法规和基本建设程序，立足自主创新，攻坚克难，仅用 29 个月时间，全面建成了世界上运行电压最高、技术水平最先进、我国具有完全自主知识产权的输电工程。这是世界电力发展史上的重要里程碑，是我国能源基础研究和建设领域取得的重大自主创新成果。工程建成后面貌如图 2-2～图 2-7 所示。

图 2-2　晋东南（长治）1000kV 变电站

图 2-3　南阳 1000kV 开关站

图 2-4 荆门 1000kV 变电站

图 2-5 特高压交流试验示范工程黄河大跨越

图 2-6 特高压交流试验示范工程汉江大跨越

图 2-7　特高压交流试验示范工程 1000kV 输电线路

（2）全面掌握了特高压交流输电核心技术。坚持自主创新原则，实现了关键技术研究原始创新、集成创新和引进消化吸收再创新的有机结合。研究内容全面系统，覆盖了工程建设运行各个方面的需求；研究结论先进实用，在特高压系统电压标准的确定、过电压控制、潜供电流抑制、绝缘配合、外绝缘配置、电磁环境控制、工程设计和施工、试验和调试、运维检修和大电网运行控制等方面取得重大突破，掌握了达到国际领先水平的特高压交流输电核心技术，为特高压试验示范工程建设运行提供了强有力支撑。

（3）自主创新成功研制了全套特高压交流设备。国家电网公司主导，立足国内自主创新，研制成功了代表世界最高水平的全套特高压交流设备，指标优异，性能稳定，经过全面严格试验验证和运行考核，创造了一大批世界纪录，设备综合国产化率达到 90%，全面实现了国产化目标，掌握了特高压交流设备制造核心技术，具备了批量生产能力。

1）在世界上首次研制成功额定电压 1000kV、额定容量 1000MVA（单柱电压 1000kV、单柱容量 334MVA）的单体式单相变压器，性能指标国际领先。

2）在世界上首次研制成功额定电压 1100kV、额定容量 320Mvar 的高压并联电抗器，性能指标国际领先。

3）成功研制了额定电压 1100kV、额定电流 6300A、额定开断电流 50kA（时间常数 120ms）的 SF_6 气体绝缘金属封闭开关设备，代表了世界同类产品的最高水平。

4）在世界上首次研制成功特高压瓷外套避雷器，性能指标国际领先。

5）在世界上首次研制成功特高压棒形悬式复合绝缘子、复合空心绝缘子及套管，以及用于中等和重污秽地区的特高压支柱绝缘子、电容式电压互感器、接地开关（敞开式）和油纸绝缘瓷套管，性能指标国际领先。

6）在世界上首次研制成功关合 210Mvar 超大容量电容器组的 110kV 断路器，以及 110kV 干式并联电抗器，性能指标国际领先。

7）在世界上首次研制成功特高压工程全套数字型控制保护系统，性能指标国际领先。

（4）建成了世界一流的高电压、强电流试验检测中心和工程试验站。建成了特高压交流试验基地、高海拔试验基地、开关试验中心、工程力学试验基地和工厂试验站，创造了世界最高参数的高电压、强电流试验条件，成功完成了世界最高参数的全套特高压设备型式试验、工厂试验和现场试验，获取了宝贵的试验数据，有效检验了科研成果，严格考核了工程设备，综合研究试验能力跃居国际前列，为工程建设和后续研究奠定了坚实的实证基础。

（5）建立了特高压交流输电标准体系。在特高压试验示范工程建设伊始，基于创新成果规模化应用的需要，提出"科研攻关、工程建设和标准化工作同步推进"的原则，结合科研攻关成果和工程实践，在世界上首次系统地提出了由七大类 77 项国家标准和能源行业标准构成的特高压交流技术标准体系（2014 年优化为 6 大类 79 项，2021 年拓展为 108 项），全面涵盖系统集成、工程设计、设备制造、施工安装、调试试验和运行维护等各方面内容。2009 年 12 月被国家标准化委员会赞誉为"工程实践与标准化的有效结合，科研、工程建设与标准化的同步发展为内容的国家重大工程标准化示范"。为特高压输电的规模应用创造了条件，提高了我国在世界电力技术领域的影响力。我国的特高压标准电压被国际电工委员会、国际大电网组织推荐为国际标准电压。2013 年，国家电网公司代表中国在 IEC 主导发起成立 TC122"特高压交流输电系统"技术委员会，并承担主席工作，主导编制出版国际标准 8 项（截至 2021 年）。

（6）形成了用户主导的创新管理模式。国家电网公司作为特高压交流输电创新链的发起者、组织者、参与者和决策者，主导整合了国内电力、机械等相关行业的科研、设计、制造、施工、试验、运行单位和高等院校的资源和力量，探索提出并成功实践了以依托工程、用户主导、自主创新、产学研用联合攻关为基本特征的，支撑在较短时间内完成世界级重大创新工程建设的"用户主导的创新管理"模式，形成了巨大创新合力。采用这一创新模式，我国用不到 4 年时间全面攻克了特高压交流输电技术难关，在特高压交流输电技术和装备制造领域取得重大创新突破，占领了国际高压输电技术制高点，并迅速在特高压交流同塔双回路输电、高端输变电设备制造等高新技术领域取得一系列重大创新成果，进一步巩固、扩大了我国在高压输电技术开发、装备制造和工程应用领域的国际领先优势。"用户（业主）主导的特高压交流输电工程创新管理"荣获第二十届国家级企业管理现代化创新成果一等奖，特高压交流输电创新实践对于我国工业领域其他行业的跨越式创新发展具有重要借鉴意义。

（7）带动了我国电力技术进步和电工装备制造产业升级。通过特高压交流输电自主创新，我国电力科技水平和创新能力显著增强，电工基础研究水平迈上新台阶，在特高压交流输电领域形成技术优势，国际话语权和影响力大幅提升。通过特高压交流输电自主创新，我国输变电设备制造企业实现了产业升级，研发设计、生产装备、质量控制、试验检测能力达到国际领先水平，形成核心竞争力，彻底扭转了长期跟随国外发展的被动局面，不仅占据了国内市场的主导地位，而且全面进军国际市场，特高压交流工程业绩已成为我国电工设备制造企业打开国际市场的"金色名片"。

四、特高压交流试验示范工程扩建工程

特高压交流试验示范工程投运后，国家发展和改革委员会在工程验收意见中提出"建议你公司进一步完善试验示范工程，使送电能力达到大容量输送的要求"。为了进一步考核特高压交流试验示范工程输电能力，充分发挥华北—华中特高压通道的作用，国家电网公司启动了特高压交流试验示范工程加强工程的前期研究工作。2010 年 7 月 6～7 日，可行性研究报告在北京通过评审。2010 年 8 月 18 日，国家电网公司向国家发展和改革委员会上报《关于晋东南—南阳—荆门交流特高压试验示范工程扩建项目核准的请示》（国家电网发展〔2010〕1095 号）。2010 年 12 月 29 日，国家发展和改革委员会印发《国家发展改革委关于晋东南—南阳—荆门特高压交流试验示范工程扩建项目核准的批复》（发改能源〔2010〕3056 号）。

核准建设规模：扩建 1000kV 晋东南变电站、1000kV 南阳开关站、1000kV 荆门变电站，建设相应的无功补偿装置和通信、二次系统工程。工程动态总投资 44.29 亿元，由国网山西省电力公司（晋东南变电站）、国网河南省电力公司（南阳变电站）、

国网湖北省电力公司（荆门变电站）共同出资建设。

主要扩建内容：晋东南变电站扩建主变压器 1×3000MVA（2 号主变压器），至南阳线路侧安装 1 组 1000kV 串补装置（串补度 20%，容量 1500Mvar），2 号主变压器低压侧装设 110kV 低压电抗器 2×240Mvar 和低压电容器 4×210Mvar。南阳变电站扩建主变压器 2×3000MVA（1 号和 2 号主变压器），至晋东南线路侧安装 1 组 1000kV 串补装置（串补度 20%，容量 1500Mvar），至荆门线路侧安装 1 组 1000kV 串补装置（串补度 40%，容量 2×1144Mvar），每组主变压器低压侧装设 110kV 低压电抗器 2×240Mvar 和低压电容器 4×210Mvar，500kV 出线 4 回（至香山、白河各 2 回）。荆门变电站扩建主变压器 1×3000MVA（2 号主变压器），2 号主变压器低压侧装设 110kV 低压电抗器 2×240Mvar 和低压电容器 4×210Mvar。

2010 年 12 月 31 日，荆门变电站扩建工程开工。2011 年 1 月 1 日，晋东南变电站扩建工程和南阳开关站扩建工程开工。2011 年 11 月 3 日，国家电网公司召开启动验收委员会第二次会议，安排部署启动调试工作。2011 年 11 月 7 日，开始系统调试。11 月 25 日，在各项性能指标成功通过考核后，工程投入 168h 试运行。12 月 7~9 日，开展 500 万 kW 大负荷试验。调试期间，在串补装置全部投运、长南Ⅰ线华北送华中 1900MW 条件下，分别在南阳开关站两侧串补线路侧各进行了 1 次人工短路试验；圆满完成了长南Ⅰ线 4500MW 和 5000MW 正常大负荷试验及全线 5000MW 特殊大负荷试验，最高输送功率达 572 万 kW。2011 年 12 月 16 日，国家电网公司举行工程投运仪式。

特高压交流试验示范工程扩建工程建设历时不到 12 个月，完成了重大科研攻关和新设备研制任务，建成了特高压交流试验示范工程扩建工程，实现了稳定输送 500 万 kW 电力的目标，进一步验证了特高压交流输电大容量、远距离、低损耗的优势。实现了特高压交流输电技术的新突破，在特高压输电系统的串联补偿技术、过电压控制技术、特快速暂态过电压测量与控制技术、潜供电流、电磁环境、大型复杂电极操作冲击放电特性、大型电力设备抗地震技术、大电网运行控制技术等方面取得新突破，进一步巩固、扩大了我国在国际高压输电领域的领先优势。创造了国际高压输变电设备的新纪录，在世界上率先研制成功特高压串补成套装置，额定容量 1000MVA 的双柱特高压变压器，电压等级最高（1100kV）、电流最大（6300A）、电流开断能力最强（63kA）的特高压开关，电气寿命达 5000 次的投切电容器组专用 110kV 开关。

第二节　皖电东送淮南—上海特高压
交流输电示范工程

皖电东送淮南—上海特高压交流输电示范工程（简称皖电东送工程）是世界上首个同塔双回路特高压交流输电工程，也是华东特高压双环网的组成部分。工程于2013年9月25日投入运行，对于提升华东电网内部电力交换能力和接受区外来电能力、促进土地资源高效利用和环境保护、推动特高压输电技术的发展进步、满足经济社会发展不断增长的电力需求具有重要意义。

一、工程背景

2005年2月16日，国家发展和改革委员会印发《国家发展改革委办公厅关于开展百万伏级交流、±80万伏级直流输电技术前期研究工作的通知》（发改办能源〔2005〕282号）。针对研究内容之一"示范工程的选择"，国家电网公司提出了陕北—武汉（中线方案）、淮南—上海（东线方案）2个示范工程方案，开展了可行性研究工作，通过综合比选，最终确定了中线方案。

2007年9月26日，国家发展和改革委员会印发《国家发展改革委办公厅关于国家电网公司开展跨区联网工程及"上大压小"配套电网工程项目前期工作的通知》（发改办能源〔2007〕2340号），要求抓紧开展皖电东送淮南至上海输变电工程的前期工作。2009～2011年，结合电网发展情况和特高压技术攻关成果，国家电网公司组织对皖电东送淮南至上海特高压交流输变电工程可行性研究报告进行了持续的补充研究和优化。

2011年7月28日，国家电网公司向国家发展和改革委员会上报国家电网发展〔2011〕1085号《关于皖电东送淮南至上海特高压交流工程项目核准的请示》。2011年9月27日，国家发展和改革委员会印发发改能源〔2011〕2095号《国家发展改革委关于皖电东送淮南至上海特高压交流输电示范工程项目核准的批复》。建设皖电东送工程，对于促进淮南煤电基地开发和外送，构建华东负荷中心接受区外电力的大规模网络平台，满足经济社会发展不断增长的电力需求，解决超高压电网短路容量大面积超标问题，促进土地资源高效利用和环境保护，推动特高压输电技术的发展进步，具有十分重要的意义。

二、工程概况

1. 建设规模

新建淮南 1000kV 变电站、皖南（芜湖）1000kV 变电站、浙北（安吉）1000kV变电站、沪西（练塘）1000kV 变电站，新建淮南—皖南—浙北—沪西双回 1000kV交流线路（包括淮河大跨越、长江大跨越），建设相应的无功补偿和通信及二次系统工程。工程核准动态总投资 191.01 亿元，由国网安徽省电力公司（淮南变电站）、国网浙江省电力公司（皖南变电站、浙北变电站，输电线路工程）、国网上海市电力公司（沪西变电站）共同出资建设。皖电东送工程系统接线示意图如图 2-8 所示。

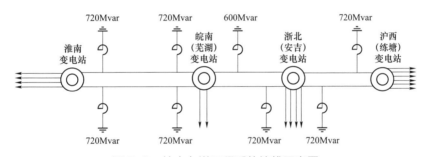

图 2-8 皖电东送工程系统接线示意图

（1）淮南变电站工程。淮南 1000kV 变电站位于安徽省淮南市潘集区平圩镇。安装变压器 2×3000MVA（1 号和 2 号主变压器）；1000kV 采用户外 GIS 组合电器设备，出线 2 回（至皖南变电站），每回线路装设高压并联电抗器 1×720Mvar；500kV 采用户外 GIS 组合电器设备，出线 4 回（至平圩电厂、袁庄变电站各 2 回）；每组主变压器低压侧装设 110kV 低压电抗器 1×240Mvar。

（2）皖南变电站工程。皖南 1000kV 变电站位于安徽省芜湖市芜湖县红杨镇。安装变压器 1×3000MVA（1 号主变压器）；1000kV 采用户外 GIS 组合电器设备，出线 4 回（至淮南变电站、浙北变电站各 2 回），至淮南 2 回线每回各装设高压并联电抗器 1×720Mvar，至浙北 I 线装设高压并联电抗器 1×600Mvar；500kV 采用户外 GIS 组合电器设备，出线 2 回（至楚城变电站）；110kV 侧安装低压电抗器 2×240Mvar 和低压电容器 4×210Mvar。

（3）浙北变电站工程。浙北 1000kV 变电站位于浙江省湖州市安吉县梅溪镇。安装变压器 2×3000MVA（2 号和 4 号主变压器）；1000kV 采用户外 GIS 组合电器设备，出线 4 回（至皖南变电站、沪西变电站各 2 回），至皖南Ⅱ线和沪西Ⅱ线各装设高压并联电抗器 1×720Mvar；500kV 采用户外 GIS 组合电器设备，出线 4 回（至妙西变电站、仁和变电站各 2 回）；每组主变压器低压侧装设 110kV 低压电抗器 1×240Mvar 和低压电容器 2×210Mvar。

（4）沪西变电站工程。沪西 1000kV 变电站位于上海市青浦区练塘镇。安装变压器 2×3000MVA（2 号和 4 号主变压器）；1000kV 采用户外 GIS 组合电器设备，出线 2 回（至浙北变电站），至浙北Ⅰ线装设高压并联电抗器 1×720Mvar；主变压器 500kV 侧接入已建 500kV 练塘变电站；每组主变压器低压侧装设 110kV 低压电抗器 1×240Mvar 和低压电容器 2×210Mvar。

（5）输电线路工程。新建淮南—皖南—浙北—沪西双回 1000kV 交流线路，途经安徽省、浙江省、江苏省、上海市，全长 2×648.325km，包括一般线路 642.7km（安徽境内 442.27km，浙江境内 176.71km，江苏境内 6.73km，上海境内 16.99km）、淮河大跨越 2×2.445km、长江大跨越 2×3.180km。全线同塔双回路架设，全部采用钢管塔（平均塔高 110m、平均塔重 180t），铁塔共 1421 基，其中一般线路 1409 基、淮河大跨越 6 基、长江大跨越 6 基。工程沿线地形平地占 35.76%，河网泥沼占 28.78%，丘陵占 26.29%，山地占 9.17%。海拔低于 500m。设计覆冰 10mm（局部 15mm）。设计基本风速为 27、30、32m/s（百年一遇离地 10m 高 10min 平均最大风速）。一般线路导线采用 8×LGJ-630/45 钢芯铝绞线（浙北—沪西段约 27.8km 试用 8×JL1/LHA1-465/210 铝合金芯铝绞线），两根地线一根采用 OPGW 光缆，另一根采用铝包钢绞线。大跨越导线采用 6×AACSR/EST-640/290 特强钢芯铝合金绞线，两根地线均采用 OPGW-350 光缆。

淮河大跨越位于安徽省淮南市东北闸口村附近，采用"耐—直—直—耐"方式，铁塔 6 基；耐张段长 2445m，档距为 530m—1300m—615m；直线跨越塔呼高 131m，全高 197.5m，重 1378t；耐张塔采用干字型单回路塔，直线塔采用双回路伞型塔；直线塔安装攀爬机作为主要登塔设施。长江大跨越位于安徽省无为县高沟镇群英村（北岸）与铜陵市东联乡复兴村（南岸），采用"耐—直—直—耐"方式，铁塔 6 基；耐张段长 3180m，档距为 710m—1817m—653m；直线跨越塔呼高 206m，全高 277.5m，重 2609t；耐张塔采用干字型单回路塔，直线塔采用双回路伞型塔；直线塔安装井筒式电梯作为主要登塔设施。

2. 参建单位

国家电网公司特高压建设部履行项目法人职能，其他相关部门负责归口管理，华东分部参与工程建设工作；电力建设工程质量监督总站组织属地电力工程质量监督中心站开展质量监督工作；中国电力工程顾问集团公司负责初步设计评审。国网交流建设分公司负责变电站、输电线路本体工程建设管理，国网信通公司负责系统通信工程建设管理；属地省公司（国网安徽省电力公司、国网浙江省电力公司、国网上海市电力公司、国网江苏省电力公司）负责工程生产准备、变电站"四通一平"建设管理、500kV 配套工程建设、有关地方协调工作；国网北京经济技术研究院协助特高压建设部开展设计管理；国网物流中心负责物资催交、催运和现场服务；中国电力科学研究院承担系统调试方案编制和实施工作。

围绕系统技术、设计技术、施工技术，以及特高压设备技术、钢管塔应用和特高压交流输电技术深化研究等内容，共开展了 109 项研究课题。主要承担单位为中国电力科学研究院、国网电力科学研究院、国网北京经济技术研究院、国网交流建设分公司、国网信息通信有限公司，以及有关大专院校和工程设计、设备研制、施工、试验和调试、调度和运行等方面的单位。

设计方面，中国电力工程顾问集团公司是总体牵头和协调单位，国网北京经济技术研究院协助特高压建设部开展设计管理。淮南变电站设计单位是华北电力设计院（主体）、安徽省电力设计院，设计监理是浙江省电力设计院；皖南变电站设计单位是中南电力设计院，设计监理是西北电力设计院；浙北变电站设计单位是东北电力设计院（主体）、浙江省电力设计院，设计监理是西南电力设计院；沪西变电站设计单位是华东电力设计院，设计监理是安徽电力设计院。淮南—皖南段线路设计单位是华北电力设计院（主体）、安徽省电力设计院、河南省电力勘测设计院、西北电力设计院、山东电力工程咨询院、中南电力设计院、华东电力设计院，其中淮河大跨越设计单位是华北电力设计院，长江大跨越设计单位是华东电力设计院，设计监理是西北电力设计院（淮河大跨越）、河南省电力勘测设计院、山东电力工程咨询院、西南电力设计院（长江大跨越）；皖南—浙北段线路设计单位是西南电力设计院（主体）、东北电力设计院和江苏省电力设计院，设计监理是东北电力设计院；浙北—沪西段线路设计单位是华东电力设计院（主体）、浙江省电力设计院，设计监理是浙江省电力设计院。

特高压设备制造方面，淮南变电站是保定天威保变电气股份有限公司（1000kV 主变压器）、平高电气股份有限公司（1100kV GIS 开关设备）、西电变压器有限责任公司（1000kV 电抗器）、南阳金冠电气有限公司（1000kV 避雷器）、西安西电电力电容器有限责任公司（1000kV 电容式电压互感器）；皖南变电站是西电变压器有限责任公司（1000kV 主变压器、1000kV 电抗器）、西安西电开关电气有限公司（1100kV GIS 开关设备）、西安西电避雷器有限责任公司（1000kV 避雷器）、桂林电力电容器有限责任公司（1000kV 电容式电压互感器）；浙北变电站是特变电工股份有限公司（1000kV 变压器、1000kV 电抗器）、新东北电气（沈阳）高压开关有限公司（1100kV GIS 开关设备）、东芝（廊坊）避雷器有限公司（1000kV 避雷器）、桂林电力电容器有限责任公司（1000kV 电容式电压互感器）；沪西变电站是西安西电变压器有限责任公司（1000kV 变压器 4 台）、山东电力设备有限公司（1000kV 变压器 4 台）、保定天威保变电气股份有限公司（1000kV 电抗器）、平高电气股份有限公司（1100kV GIS 开关设备）、抚顺电瓷制造有限公司（1000kV 避雷器）、西安西电电力电容器有限责任公司（1000kV 电容式电压互感器）。中国电力科学研究院、国网电力科学研究院武汉南瑞公司负责监造，安徽、浙江、上海电力科学研究院参加。

现场建设方面，淮南变电站是中国超高压输变电建设公司（监理）、安徽电力建设第二工程公司（建筑工程）、华东送变电公司（电气安装工程），安徽电力科学研究院、中国电力科学研究院（特殊交接试验）；皖南变电站是浙江电力建设监理有限公司（监理）、安徽送变电公司（建筑工程、电气安装工程），安徽电力科学研究院、中国电力科学研究院（特殊交接试验）；浙北变电站是安徽省电力工程监理有限责任公司（监理）、上海送变电公司（建筑工程）、浙江省送变电公司（电气安装工程 A）、湖北省输变电公司（电气安装工程 B），浙江电力科学研究院、中国电力科学研究院（特殊交接试验）；沪西变电站是湖南电力监理咨询公司（监理）、上海电力建筑工程公司（建筑工程）、上海送变电公司（电气安装工程）、上海电力科学研究院、中国电力科学研究院（特殊交接试验）。一般线路监理单位从西到东依次为江西诚达工程咨询监理公司（施工 1～4 标段）、江苏省宏源电力建设监理有限公司（施工 5～10 标段）、河南立新电力建设监理有限公司（施工 11～15 标段）、山东诚信工程建设监理有限公司（施工 16～21 标段）；大跨越监理单位分别为黑龙江电力建设监理有限责任公司（淮河大跨越）、北京华联电力工程监理公司（长江大跨越）。一般线路施工单位依次为河南送变电公司（1 标段）、山西送变电公司（2 标段）、陕西送变电公司（3 标段）、湖北输变电公司（4 标段）、甘肃送变电公司（5 标段）、山西供电工程承装公司（6 标段）、湖南送变电公司（7 标段）、北京送变电公司（8 标段）、华东送变电公司（9 标段）、安徽送变电公司（10 标段）、江西送变电公司（11 标段）、吉林送变电公司（12 标段）、河北送变电公司（13 标段）、黑龙江送变电公司（14 标段）、浙江送变电公司（15 标段）、福建送变电公司（16 标段）、北京电力工程公司（17A 标段）、青海送变电公司（17B 标段）、山东送变电公司（18 标段）、四川送变电公司（19A 标段）、广东输变电公司（19B 标段）、江苏送变电公司（20 标段）、上海送变电公司（21 标段）；大跨越施工单位分别为江苏送变电公司（淮河大跨越）、安徽送变电公司（长江大跨越）。

3. 建设历程

2011 年 10 月 10 日，浙北变电站"四通一平"工程开工；10 月 19 日，皖南变电站"四通一平"工程开工；11 月 2 日，淮南变电站"四通一平"工程开工；11 月 19 日，沪西变电站"四通一平"工程开工。2011 年 10 月 30 日，线路工程首基试点在 10 标段 F65 号基础现场举行，标志着线路工程开工。2013 年 6~8 月，沪西、皖南、浙北、淮南变电站 500kV 系统先后启动带电。2013 年 7 月 31 日，线路工程全线施工完成。2013 年 8 月 15 日，皖电东送工程启动验收委员会第二次会议在北京召开，审议通过了竣工验收报告、启动调度方案和系统调试工作安排。2013 年 8 月 19 日~9 月 8 日，完成全部系统调试工作，2013 年 9 月 18 日开始 168h 试运行，2013 年 9 月 25 日举行了皖电东送工程投产仪式。

三、建设成果

皖电东送工程于 2011 年 9 月 27 日项目核准，2013 年 9 月 25 日正式投运，历经 24 个月攻坚克难，全面完成了国家确定的工程建设任务。皖电东送工程由我国自主设计、制造和建设，是世界上首个商业化运行的同塔双回路特高压交流输电工程，是世界电力发展史上的又一个重要里程碑，代表了国际高压交流输电技术研究、装备制造和工程应用的最高水平。工程的成功建设和运行，进一步验证了特高压交流输电大容量、远距离、低损耗、省占地的优势，进一步巩固、扩大了我国在高压输电技术研发、装备制造和工程应用领域的领先优势，对于推动我国电力工业和装备制造业的发展进步、保障国家能源安全和电力可靠供应具有重要意义。

皖电东送工程建成投运后，先后获得了一系列重要奖项和荣誉：2014 年度国家电网公司科技进步奖特等奖，中国电力规划设计协会"2013 年度电力行业工程优秀设计一等奖"，中国电力建设企业协会"2014 年度中国电力优质工程奖"，中国工程建设焊接协会"2014 年度全国优秀焊接工程特等奖"，中国施工企业管理协会"2013～2014 年度国家优质工程金质奖"，中国电力企业联合会 2015 年"中国电力创新一等奖"，中国投资协会"2016～2017 年度国家优质投资项目奖"。

　　皖电东送工程在特高压交流试验示范工程成功实践的基础上，以"确保安全性、提高经济性、掌握技术规律、提升技术水平"为目标，立足国内、自主创新，取得 3 大创新成果：全面掌握同塔双回路特高压交流输电核心技术，推动国际高压交流输电技术实现新突破；实现国产特高压设备技术升级和大批量稳定制造，推动我国电工装备制造水平达到新高度；成功建成世界首个同塔双回路特高压交流输电工程并通过全面严格试验考核、运行稳定，推动我国输变电工程建设水平迈上新台阶。

　　工程建成后面貌如图 2-9～图 2-16 所示。

图 2-9　淮南 1000kV 变电站

图 2-10　皖南（芜湖）1000kV 变电站

图 2-11　浙北（安吉）1000kV 变电站

图 2-12　沪西（练塘）1000kV 变电站

图 2-13　皖电东送工程淮河大跨越

图 2-14　皖电东送工程长江大跨越

图 2-15　皖电东送工程输电线路山区段

图 2-16　皖电东送工程输电线路平丘段

1. 系统技术方面

（1）过电压深度抑制。采用高压并联电抗器、断路器合闸电阻和高性能避雷器联合控制特高压系统过电压，同时采用高性能避雷器抑制 500kV 侧的传递过电压，成功实现过电压深度抑制目标，进一步提高了特高压变电站的整体安全性。

（2）潜供电弧控制。采用高压并联电抗器及中性点小电抗控制潜供电流和恢复电压，成功解决了同塔双回特高压输电线路潜供电流电弧抑制这一世界难题，实现1.0s 内单相重合闸。

（3）特快速暂态过电压（very fast transient overvoltage，VFTO）测量与控制。基于真型试验及工程实测结果，成功研制性能指标国际领先的 VFTO 测量系统，提出变电站 VFTO 仿真计算方法，部分取消特高压隔离开关阻尼电阻，提高了可靠性，降低了成本。

（4）雷电防护。综合利用雷电定位系统观测数据及海拉瓦地形参数，采用电气几何模型法与先导法对全线 1421 基杆塔逐基、逐段进行防雷计算研究，全面优化设计，雷击跳闸率设计预期值不超过 0.1 次/（100km·年），与单回特高压线路（平均塔高 77m）相当，优于常规 500kV 工程的水平。成功解决长线路、高杆塔（平均高 108m）雷电防护世界级难题。

（5）电磁环境控制。基于试验示范工程运行特性的长期观测、同塔双回试验线段及电晕笼的大量实验，掌握了特高压交流线路在各种天气条件下的可听噪声特性，提出计算修正公式，为各电压等级线路优化设计创造了条件。

（6）空气间隙绝缘。基于典型电极放电试验和真型铁塔、构架试验，掌握了特高压双回路杆塔及变电站的空气间隙放电技术规律，获得了完整空气间隙放电特性曲线。

（7）污秽外绝缘。基于真型试验，全面掌握了特高压复合绝缘子的耐污闪、耐冰闪技术规律，在提高综合性能的同时将结构高度由 9.75m 优化至 9.0m。采用污耐压法进行外绝缘设计，实现特高压线路悬垂串绝缘子全复合化。

2. 设备技术方面

（1）在世界上首次研制成功 1000kV、3000MVA 有载调压变压器，并实现工程应用（皖南变电站），为特高压电网运行提供了灵活的电压控制手段。

（2）在世界上首次研制成功 1000kV、240Mvar 单柱并联电抗器（沪西变电站），实现无局部放电设计，温升、损耗、噪声、振动等关键指标国际领先。

（3）大规模应用钢管塔。首次采用带颈锻造法兰作为主要连接节点，采用单条一级环焊缝与钢管连接，攻克了薄壁钢管加工与超声探伤难题，降低焊接工作量

60%以上，提高加工效率3倍以上。特高压钢管塔的大规模研究和应用推动了我国钢管塔设计、加工、检测技术的跨越式发展，综合产能提升了近5倍，全面实现产业升级、达到国际先进水平。

（4）全面攻克掌握特高压盆式绝缘子设计、制造和试验检测核心技术难题，成功实现盆式绝缘子国产化，机电强度和质量稳定性国际领先，失效概率降至万分之一的水平，整体可靠性大幅提高，打破了国外垄断。

（5）研制成功新型高机械强度瓷套式避雷器及CVT，在国际上首次进行了真型抗弯试验及抗震试验，安全可靠，可兼作支柱绝缘子使用。

（6）在世界上首次研制成功并示范使用特高压交流线路避雷器，作为防止特殊塔位落雷密度异常导致频繁雷击跳闸的备用技术手段。

（7）在世界上首次研制成功1000kV GIS设备用罐式电容式电压互感器，关键性能指标达到同类产品最高水平。

（8）在世界上首次采用带选相合闸装置的110kV开关设备，经试验验证的电寿命可达5000次，满足频繁投切210Mvar低压并联电容器和240Mvar电抗器组的要求，提高了工程运行的可靠性。

（9）研制成功额定电压1100kV、三相额定容量1200MVA交流升压变压器（特变电工沈阳变压器集团有限公司、西安西电变压器有限责任公司、保定天威保变电气股份有限公司、山东电力设备有限公司），指标优异、性能稳定，代表了国际同类设备制造的最高水平，为发电厂建立与特高压电网的"直升通道"奠定了技术基础，可减少输电中间环节，提高了电源送出通道的输送能力。

（10）关键组部件国产化。保定天威保变电气股份有限公司制造的淮南变电站变压器，其中1台首次采用中国宝武钢铁集团有限公司生产的硅钢片。西安西电变压器有限责任公司制造的淮南变电站高压并联电抗器，其中1台首次采用泰州新源电工器材有限公司生产的高压出线装置。保定天威保变电气股份有限公司制造的沪西变电站高压并联电抗器，其中1台首次采用常州英中纳米科技有限公司生产的高压出线装置。西安西电变压器有限责任公司制造的皖南变电站高压并联电抗器，其中1台首次采用西安西电高压套管有限公司生产的高压套管（备用相）。平高电气股份有限公司、西安西开高压电气股份有限公司、新东北电气（沈阳）高压开关有限公司全自主特高压开关分别在工程中应用1个间隔。西安西开高压电气股份有限公司制造的皖南变电站特高压GIS套管全部采用南通神马电力科技有限公司生产的特高压复合外套（15支）。

3. 设计技术方面

（1）绝缘子串长优化。通过复合绝缘子串污闪及冰闪、线路电磁环境特性等深化研究，结合采用新型金具，减少复合绝缘子串长约 1.5m，减少横担长度 2～3m，降低塔高 4～6m，为优化设计、降低投资奠定了基础。

（2）杆塔结构优化。综合应用绝缘子串长优化成果，结合塔型精细化设计，取消上下相邻导线相间水平位移限制，将塔型由常规鼓型塔调整为伞型塔，提高了防雷水平，减少塔重 13%，降低混凝土用量 5%，节省了投资。

（3）变电站设备抗震。进行变电站全场域联合抗震计算分析，创造条件开展设备及连接回路真型抗震试验，优化结构设计，提升设备能力。试验结果表明，优化的特高压设备联合系统能够满足 8 度地震（0.2g）的设防要求，抗震能力大幅提升。

（4）变电站布置优化。高压并联电抗器回路创新采用"4 元件"设计方案，与特高压交流试验示范工程"9 元件"方案比较，减少 1 组接地开关、1 组避雷器和 9 支支柱绝缘子，压缩纵向尺寸 32m。优化淮南、皖南、沪西变电站构架柱截面，将出线构架宽度由 54m 优化至 53m 和 53.5m，主变压器进线构架高度优化为 43m；浙北变电站构架采用钢管人字柱创新方案，出线构架宽度优化为 51m；优化 GIS 母线避雷器用量，优化特高压隔离开关设计。变电站节省占地 3.7hm^2，减少钢耗 25%，节省了工程投资。

（5）钢管插入式新型基础。提出了钢管插入式新型基础，有效降低了基础立柱承受的水平力和弯矩，减少了基础尺寸和配筋，较常规基础可节约造价 8%～10%。

（6）扩径导线应用。首次成功研制由 725mm^2 扩至 900mm^2 的大截面疏绞型扩径导线，在线路工程耐张塔跳线和变电站进出线档中应用，降低了导线表面场强，控制了电磁环境指标。

（7）耐张复合绝缘子应用。首次针对特高压线路耐张塔开展大吨位复合绝缘子静态、动态受力特性分析和模拟试验研究，验证了大吨位复合绝缘子机械性能可靠性，在特高压线路中首次成功应用了耐张复合绝缘子串。

4. 施工技术方面

（1）变电站大规模挖填方地基处理技术。浙北变电站挖填方总量达 132 万 m^3，最大高差达 57m，创造了国内变电工程建设纪录。综合采用强夯置换、强夯、机械碾压等方法，成功解决大规模挖填方地基处理难题，将基础最大沉降控制在 2.95mm 的水平，远小于特高压 GIS 沉降要求值。

（2）变电站密集桩基群施工技术。沪西变电站 130 亩站区内密集布置了三种桩型共 15674 根桩，为罕见的复杂密集桩群工程。首次对深层土体位移、超孔隙水压力变化、地面位移、桩顶位移等指标进行全过程监测，优化桩基施工速率和工序，成功实现 I 类桩比例 100% 的创优目标。

（3）特高压 GIS 安装技术。特高压 GIS 的现场安装环境要求高、精度要求高、安全质量控制难度大。创新现场安装技术，使单元对接可在全密闭防尘棚中进行，在工程现场实现了百万级洁净度的"工厂化"安装。

（4）特高压钢管塔组塔技术。工程用钢管塔平均高 108m、平均重 185t，构件单件最重超过 5t，是角钢构件的 5 倍以上，组塔施工难度大。成功研制双平臂、单动臂专用塔机，开发组塔施工虚拟仿真培训系统，在全线大规模推广应用（约 40%），全面提升了组塔机械化程度和安全水平。

（5）复杂地形大型钢管塔构件运输。研发了重型索道、新型炮车、履带运输车、轻轨、气囊等专用运输机具，成功解决山区、丘陵、鱼塘等特殊地形的塔材运输难题。

（6）高精度大扭矩电动扳手。成功研制最大扭矩值 2500N·m 的高精度电动扳手，解决了钢管塔法兰高强螺栓装配难题，实现了 1986 万个螺栓的机械化紧固，保证了大扭矩高强螺栓的紧固精度，达到了国际领先水平。

5. 调试试验与运行技术方面

（1）特高压设备检测技术。特高压 GIS 预埋了 VFTO 测量模块，可对工程 VFTO 的幅值水平、概率分布、波形特征、隔离开关阻尼电阻对 VFTO 的影响等进行实际测量。针对特高压 GIS 母线长的突出特点，研制并成功应用了基于超声技术的 GIS 现场耐压试验绝缘故障定位系统。

（2）线路工频参数测试技术。采用异频法及工频变相量法，在世界上首次获取了同塔双回特高压输电线路所有序参数、双回线路间互参数及相间参数，为系统短路电流计算、继电保护整定、计算模型校核、运行方式制定等提供重要技术依据，并成功通过系统调试和实际运行检验。

（3）大电网控制技术。根据特高压工程的技术特性，工程全线与 500kV 系统电磁环网运行，并与安徽外送断面、上海交流断面及直流功率构成强耦合关系。基于仿真计算研究分析、电网试验和系统调试，全面掌握了华东交直流混合大电网的潮流、电压、频率及稳定控制技术。

（4）带电作业技术。结合不同塔型结构、导线布置、人在塔上的作业位置等因素，首次研究确定了同塔双回特高压输电线路等电位及地电位最小安全距离、最小组合间隙等关键技术参数，提出安全检修方式，形成了技术导则。

第三节　苏通 GIL 综合管廊工程

苏通 GIL 综合管廊工程是世界上首个特高压 GIL 输电工程，2019 年 9 月 26 日正式投入运行。在大跨越工程方案推进困难的情况下，国家电网公司创新提出"江底隧道+特高压 GIL"方案穿越长江，建成了世界上首个特高压 GIL 输电工程，电压等级最高、输送容量最大、GIL 管线最长、技术水平最先进，避免了对黄金航道的不利影响，为未来跨江、越海等特殊地段的输电工程提供了新的解决方案，是特高压输电领域又一个世界级重大创新成果。

一、工程背景

2009 年 4 月，国家电网公司启动淮南—南京—上海 1000kV 特高压交流输变电工程可行性研究工作。可研方案中，该工程在苏通长江大桥上游约 1km 处以架空方式跨越长江（需在江中立塔 2 基），整体工程与已建皖电东送淮南—上海特高压交流输电示范工程共同构建华东特高压交流双环网，对于提高华东负荷中心接纳区外电力的能力和内部电力交换能力、提升电网安全稳定水平、促进经济社会可持续发展具有重要意义。

2012 年 8 月 23 日，国家能源局印发《国家能源局关于同意国家电网公司华东区域淮南—江苏—上海特高压交流输变电工程开展前期论证工作的函》（国能电力〔2012〕260 号）。2012 年 9 月 27 日，国家电网公司向国家发展和改革委员会上报《国家电网公司关于淮南—南京—上海特高压交流工程项目核准的请示》（国家电网发展〔2012〕1375 号）。2013 年 9 月，国务院印发《大气污染防治行动计划》。2014 年 4 月 21 日，国家发展和改革委员会印发《国家发改委关于淮南—南京—上海 1000 千伏交流特高压输变电工程核准的批复》（发改能源〔2014〕711 号）。2014 年 5 月 16 日，国家能源局印发《国家能源局关于加快推进大气污染防治行动计划 12 条重点输电通道建设的通知》（国能电力〔2014〕212 号），其中包括淮南—南京—上海 1000kV 特高压交流输变电工程。

工程建设过程中，因为交通行政审批的要求，苏通长江大跨越技术方案发生重大变化（位于江中的 2 基跨越塔的跨距从 2150m 增加到 2600m，塔高从 346m 增加到 455m），实施难度和工程投资大幅提升，不确定性增加。2016 年 1 月 6 日，国家电网公司召开专题会议，研究决定苏通过江方案改为 GIL 综合管廊方式，1 月

26 日 GIL 管廊方案可行性研究通过评审，4 月 29 日国家电网公司向国家发展和改革委员会上报《国家电网公司关于淮南—南京—上海特高压交流苏通过江段调整为 GIL 综合管廊工程项目核准的请示》（国家电网发展〔2016〕415 号），7 月 29 日国家发展和改革委员会印发《国家发展改革委关于淮南—南京—上海 1000 千伏特高压交流工程项目核准调整的批复》（发改能源〔2016〕1655 号）。

二、工程概况

1. 建设规模

新建苏通 GIL 综合管廊工程，建设 2 回 1000kV 特高压 GIL 通道并预留 2 回 500kV 电缆位置；新建长江南岸、北岸 2 个 GIL 地面引接站；配套建设相应的通信和二次系统工程。工程核准动态投资 47.63 亿元，由国网江苏省电力公司（土建部分）、国网上海市电力公司（电气部分）共同出资建设。

苏通 GIL 综合管廊工程位于苏通长江大桥上游约 1km 处，起于长江北岸（南通）引接站，止于南岸（苏州常熟）引接站，盾构隧道全长 5468.545m，管廊内径 10.5m，外径 11.6m，是穿越长江的大直径、长距离隧道之一，最低点黄海高程 -74.83m，是当时国内水压最高的水下隧道（最高水压 0.8MPa）。上腔两侧布置两回 1000kV 特高压 GIL，长度约 5.7km，两回 6 相总长 34025.9m；下腔两侧预留两回 500kV 电缆通道；此外还可以随管廊敷设市政通信线路。两侧地面引接站分别与泰州侧、苏州侧架空线路连接，安装避雷器、电压互感器、电流互感器、感应电流释放装置，以及保护、计算机监控系统、综合监测系统、通风系统相关设备。苏通 GIL 综合管廊工程示意图如图 2-17 所示，管廊纵断面示意图如图 2-18 所示，管廊内部布置示意图如图 2-19 所示。

图 2-17　苏通 GIL 综合管廊工程示意图

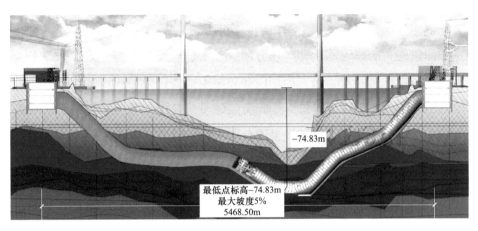

图 2-18 管廊纵断面示意图

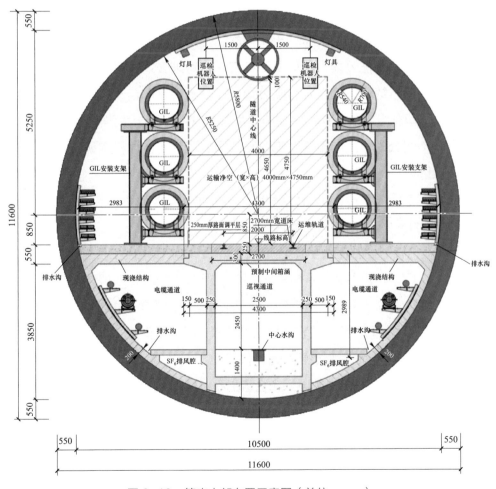

图 2-19 管廊内部布置示意图（单位：mm）

2. 参建单位

国家电网公司交流建设部（简称国网交流部）履行项目法人职能，其他相关部门负责归口管理，国家电网公司华东分部参与工程建设工作。江苏省电力工程质量监督中心站负责质量监督。电力规划设计总院接受委托负责初步设计评审。国网江苏省电力公司作为建设管理单位，国网交流建设分公司负责技术支撑；国网信息通信有限公司负责系统通信工程建设管理；国网北京经济技术研究院协助国网交流部开展设计管理；国网物资有限公司负责物资催交、催运和现场服务支撑；中国电力科学研究院协助国网交流部开展设备质量管控。

苏通管廊工程是穿越长江的大直径、长距离隧道之一，也是国内水压最高的水下隧道；特高压 GIL 为世界首创。研究课题包括基础性研究、设备类、设计类、施工安装和试验类、运维检修类、涉水涉航专题六大类共计 53 项。主要承担单位为中国电力科学研究院、国家电网公司华东分部、国网江苏省电力公司、国网交流建设分公司、西安交通大学、天津大学、沈阳工业大学、西安高压电器研究院、武汉南瑞有限责任公司、河南平高电气股份有限公司、南京南瑞继保电气有限公司、北京四方继保工程技术有限公司、长园深瑞继保自动化公司、国网经济技术研究院、华东电力设计院、中铁第四勘察设计院、同济大学、西南交通大学、中铁十四局集团公司、江苏省送变电有限公司、江苏省电力科学研究院、南京水利科学研究院等。

工程设计方面，华东电力设计院负责工程勘测、总体设计、电气工程设计，中铁第四勘察设计院负责隧道工程设计。

设备研制供货方面，河南平高电气股份有限公司、山东电工日立开关有限公司负责 1100kV GIL 设备供货，平高东芝廊坊避雷器有限公司、南阳金冠电气有限公司负责 1000kV 避雷器供货，南京南瑞继保工程有限公司负责综合监控系统供货，许继电气股份有限公司、北京四方继保工程技术有限公司负责 1000kV GIL 差动保护供货；中国电力科学研究院负责监造。

现场建设方面，监理单位为上海市合流工程监理有限公司（隧道工程）、江苏省电力工程咨询有限公司（电气安装工程）；施工单位为中铁十四局集团公司（隧道工程）、江苏省送变电有限公司（电气安装工程）。

3. 建设历程

2016 年 8 月 16 日，工程开工动员会在江苏省常熟市召开。2017 年 3 月 24

日，"卓越号"盾构机出厂仪式在海瑞克广州南沙工厂举行。2017 年 6 月 28 日，"卓越号"盾构机成功始发。2017 年 12 月 19 日～2018 年 3 月 28 日，完成 GIL 整机及组部件型式试验。2018 年 8 月 21 日，隧道工程全线贯通。2018 年 7 月 13 日～2019 年 1 月 17 日，GIL 样机在武汉特高压交流试验基地顺利通过 184 天带电考核。2019 年 3 月 1 日，GIL 电气设备安装工程开工，8 月 14 日全面完成；8 月 14～25 日，通过现场耐压及局部放电试验。2019 年 8 月 29 日，召开工程启动验收委员会第一次会议，安排启动调试相关工作。2019 年 9 月 10 日，召开启动验收现场指挥部第一次会议，开始启动调试，9 月 11 日顺利完成。9 月 12 日开始试运行，9 月 15 日顺利通过 72h 试运行考核。2019 年 9 月 26 日，国家电网有限公司召开准东—皖南±1100kV 特高压直流输电工程和苏通 1000kV 特高压交流 GIL 综合管廊工程竣工投产大会，宣布两项工程正式投运。

三、建设成果

苏通 GIL 综合管廊工程 2016 年 7 月 29 日核准后，国家电网公司在全力推进工程建设的同时持续推进产学研用联合攻关。2016 年 8 月 16 日工程开工，2017 年 6 月 28 日盾构机成功始发，2018 年 8 月 21 日隧道贯通，实现了安全零事故，质量创行业标杆，进度创同类项目最快纪录，中国工程院钱七虎院士评价隧道工程"达到了优秀的等级"，创建了"行业标杆工程"。在世界上首次成功研制特高压 GIL，通过严格的型式试验和样机长时间带电考核，顺利完成现场安装试验、系统调试和 72h 试运行，2019 年 9 月 26 日正式投入运行。至此，淮南—南京—上海 1000kV 特高压交流输变电工程全面建成，华东特高压交流双环网正式形成，大幅提升了华东电网内部电力交换能力、接纳区外来电能力和安全稳定水平，对于保护长江黄金水道具有重要示范意义，为服务经济社会发展、建设美丽中国发挥了重要作用。

截至 2022 年底，苏通 GIL 综合管廊工程已经获评 2021 年度中国电力优质工程，获得 2020～2021 年度国家优质工程金奖、2022 年度中国电力科学技术进步奖一等奖、2021 年度国家电网有限公司科技进步奖特等奖；获得省部级工程勘测设计一等奖 4 项、二等奖 1 项，省部级科技进步奖一等奖 5 项、二等奖 5 项、三等奖 4 项，其他省部级以上奖 13 项，省部级工法 3 项，省部级 QC 成果一等奖 2 项、二等奖 2 项、三等奖 2 项。获得发明专利 35 项、实用新型专利 60 项。建立标准 6

项。中国岩石力学与工程学会鉴定结论：隧道关键技术水平国际领先。中国机械工业联合会鉴定结论：GIL 产品综合性能达到国际领先水平。中国电机工程学会鉴定结论：项目推动了我国 GIL 隧道输电技术的进步，成果总体达到国际领先水平。图 2-20 为"卓越号"大直径泥水平衡盾构机；图 2-21 为建成后的隧道工程；图 2-22 为建成后的苏通 GIL 综合管廊工程。

图 2-20 "卓越号"大直径泥水平衡盾构机

图 2-21 建成后的隧道工程

图 2-22　建成后的苏通 GIL 综合管廊工程

（1）主航道精准勘测。综合采用工程钻探、原位测试、浅层地震反射波、浅地层剖面法、水域高精度磁测、侧扫声呐法等先进手段，解决了水下障碍物识别、全断面地层划分等技术难题，测量定位 185 个，钻孔 162 个、总进尺 12692m，完成全线物探测线累计长度为 239690m，为隧道工程设计、盾构机选型、掘进施工打下了坚实基础。

（2）隧道结构形式关键技术。结合工程实际，采用理论分析、数值仿真等手段对管片衬砌结构受力特征进行了精细化研究分析，提出了适用于大直径、高水压条件下特高压电力盾构隧道管片衬砌的结构形式和关键参数。采用大型管片原型试验，研究并验证了隧道管片结构受力性能，并对结构参数进行了设计优化。研究了隧道管片接缝、螺栓的构造及力学特性，提出合理接缝形式，试验验证了与管片纵缝和环缝相对应的接头螺栓设计；发明了"环间螺栓+分布式凹凸榫"新型管片连接方式，提高拼装精度和接缝受力性能，管片接缝最大环间错台量降低 66.7%，解决了 GIL 长期运行对隧道基础不均匀变形要求高的难题。

（3）隧道密封结构设计关键技术。发明了盾构法隧道双垫圈螺栓孔防水密封结构，研发了外侧集中双道密封+内侧弹性密封的多道管片接缝密封构造，较同规模盾构隧道的防水能力提升近一倍。采用可三向自动加载的高水压盾构隧道管片接缝防水性能试验系统，进行了不同密封垫、不同接缝张开量下的防水试验。在考虑高温条件及管片接缝张开 8mm、错台 15mm 的条件下，外侧密封垫能够抵抗 1.6MPa 水压，内侧密封垫能够抵抗 1.92MPa 水压。隧道贯通后，隧道全长管片表面未发现渗漏水或湿渍，防水效果真正做到了不渗不漏，使国内高水压盾构隧道管片接缝防水技术达到了一个新的高度。

（4）隧道抗震设计关键技术。研究了特高压电力隧道的地震响应，对盾构隧道横向和纵向地震响应采用大型振动台试验、分析。根据研究成果，针对工作井与隧道接头处、深槽处等关键节点采取增加钢纤维的措施，管片螺栓采用 10.9 级高强螺栓。通过环间接头局部原型试验成果，提出了接头螺栓增加弹性垫圈的减震措施，为国内大型电力隧道的抗震问题提供了新的解决方案，具有重大的工程意义。

（5）长距离特高压 GIL 与架空混合输电线路的系统运行及过电压特性。创新研究了特高压 GIL 与架空混合线路系统及过电压特性，掌握工频运行电压、潜供电流、短路电流等电气参量，确定了 GIL 及其他电气主设备的关键参数；提出了特高压 GIL 的过电压保护及绝缘配合方案，保证苏通 GIL 综合管廊工程应用的安全性和可靠性。

（6）特高压感应电流快速释放装置及其操作逻辑。GIL 两端配置感应电流快速释放装置（采用快速接地开关原理），在 GIL 内部放电故障时自动合上以旁路感应电流，使之熄灭。故障时，在继电保护装置动作跳开两侧变电站的断路器后，由自动控制装置动作实现感应电流快速释放装置的迅速合闸，合闸时间不超过 10s，该自动装置安装在南、北引接站内。为确保感应电流快速释放装置合闸的可靠性，其对应的自动控制装置采用双重化配置方案。

（7）GIL 三维设计技术。突破模型属性无损交换的技术难题，建立 GIL 设备与管廊精确匹配的三维模型，实现 GIL 与隧道协同设计。采用三维可视化设计，通过建筑信息模型（building information modeling，BIM）技术，对 GIL 布置方案进行碰撞检测和安装模拟，确保设备布置满足空间要求。GIL 三维设计与隧道掘进同步推进，适应隧道施工误差和结构变形变位；根据断面测量与调线调坡中间结果，动态优化柔性布置。隧道贯通后，最终完成断面测量和调线调坡，锁定三维设计，包括 15 个直线段、11 个纵向 $R2000m$ 圆弧段和 3 个水平圆弧段。三维模型载入物联网设备管控平台，实现了 GIL 工程设计、产品制造、运输和现场安装的全过程流程化管控。

（8）特高压 GIL 综合监测系统。在系统研究的基础上，构建了集成的综合监测平台。GIL 设备监测、避雷器监测、GIL 放电故障定位、巡检机器人系统、隧道结构健康监测系统等外部子系统均接入统一的一体化监控监测平台。根据管廊设备的分布特点，以及各子系统的组成特点，提出管廊内综合监测网络具备有线与无线等接入方式，具备星网与环网等网络结构，实现了各终端设备接入方案的最优化。

（9）电力管廊通风模拟计算分析和方案设计。研究提出了长距离电力 GIL 管廊通风系统的详细设备配置方案及布置形式，主通道通风系统可满足 GIL 设备在最严苛的环境条件和运行工况下，GIL 设备安全运行的要求和保障运行维护人员安全的要求。采用 SF₆ 专用通风系统与管廊通风系统相结合的方式排除管廊内的 SF₆ 气体，隧道内监测到 SF₆ 气体泄漏时，主通道风机开至最大风速，同时开启泄漏区域附近 SF₆ 专用排风系统的风阀，保证 SF₆ 气体在最短时间内排除。

（10）长距离电力管廊接地设计。将两侧引接站和中间管廊段组成整体接地网，通过 CDEGS 软件❶进行接地网计算，建模时将南引接站接地网、北引接站接地网和管廊内隧道钢筋自然接地体三者合一作为整体接地网，尽可能还原地网的实际情况，经计算地电位升高、接触和跨步电势满足要求，从而实现主地网的最优配置设计方案。

（11）1000kV 特高压 GIL+架空混合线路保护策略。全线路配置大差动保护，采用分相电流差动保护作为主保护，包含完整的后备保护；针对 GIL 段配置小差动保护，采用电流差动保护。"大差动"与"小差动"均动作时，则为 GIL 段发生故障，保护动作切除故障的同时闭锁重合闸。

（12）在世界上首次成功研发 1000kV 特高压 GIL 成套设备。长期运行电压 1133kV，型式试验工频耐受电压 1265kV，现场交接试验工频耐受电压 1150kV，均高于变电站特高压 GIS 的水平。攻克了 GIL 高可靠性绝缘设计难题，首创哑铃型三支柱绝缘子，自主研制出全系列绝缘子和微粒捕捉器，首次提出在 797kV 电压下绝缘子局部放电量小于 2pC、GIL 整机单元局部放电量小于 5pC，远高于特高压 GIS 绝缘性能考核要求。发明了绝缘子内置、双道密封的 GIL 密封结构和动态真空正压氦检漏方法，标准单元 SF₆ 年泄漏率不大于 0.01%（变电站特高压 GIS 为 0.5%）。开发了转角精度达 0.05° 的小角度外壳一次成型工艺，提出高容差触头插接结构，实现了多段转角拟合弧形线位的复杂空间全管系柔性布置。发明了一种薄壁多层、分体压缩结构的力平衡伸缩节，地基水平方向载荷降低 70%，解决了柔性补偿难题。采用压力平衡型伸缩节、复式拉杆型伸缩节、铰链型角向伸缩节与外壳组成补偿单元，实现轴向/径向位移补偿。研制出开合能力 800A、100 次的感应电

❶ CDEGS 软件是由加拿大 SES 公司开发的，CDEGS 是电流分布（Current Distribution）、电磁场（Electromagnetic Fields）、接地（Grounding）和土壤结构分析（Soil Structure Analysis）英文首字母的缩写，它是解决电力系统接地、电磁场和电磁干扰等工程问题的强大工具软件，并可以解决阴极保护等问题。

流快速释放装置，实现 GIL 故障的秒级快速可靠熄弧。

（13）盾构机选型和隧道建造技术。针对高水压、高石英含量、有害气体的地质特点，开展了刀盘刀具配置、搅拌器设计、盾尾密封、防爆措施等研究，研发了"套筒+多级油缸"小空间常压换刀装置，成功研制了性能优良的"卓越号"大直径泥水平衡盾构机，解决了盾构机耐高水压、耐磨蚀性、防爆等难题。开发适用于沼气地层条件的泥浆渗透成膜技术和克泥效阻隔沼气工法，消除沼气燃爆风险。开发了长距离大直径施工隧道内无轨运输智能化调度系统方法，解决了满足大直径泥水盾构高效掘进的无轨运输、同步施工、施工通风等关键问题；全面完成盾构机始发和掘进全过程风险评估及其施工措施和应急预案；形成从盾构机研发制造、安全高效掘进施工和质量控制的隧道修建成套技术，可应用在大直径、长距离、超高水压、高磨蚀砂层、沼气地层、穿江越海等隧道工程中，推动了盾构隧道技术进步。

（14）超长距离 GIL 安装试验技术。开发了隧道有限空间内大型管道运输就位自动控制及空间运动姿态精准调节方法，研制了运输和安装机具，实现了三相同步运输预就位和四自由度精准对接，安装精度控制在 2mm 内。攻克了超长 GIL 充气的气压稳定、泄漏自动闭锁等核心技术，开发了工程现场的 SF_6 集中供气系统，实现了全管系 SF_6 气体的集中管理和高效充注，速率较传统移动式充气提高 12 倍。研制出首套超大容量一体化耐压试验装置，容量较特高压 GIS 试验装置提升 7.5 倍，实现超长 GIL 整段绝缘考核。

（15）GIL 故障快速定位技术。提出基于击穿暂态电压行波的故障定位方法，首次实现暂态电压 0.1～230MHz 超宽频传感、250MS/s 超高速实时捕获，与超声定位法、故障电流定位法配合，解决了千米级范围内米级快速精准定位和多故障点识别的难题。

（16）建立了特高压 GIL 标准体系。研究提出了覆盖通用技术、设备规范、施工试验和运行维护各方面的"特高压 GIL 技术标准综合体"，已发布相关标准 6 项。

第三章

±100～±660kV 高压直流输电工程

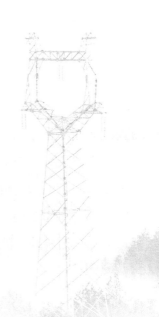

电力技术的发展是从直流电开始的，早期从发电、输电到用电都是直流电。随着交流电的发明，因为变压器可以方便地改变电压，有利于扩大供电范围，交流输电技术迅速发展并占据了统治地位。1928 年，具有栅极控制能力的汞弧阀研制成功，直流输电迎来发展机遇。交流电在送电端通过整流器变换成直流电，输送到受电端后再通过逆变器变换成交流电，实现了交流电和直流电的融合形成混合电网，直流输电在远距离、大容量点对点输电方面具有优势，交流电则在形成包含各级电压的"发输变配用"电力网络方面具有优势。1954 年世界上第一个采用汞弧阀的工业性直流输电工程（瑞典本土至哥特兰岛的 100kV、20MW 海底直流电缆输电工程）投运，其后先后建成了 12 项基于汞弧阀的直流输电工程，其中最高电压等级 ±450kV，最大输送容量 1440MW。20 世纪 70 年代，电力电子和微电子技术迅速发展，高压大功率晶闸管换流阀和微机技术在直流输电工程中开始应用，促进了直流输电技术发展。1970 年瑞典首先在哥特兰岛直流输电工程中扩建了 50kV、10MW 的晶闸管换流阀试验工程。1972 年加拿大投运的伊尔河背靠背直流工程是世界上第一项全部采用晶闸管换流阀的直流输电工程，从此基于晶闸管换流阀的电网换相直流输电技术快速发展，成为应用最为广泛的换流技术。

中国直流输电研究始于 20 世纪 60 年代，1963 年中国电力科学研究院建成直流输电物理模拟装置，开始对换流技术及控制保护系统开展研究，其后在西安、上海分别建立了直流输电试验装置（10kV 背靠背装置、31.5kV 电缆试验工程）。1987 年 12 月，中国第一个高压直流输电工程——舟山直流输电工业性试验工程建成投运。1990 年 8 月，葛洲坝—上海 ±500kV 直流输电工程建成投运，拉开了我国高压直流输电快速发展的序幕。2003 年 6 月，三峡—常州 ±500kV 直流输电工程建成投运，标志着我国直流输电技术跃上了新台阶。2005 年 7 月，中国第一个自主设计、制造、建设的背靠背直流输电工程——西北—华中联网灵宝直流背靠背工程建成投运。2011 年 2 月，世界上首个 ±660kV 直流输电工程——宁东—山东 ±660kV 直流输电示范工程正式投运。依托一大批高压直流输电工程实践，我国掌握了现代先进的高压直流输电技术，逐步形成了直流关键设备研制生产能力，培养了直流输电科研、设计、制造、施工、调试、运行等各方面人才队伍，建立了中国直流输电技术标准体系，推动了我国乃至世界直流输电技术的发展，为特高压直流输电技术"中国创造、中国引领"奠定了坚实基础。

第一节 舟山直流输电工业性试验工程

舟山直流输电工业性试验工程（简称舟山直流工程）是中国第一个高压直流输电工程，是我国自行设计和建设、全部采用国产设备的工程。工程具备浙江大陆向舟山本岛输电功能，同时也具有向大型直流输电工程发展过渡的工业性试验性质。1987 年 12 月 8 日，一期工程建成投入试运行。

一、工程背景

舟山是我国最大的海洋渔业捕捞基地，也是我国重要的海防前沿要塞。20 世纪 70 年代，随着当地经济发展和海防建设，舟山当地供电能力远远不能满足海防及生产生活需要，而且舟山淡水缺乏不适合建设大型火力发电厂，因此政府多次提出与大陆直接联网的要求。1976 年 2 月，浙江省水利电力局向水利电力部提出建设"镇海—舟山输变电工程"的报告。当时欧美直流输电蓬勃发展引领着世界高压输电发展潮流，水利电力部正在酝酿推动我国直流输电技术研究和应用。1976 年 4 月，水利电力部科技司、第一机械工业部研究院组织有关直流输电研究单位到舟山实地调查，专家一致认为建设大陆至舟山直流输电工程既可解决舟山用电，又能填补我国直流输电技术空白。1976 年 6 月，浙江省计划委员会以浙计（1976）165 号、浙江省水利电力局以浙水电综（76）第 210 号上报《关于建设穿山—舟山直流输电工程的建议》。1976 年 11 月 29 日，水利电力部印发（76）水电技字第 41 号《关于请安排舟山直流输电建设工程初步设计的函》给浙江省水利电力局。1980 年 8 月 23 日，电力工业部向国家计划委员会、国家科学技术委员会上报（80）电计字第 156 号《关于补报"舟山直流输电工业性试验工程"的报告》。1980 年 12 月 10 日，国家计划委员会和国家科学技术委员会印发计燃（1980）647 号《关于舟山直流输电工业性试验工程计划任务书的批复》，电力工业部负责工程建设，第一机械工业部负责换流阀、滤波器、调相机及海底电缆等新技术装备研究。

二、工程概况

1. 建设规模

舟山直流工程起于浙江宁波市大碶镇的整流站，止于舟山本岛定海县鳌头浦的逆变站。直流输电线路全长 54.1km，其中架空线分三段，总长 42.1km，导线采用 LGJQ-400，避雷线采用 GJ-50；海底电缆分两段，总长 12km，铜芯 $1 \times 300mm^2$。国家计划委员会和国家科学技术委员会关于计划任务书的批复中总投资 3340 万元（包括国家科学技术委员会安排科技费用 1000 万元、水利电力部安排基建投资 2340 万元）。水利电力部关于修正概算的批复为 4481.9 万元。工程决算投资总计 4900.4 万元。图 3-1 为-100kV 舟山直流工程示意图。

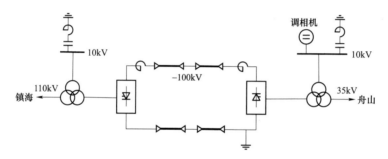

图 3-1　-100kV 舟山直流工程示意图

一期工程采用直流单极、金属回线方式，额定直流电压-100kV，额定直流电流 500A，额定输送容量 50MW（最终规模 ±100kV、500A、100MW，线路部分一次性建成），直流工作接地点设在逆变站；整流站网侧接入 110kV 交流系统；逆变站网侧接入 35kV 交流系统；换流阀采用 6 脉动晶闸管换流阀，空气绝缘、水冷却、户内式二重阀，应用水冷却、500A、2kV 晶闸管；直流平波电抗器型号为 PKPFP-100000/100（100kV、500A、1.27H）；两端换流变压器均选用 63kVA 三相三绕组强油风冷式油浸式换流变压器，整流站变压器型号为 ZSFPZ-63000/100，额定电压为 115/83.5/10.5kV，在 110kV 侧带有载调压装置；逆变站变压器型号为 ZSFP-6300/100，额定电压为 38.5/81/10.5kV，10kV 侧装有一台 30MW 调相机；两站交流滤波器均接入 10kV 侧，为单调谐 5 次、7 次、11 次、13 次及高通滤波器。

2. 参建单位

舟山直流工程是一个科研性的工业试验工程，为了做好这一工作，浙江省水利电力局（1977 年 8 月水电分开成立浙江省电力局，1979 年 9 月更名为浙江省电力工业局）1976 年 10 月成立了直流输电办公室（对外称直流输电工程处），作为总建设单位，全面负责工程设计、科研、协调设备制造、组织施工等工作。宁波电业局、舟山电力公司作为分建设单位，分别负责各自范围内的施工管理工作。

科研课题方面。1977 年 3 月，水利电力部科技司、第一机械工业部电工局、浙江省水利电力局在舟山召开"舟山直流输电工程科研设计协调会"，讨论确定了必须立即开始的 20 个科研专题及承担单位；5 月第一机械工业部电工局（77）电器字 53 号文件、水利电力部科技司（77）技电字第 53 号文件做了进一步明确。1978 年，国家科学技术委员会将"舟山直流输电工业性试验工程"列入国家重点科研项目。1981 年 5 月，国家科学技术委员会与浙江省电力工业局、西安电力机械制造公司签订《科技三项费用专项合同》。1982 年 4 月在定海召开的工程技术设计审查会上，水电部电力科学研究院主持商定了 34 个专题的承担单位和协作单位，之后浙江省电力工业局直流输电工程处与相关承担单位签订了科研合同，主要参加单位有浙江省电力工业局直流输电工程处、水电部电力科学研究院、武汉高压研究所、南京自动化研究所、华北电力学院，浙江省电力试验研究院、浙江省电力中心调度所、浙江省电力设计院、浙江大学、浙江工学院、宁波电业局、舟山电力公司、陕西省电力试验研究所、华东电力试验研究所、上海继电器厂、西安电力机械制造公司直流办公室、成套设计研究所、西安电力整流器厂、西安电瓷研究所、西安变压器电炉厂、西安高压开关厂、西安电力电容器厂、西安整流器研究所、西安电炉研究所、西安高压电瓷厂、红旗电缆厂、上海电缆研究所、上海电力局电缆工程处、中国海缆建设公司、海洋局第二海洋研究所、哈尔滨市第六仪表厂。

工程设计方面。由于缺乏直流输电人才和参考资料，舟山直流工程是边科研、边研制、边学习、边设计、边施工。常规部分及直流架空线路设计主要由浙江省电力设计院承担，直流部分及非常规交流部分（如滤波器等）设计由直流输电工程处承担，站外通信、远动设计由浙江省电力工业局中心调度所承担。

设备制造方面。1977 年 3 月，在舟山科研设计协调会上初步协调落实了研制单位。第一机械工业部以（77）一机电字 167 号《安排舟山直流输电工程所需设备研制任务的通知》明确，新设备由西安电力机械制造公司承包配套，其中直流海底电缆由湖北红旗电缆厂和上海电缆研究所研制，直流控制保护装置由上海继电器厂研制。1978 年 9 月，浙江省电力工业局与西安电力机械制造公司在宁波召开舟山直流输电工程新产品安排会议，讨论确定了新设备技术条件，落实了研制工作。1981 年

5 月，国家科学技术委员会与浙江省电力工业局、西安电力机械制造公司签订《科技三项费用专项合同》，再次明确新产品研制由西安电力机械制造公司负责。换流阀、换流变压器、平波电抗器、交流滤波器、电压互感器、电流互感器、避雷器等 16 种新设备由西安电力整流器厂、西安变压器电炉厂、西安高压开关厂、西安电力电容器厂、西安电瓷研究所、西安高压电瓷厂、西安电炉研究所等单位研制供货，控制保护由上海继电器厂研制供货，直流海底电缆由湖北红旗电缆厂研制供货。除了上述 18 种新设备之外，还有南京自动化研究所负责直流专用远动装置、故障采集装置供货，浙江工学院负责不停电电源装置供货，华北电力学院负责谐波分析仪供货，哈尔滨市第六仪表厂负责直流电能表供货，浙江省电力工业局直流处负责直流线路纵差保护供货等。

现场施工方面。整流站：土建单位为宁波第一建筑工程公司，设备安装单位为宁波电业局工程队，化水热控安装单位为镇海电厂，换流阀安装单位为西安电力整流器厂；逆变站：土建单位为舟山地区建筑工程公司，设备安装单位为舟山电力公司修试厂，化水热控安装单位为定海发电厂，换流阀安装单位为西安电力整流器厂；架空线路安装单位为宁波电业局线路队、舟山电力公司线路队、金华电业局线路队；直流海底电缆安装单位为上海基础工程公司、湖北红旗电缆厂；系统调试工作以浙江省电力试验研究所和直流输电工程处为主，西安电力机械制造公司等 20 个单位参加，启动验收委员会审定启动大纲和系统联调方案。安装单位负责单设备分系统调试，西安电力整流器厂负责换流阀调试。

3. 建设历程

1976 年 11 月 29 日，水利电力部批准舟山直流工程进行初步设计。1977 年 3 月，水利电力部、第一机械工业部在舟山召开科研设计协调会，讨论确定了设计原则。1977 年 9 月 13～17 日，浙江省建设委员会、浙江省水利电力局受水利电力部委托，在舟山组织召开了初步设计审查会。1979 年 5 月，以浙江省电力工业局直流工程处、浙江省电力设计院为主，西北电力设计院、陕西省电管局中试所、浙江省电力安装公司、金华电业局、舟山电业局等单位参加，完成了工程技术设计并上报电力工业部，7 月浙江省电力工业局向电力工业部补报计划任务书。1980 年 8 月 23 日，电力工业部向国家计划委员会、国家科学技术委员会补报（80）电计字第 156 号计划任务书，12 月 10 日，国家计划委员会、国家科学技术委员会以计燃（1980）647 号正式批准舟山直流工程的计划任务书。

1981 年 5 月，国家科学技术委员会与浙江省电力工业局、西安电力机械制造公司签订科技攻关合同，25 个直流输电关键技术课题，其中 7 个电力系统方面的由浙江省电力工业局负责组织攻关，18 个设备制造方面的由西安电力机械制造公司负责组织攻关。

1982 年 1 月，浙江省电力工业局直流工程处、浙江省电力设计院共同负责，修改完成《舟山直流输电工业性试验工程技术设计》（第二次技术设计），4 月通过审查。1983 年 11 月，浙江省电力工业局直流工程处委托国家海洋局第二海洋研究所再次对海缆路径进行海洋调查；1984 年 4 月，浙江省电力工业局在杭州召开了海缆路径审查会，之后报浙江省计划委员会、水利电力部批准。1985 年 7 月，水利电力部（85）水电技字第 45 号批准工程概算修正为 4481.9 万元。

1982 年 6 月，根据科研成果修改了新设备技术条件，浙江省电力工业局直流工程处与西安电力机械制造公司签订了换流阀、海底电缆及数控装置等 18 种新产品的技术条件，10 月签订了订货合同。从 1984 年 12 月起到 1986 年，先后通过了机械工业部电工局、水利电力部科技司鉴定。

1982 年 6 月逆变站开工，8 月整流站开工；1985 年 10 月～1987 年 5 月，设备安装工程施工。1986 年 5～8 月，直流海底电缆完成敷设和终端安装。1986 年 10 月，架空线路施工完成。

1986 年 3 月，生产运行单位组建。1986 年 7 月，国家科学技术委员会批准成立舟山直流输电工业性试验工程启动验收委员会，国家科学技术委员会、水利电力部、第一机械工业部、西安电力机械制造公司、浙江省电力工业局等参加，8 月 21～22 日在杭州召开第一次会议。从 1986 年第四季度开始验收至 1987 年第一季度完成验收。1987 年 2～7 月进行了单设备分系统调试、逆变站与整流站单侧系统调试工作。1987 年 7 月 28～30 日在舟山召开第二次启动验收委员会会议，11 月 19 日～12 月 7 日进行了系统联调，12 月 8～22 日进行了 15 天调试试运行，12 月 23 日投入试运行。1987 年 12 月 25～27 日，在杭州召开第三次启动验收委员会会议，指出"舟山直流输电工程解决了弱受端系统供电的关键技术，填补了我国高压直流输电技术的空白"。1988 年 4 月 15～16 日，浙江省电力工业局在杭州召开试运行讨论会，确定考核时间为 1987 年 12 月 23 日～1988 年 12 月 22 日。1988 年 9 月 6～13 日，进行了大负荷试验，输送功率 37MW。

1989 年 8 月 31 日～9 月 1 日，舟山直流工程正式通过国家科学技术委员会委托能源部、机械电子部组织的国家鉴定，正式投入运行。1998 年为了配合舟山发电厂 1 号 125MW 机组投运后的系统运行，完善舟山直流输电系统，在原有的主设备基本不动的情况下，对直流的阀控系统（PKF100）及保护装置（PZH-100）进行改造，使直流输电系统能够实现潮流的正、反送要求，1998 年 7 月完成系统联调及 48h 连续反送运行，8 月投运。1999 年 6 月，第一条宁波至舟山 110kV 双回交流联网工程投运后，舟山直流工程停运，2005 年 12 月正式退役。

三、建设成果

舟山直流工程是我国第一个高压直流输电工程，也是我国首个自主设计、自主研制设备、自主建设运行的直流输电工程，当时在国内组织和建设这样一个跨部门、跨行业，涉及科研、设计、制造、施工、试验、调试等单位及大专院校等各方面上百个单位的工程项目，是一项极其复杂的系统工程。该工程的建成，实现了大陆向舟山本岛的供电，填补了我国直流输电领域的空白，攻克了弱受端直流输电系统稳定运行等国际难题。舟山直流工程获得了国家重大技术装备成果一等奖和能源部电力科学技术进步二等奖，直流输电成套设备获国家"七五"科技攻关重大成果奖。

（1）自主完成了全套直流输电设备的研制。自主研制的晶闸管阀瞄准了国际先进技术，如水冷却、光电触发、微机检测等，还实现了高电位内部取能和内阻尼等技术突破，为后续进一步研制大容量、高电压换流阀积累了经验。在国内首次研制了高压直流油浸纸绝缘电力电缆和接头附件，并按国际大电网会议最新标准实施直流海底电缆及附件的电气和机械性能试验，性能全部达到标准的要求。成功研制专用远动装置，采用了国际先进微机新技术，实现了故障数据采集和直流线路纵差保护电流差值的快速计算。其他如直流避雷器、换流变压器、平波电器、直流电压电流测量装置、直流继电保护、交流滤波器等均研制成功，为我国后续自主制造更大容量的直流输电设备奠定了基础。

（2）掌握了直流输电工程关键技术。完成换流阀涌流保护和直流电缆保护、直流输电绝缘子防污特性和选型试验等系列专题研究，为直流输电工程设计提供了依据。通过工程设计、施工和运行实践，形成了我国直流输电技术和设计成果，为今后直流输电工程设计提供了参考借鉴。主要成果有：通过安装调相机和采用桥阀控制系统，提高了舟山弱系统运行的稳定性；采用最小投资法选择交流滤波电容器的标称电压，使交流滤波器经济合理，滤波器接线灵活；针对舟山直流送电距离较短的情况，采用金属回线，降低了工程建设的复杂性；优选海底电缆路径，使海底电缆每段长度减小，海床条件较好，从而解决了电缆敷设难题；根据路径的实际情况，采用国内首创的单、双铠混合结构海底电缆，减少磨损，提高了海底电缆在基岩局部裸露地段的寿命；研究采用故障后快速恢复措施，对弱受端系统的自动调频，解决了舟山弱受端直流输电系统运行的难题。

（3）取得了直流输电调试及试运行经验。为了掌握直流输电的调试和运行技术，调试及运行单位与科研单位，大专院校合作进行大量试验研究工作，通过这些科研实践，制定了直流调试方案与运行规程，并成功地进行了我国第一个直流输电工程的单侧调试与系统联调，在调试中取得了许多十分有价值的数据；通过严格试验验证，保证了舟山直流工程这个大系统向弱系统送电工程的可靠、稳定运行。

（4）为采用远距离海底电缆输电开辟了道路。通过舟山直流工程海底电缆的路径选择、电缆选型、电缆的设计与试验研究及其工程实践，全面掌握了海底电缆的设计和施工技术，为我国海岛采用大长度交直流海底电缆输电积累了十分可贵的经验。主要包括海洋调查的方法与具体实施措施、海底电缆的路径选择要求与方法、国内海底电缆的施工能力及适用范围、油浸纸绝缘电缆的工厂软接头及现场抢修硬接头技术、海底电缆全套机械试验方法等。

（5）培养了一支直流输电科研与建设队伍。参加舟山直流工程科研、设计、设备研制、施工调试的工程技术人员为 280 人左右，绝大多数是高、中级科技人员。其中浙江省电力工业局各单位 110 人、机械工业部各单位 95 人、大专院校 24 人、水利电力部各单位 43 人、其他单位 8 人，其中连续工作 5 年以上者 50 人、10 年以上者 20 人。同时，在科研与调试过程中，还购置与装备了动模试验室及调试用的各种专用仪器设备。这些都为我国进一步开展直流输电科研、设计、建设、调试和运行工作打下了基础。

工程施工过程及建成后面貌如图 3-2～图 3-5 所示。

图 3-2　宁波侧大碶镇整流站

图 3-3　舟山侧鳌头浦逆变站　　　　　　图 3-4　舟山逆变站阀厅

图 3-5　直流海底电缆施工

第二节　葛洲坝—上海±500kV 直流输电工程

葛洲坝—上海±500kV 直流输电工程（简称葛上直流工程）是我国第一个建成投运的大型高压直流输电工程，实现了华中与华东电网的异步联网，满足了葛洲坝水电站向华东地区的远距离送电需求。工程额定电压±500kV、额定输送容量 1200MW，直流线路全长约 1046km，1989 年 9 月极 I 投运，1990 年 8 月极 II 及双极投运，标志着我国输变电技术跨入了世界先进行列，是中国电力工业的重大技术进步。

一、工程背景

葛洲坝水利枢纽工程位于湖北省宜昌市境内的长江三峡出口南津关下游2.3km，是长江上第一座大型水电站，也是世界上最大的低水头大流量径流式水电站，总装机容量271.5万kW，其中二江水电站安装2台17万kW和5台12.5万kW机组，大江水电站安装14台12.5万kW机组。1971年5月开工兴建，1981年7月30日首台17万kW机组投运，1988年12月全部竣工。电站以220kV和500kV交流输电线路接入华中电网，并以±500kV直流输电线路连接华东电网向上海输电120万kW。

1981年7月水利电力部以（81）电火字第34号文件发出《关于研究葛洲坝大江电站电力送华东的通知》，电力建设总局组织有关单位于1982年2月完成了《华中向华东送电可行性研究》，11月电力规划设计院进行了审查；由于高压直流输电在远距离输电和联网方面的优点，最终选择了直流输电的方案。1982年12月18日，水利电力部以（82）水电计字316号文件向国家计划委员会报送葛洲坝至华东直流输电工程项目建议书，并建议"高压换流设备从国外成套引进"；12月21日，国家计划委员会、对外经济贸易部以计燃（1982）1165号文件批复同意"葛洲坝至华东直流输电工程引进高压换流设备和必要的制造技术及换流站设计技术"。1983年6月华中、华东电业管理局向水利电力部报送设计任务书，7月水利电力部向国家计划委员会报送《华中至华东直流输电工程设计任务书》，12月水利电力部以（83）水电计字第613号文件向国家计划委员会报送工程建设方案。1984年2月16日，国家计划委员会以计燃（1984）234号文件批复《华中至华东直流输电工程设计任务书》，同意建设葛洲坝—上海±500kV直流输电工程，按最终送电容量120万kW一次建成，分两期建设，1987年底建成一期工程送电60万kW。

二、工程概况

1. 建设规模

葛洲坝—上海±500kV直流输电工程由葛洲坝换流站和南桥换流站及相应配套工程、直流线路工程、微波通信工程三部分组成。直流额定电压±500kV、额定输送容量 1200MW。工程总投资 9.3147 亿元。葛洲坝—上海 ±500kV 直流输电工程示意图如图 3-6 所示。

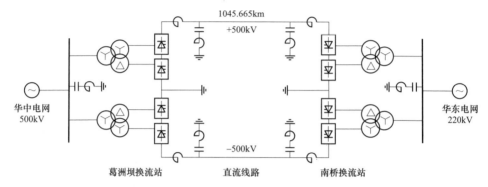

图 3-6　葛洲坝—上海 ±500kV 直流输电工程示意图

（1）葛洲坝换流站工程。葛洲坝换流站位于湖北省宜昌市点军乡宋家坝，额定换流容量 1200MW，直流额定电压 ±500kV，交流侧接入 500kV 系统。采用单相三绕组油浸式换流变压器，YNyd 接线方式，额定电压为（525/$\sqrt{3}$）/（209/$\sqrt{3}$）/209kV，额定容量为 237/118.5/118.5MVA，每个换流器 3 台，共 8 台（2 台备用）。直流侧采用双极对称接线、中性点接地方式，每极 1 个 12 脉动换流器；晶闸管换流阀为空气绝缘、水冷却、户内悬吊式四重阀；每极 2 台干式平波电抗器串联（500kV、1200A，2×150mH）；每极 2 组双调谐直流滤波器（HP12/24 次滤波器和 HP12/36次滤波器各 1 组）。500kV 交流侧安装 6 组交流滤波器，单组容量为 67Mvar（4 组 HP11/13 次滤波器、2 组 HP24/36 次滤波器）。接地极位于宜都县甫岭岗，接地极线路长约 38km，按 35kV 架空线绝缘水平设计。

（2）南桥换流站工程。南桥换流站位于上海市奉贤县南桥镇，额定换流容量为 1200MW，直流额定电压为 ±500kV，交流侧接入 220kV 系统。采用单相三绕组油浸式换流变压器，YNyd 接线方式，额定电压为（230/$\sqrt{3}$）/（198/$\sqrt{3}$）/198kV，额定容量为 224/112/112MVA，每个换流器 3 台，共 7 台（1 台备用）。直流侧采用双极对称接线、中性点接地方式，每极 1 个 12 脉动换流器。晶闸管换流阀为空气绝缘、水冷却、户内悬挂式四重阀；每极 2 台干式平波电抗器串联（500kV、1200A，2×150mH）；每极 2 组双调谐直流滤波器（HP12/24 次滤波器和 HP12/36 次滤波器各 1 组）。220kV 交流侧安装 8 组交流滤波器，单组容量为 87Mvar（11.8 次和 24 次高通滤波器各 2 组、11.8/23.8 和 24//36 次的双调谐滤波器各 2 组）。接地极设在距换流站 32km 处的海边，为浅埋式海岸电极，线路按 35kV 架空线绝缘水平设计。

（3）输电线路工程。直流输电线路起于湖北省宜昌市葛洲坝换流站，途经湖北、安徽、浙江、江苏、上海5省市，止于上海市奉贤县南桥换流站，全长1045.665km（湖北479.278km，安徽381.760km，浙江136.439km，江苏7km，上海41.188km），铁塔2681基（大跨越12基）。其中，一般线路1039.377km，宜昌沱盘溪长江大跨越、安庆吉阳长江大跨越、荆门沙洋汉江大跨越共6.288km。一般线路导线采用4×LGJQ-300钢芯铝线，分裂间距450mm，地线采用GJ-70镀锌钢绞线。大跨越导线采用钢芯铝合金绞线3×LHGJJ-400，地线采用镀锌钢绞线GJ-230。绝缘子试用大连电瓷厂XZP-160型4412片，其余均采用日本NGK公司CA-735EZ和CA-745EZ型，一般清洁区悬垂串30片，根据污秽等级增加片数（严重污秽区44片）。铁塔型式包括拉线塔、刚性直线塔、耐张塔、大跨越塔。基础型式包括薄壳基础、装配基础、大板基础、现浇基础、岩石基础、掏挖式基础等。最大风速33m/s，最大覆冰15mm。大跨越均采用"耐—直—直—耐"跨越方式，其中位于安徽省安庆市境内的吉阳长江大跨越的跨距最大、跨越塔最高，跨越段全长2329m，跨越档1605m，北跨越塔全高181.5m，南跨越塔全高165.5m。

葛洲坝电厂开关站—葛洲坝换流站双回500kV交流输电线路共6.585km，铁塔20基。

（4）微波通信工程。葛洲坝至上海数字微波通信工程，话路容量480路，信道速率34Mbit/s，工作频段1.9G～2.3GHz；38个主干线站，其中华中地区16个、华东地区22个。

2. 参建单位

1983年1月，水利电力部成立直流工程协调小组，决定工程建设重大问题；成立直流工程领导小组，华东电业管理局、华中电业管理局、电力科学研究院、超高压输变电建设公司、中南电力设计院、华东电力设计院等参加，负责对外谈判、工程建设等工作。1984年6月，水利电力部成立工程建设总指挥部，下设葛洲坝、南桥指挥部。超高压输变电建设公司作为工程总承包和建设单位，并作为总指挥部办事机构，负责科研、设计、施工、调试、生产准备等全过程工作。换流站和线路进口设备合同由中国技术进出口总公司与外商签订，微波通信工程主要设备合同由中国仪器进出口公司与外商签订，由水利电力部对外公司和超高压输变电建设公司具体执行，对进口设备工作统一组织、统一监造、统一接运、统一商检。

工程共完成科研项目 48 项，主要负责单位包括电力科学研究院，华东电业管理局、华中电业管理局、湖北省电力局的中试所及调度部门，武汉高压研究所及有关高校。

中南电力设计院负责整个工程的设计牵头归口，加拿大 Teshmont 公司提供技术咨询服务，负责编制直流设备规范书；葛洲坝换流站、直流线路工程、微波通信工程由中南电力设计院负责设计，南桥换流站由华东电力设计院负责设计。湖北省输变电工程公司负责葛洲坝换流站施工，南桥换流站由上海超高压筹建处承包、上海送变电公司负责施工。直流线路划分 9 个标段，分别由甘肃、河南、陕西/青海联合体、江西、吉林、广西、东电、华东、广东送变电工程公司负责施工。微波通信工程按照路径省界分别由所在地省市电力公司负责，由超高压输变电建设公司统一组织。水利电力部调通局负责系统调试，电力科学研究院负责调试技术归口。

换流站工程整套设备由瑞士 BBC 公司、德国西门子公司供货。直流线路绝缘子主要由日本 NGK 公司供货。微波通信设备由意大利 Telettra 电力通信和微波通信公司供货。

3. 建设历程

1982 年 12 月 21 日，国家计划委员会、对外经济贸易部批复同意"葛洲坝至华东直流输电工程引进高压换流设备和必要的制造技术及换流站设计技术"，安排了 60 万美元开展咨询工作。1983 年 1 月水利电力部决定成立直流工程协调小组和领导小组，印发（83）水电计字第 8 号《请抓紧开展葛洲坝至华东直流输电工程对外谈判及建设准备工作的通知》，并召开直流输电工程会议安排相关工作；3 月与加拿大 Teshmont 公司开展咨询谈判；6 月召开领导小组第二次会议讨论咨询合同签订工作、审查工程可研报告；6 月 25 日华中和华东电业管理局向水利电力部报送设计任务书；7 月 16 日签订咨询合同；7 月 28 日水利电力部向国家计划委员会报送设计任务书；8 月 3 日水利电力部以（83）水电规字第 54 号批复可研审批意见；9 月派出联络小组前往 Teshmont 公司共同编制直流工程技术规范书；12 月 20 日水利电力部以（83）水电计字第 613 号向国家计划委员会报送工程建设方案。1984 年 2 月 16 日，国家计划委员会以计燃（1984）234 号文件批复《华中至华东直流输电工程设计任务书》，同意建设葛洲坝—上海 ±500kV 直流输电工程。

1984 年 2 月水利电力部决定成立工程建设总指挥部，7 月成立南桥换流站指挥部，8 月成立葛洲坝换流站指挥部；3 月国家计划委员会以计外（84）380 号正式批准外汇用于设备引进和制造技术引进；4 月向瑞典 ASEA 公司、瑞士 BBC 公司、美国 GE 公司发出询价书，9 月进行技术谈判，11 月进行商务谈判，12 月由中国技术进出口总公司代表中方与瑞士 BBC 公司、德国西门子公司签订换流站设备合同；1985 年 1 月与日本 NGK 公司签订直流线路绝缘子采购合同；1986 年 12 月与意大利 Telettra 公司签订微波通信设备合同。

1984 年 12 月直流线路工程初步设计通过评审，1985 年 1 月水利电力部以（85）水电规字第 7 号批复；1985 年 2 月微波通信工程总体设计、换流站工程初步设计先后通过评审，水利电力部以（85）水电规字第 15 号、14 号分别批复。1987 年 7 月 3 日水利电力部以（87）水电规字第 31 号批复，概算调增至 92597 万元（外汇比价调整），1989 年 8 月 10 日能源部以（89）能源电规字 801 号重新核准为 93147 万元。

线路工程于 1985 年 10 月开工，1987 年 9 月全线竣工；换流站工程于 1985 年 12 月开工，1986 年 10 月开始电气安装，1987 年 12 月完成除葛洲坝换流站侧换流变压器之外的全部设备安装，1988～1989 年陆续完成两站换流变压器运输损坏的修复；微波通信工程于 1987 年 3 月开工，1989 年 4 月全线开通。

1988 年 8 月能源部批复成立工程启动验收委员会并召开第一次会议，1989 年 4 月召开启动验收委员会第二次会议审定系统调试方案，7 月 31 日完成极 I 系统调试，8 月召开启动验收委员会第三次会议，决定 8 月 17 日开始试运行，9 月 20 日极 I 投入商业运行。1990 年 4 月召开启动验收委员会第四次会议，7 月 17 日完成极 II 和双极系统调试，8 月 20 日开始商业运行。微波通信工程于 1990 年 11 月 12 日开始试运行，1991 年 3 月 12 日投运。

三、建设成果

葛上直流工程是我国第一个额定输送容量超过百万千瓦、送电距离突破 1000km 的高压直流输电工程，已稳定运行超过 30 年，实现了华中、华东两大区域电网异步互联，解决了葛洲坝水电站电力外送问题，缓解了华东地区电力需求紧张局面，标志着我国进入高电压、远距离、大容量先进直流输电发展时代，促进了我国研究和掌握现代先进高压直流输电技术，为后续三峡水电站开发与送出、"西电东送"等国家能源发展战略奠定了基础，为中国电力技术和经济社会发展进步做出了重要贡献。南桥换流站荣获 1989 年全国建筑工程最高奖（鲁班奖），葛上直流工程被评定为 1992 年能源部优质工程。

（1）初步掌握了现代高压直流输电成套设计技术。工程技术方案先进，应用当时国际最先进直流输电技术，采用双极对称、中性点接地主接线方式，采用大尺寸晶闸管换流阀和先进控制保护技术，工程具备双极运行、功率反送、降压运行、单极运行等多种方式，控制调节方便，运行方式灵活，为高电压、大容量直流输电技术发展指明了方向，形成了大批高压直流换流站工程设计、建设成果。

1）提出了我国 ±500kV 高压直流输电基本设计原则。通过工程建设，编制了工程功能规范书和设备技术规范书，对高压直流输电系统主接线拓扑、主回路主参数和稳态运行特性、过电压与绝缘配合、交流滤波器设计、直流滤波器设计、交直流交互影响、可靠性和可用率、损耗计算等方面进行了研究，熟悉了包括高压直流主接线拓扑、主回路参数计算等成套设计方法，为以后中国直流系统研究与成套技术发展奠定了坚实的基础。

2）提出了高压直流输电系统电气主接线设计方法。根据工程输送容量、直流运行方式、设备制造能力，确定工程直流侧采用双极、每极 1 个 12 脉动换流器对称接线、中性线接地接线方式，交流侧 500kV 采用 3/2 接线，220kV 侧采用双母线双分段带旁路母线的主接线方案，运行灵活，检修方便，可靠性高，后续中国 ±500、±660kV 及 ±800kV 直流工程的直流、交流主接线均采用了同样的方案。

3）提出了高压直流输电工程主设备选型方法。高电压、大容量直流输电工程主要设备的选型至关重要，葛上直流工程根据百万千瓦送电需求和当时晶闸管换流阀、换流变压器的制造能力和运输条件，以及工程投资造价，确定工程采用双极、每极 1 个 12 脉动换流器技术方案，单个换流器换流容量 600MW，采用 3.5 英寸晶闸管；通过对单相三绕组、单相双绕组、三相三绕组、三相双绕组进行运输条件、价格等因素的比较，推荐采用单相三绕组换流变压器、四重阀换流阀，并采用换流变压器直接插入阀厅方案，为后续直流输电工程提供了重要参考。

4）首次采用可编程控制系统设计制造直流控制保护系统。采用当时世界上最先进的 P13/42 和 PHSC 可编程控制系统设计、制造直流控制保护系统，其中 P13/42 站控系统用于执行交流、直流设备的投切、起停操作以及监测系统的功能和测量值的显示等，PHSC 系统用于控制换流阀、调节高压直流系统运行状态。整个直流输电系统、换流站的控制及交直流开关场等全站运行操作、联锁闭锁功能、参数测量、设备状态监测和故障报警等都实现了计算机控制。

（2）初步掌握了现代高压换流站设计建设技术。完成了两端换流站的工程设计，应用了大型换流站设计和建设新工艺，在工程实践的基础上编制我国高压换流站技术标准；并且通过专题研究，在接地极设计等方面取得创新成果。

1）研究并应用了先进的换流站设计技术。首次采用台阶式竖向布置换流站设计，葛洲坝换流站自然地形地貌较为复杂，地处丘陵，地面起伏高差大。换流站场地标高设计时选用了台阶式的布置方式，减少了大量的挖方及填方。首次设计并建设全钢结构、六面屏蔽接地的高压阀厅，阀厅在建筑上考虑了屏蔽、密封，整体形成一个金属的法拉第笼。阀厅钢结构全部在工厂生产，现场拼接安装，施工简便。

2）编制了±500kV 直流换流站设计和建设标准。通过葛上直流工程的建设，首次编制了中国±500kV 高压直流换流站的设计技术条件书，熟悉了高压直流换流站工艺布置、阀厅屏蔽与结构设计、悬吊式换流阀布置、换流变压器插入阀厅、直流场布置、直流控制保护技术原则及全装运输换流变压器搬运轨道等设计方法。

3）创新了高压直流换流站接地极设计技术。通过工程实践，对直流输电接地极的设计方法进行持续研究，完成了《直流输电接地极设计计算方法的研究》（获电力工业部科技进步三等奖），首次在中国国内针对实际工程的特点（土壤参数分布各向不均匀、电极布置形状不规则），科学地创建了符合工程特点的分析计算数学模型，提供了具体的设计方法及分析计算手段，研究成果首次用于葛上直流工程，并在国内外多个工程中广泛地应用。

4）首次应用远距离电力通信技术。工程输送距离超过 1000km，电力通信要求高，本工程采用电力线载波通信的方式，中间设置载波中继站，首次实现超过 500km 无中继通信，既保证了通信可靠，又节约了工程投资和维护成本。

（3）提出了高压直流输电线路设计技术和建设标准。通过葛上直流工程的建设，编制了中国第一条 ±500kV 高压直流输电线路的设计技术条件书，指导了以后 ±500kV 高压直流线路工程的设计和建设，形成大批高压直流输电线路设计成果。

1）形成了高压直流输电线路气象条件确定方法。经过全线气候资料的收集、分析、订正、处理，恰当地划分了气象区。同时通过综合分析比较国内外杆塔荷载标准，采用科学的数理统计方法，结合工程安全性和经济性，确定气象重现期和相应设计标准。

2）优化了高压直流线路路径优化设计方法。通过对路径大方案的优化选择和局部方案的详细技术经济综合比较，合理避让密集的居民区、林区及集中矿区，优化选择出了最佳路径方案，缩短了路径长度，减少了耐张塔数量，降低了工程造价。

3）确定了高压直流输电线路走廊宽度设计原则。首次研究并确定 ±500kV 高压直流输电线路的电磁环境、噪声技术标准，合理确定了线路对地高度和走廊宽度。通过合理确定杆塔位置，大大减少了房屋拆迁，具备明显的经济效益和社会效益。

4）首次采用计算机技术进行优化设计。采用计算机等新技术进行导线电气参数计算和分析、大跨越导线力学计算、杆塔优化设计、分裂导线间隔棒优化布置。

5）首次研究确定 ±500kV 高压直流输电线路的绝缘配置方案。大量收集国内外有关资料，经过归纳分析，考虑高压直流输电线路绝缘的特点，特别是首次根据绝缘子的耐污特性等，确定 ±500kV 高压直流输电线路的绝缘配置条件。

6）研究确定了 ±500kV 高压直流输电线路大跨越设计标准。通过葛上直流工程的建设，参考总结国内外超高压线路大跨越已有的建设和运行经验，制定了中国 ±500kV 直流线路大跨越设计标准，指导了以后 ±500kV 高压直流线路大跨越工程的设计和建设。

7）研究并应用了大跨越防振设计。葛上直流工程大跨越导、地线采用新试制的破断式释放阻尼线夹和防振锤，悬垂和耐张线夹处均安装阻尼线夹及防振锤，为防止微风振动和次档距振荡，导线采用阻尼式间隔棒，为输电线路防振积累了经验。

8）确定了 ±500kV 直流输电线路杆塔结构设计原则。综合考虑可靠性和技术经济性，葛上直流工程一般直线塔采用拉线塔，创新采用拉线小横担，塔身结构受力更为合理，安全可靠。

9）首次研究并应用一批先进输电线路施工技术和工艺。工程建设中采用一系列先进技术，如张力放线、带电跨越、大跨越塔头液压顶升技术、直升机架线和吊塔等，对后续电网建设施工提供了技术方向。

（4）初步建立了高压直流运维管理体系、技术标准、规程制度。通过工程运维实践，我国已全面掌握直流系统运行控制技术、直流设备运行维护技术和直流工程运行管理技术；通过总结运维经验，我国建立了高压直流技术标准体系和运维规程制度，为后续直流输电技术发展奠定了基础。

（5）培养了中国直流输电专业队伍。依托工程，首次学习并熟悉国外直流输电工程建设管理经验和方法，为中国培养了包括设计、施工、科研、调试、运行、管理等各种人才的直流输电队伍，成为中国直流输电技术人才的摇篮，取得了巨大的辐射效应，推动了中国乃至世界直流输电技术的发展。

工程建成后面貌如图 3-7～图 3-14 所示。

图 3-7　葛洲坝 ±500kV 换流站

图 3-8　南桥 ±500kV 换流站

图 3-9　葛上直流工程沱盘溪长江大跨越

图 3-10　葛上直流工程沙洋汉江大跨越铁塔

图 3-11　葛上直流工程吉阳长江大跨越杆塔

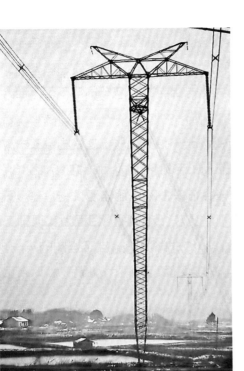

图 3-12 葛上直流工程一般线路拉线塔

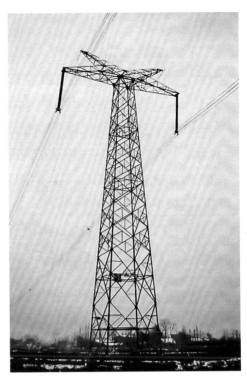

图 3-13 葛上直流工程一般线路直线刚性塔

图 3-14 葛上直流工程一般线路耐张塔

第三节　天生桥—广州 ± 500kV 直流输电工程

　　天生桥—广州 ± 500kV 直流输电工程（简称天广直流工程）是我国第二个大型高压直流输电工程，也是"西电东送"首个高压直流输电工程，额定电压 ± 500kV，额定输送容量 180 万 kW，是当时国内输送容量最大的直流输电工程。2000 年12 月 26 日极 I 投运，2001 年 6 月 26 日极 II 投运。天广直流工程为实现国务院做出的"十五"末新增向广东送电 1000 万 kW 的战略决策迈出了坚实的第一步，对于实施"西电东送"战略、缓解广东严重缺电局面、促进西部大开发具有重要意义。

一、工程背景

　　我国南方五省区中，能源资源和消费分布不平衡，供需矛盾十分突出。广东省经济社会发达，能源需求量大、增长快，2005 年全社会用电量是其他四省区（广西、云南、贵州、海南）总和的 1.7 倍；但是能源严重短缺，能源储量仅占区域的 3.5%。经济发展相对落后的广西、云南、贵州具有丰富的煤炭和水能能源，云南、贵州两省煤炭资源区域占比 96.7%，广西、云南、贵州三省区水能资源区域占比 93%，具有富余能源外送能力。由此可见，南方五省区东西部地区之间经济和资源具有很强的互补性，"西电东送"是南方电网发展的必然趋势。

　　1958 年水利电力部组织研究首次提出"云电外送"；1979 年广东省提出开发南盘江、红水河向广东送电；1980 年广东省提出"两广联网"；1984 年水利电力部成立华南电网办公室负责华南电网规划，1986 年提出"云电东送"三步走，1987 年形成联合办电、实施"西电东送"共识。1988 年中央有关部门和南方四省区（云南、贵州、广西、广东）共同组成的联合办电协调领导小组成立，有关各方签署了一系列联合办电协议，其中包括 1988 年 6 月能源部、国家能源投资公司、广东和云南省政府签署的《关于合作开发云南能源向广东送电的协议》，广东、广西、贵州省区政府与国家能源投资公司签署的《关于合资建设天生桥水电站的协议》等。1990 年7 月南方电力联营公司成立，推动了联合办电的进展；1991 年 4 月，国务院批准天生桥一级水电站正式动工兴建，能源部、国家能源投资公司与广东、云南省政府签订《云南向广东输送季节性电能的协议》；1992 年 8 月，国家能源部、广东省政府、国家能源投资公司共同签署《关于合资建设天生桥至广州 ±500kV 直流输电工程协议书》；1992 年 12 月，贵州、广东电力局与南方电力联营公司签订《贵州向广东输送季节性电能的协议》。合资办电的云南、贵州、广西电源项目都要通过天生桥地区电网送出，转送广东。

根据相关电源建设进度和广东、广西负荷情况，预计 2000 年天生桥出口东送功率达到 3340MW，已建成的天广交流一、二回线路和天平二回线路，天生桥出口功率极限 1860MW，不能满足电源送出要求。为了进一步提高"西电东送"输电容量和系统稳定性，1991 年 11 月 6 日南方电力联营公司向能源部上报《天广 ±500kV 直流输电工程及天平二回 500kV 交流输电工程项目建议书》（南电计财〔1991〕18 号），1992 年 2 月 14 日上报《关于天广 ±500kV 直流输电工程及天平二回 500kV 交流输电工程项目立项的请示报告》（南电计财〔1992〕26 号），请求批准建设天广直流工程。1992 年 8 月 2 日，能源部、广东省政府、国家能源投资公司三方共同签署《关于合资建设天生桥至广州 ±500kV 天生桥直流输电工程协议书》；1992 年 9 月 12 日，国家能源投资公司向国家计划委员会上报《关于天广 ±500kV 直流输电工程及天平 500kV 交流输电工程可行性研究报告的请示》（能投计〔1992〕501 号）。1992 年 12 月，中国国际工程咨询公司受国家计划委员会的委托组织进行了评估。1993 年 6 月，国家计划委员会向国务院上报《关于审批天生桥至广州直流输电工程利用外资可行性研究报告的请示》（计能源〔1993〕983 号），经国务院同意后，7 月国家计划委员会印发了《关于审批天生桥至广州直流输电工程利用外资可行性报告的批复》（计能源〔1993〕1310 号），将天广直流工程列入国家第三批日元贷款项目，1993 年列为施工准备项目，1994 年列为施工项目。

二、工程概况

1. 建设规模

天广直流工程额定电压 ±500kV，额定输送容量 1800MW，工程起于广西壮族自治区红水河上游隆林县天生桥换流站，途经广西、广东两省区，止于广东省广州市广州换流站，直流输电线路全长 960km，初步设计核定总概算 411160.6 万元。天广直流工程示意图如图 3-15 所示。

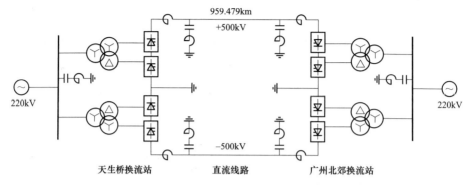

图 3-15　天广直流工程示意图

（1）天生桥换流站工程。天生桥换流站（马窝换流站）位于广西壮族自治区红水河上游南盘江右岸的隆林县天生桥镇，额定换流容量 1800MW，额定直流电压 ±500kV，交流侧额定电压 220kV。直流系统采用双极对称接线、中性点接地方式，每极 1 个 12 脉动换流器。采用单相三绕组油浸式换流变压器，YNyd 接线方式，额定电压（230/$\sqrt{3}$）/（208/$\sqrt{3}$）/208kV，容量 354/177/177MVA，共 7 台（1 台备用）；换流阀为电触发晶闸管换流阀，空气绝缘，水冷却、户内悬挂式四重阀；每极安装 1 台干式平波电抗器，电感值 150mH；直流滤波器为 3 组 HP12/24 双调谐滤波器，每极配置 1 组(1 组备用)；交流滤波器及并联电容器 9 组，总容量 720Mvar。阿红接地极位于贵州省黔西南兴义市境内，接地极线路长 52km，导线为 LGJ-630/55。

（2）广州换流站工程。广州换流站位于广东省广州市白云区蚌湖镇，额定换流容量为 1800MW，额定直流电压 ±500kV，交流侧额定电压 220kV。直流系统采用双极对称接线、中性点接地方式，每极 1 个 12 脉动换流器。采用单相三绕组油浸式换流变压器，YNyd 接线方式，额定电压为（230/$\sqrt{3}$）/（198/$\sqrt{3}$）/198kV，额定容量为 337/168.5/168.5MVA，共 7 台（1 台备用）；换流阀为电触发晶闸管换流阀，空气绝缘，水冷却、户内悬挂式四重阀；每极安装 1 台干式平波电抗器，电感值为 150mH；直流滤波器为 3 组 12/24 双调谐滤波器，每极配置 1 组(1 组备用)；交流滤波器及并联电容器 11 组，总容量 1100Mvar。莘田接地极位于三水市境内，接地极线路长 38km，导线为 LGJ-630/55 钢芯铝绞线。

（3）直流线路工程。直流线路由广西天生桥换流站出线，由西向东横贯广西全境，经广西苍梧县进入广东境内，跨越西江和北江，进入广州换流站，线路全长 959.479km，其中广西境内约 750km，广东境内约 210km。在广东境内跨西江和北江，分别为白沙大跨越（1.17km）、丰平洲大跨越（1.97km）。沿线地形丘陵占16.2%，山地占 32.5%，高山大岭占 40.3%，泥沼占 11%。海拔 100～1300m。全线设计覆冰 10mm。最大设计风速为 30m/s。导线采用 4×LGJ-400/50、4×LGJ-400/35 钢芯铝绞线，地线采用 GJ-70 钢绞线。大跨越导线采用 4×LHGJ-400/95 钢芯铝合金绞线，地线采用 GJ-180 钢绞线。

2. 参建单位

天广直流工程的建设单位（投资方）为国家电力公司南方公司，融资方为国家开发银行和日本海外协力基金会（OECF），由国家电力公司南方公司负责建设管理。

工程设计方面，中南电力设计院负责工程的设计牵头归口，广东电力设计院负责广州换流站交流部分设计，其他部分全部由中南电力设计院负责设计。

主设备制造方面，德国西门子公司为进口设备总承包商，主要包括换流变压器、直流套管、换流阀、交直流滤波器、直流场设备、控制保护系统及 220kV 交流开关等。

现场建设和调试方面，天生桥换流站直流部分由湖北输变电公司施工，交流部分由广西送变电公司施工；广州换流站土建工程由广东省电力集团第一工程局施工，电气安装工程由广东省输变电公司施工；直流输电线路工程 16 个施工单位为广西、内蒙古、青海、山西、云南、北京、浙江、陕西、山东、吉林、东电、湖南、甘肃、华东、广东、黑龙江送变电公司。中国水利水电建设工程咨询贵阳公司负责两个换流站土建工程监理，广东南电工程监理有限公司、中国电力建设工程咨询东北公司联合监理两端换流站电气、接地极、接地极线路、载波中继站和直流线路工程。工程调试由国家电力公司南方公司主持，参与的单位有中国电力科学研究院、德国西门子公司、武汉高压研究所、广东省电力试验研究院、广西电力试验研究院及有关施工单位等。

3. 建设历程

1993 年 4 月，电力规划设计总院印发《关于发送天广直流输电工程预初步设计审查纪要的函》（电规送〔1993〕07 号）。1993 年 7～9 月，南方电力联营公司组织中南电力设计院等有关单位的技术人员赴加拿大 Teshmont 咨询公司（负责换流站设备技术规范书编制），配合加拿大专家共同完成了换流站设备技术规范书编制工作，编写完成了《天生桥—广州 ±500kV 直流输电工程设备招标书》；1993 年 10 月，电力规划设计总院完成了换流站设备技术规范书审查。

1994 年 1 月 12～13 日，换流站进口设备国际招标公告发布，参与投标的国际厂商共 3 家：ABB/MARUBENI（瑞典/日本）、西门子（德国）、GEC-ALSTHOM（英国和法国跨国公司）。1994 年 4 月 18 日在广州开标，能源部国际合作司、国家开发银行电力信贷局、广东省计委、广东省电力局和南方电力联营公司等单位代表和专家组成评标工作委员会。根据日本海外经济协力基金会（Overseas Economic Cooperation Foundation，OECF）采购导则，评标报告 1994 年 11 月报送日本 OECF，但一直未获批准。之后根据日本 OECF 建议，1996 年 5 月进行第二次国际招标，1996 年 8 月 15 日开标，1996 年 9 月评标报告报送日本 OECF，1997 年 2 月获得批准，确定西门子公司中标，经过合同谈判和签署，1997 年 2 月 14 日合同正式生效。1997 年 6～9 月，中方派出以设计人员为主的联合设计工作组前往西门子公司，开展了为时 3 个月的联合设计。

1994 年 9 月，直流线路初步设计通过审查，1995 年 5 月以电规〔1995〕306 号印发评审意见；1997 年 4 月换流站初步设计通过审查，1998 年 3 月以电规〔1998〕168 号印发评审意见。

1995 年 3 月天生桥换流站工程"三通一平"开工，1998 年 4 月 16 日主体工程开工；1995 年 9 月广州换流站工程"三通一平"开工，1999 年 6 月主体工程开工；1998 年 12 月 26 日直流线路工程开工，2000 年 11 月竣工。2000 年 12 月 26 日，极 I 完成系统调试后投运；2001 年 6 月 26 日，极 II 完成系统调试后投运，工程全面建成。

三、建设成果

天广直流工程建成投产后，南方电网"西电东送"形成"两交一直"三条通道，云南电力东送广东的输电能力由 1200MW 提高到 3000MW，解决了天生桥地区电力外送需求，有效缓解了广东严重缺电局面，有力推进了"西电东送"战略的进程，为促进东西部能源资源优化配置和经济社会可持续发展发挥了积极作用。工程建设先后获得了一系列重要奖项和荣誉：天生桥换流站岩土工程勘测获得国家电力公司 2001 年优秀设计奖，天生桥换流站工程地质勘测获得全国优秀工程勘察设计评选委员会 2002 年设计铜奖，直流输电线路工程荣获国家电力公司 2002 年优秀设计奖、全国优秀工程勘察设计评选委员会 2003 年设计金奖，广州换流站工程荣获 2003

年国家电力公司优质工程，天生桥换流站工程获得中国电力规划设计协会 2004 年优秀奖。

　　天广直流工程是当时国内输送容量最大的高压直流输电工程，也是我国第一个交直流并联运行系统，在晶闸管换流阀、有源滤波器、直流电流测量装置、直流电压分压器、交流滤波器、阀厅穿墙套管、控制与保护及阀厅防火等方面均采用了当时世界最新的直流技术和设备，代表了当时世界直流技术的最新水平。通过工程的建设实践，在高压直流输电系统研究与成套设计、工程设计、安装调试、运行维护等方面取得重要创新成果，进一步提升了我国直流输电技术水平，为我国后续直流输电工程技术发展进步积累了宝贵经验。

　　（1）开展了直流保护装置定检技术研究，首次提出光纤传导电流电压保护装置的检验技术和方法，填补了当时国内在该项技术领域的空白。

　　（2）开展了高压直流输电保护技术应用研究，经国内专家评审认为率先在国内开展此项技术的应用研究，对直流保护系统性能的改进及新建工程设备选型具有较高参考价值，可作为直流技术人员的基础培训内容，提高了我国直流输电工程的建设运行水平。

　　（3）开展了 ±500kV 天广直流换流变压器现场更换绕组及试验的研究和实施工程，现场成功修复天生桥换流站原极 2C 相换流变压器，首创了国内外直流输电工程现场修复换流变压器的成功经验，创造了三项世界第一：第一次现场修复换流变压器，第一次建造符合换流变压器检修条件的检修间和存储间，第一次现场吊装质量达 36t 的绕组。经专家验收委员会评定认为有关检修技术达到国际水平。现场修复方案与从西门子新购换流变压器运至现场更换所发生的费用相比，节省投资约 7800 万元，研究成果具有很大的推广应用价值。

　　（4）首批直流复合支柱绝缘子挂网运行。为提高绝缘子抗污闪能力，确保系统运行的可靠性，国内外首批直流复合支柱绝缘子 4 支（国内企业生产 2 支，国外企业生产 2 支）在工程中挂网试运行，为后期 ±800kV 云广特高压直流输电工程积累经验。

　　（5）完成了交、直流滤波电容器国产化改造。针对交、直流滤波电容器故障频发的情况，对故障电容器进行解剖和分析，优化了设计参数和产品结构，提出制造工艺方面的修改和参考意见，成功完成了交、直流滤波电容器国产化改造，为后续的直流输电工程设备国产化创造了条件。

（6）建立了高压直流工程相关标准规程规范。依托工程编制颁发了《直流换流站巡视工作标准》《直流设备定期试验和切换制度》《直流输电系统可靠性评价规程》《直流可靠性考核实施细则》《±500kV 天广高压直流输电系统安全性评价标准》《高压直流输电系统反事故措施》等标准、制度和规程规范，其中《直流输电系统可靠性评价规程》及网络版统计软件经专家评审得到了推广应用，2005 年 11 月 28 日由国家发展和改革委员会核准发布为电力行业标准 DL/T 989—2005，填补了我国直流输电可靠性管理领域的一项空白，对规范和提高直流系统生产管理技术水平做出了贡献。

工程建成后面貌如图 3-16～图 3-18 所示。

图 3-16　天生桥（马窝）换流站

图 3-17　广州北郊换流站

图 3-18 天广直流工程输电线路

第四节 三峡—常州±500kV 直流输电工程

三峡—常州±500kV 直流输电工程（简称三常直流工程）是继葛上、天广直流工程之后我国建设的第三个大型高压直流输电工程，额定电压±500kV、额定输送容量 300 万 kW，是当时国内输送容量最大、世界上单个换流器功率最大的直流输电工程，技术应用处于世界先进水平。2003 年 6 月 17 日投入商业运行，标志着我国直流输电技术跃上了新台阶，开始进入快速发展新阶段。作为三峡电力外送华东的第一通道，三常直流工程具有重要的政治、经济和社会意义，为保证三峡首批机组发电"送得出、落得下、用得上"发挥了重要作用。

一、工程背景

1992 年 4 月 3 日，全国人大七届五次会议审议通过《关于兴建长江三峡工程的决议》。举世闻名的三峡工程包括枢纽工程、移民工程、输变电工程三个组成部分。长江三峡水利枢纽工程是世界上规模最大的水电工程，具有防洪、通航、发电三大功能。三峡水电站总装机容量 2240 万 kW（32 台 70 万 kW 水电机组），1994 年

12月14日正式开工，1997年11月8日实现大江截流，2003年6月24日首台机组（2号机组）并网发电，2012年7月4日最后一台机组投产，成为全世界最大的水力发电站。

三峡输变电工程承担着三峡水电送出的重要任务，是三峡水利枢纽工程电力送出及其效益实现的保证。三峡水电站装机容量巨大，丰枯出力相差悬殊，必须有足够大的电网支撑才能最大限度发挥工程效益。三峡输电系统经过长期、科学、民主规划论证和滚动优化调整，最后确定了以三峡水电站为中心，以交直流500kV输电方式将三峡水电站的电力输送至华中、华东、川东、南方电网等地区。1995年12月14日，国务院三峡工程建设委员会印发国三峡建委发办字（1995）35号《关于三峡工程输变电系统设计的批复意见》，1996年6月25日，电力工业部转发电计（1996）397号《关于三峡工程输变电系统设计批复意见的通知》，确定三峡工程输变电系统设计输电能力为：华中12000MW、华东7200MW、川东200MW。2001年增加华中电网内部连线，2002年增加送广东3000MW和华北与西北联络线灵宝直流背靠背联网工程，2008年批准三峡地下电站送出工程调整方案（其中包括以直流方式送华东3000MW，因此送华东能力含葛上直流工程1200MW共达10200MW）。关于三峡送电华东跨区输电方案的选择，通过对交直流混合、纯直流等输电方案，交流采用750kV还是500kV，直流输电是采用±500kV还是±600kV，从系统稳定、技术经济性、设备制造能力、运行维护经验等方面进行了多轮、高层次研究和讨论。1994年，经电力工业部、国务院三峡工程建设委员会和国务院审定同意，三峡向华东送电采用纯直流方式，直流输电电压选择±500kV，网侧接入500kV交流系统，每回直流额定输送功率3000MW。

三峡输变电工程包括电站接入系统、直流输电系统和交流电网三部分。三峡水电站送出直流输电工程包括三峡送华东3回（三峡—常州、三峡—上海、三沪Ⅱ回）、三峡送南方1回（三峡—广东）共4回±500kV直流输电工程，额定输送容量均为3000MW，总输送容量12000MW，直流线路总长近5000km，是当时世界上最大规模的直流输电系统，采用了当时世界上技术水平最先进的高压直流输电技术。1995年12月20日，电力工业部向国务院三峡工程建设委员会上报办综（1995）80号《关于报送三峡直流输电工程首端换流站站址评审纪要》。1996年11月电力部下达电计（1996）791号《关于开展三峡电站供电范围内有关电力规划设计工作的通知》，12月电力规划设计总院向华中电业管理局、中南电力设计院下达电规（1996）136号《关于发送三峡送电华中近区主网架方案讨论会会议纪要的通知》，作为编制三峡送电华东第一项直流输电工程的基础条件。三峡—常州 ±500kV 高压直流输电工程是三峡送出的首个直流输电工程，1995 年 10 月开始启动工程功能规范研究，1998 年 3 月国务院三峡工程建设委员会办公室（简称国务院三峡办）、电力工业部共同主持会议审查通过了《三峡—常州 ±500kV 直流输电工程换流站设备功能规范书》，并以国三峡办发装字（1998）016 号文件下发，为工程技术和商务合同谈判、换流站设计提供了依据。

二、工程概况

1. 建设规模

三常直流工程额定电压 ±500kV，额定输送容量 3000MW，工程起于湖北省宜昌市龙泉换流站，途经湖北、安徽、江苏三省，止于江苏省常州市政平换流站，输电线路全长 860.173km，静态总投资 51.62 亿元（1993 年 5 月价格），在三峡输变电工程专项资金中安排。三常直流工程示意图如图 3-19 所示。

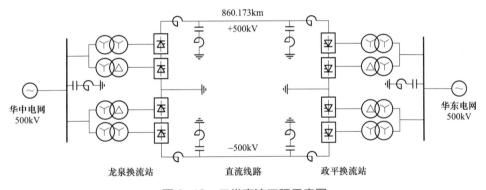

图 3-19 三常直流工程示意图

（1）龙泉换流站工程。龙泉换流站位于湖北省宜昌市宜昌县龙泉镇，距三峡水电站约 50km。额定换流容量为 3000MW，额定直流电压 ±500kV，网侧接入 500kV 交流系统。采用直流双极对称接线、中性点接地方式，每极 1 个 12 脉动换流器。采用单相双绕组油浸式换流变压器，单台容量 297.5MVA，共 14 台（其中 2 台备用）；换流阀采用电触发晶闸管换流阀，空气绝缘、水冷却、户内悬挂式二重阀，单阀组换流容量 1500MW；每极安装 1 台油浸式平波电抗器，电感值为 290mH；每极配置 2 组直流滤波器（DT12/24+DT12/36）。500kV 侧交流滤波器 3 大组（HP11/13+HP24/36+HP3）8 小组共 1076Mvar。500kV 交流出线 8 回，本期至三峡水电站 3 回、荆门换流站 2 回。青台接地极位于宜昌市草埠湖农场，接地极线路长约 42km。

（2）政平换流站工程。政平换流站位于江苏省常州市以南 15km 处，地处太湖与滆湖之间的平原水网地带。额定换流容量为 3000MW，额定直流电压 ±500kV，网侧接入 500kV 交流系统。采用直流双极对称接线、中性点接地方式，每极 1 个 12 脉动换流器。采用单相双绕组油浸式换流变压器，单台容量 283.7MVA，共 14 台（其中 2 台备用）；换流阀采用电触发晶闸管换流阀，空气绝缘、水冷却、户内悬挂式二重阀，单阀组换流容量为 1500MW；每极安装 1 台油浸式平波电抗器，电感值为 270mH；每极配置 2 组直流滤波器（同龙泉换流站）；500kV 侧设置 5 组交流滤波器（HP12/24）和 4 组电容器，共 1860Mvar。500kV 交流出线 4 回，本期 2 回至 500kV 武南变电站。迈步接地极位于常州市武进区，接地极线路长约 33km。

（3）直流线路工程。龙政直流线路起于湖北省宜昌市龙泉换流站，终点为江苏省常州市政平换流站，途经湖北、安徽、江苏三省，先后跨越汉江和长江，线路全长 860.173km（湖北 398.469km、安徽 343.329km、江苏 118.375km），铁塔 2007 基。全线海拔低于 1000m。设计风速为 30、33m/s；覆冰 10mm。沿线主要地形地貌为平原、河网、山地、丘陵、高山大岭。一般线路导线采用 4×ACSR-720/50 钢芯铝绞线，两根地线分别为 GJ-80 钢绞线和 OPGW-80 复合光缆。王家滩汉江大跨越位于湖北省荆门市沙洋县沙洋镇上游，跨越方式采用耐—直—直—耐，跨越段长度 2077m（439m-1201m-438m），主跨越塔全高 107m，导线型号为 4× JLB3-510 铝包钢线，两根地线分别为 JLB1A-180 铝包钢线和 OPGW-211 复合光缆。芜湖长江大跨越位于安徽省芜湖市长江下游约 17km 处，跨越方式采用耐—直—直—耐，跨越段长 3050m（570m-1910m-570m），主跨越塔全高 229m，导线型号为 4× AACSR/EST-450 特强钢芯铝合金绞线，两根地线分别为 JLB1A-245 铝包钢线和 OPGW-273 复合光缆。

2. 参建单位

三峡工程建设伊始，就按照"转换国有企业经营机制，建立现代企业制度"的改革要求，推进"产权清晰、权责明确、政企分开、管理科学"运作模式，确立了以项目法人责任制为核心的建设管理体系，全面推行项目法人责任制、资本金制、招标投标制、合同管理制、工程监理制。

1994 年 9 月，国务院总理办公会议决定"三峡输变电系统和电站分开建设，电网应全国统一建设、统一管理"。1995 年 11 月 5 日国务院批准成立国家电网建设总公司，作为国家电网建设的业主，负责三峡输变电工程的投资、建设和管理。1996
年 6 月 18 日国家电网建设有限公司正式成立，1997 年 5 月变更为中国电网建设有
限公司；1998 年 3 月电力工业部撤销后，12 月中国电网建设有限公司撤销，电网
建设职能由国家电力公司电网建设部承担，同时设立国家电力公司电网建设分公司
（2003 年 11 月根据国家经济贸易委员会《国家电网公司组建方案》设立国家电网公
司电网建设分公司），接受委托负责三峡输变电工程和跨大区、跨独立省网的联网工
程，以及关系到全国联网的大型送出工程的建设管理。

工程设计方面。系统研究与成套设计采取"中外合作、中方多做工作、外方技
术负责"的方式，由新成立的北京网联直流工程咨询公司配合加拿大 TESHMONT
公司负责，编制功能规范书和设备技术规范书；中南电力设计院承担换流站工程设
计牵头，并负责龙泉换流站及湖北省境内的线路工程设计；华东电力设计院承担线
路工程设计牵头，并负责政平换流站及安徽省、江苏省境内的线路工程设计。加拿
大 HQI 公司负责接地极设计监理。

设备制造方面。换流站设备国际招标采用"邀请招标、议标、上报决策"方式，
瑞典 ABB 公司中标一分标（龙泉换流站换流变压器、平波电抗器之外的其他设备）、
二分标（龙泉换流站换流变压器、平波电抗器）、三分标（政平换流站换流变压器、
平波电抗器之外的其他设备），德国西门子公司中标四分标（政平换流站换流变压器、
平波电抗器），中国西电集团公司、西安电力电子技术研究所、沈阳变压器厂通过合
同技术转让条款分别与外方联合生产了换流变压器、平波电抗、换流阀、晶闸管
元件等，此外通过招标确定荷兰 KEMA 公司负责换流变压器、平波电抗器监造，加
拿大魁北克水电 HQI 公司负责换流阀、直流控制保护监造；两个换流站国内采购设
备中标商为沈阳变压器厂、西安电力电容器厂、抚顺电瓷厂、西安高压电瓷厂、平
顶山高压开关厂、沈阳互感器公司等。线路工程铁塔、导线、绝缘子通过国内公开
招标方式采购确定，青岛东方铁塔公司等 11 家铁塔厂，湖北红旗电缆厂等 11 家导
线厂，NGK 唐山电瓷有限公司、襄樊国网合成绝缘子公司等 6 家绝缘子厂供货，中
国电力科学研究院高压所、北京电力建设研究所、上海电缆研究所、中国电力企业
联合会输变电设备分会、中国华电工程（集团）公司输变电部承担监造任务。

现场建设方面。电网建设分公司宜昌、武汉、常州工程部负责项目建设管理，
实行"小业主、大监理"管理模式。中国超高压输变电建设公司是两个换流站的监
理单位，加拿大魁北克水电 HQI 公司担任外方监理（换流建筑物、系统调试）。龙
泉换流站施工单位为宜昌市市政工程公司（"四通一平"）、武钢集团基础工程公司（桩

基工程）、浙江第二建筑公司（土建工程）、湖北省输变电工程公司（安装工程）。政平换流站施工单位为武进市市政建设总公司（"四通一平"）、常州第一建筑工程公司（土建工程）、江苏省送变电公司（安装工程）。龙泉换流站接地极及线路施工单位为湖北省输变电公司，政平换流站接地极及线路施工单位为安徽省送变电公司。直流线路工程监理单位为湖北鄂电电力建设监理有限公司、山东诚信工程建设监理有限公司、中国超高压输变电建设公司、中南电力建设监理有限责任公司（芜湖大跨越）、北京燕东电力建设监理有限公司。直流线路施工单位为河南、吉林（含汉江大跨越）、黑龙江、陕西、河北、甘肃、山西、华东、江苏、安徽（含长江大跨越）、内蒙古、北京送变电公司和铁道部大桥工程局（汉江大跨越基础）、江苏长江机械化基础工程公司（长江大跨越南岸基础）、中国核工业芜湖基础工程公司（长江大跨越北岸基础）。湖北省电力试验研究所、华东电力试验研究所分别负责龙泉、政平换流站交流系统调试和直流站系统调试，中国电力科学研究院负责系统调试。

3. 建设历程

1995 年 7 月 24 日，国务院副总理邹家华主持会议，研究三峡输变电工程系统设计有关问题，明确了直流电压、首端换流站选址等。1995 年 8 月，国家电网建设总公司筹备组组织有关单位对首端换流站站址进行了现场踏勘，11 月召开工程前期工作研讨会明确了有关进度安排、工程功能规范书咨询等问题。1996 年 3 月召开政平换流站规划选址审查会，5 月召开三峡左岸换流站站址审查会，7 月召开政平换流站站址审查会。1996 年 9 月，国家电网建设有限公司在北京召开三峡送华东第一回直流输电工程功能规范书编制原则讨论会，1997 年 1 月与加拿大 TESHMONT 公司签订咨询合同。1998 年 3 月，国务院三峡办、电力工业部共同主持审查通过了《三峡—常州 ±500kV 直流输电工程换流站设备功能规范书》。1998 年 4 月，国务院三峡办主持审查通过工程换流站设备招标文件，5 月向 ABB、西门子、GEC-ALSTHOM 三家公司发送招标书。12 月完成评标、议标，1999 年 4 月与中标商 ABB、西门子公司正式签订采购合同。1999 年 9 月 17～19 日，国务院三峡办、国家电力公司共同主持审定线路工程初步设计；1999 年 12 月 24～26 日，审定换流站工程初步设计。2000 年 7 月 20 日，国务院三峡工程建设委员会以国三峡委发办字（2000）24 号文批复换流站技术设计审查意见；9 月 5 日以国三峡委发办字（2000）31 号文批复线路工程技术设计审查意见。2000 年 7 月 27 日龙泉换流站工程举行开工仪式；7 月 31 日政平换流站举行奠基仪式，8 月 15 日土建开工；12 月线路工程开工。2002 年 4 月 25 日，龙泉换流站"川电东送"交流系统投运。

2002 年 7 月 24 日三常直流工程启动验收委员会召开第一次会议；11 月 20 日召开第二次会议，开始极 1 系统调试；12 月 21 日极 1 开始试运行。2003 年 2 月 27 日召开启动验收委员会第三次会议，3 月 11 日开始极 2 和双极系统调试，4 月 28 日召开启动验收委员会第四次会议，5 月 5 日开始试运行。2003 年 6 月 17 日，三常直流工程正式投入商业运行。

三、建设成果

三常直流工程是当时国内电压最高、容量最大、国际上技术水平最先进的直流输电工程，依托三常直流工程及后续直流输电工程实践，我国直流输电的研究设计能力、装备制造能力、建设运行能力得到全面提升，实现了从依赖引进向自主创新的重大技术进步。以三常直流工程为代表的三峡输电系统工程在系统规划、工程设计、设备制造、试验调试、建设运行等方面取得的突出创新成果，有力支撑了以三峡电力系统为核心的世界上规模最大、技术最复杂的交直流混合输电系统建设，继而推动了全国互联电网形成。"三峡输电系统工程"项目荣获 2010 年度国家科学技术进步奖一等奖。

（1）保证了三峡电力可靠送出，彰显了综合效益。三常直流工程及后续三峡输变电工程按计划建成投运，有效保证了三峡水电站机组电力送出，实现了"送得出、落得下、用得上"的目标。从 2003 年 6 月三峡电站首台机组并网发电到 2021 年底，累计上网电量 15000 亿 kWh，有效缓解了我国电力供应紧张局面，支撑了国民经济快速发展。与此同时，三峡输变电工程认真践行可持续发展理念，严格落实工程建设与环保水保"三同时"（同时设计、同时施工、同时投产使用），率先开展输变电工程环保评价、水保方案编制和验收工作，既实现了金山银山，又留住了绿水青山，彰显了三峡水利枢纽工程防洪、发电、航运和保护生态环境等综合效益。

（2）建成三峡核心电网，推进了全国电网互联。依托三常直流工程等三峡输变电工程建设，首次实现了华中与川渝、华中与华东、华中与南方的电网互联，也促进了华中与西北、华中与华北之间的电网互联，充分发挥了三峡输电系统在全国电网互联格局中横贯东西、沟通南北的中心作用，提升了电网远距离送电和大区互济能力，实现了三峡水电资源在中东部地区、南方地区的有效消纳；凸显了直流输电在远距离、大容量方面的技术优势，开拓了全国电网互联采用交流、直流两种技术路线的方向；建立了基本涵盖全国的电力通信、调度系统，打造了全国范围内能源资源优化配置平台。

（3）改革突破，建立输变电工程管理新机制。三峡输变电工程建设阶段正逢中国改革开放大潮，国民经济从计划经济向市场经济转型，国家电力体制也处在不断变革时期。在三常直流工程等三峡输变电工程建设实践中，持续进行工程建设体制机制管理创新，国家成立国务院三峡工程建设委员会作为高层决策机构统筹协调工程建设，首次全面推行以项目法人制为核心的"五制"管理（项目法人制、资本金制、招标投标制、工程监理制、合同管理制），成立国家电网建设有限公司作为三峡输变电工程业主，全面负责工程筹资、建设、运行和运营，建立健全项目监理制形成"小业主、大监理"工程管理模式，坚持三峡输变电工程统一规划、整体立项、滚动调整、分步实施，有效提升了工程建设的系统性、协调性和高效率，制定了严格的规章制度和严密的管理体系，打造了健全的工程质量管理体系和验收制度，科学制定技术引进和国产化策略，推进了直流输电自主化和创新发展的进程。

（4）在引进的基础上进行创新，实现先进高压直流输电技术全面掌握。从规划建设三峡送出直流工程伊始，国家制定了系统掌握先进直流输电技术，实现系统研究与成套设计、设备制造与工程建设全面国产化的目标。通过三常直流工程及后续工程实践，发挥业主为主体、企业为重点、工程为依托的机制优势，在高压直流输电技术全面掌握和自主创新方面取得大批成果：

1）全面掌握直流系统研究与成套设计技术。葛上直流、天广直流工程系统研究与成套设计完全由外方负责，依托三峡直流送出工程我国首次完整引进直流输电工程系统设计技术，包括分析软件、编程工具、仿真系统及相应标准和规范，我国完全掌握直流输电系统研究与成套设计技术。在此基础上不断完善系统研究与计算分析平台，改进了相关计算分析方法，发展了自主的实时数字仿真系统。1996年9月，聚集国内直流专业技术力量，成立了北京网联直流输电工程咨询有限责任公司，打造专业的直流系统研究与成套设计专业团队，从三常直流工程以外方为主到三广直流工程以中方为主，再到灵宝直流背靠背工程实现完全自主承担直流系统研究与成套设计工作。

2）形成系统化的直流设备自主化制造能力。依托三峡送出直流工程，国家制定了直流设备国产化方案和路线图，从分包生产、合作生产到联合投标生产，直流设备的国产化率从三常直流工程的 30%提升至三广直流工程的 70%，到灵宝直流背靠背工程实现直流设备 100%国产化。晶闸管、换流阀、换流变压器、平波电抗器、直流控制保护、交直流滤波器、阀内外冷设备、阀厅暖通空调设备、站用电设备等辅助设备均已实现国产化。培育了中国西电集团公司、南京南瑞继保电气有限公司、特变电工股份有限公司、西安电力电子技术研究所、许继集团有限公司等大批优秀直流设备制造厂家，大部分厂家通过引进学习国外先进直流设备设计技术、工装设备和工艺质量控制标准，依托工程实践首次在国内制造了 5 英寸电触发和光触发晶闸管、500kV/1500MW 换流阀、500kV/300MVA 换流变压器、500kV 平波电抗器等关键设备，从根本上提升了国内直流电工装备制造能力，实现了从国产化到自主化的跃进。

3）建立了国际一流的试验研究基地，取得一批重大科技创新成果。依托三峡输变电工程，满足电网快速发展的科研试验需求，国家电力公司投资建设、改造了电力系统仿真实验室、分裂导线力学性能实验室、杆塔试验站、电磁兼容实验室等一批重点试验研究基地。在中国电力科学研究院引进数模混合式电力系统实时仿真试验装置，建成当时亚洲最大电力系统仿真实验室，可以实现对三峡电力系统等大型交直流系统电磁暂态到机电暂态全过程仿真研究；在北京电力建设研究院建成包括微风振动实验室、分裂导线间隔棒振动实验室、疲劳振动实验室、导线蠕变实验室等的分裂导线力学性能实验室，完成大截面四分裂导线防振试验、导线金具研制等任务；在北京电力建设研究院原杆塔试验站的基础上进行改造提升，满足三峡送出输电工程杆塔试验研究的需要；在武汉高压研究所建设了电力系统电磁兼容实验室，为三峡输变电工程电磁干扰研究与防范提供了技术支撑，2000 年国家质量技术监督局批准成立全国电磁兼容标准化技术委员会，秘书处挂靠该实验室；在北京网联直流输电工程咨询有限责任公司建成首个用于直流输电工程试验研究的 RTDS 实时数字仿真实验室，经过不断改造提升，已成为世界上仿真试验能力最强的直流输电仿真实验室，可以对不同技术路线控制保护进行全要素仿真研究，2011 年被国家能源局批准为首批 16 个国家能源研发（试验）中心之一。

依托重大科技攻关项目和实验研究基地，通过三峡送出直流输电工程建设运行实践，完成重大技术创新 20 多项，并且在工程中得到应用：完成了三峡输电系统研究，形成了科学合理的整体规划方案，既保障了三峡水电站电力可靠送出，又优化了整个国家电网结构，推进了全国电网互联；完成了三峡调试方案和调度运行方式研究，提出了严谨科学的三峡输电系统调试方案，构建了安全可靠的三峡电力系统调度指挥系统；研究了三峡水电站电力送出方案，提出了科学的三峡送华东、广东的直流输电方案；完成了±500kV高压直流输电工程噪声等环保研究，优化了输电线路对地距离、子导线分裂间距，创新解决了换流站噪声综合防治方案；结合我国自然环境条件，深入研究以往直流输电工程外绝缘污闪问题，改进了输电线路和换流站外绝缘设计，研制并成功应用复合绝缘子；首次研究并应用720mm²大截面导线及相关金具，提高了工程技术经济性；全面应用海拉瓦技术进行输电通道规划和线路路径设计，大大提升了勘察设计的工作效率和质量。

工程建成后面貌如图3-20～图3-25所示。

图3-20 龙泉±500kV换流站

图3-21 政平±500kV换流站

图 3-22　三常直流工程王家滩汉江大跨越

图 3-23　三常直流工程芜湖长江大跨越

图 3-24　三常直流工程一般线路 1

图 3-25　三常直流工程一般线路 2

第五节　西北—华中联网灵宝直流背靠背工程

西北—华中联网灵宝直流背靠背工程（简称灵宝直流工程）是中国第一个直流背靠背工程，也是直流设计及设备国产化的示范试验工程。工程于 2005 年 7 月 3 日投入运行，标志着我国已经具备设计和建设成套大容量、超高压直流工程的能力，标志着我国直流输电国产化能力全面提升，达到一个前所未有的水平。灵宝直流工程的成功建成投运，对于我国此后独立自主建设大型直流输电工程具有重大指导意义和典型示范作用。

2009 年 12 月 14 日，灵宝直流工程二期扩建工程建成投运（额定直流电压 166.7kV，额定直流电流 4500A，额定输送功率 750MW），是世界上首个额定电流 4500A 的直流输电工程。

一、工程背景

20 世纪 80 年代，根据陕西向河南送电合理性论证，建成一回秦岭电厂至河南五原 330kV 输电线路 110km，一直降压 110kV 运行。1999 年 7 月，国家电力公司综合计划与投融资部主持召开西北与华中电网联网可行性研究会议，提出利用已建 330kV 秦岭电厂至河南五原线路，恢复西北与华中电网联网的合理性研究工作。为了不过多增加交流网络投资，更好地解决电力系统稳定和调度管理问题，联网采用背靠背直流方式，规模暂定为 30 万 kW。同年 11 月，电力规划设计总院组织西北电力设计院、中南电力设计院完成的可行性研究报告通过国家电力公司主持的审查，认为联网工程能够取得一定的容量效益和电量效益，扩大了三峡水电站供电范围，并且以灵宝直流工程作为后续三峡送出直流工程国产化的中间试验项目，为推动我国直流设备国产化创造条件。2000 年 5 月，国家电力公司以国电计〔2000〕105 号文向国家计划委员会上报关于工程可研报告的请示。2001 年 1 月，国家计划委员会印发计基础〔2001〕55 号《关于西北（陕西）与华中（河南）电网直流联网工程可行性研究报告的批复》，同意建设灵宝直流工程，并确定为直流输电自主设计、自主生产的国产化依托项目，批准工程静态总投资 5.43 亿元、动态总投资 5.78 亿元。2002 年 1 月，应国家电力公司要求，国务院三峡工程建设委员会以国三峡委发办字〔2002〕02 号文批复同意在三峡基金中安排 1.16 亿元作为该工程资本金。2003 年 1 月 13 日，国家发展和改革委员会以发改能源〔2003〕333 号文批复工程初步设计概算，同意工程动态总投资按 6.7 亿元考虑。

二、工程概况

1. 建设规模

灵宝换流站位于河南省三门峡市灵宝市境内，系统额定容量 360MW，额定直流电压 120kV，额定直流电流 3000A。2002 年 5 月，国务院三峡办和国家电力公司召开专题会议，决定控制保护系统采用两个完整套方案。图 3-26 为灵宝直流工程示意图。

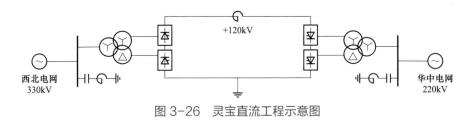

图 3-26 灵宝直流工程示意图

灵宝直流工程华中侧出线 1 回接入 220kV 交流电网（河南省紫东 220kV 变电站），高压并联电抗器 1×30Mvar；西北侧出线 1 回接入 330kV 交流系统（陕西省罗敷 330kV 变电站），高压并联电抗器 1×45Mvar。换流部分按一个单极设计，具有双向功率输送能力。额定换流容量 720MW，额定输送功率 360MW，直流额定电压 120kV，额定直流电流 3000A，每侧 1 个 12 脉动换流器，换流阀直流侧低压直接接地，换流阀直流侧高压接 1 台 120mH 平波电抗器（另有 1 台备用）。采用单相三绕组油浸式换流变压器，单台容量 143.6MVA，共 8 台（其中 2 台备用），华中侧网侧电压 220kV，西北侧网侧电压 330kV；换流阀采用空气绝缘、水冷却、户内式，西北 330kV 侧为电触发晶闸管换流阀，华中 220kV 侧为光触发晶闸管换流阀；西北 330kV 侧配置 7 组交流滤波器和电容器，共 252Mvar；华中侧配置 7 组交流滤波器和电容器，共 252Mvar。

2. 参建单位

工程建设初期，国家电力公司作为项目法人，国家电力公司电网建设部（电网建设分公司）代行业主职能，2002 年电力体制改革后国家电网公司作为项目法人，电网建设分公司具体组织实施工程建设。

工程设计方面。北京网联直流工程技术有限公司是灵宝直流工程的技术总负责和总协调单位，负责系统咨询研究、功能规范书编制、交/直流系统成套设计。中南电力设计院负责换流站工程设计。配套交流输变电工程和光通信工程由河南省电力勘测设计院、陕西省电力勘测设计院和西北电力设计院承担。

主要设备制造方面。换流阀由西安电力机械制造集团公司整流器有限公司制造供货，晶闸管由西安电力电子技术研究所制造供货；220kV 侧、330kV 侧换流变压器分别由特变电工沈阳变压器有限公司、西安西电变压器有限公司制造供货；直流控制保护系统由南京南瑞继保电气有限公司、许继电气股份有限公司各制造供货一套；平波电抗器由西安西电变压器有限公司制造供货；换流阀避雷器由西安电瓷研究所制造供货。北京网联直流工程技术有限公司负责直流设备监造。

现场建设方面。河南立新电力建设监理公司负责工程监理，中国建筑第二工程局负责建筑工程，黑龙江省送变电工程公司负责电气安装工程 A，河南省送变电建设公司负责电气安装工程 B，北京网联直流工程技术有限公司负责接口协调、控制保护系统性能测试、分系统调试，中国电力科学研究院负责系统调试。

3. 建设历程

2001 年 8 月完成工程选站评审，9 月完成系统专题设计评审，11 月完成功能规范书审查；2002 年 4 月完成系统研究和成套设计系统及一次设备专题审查。2002 年 5 月 28 日，国务院三峡办和国家电力公司召开专题会议，研究决定了有关国产化问题等。2002 年 8 月 27～28 日，完成系统研究和成套设计审查。2002 年 11 月 19～20 日，完成初步设计审查。2003 年 1 月，完成直流设备采购合同签订。

2003 年 4 月换流站桩基工程开工，7 月土建工程开工，12 月电气安装工程开工，2004 年 10 月开始分系统调试。2004 年 12 月 23 日，完成 220kV 和 330kV 交流场和滤波器带电试验。2005 年 4 月 11 日开始系统调试，4 月 25 日完成南京南瑞继保电气有限公司控制保护系统调试，6 月 16 日完成许继电气股份有限公司控制保护系统调试。2005 年 6 月 25 日，南京南瑞继保电气有限公司控制保护系统试运行完成。2005 年 7 月 3 日，许继电气股份有限公司控制保护系统试运行完成，工程投入商业运行。2005 年 11 月 20～27 日，通过国务院三峡工程建设委员会组织的国家验收。

三、建设成果

灵宝直流工程的建成投运实现了西北和华中电网互联，有利于两大电网之间的调峰、错峰和水火互济，对于促进电力资源优化配置具有积极意义。灵宝直流工程作为我国第一个直流国产化示范试验工程，完全立足国内，彻底摆脱了对国外技术的依赖，实现了高压直流输电工程设计、制造、建设、调试和运行全环节"多个第一"的自主化，主设备 100%国产化，对于我国直流输电技术的发展进步具有重要战略意义。

（1）促进了全国电网互联。灵宝直流是"十五"末实现全国电网互联战略目标的重要工程，建成后可以充分发挥两大区域电网互联优势，扩大西电东送规模及消纳鄂西及四川季节性水电，提高两大电网供电可靠性，对于促进全国电网互联、打造全国范围能源资源优化配置平台具有重要意义。

（2）首次实现直流输电工程系统研究与成套设计自主化。通过学习和研究葛南直流、天广直流、三常直流等多个高压直流输电工程系统研究与成套设计方法和技术方案，在依托三常直流、三广直流等引进技术基础上，完善了系统研究与成套设计工具、方法和软件，形成系统化的自主系统研究与成套设计平台，制定了直流输电工程系统研究与成套设计工作大纲、专题划分和工作体系，独立完成了灵宝直流的系统研究与成套设计，实现了不同技术路线设备的接口联通、系统融合与安全运行，开创了自主开展直流输电系统研究与成套设计历史先河，为后续实现直流输电工程自主成套设计、分开采购设备奠定了基础。

（3）首次自主完成换流站的工程设计。中南电力设计院在总结和借鉴以往直流输电工程外方总承包、中外联合设计的经验基础上，深入分析换流站电气主接线、平面布置、二次系统设计、暖通空调设计、阀冷却设计、阀厅结构设计技术要求与特点，首次独立完成了换流站设计，摆脱对垄断型国际巨头技术依赖，形成了自主的直流输电设计技术体系。

（4）首次自主开发了直流控制保护系统。南京南瑞继保电气有限公司、许继电气股份有限公司在消化吸收引进 ABB、西门子直流控制保护技术基础上，搭建自己的仿真与试验研究平台，开展技术攻关，独立设计完全自主化的直流控制保护系统，并且在总结以往工程直流控制保护运行经验基础上，改进了硬件平台，提升了软件功能，全面提升了控制保护的运行可靠性，建立了基于自主知识产权的直流控制保护设计和试验平台。

（5）自主设计和制造了直流关键设备。西电集团西整公司在消化吸收引进的 ABB 电触发晶闸管换流阀、西门子光触发晶闸管换流阀技术基础上，自主研制了两种不同技术路线的换流阀，首次批量应用了西安电力电子研究所研制的电触发、光触发 5 英寸晶闸管和西电集团电瓷研究所开发的换流阀避雷器。西电集团西变、特变电工沈变在消化吸收引进国外技术基础上，分别独立研制了换流变压器和油浸式平波电抗器，全面实现了关键设备与组部件国产化。

（6）建立了直流输电技术标准体系。灵宝直流背靠背工程是一次全面检验和提升国内直流输电技术水平的工程，也是一次完全实现自主设计、自主制造、自主建设、自主调试、自主运行的工程，在此基础上，国家电网公司系统总结建设运行经验，制定了高压直流技术标准体系，组织编制了一系列国家、行业和企业标准，覆盖系统研究、成套设计、工程设计、设备制造、交接验收、调试试验和运行维护各个方面，为中国直流输电技术的创新发展奠定了坚实基础。

工程建成后面貌如图 3-27～图 3-29 所示。

图 3-27　灵宝换流站（二期工程扩建后全景）

图 3-28　灵宝换流站阀厅

图 3-29　灵宝换流站 330kV 开关场

第六节　贵州—广东第二回 ±500kV 直流输电工程

贵州—广东第二回 ±500kV 直流输电工程（简称贵广二回直流工程）是我国直流输电技术国产化依托工程，走出了引进消化吸收再创新的成功之路，实现了我国

±500kV 直流输电工程自主化设计、制造和建设的新跨越。工程于 2007 年 12 月 3 日投运。

一、工程背景

建设贵广二回直流工程是为了完善南方电网"西电东送"输电通道格局，解决"十五"期间建成的贵州外送"两交一直"输电工程不能满足贵州新增外送广东电力的问题，进一步发挥云贵两省水电、煤炭资源优势，满足广东"十一五"用电增长的需求。送端贵州兴仁换流站接入盘南电厂、天生桥二级水电站和贵州电网，受端广东白花洞换流站接入广东电网。作为黔电送粤的第四条大通道，该工程是国家发展和改革委员会明确的 2005 年国家重点建设项目，也是南方电网"十一五"西电东送的重要组成部分。2004 年 3 月 15 日，"十一五"黔电送粤交直流输变电工程可行性研究在北京通过评审，之后中国南方电网公司向国家发展和改革委员会上报《关于贵州至广东第二回直流输电工程可行性研究报告的请示》（南方电网计〔2004〕36 号）。2004 年 11 月 1 日，国家发展和改革委员会印发《国家发展改革委关于贵州至广东第二回直流输电工程项目核准的批复》（发改能源〔2004〕2397 号）。

自 20 世纪 80 年代末我国建设第一个大型高压直流输电工程以来，国家一直积极推进直流输电技术国产化并取得了进展，特别是在小规模直流输电项目方面已经具备了自主开发的技术实力，但是长距离、大容量直流输电工程系统研究、成套设计、关键设备等一直以外方为主。"十一五"至"十三五"期间，全国计划要开工建设 10 多项直流输电工程，自主化成为一项迫在眉睫的工作。根据国家的要求，经过广泛调研和论证，中国南方电网公司确定了贵广二回直流工程直流国产化原则为"以我为主，联合设计，自主生产，全面实现直流系统设计、换流站设备成套设计和直流工程设计自主化和设备制造自主化，综合自主化率达到70%以上"，自主化原则为"工程的系统研究、功能规范书、成套设计（设备规范和设计规范）和设计图纸由国内相关设计和制造企业承担具体工作，外方负责技术指导、校核，系统研究和成套设计成果及引进的相关部分技术在国内企业中分享，直流控制和保护的总体方案由中方为主制定，中外联合设计，中方为主制造，外方负责支持和校核，换流站的整体工程设计及设备成套设计，设计工作范围达到100%"。

二、工程概况

1. 建设规模

额定直流电压 ±500kV，额定输送容量 3000MW。新建贵州兴仁换流站工程、广东白花洞换流站工程、贵州兴仁换流站至广东白花洞换流站 ±500kV 直流线路工程、500kV 安天线 π 进兴仁换流站工程、安全稳定控制系统工程。工程概算总投资795576 万元。贵广二回直流工程示意图如图 3-30 所示。

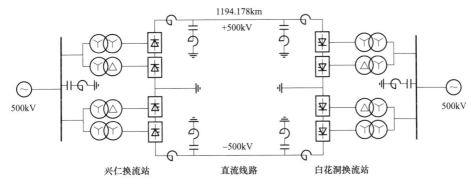

图 3-30 贵广二回直流工程示意图

（1）兴仁换流站工程。兴仁换流站位于贵州省兴义市兴仁县四联乡。本期装设 296.5MVA 单相双绕组变压器 12 台，2 种型式各设 1 台备用相；500kV 交流滤波器 3 大组（10 小组），总容量 1400Mvar；±500kV 直流出线 1 回；500kV 交流出线远景按 12 回出线规划（1 回出线上装设高压并联电抗器），1 组滤波器母线上预留高压并联电抗器位置，本期 500kV 交流出线 5 回，分别至安顺、青岩和天生桥各 1 回，至盘南 2 回，500kV 高压站用变压器 1 台。接地极位于永宁极址，接地极线路全长 76.745km，导线为两组二分裂 LGJ-630/55 钢芯铝绞线。

（2）白花洞换流站工程。白花洞换流站位于广东省深圳市宝安区光明街道。本期装设 277.8MVA 单相双绕组变压器 12 台，2 种型式各设 1 台备用相；500kV 交流滤波器 3 大组（10 小组），总容量 1900Mvar；±500kV 直流出线 1 回；换流站与 500kV 变电站合建，本期装设 1000MVA 降压变压器 2 组，远期 4 组；500kV 出线本期 3 回，分别至莞城 1 回、鹏城 2 回，远期 6 回；220kV 出线本期 6 回，远期 12 回；降压变压器 35kV 侧装设 60Mvar 并联电抗器 4 组、60Mvar 并联电容器 6 组。接地极位于鱼龙岭极址，接地极线路全长 183.843km（其中 178.155km 与直流线路共塔），导线为两组二分裂 LGJ-630/55 钢芯铝绞线。

（3）直流线路工程。±500kV 直流输电线路起于贵州兴仁换流站，止于广东白花洞换流站，途经贵州、广西、广东 3 省区。线路全长 1194.178km，导线采用四分裂 ACSR 720/50 钢芯铝绞线；两根地线均采用 GJ-80 钢绞线。兴仁至百色段、大明山段及澄碧河水库附近段约 335km，最大设计风速为 30m/s，设计覆冰厚度为 10mm；增城至白花洞换流站段约 142km，最大设计风速为 35m/s，按无覆冰设计；其余段最大设计风速为 30m/s，按无覆冰设计。全线采用自立式铁塔，共计 2505 基，直线塔采用羊角型铁塔；悬垂转角塔、耐张转角塔和终端塔采用干字型铁塔。与接地极线路同塔设计的铁塔，接地极线路导线布置在铁塔下部两侧，导线水平排列。

2. 参建单位

工程项目法人为中国南方电网公司，建设单位为中国南方电网超高压输电公司。南方电力建设工程质量监督中心站负责工程质量监督。中国电力工程顾问集团公司受委托负责初步设计评审。

为确保掌握核心技术，由中国南方电网公司与中南电力设计院、广东省电力设计研究院一起承担系统研究、成套设计、试验和调试等自主化工作。在系统研究方面，南方电网技术研究中心与武汉高压研究所、清华大学、西安交通大学等国内单位合作完成了 24 项研究课题中的 22 项，仅 2 项与德国西门子公司合作。在成套设计方面，高压直流工程的研究报告和规范书、概念设计、直流部分的电气布置设计和直流控制保护设计、换流建筑物的建筑结构设计和暖通空调、水工等辅助系统设计等 80% 以上由南方电网技术研究中心和中南电力设计院完成，德国西门子公司仅承担了阀厅设计、火灾报警系统的少量工作。

工程设计方面。可行性研究阶段由中南电力设计院和广东省电力设计研究院共同完成。其中，中南电力设计院负责送端换流站的选址及相关的环评、地灾和水土保持等专题研究，负责贵州和广西境内的直流线路选线、线路型号论证；广东省电力设计研究院负责受端换流站的选址及相关的环评、地灾和水土保持等专题研究，负责广东境内的直流线路选线、线路型号论证；系统论证和工程经济评价由两院配合完成。初步设计、施工图、竣工图阶段，中南电力设计院负责兴仁换流站、贵州兴仁侧（永宁）接地极及接地极线路、直流线路 8~17 标段，西南电力设计院负责直流线路 1~5 标段，广西电力勘察设计研究院负责直流线路 6~7 标段，广东省电力设计研究院负责直流线路 18~25 标段、广东白花洞换流站、广东白花洞侧（鱼龙岭）接地极及接地极线路。

主要设备制造方面。作为高压直流输电国产化示范工程，贵广二回直流工程实现了直流输电核心技术自主化的重大突破，实现了综合自主化率 70% 的目标。换流变压器和平波电抗器由保定天威保变电气股份有限公司、特变电工沈阳变压器有限公司牵头，与德国西门子公司组成中外联合体共同制造。换流阀实现 100% 国内组装，西安电力机械制造公司承担 6 台 12 脉动换流阀及 2 套底部柜的制造工作，许继集团有限公司承担极 1 换流阀和控制保护系统的制造。直流控制与保护系统硬件设备主要由许继集团有限公司生产，软件由德国西门子公司和许继集团有限公司共同开发。南方电网技术研究中心负责整个工程的技术引进、技术组织和协调工作，德国西门子公司进行校验，并提供技术支持。广东天广工程监理咨询有限公司承担换流站直流控制与保护设备、换流阀、换流变压器和平波电抗器等直流主设备的驻厂监造任务。

现场建设方面。兴仁换流站监理单位是广东天广监理有限公司，施工单位是广东省南兴建筑工程有限公司（"三通一平"和土建 2 标）、贵州送变电工程公司（土建 1 标和电气安装）、贵州兴义公路工程有限公司（进站道路）；白花洞换流站监理单位是广东天广监理有限公司，施工单位是中国葛洲坝集团公司（"三通一平"和土建 2 标、3 标）、广东电力第一工程局（土建工程 1.1 标）、广西送变电建设公司（土建工程 1.2 标）、湖北省输变电工程公司（电气安装）；线路工程监理单位是广东天广监理有限公司（直流线路 1～5 标段、贵州侧永宁接地极及线路、广东侧鱼龙岭接地极及线路）、长春国电建设监理公司（直流线路 6～12 标段）、广东创成建设监理咨询有限公司（直流线路 13～14 标段）、广东天安工程监理有限公司（直流线路 15～17 标段）、湖南电力监理有限公司（直流线路 18～25 标段）；线路工程施工单位依次为四川送变电公司、贵州送变电公司、吉林送变电公司、江西送变电公司、黑龙江送变电公司、青海送变电公司、新疆送变电公司、广西送变电公司、北京电力工程公司、葛洲坝集团电力公司、东北电业管理局、江苏送变电公司、宁夏电力建设工程公司、山东送变电公司、湖南省电力安装工程公司、甘肃送变电公司、湖北省输变电工程公司、华东送变电公司、陕西送变电公司、河北送变电公司、安徽送变电公司、内蒙古送变电公司、江西省水电工程局、广东省输变电工程公司、天津送变电公司，贵州侧永宁接地极 1 标为北京送变电公司，贵州侧接地极线路 2 标为湖南送变电公司，贵州侧接地极线路 3 标为广东火电工程总公司，广东侧鱼龙岭接地极为河南送变电公司。

3. 建设历程

2005 年 6 月 28 日，兴仁换流站工程"三通一平"工程开工。2005 年 9 月 30 日，白花洞换流站工程"三通一平"工程开工。2005 年 12 月 26 日，换流站主体工程开工。2006 年 6 月 5 日，直流线路工程开工。2006 年 8 月 28 日，换流站电气安装工程开工。2006 年 10 月 8 日，接地极工程开工。2007 年 3 月 12 日，召开工程启动验收委员会议，开始进行设备调试。2007 年 6 月 21 日，单极投入试运行。2007 年 12 月 3 日，双极投运。

三、建设成果

经过 29 个月的攻坚克难，贵广二回直流工程建成投运，南方电网"西电东送"能力提升到 1650 万 kW，与此同时全面完成了我国第一项 500kV 直流输电自主化依托工程任务，以 70% 综合自主化率成为我国直流输电国产化重要突破的标志，促进我国直流系统研究、关键设备制造等核心技术自主能力实现跨越式进步。

工程创新成果先后获得了一系列重要奖项和荣誉。2006 年 6 月，中国南方电网公司被国家授予"在重大技术装备国产化工作中做出重要贡献的单位"。贵广二回直流工程共用接地极专题研究荣获 2006 年度全国优秀工程咨询成果一等奖。工程荣获 2009 年度国家优质工程银质奖。依托贵广二回直流工程实施的"高压直流输电工程系统研究成套设计自主化技术开发与工程实践"获得 2008 年中国电力科学技术奖一等奖，"高压直流输电工程成套设计自主化技术开发与工程实践"获得 2011 年度国家科学技术进步奖一等奖。

1. 系统研究及成套设计技术

（1）国内首个实现 ±500kV 高压直流输电工程系统研究和成套设计自主化工程。中国南方电网公司与中南电力设计院、广东省电力设计研究院等中方单位完成系统研究、成套设计、试验和调试等自主化核心工作，直流系统配置方案方面的系统研究报告 32 项 100% 由中方单位完成，成套设计设备规范 75 项 100% 由中方单位完成，成套设计图纸 419 卷册 90% 以上由中方设计单位完成，控制保护性能试验 100% 由中方完成，站调试和系统调试 100% 由中方完成。

（2）国内首次自主开发高压直流输电基本设计软件包。中方设计研究单位开发的具有自主知识产权的高压直流输电基本设计软件包，主要用于计算换流站主要设备的基本参数和性能，包括主回路参数计算、无功功率计算、交流系统谐波电流计算、交流滤波器设计、直流滤波器设计、交直流可编程逻辑控制器（programmable logic controller，PLC）滤波器计算、主要元件损耗计算、可听噪声计算、可靠性计算九项功能，该软件包通过了完整的测试验证和实际应用，可满足高压直流输电工程基本设计的需要，具有界面友好、操作性强等优点。

（3）国内首次实现 ±500kV 直流换流站阀厅和控制楼的自主化研究和设计。国内首次对换流站阀厅结构进行模型实验，首次对换流站阀厅内的悬吊阀塔进行模拟实验，首次对换流站的控制楼结构进行系统的设计研究，首次对换流站阀厅围护结构进行研究和节能分析计算，首次完成 ±500kV 换流站阀厅和控制楼施工图设计。

（4）国内首次实现换流站直流场自主化研究和设计。工程设计研究单位在国内首次完成 ±500kV 换流站空气净距要求研究报告，对兴仁换流站直流场进行空气净距计算时考虑了海拔（1350m）修正因素，确定了换流站直流场电气设备安全距离，为直流场平断面布置设计提供依据，首次完成了直流电气设备技术规范编制。

（5）国内首次实现了换流站直流场控制保护系统的自主化研究和设计。国内首次完成了直流控制保护及相关设备技术规范书编制工作；国内首次从西门子公司引进控制保护硬件设计软件 ELCAD，并使用该软件按西门子公司的出图方式独立完成了全站控制保护系统的集成、接口设计；国内首次独立完成了直流控制保护系统的功能性能试验（functional performance test，FPT）和动态性能试验（dynamic performance test，DPT），并根据试验成果优化了控制保护策略。

2. 关键设备自主化制造技术

（1）换流阀零部件自主创新，实现 100%自主生产。根据换流站设备采购合同，西安电力机械制造公司和许继集团有限公司承担工程换流阀、底部柜、成套光缆、现场安装调试专用工具和测试设备的制造任务，在以往工程成果的基础上，技术上进一步深化，自主化实现了新的突破：组件内零部件共 174 种，贵广二回直流工程中再自主研发生产了 22 种，国产化率提升 13%，填平补齐后，中国西电电气股份有限公司已能实现阀组件零部件 100%自主生产。阀塔内零部件共188 种，贵广二回直流工程中再自主研发生产 26 种，国产化率提升 14%，填平补齐后，中国西电电气股份有限公司已能实现阀塔内零部件 100%自主生产。产品中各类标准件达 245 种，每一种都是一种规格，工程实现了 100%标准件的成套采购。

（2）换流变压器和平波电抗器自主化率达到 68%。沈阳变压器公司为工程提供 14 台换流变压器和 6 台平波电抗器，保定天威保变电气股份有限公司制造 2 台换流变压器，国内两大变压器厂家共供货 22 台，占设备总数的 68%，高于以往直流工程的比例。

（3）成套控制保护系统自主化比例达到 100%。工程成套控制保护采用许继集团有限公司研制的 DPS-2000 全自动化软硬件平台构成，主要设备包括运行人员控制系统、极控系统、交流站控系统、直流站控系统、直流保护系统、换流变压器保护、交流滤波器保护、远动通信系统、故障录波系统等。成套控制保护设备的设计、制造、试验和售后服务全部由许继集团有限公司承担，自主化比例达到 100%。

3. 工程设计自主化技术

（1）国内首次采用共用接地极设计。建立了共用接地极技术的分析模型，形成了符合电网安全性要求共用接地极设计体系和设计原则，±500kV 广东白花洞换流站接地极极址位于鱼龙岭，该接地极与云广 ±800kV 特高压穗东换流站共用接地极，可以合理利用有限的土地资源，减少一个环境的影响源，降低接地极工程投资和运行维护费用，提高接地极的利用率，通过合理调度运行手段，减缓对交流电力系统及环境的不良影响。

（2）国内首次采用直流线路与接地极线路同塔架设。位于广东侧的接地极线路长 189.202km，其中 183.514km 与云广 ±800kV 特高压直流输电线路同塔架设，将线路走廊宽度由原来分开架设的 130m 左右压缩到 60m，节约线路走廊约 2 万 m^2，减少了房屋拆迁，保护了环境。

（3）创造国内建设规模最大 ±500kV 交直流合建站围墙内占地面积最小纪录。白花洞换流站是当时国内采用交直流站合建、建设规模最大的换流站。考虑到换流站落点深圳地区土地资源紧缺，通过设备选择、总平面布置等方面优化，在功能分区明确、工艺流程清晰的基础上，使总平面布置紧凑合理，最终换流站围墙内占地面积达到了 13.08hm^2 的先进指标，总占地和用地面积在当时国内交直流合建型换流站中最小，甚至优于已经运行的 ±500kV 换流站的占地指标。

工程建成后面貌如图 3-31～图 3-37 所示。

图 3-31 兴仁换流站

图 3-32 白花洞换流站

图 3-33 贵广二回直流工程换流变压器

图 3-34　贵广二回直流工程交流滤波器

图 3-35　贵广二回直流工程直流滤波器

图 3-36　贵广二回直流工程 ±500kV 直流输电线路 1

图 3-37　贵广二回直流工程 ±500kV 直流输电线路 2

第七节　宁东—山东 ± 660kV 直流输电示范工程

宁东—山东 ± 660kV 直流输电示范工程（简称宁东直流工程）是我国自主研发设计和建设的世界首个 ± 660kV 直流输电工程，进一步完善了我国直流输电电压等级序列，推进了直流输电的系列化和标准化。宁东直流工程将宁夏宁东能源基地和黄河上游水电直送山东，对于构建现代能源综合运输体系、实现能源资源大范围优化配置，促进西部资源优势转化为经济优势、满足东部地区能源需求具有重要意义。工程于 2011 年 3 月 25 日投运。

一、工程背景

我国能源资源分布与负荷中心呈逆向分布，西部地区能源资源丰富，电力开发外送是其支柱产业之一。西部地区电力送出通过直流输电方式送往中东部负荷中心是技术经济性较优的方案。由于电源基地规模、输送距离及受端消纳能力不同，使得直流输电存在最优方案的选择。研究表明，在 1000～1400km 输送距离上采用 ± 660kV、4000MW 直流输电方案，可以充分借鉴已有 ± 500kV 直流工程经验，采用双极、每极单换流器主接线，拓扑结构相对简单，设备数量少，控制保护逻辑简单成熟，而且直流额定电流 3030A 可以采用技术成熟、造价合理的 5 英寸晶闸管，工程方案总体上具有较好的技术经济性。

改革开放以来，山东省已发展成为中国经济最发达的省份之一，电力需求旺盛。根据国家"西电东送""西部大开发"发展战略，结合宁东等西部地区电力送出和山东"外电入鲁"需求，国家电网公司提出建设一条 ±660kV 直流输电工程，将宁夏火电和黄河上游水电打捆送往山东。2007 年 9 月 26 日，国家发展和改革委员会以《国家发展改革委办公厅关于国家电网公司开展跨区联网工程及"上大压小"配套电网工程项目前期工作的通知》（发改办能源〔2007〕1340 号）同意宁东—山东 ±660kV 高压直流输电示范工程开展前期工作。2008 年 8 月 11 日，中国电力工程顾问集团公司以电顾规划〔2008〕758 号文印发可行性研究评审意见；2008 年 11 月 10 日，国家电网公司向国家发展和改革委员会上报《关于西北（宁东）—华北（山东）±660kV 直流输电工程项目核准的请示》（国家电网发展〔2008〕814 号）。2008 年 11 月 25 日，中国国际工程咨询公司受国家发展和改革委员会的委托完成评估，以咨能源〔2008〕1408 号文印发评估意见，认为工程建设是必要的、可行的。2008 年 12 月 8 日，国家发展和改革委员会印发《国家发展改革委关于宁东至山东 ±660kV 直流输电示范工程项目核准的批复》（发改能源〔2008〕3382 号）。

二、工程概况

1. 建设规模

宁东直流工程起于宁夏银川东换流站，止于山东青岛胶东换流站，途经宁夏、陕西、山西、河北和山东五省区，直流线路全长 1333.314km，额定输送容量 4000MW。工程核准静态投资 98.7 亿元，动态投资 103.85 亿元，由国家电网公司投资建设。宁东直流工程示意图如图 3-38 所示。

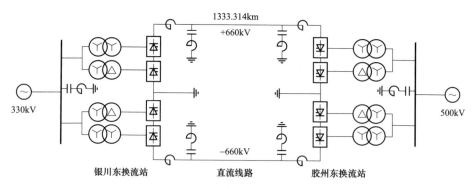

图 3-38　宁东直流工程示意图

（1）银川东换流站工程。银川东换流站位于银川市东南 46km 的灵武市临河镇，与已投运的 750kV 银川东变电站同址建设。额定电压直流 ±660kV，额定直流电流 3030A，额定换流容量 4000MW，网侧接入 330kV 交流系统。直流系统采用双极对称接线、中性点接地方式，每极 1 个 12 脉动换流器，采用户内直流场。采用 14 台单相双绕组油浸式换流变压器，单台容量 403MVA，其中 2 台备用；换流阀采用空气绝缘，水冷却、户内悬挂式二重阀，为电触发晶闸管换流阀，单阀组换流容量 2000MW；每极安装 4 台干式平波电抗器（极线 1 台、中性线 3 台），每台电感值为 75mH；每极各配置 1 组 12/24、6/42 双调谐直流滤波器。330、750kV 交流侧均采用 3/2 接线，330kV 采用敞开式设备，330kV 出线本期 7 回；330kV 设置 3 大组 14 小组交流滤波器，总容量 2100Mvar。750kV 出线本期 7 回，750kV 主变压器 2 组（7 台）。接地极位于盐池县高沙窝镇红柳沟，接地极线路全长 63.93km。

（2）胶东换流站工程。胶东换流站位于山东省青岛市胶州市胶西镇，与 500kV 青岛变电站同址同期建设。额定直流电压 ±660kV，额定直流电流 3030A，额定换流容量 4000MW，网侧接入 500kV 交流系统。直流系统采用双极对称接线、中性点接地方式，每极 1 个 12 脉动换流器。采用 14 台单相双绕组油浸式换流变压器，单台容量 386.4MVA，其中 2 台备用；换流阀采用空气绝缘，水冷却、户内悬挂式二重阀，为电触发晶闸管换流阀，单阀组换流容量 2000MW；每极安装 4 台干式平波电抗器（极线 1 台、中性线 3 台），每台电感值为 75mH；每极各配置 1 组 12/24、6/42 双调谐直流滤波器。500kV 交流侧采用 3/2 接线，本期出线 5 回；本站配置 3 大组 14 小组交流滤波器，总容量为 2520Mvar；2 台 500kV 主变压器，单台容量 750MVA。接地极位于诸城市境内，接地极线路全长 46.9km。

（3）直流线路工程。直流线路工程起自宁夏银川东换流站，止于山东胶东换流站，途经宁夏、陕西、山西、河北和山东五省区，全长 1333.314km、铁塔 2807 基。沿线地形高山大岭占 7.3%、一般山地占 27.3%、丘陵占 10.3%、平地占 53.5%、沙漠占 1.5%。海拔 0～1860m。

一般线路设计风速取 27m/s 和 30m/s，黄河大跨越设计风速取 31m/s。设计覆冰厚度分为 10mm 和 15mm，地线设计覆冰厚度较导线增加 5mm。一般线路导线采用 4×JL/G3A-1000/45-72/7 钢芯铝绞线（1000mm² 大截面导线），黄河大跨越采用 4×AACSR/EST-500/230 加强型钢芯铝绞线；一般线路地线一根采用 24 芯和 36 芯 OPGW-150 复合光缆，另一根采用 JLB20A-150 铝包钢绞线。大跨越地线一根采用 24 芯 OPGW-240 复合光缆，另一根采用 JLB14-240 铝包钢绞线。

一般线路悬垂串采用单、双联的 210、300、400kN 复合绝缘子 V 型串，耐张串采用双联 550kN 钟罩型盘式或长棒型瓷绝缘子串。大跨越悬垂串采用四联 400kN 盘式瓷绝缘子串，耐张串采用四联 550kN 钟罩型盘式绝缘子串。全线采用自立式铁塔，基本型式包括悬垂直线塔、悬垂转角塔、耐张塔。悬垂直线塔采用导线水平排列 V 串挂线方式的羊角型塔，悬垂转角塔采用 L 串挂线方式的羊角型塔，耐张塔采用干字型塔。基础型式主要采用柔性基础、直柱刚性基础、掏挖式基础、钻孔灌注桩基础、大板基础、岩石锚杆基础、人工挖孔基础等。

黄河大跨越位于山东省济南市济阳县，跨越段长 3.249km，采用"耐—直—直—直—耐"跨越方式，最大跨越档距 1240m，跨越直线塔呼高 112m、全高 122.5m。

2. 参建单位

国家电网公司建设运行部代行项目法人职能，国网直流建设分公司负责两端换流站主体工程建设管理，国网信息通信有限公司负责光通信工程建设管理，工程沿线属地省电力公司负责直流输电线路建设管理，两端换流站属地省电力公司负责换流站"四通一平"、接地极及线路工程建设管理。

工程设计方面。北京网联直流工程技术有限公司负责两端换流站成套设计和阀厅设计；西北电力设计院负责银川东换流站设计，中南电力设计院、国核电力规划设计研究院负责胶东换流站设计；直流线路初步设计由西北电力设计院牵头，设计单位为宁夏、东北、西北、华北、中南电力设计院，山西、河北电力勘测设计院，国核电力规划设计研究院。

主要设备制造方面。银川东换流站：中国西电电气股份有限公司联合瑞典 ABB 公司研制生产换流变压器（各生产 7 台），中国电力科学研究院联合法国阿海珐公司生产换流阀，北京电力设备总厂生产平波电抗器，许继集团有限公司生产直流控制保护设备，中国西电电气股份有限公司生产 750kV 主变压器、750kV 高压并联电抗器、750kV 断路器，中国西电电气股份有限公司生产直流场开关、隔离开关、穿墙套管，新东北电气集团高压开关有限公司生产 750kV 断路器；胶东换流站：特变电工沈阳变压器集团有限公司（简称特变电工沈变）联合瑞典 ABB 公司研制生产换流变压器（特变电工沈变生产 10 台、瑞典 ABB 公司生产 4 台），中国电力科学研究院联合法国阿海珐公司生产换流阀，北京电力设备总厂生产平波电抗器，上海电气阿海珐宝山变压器有限公司生产 500kV 变压器，中国西电电气股份有限公司生产直流场开关、隔离开关、穿墙套管设备，许继集团有限公司生产直流控制保护设备，新东北电气沈阳高压开关厂生产 500kV HGIS 开关设备。直流主设备监造单位为北京网联直流工程技术有限公司，荷兰 KEMA 公司负责换流阀设计审查和试验的监造，意大利 CESI 公司负责换流变压器设计审查和国外厂商换流变压器的监造。

现场建设方面。银川东换流站：山东诚信工程建设监理公司（换流站工程监理）、宁夏恒安建设监理咨询公司（接地极及线路工程监理）、宁夏电力建设工程公司（土建 A 包、电气安装 B 包、接地极及线路）、湖北省输变电工程公司（土建 B 包）、黑龙江送变电公司（电气安装 A 包）。胶东换流站：北京中达联咨询有限公司（换流站工程监理、接地极及线路工程监理）、天津电力建设公司（土建 A 包）、北京送变电公司（电气安装 A 包）、山东送变电工程公司（土建 B 包、电气安装 B 包、接地极及线路）。直流线路：宁夏恒安建设监理咨询有限公司（宁夏段监理）、宁夏电力建设工程公司（宁夏段施工）、安徽省电力工程监理有限公司（陕西段监理）、山西银河监理有限公司（陕西段监理）、武警水电二总队（陕西段施工）、陕西送变电公司（陕西段施工）、东北电业管理局送变电公司（陕西段施工），北京华联电力工程监理公司（山西段监理）、湖南电力建设工程监理咨询公司（山西段监理）、山西省电力公司供电工程承装公司（山西段施工）、上海送变电公司（山西段施工）、黑龙江送变电公司（山西段施工）、山西送变电公司（山西段施工），河北省电力工程建设监理公司（河北段监理）、河北送变电公司（河北段施工）、青海送变电公司（河北段施工），山东诚信工程建设监理公司（山东段监理）、江苏省宏源电力建设监理有限公司（山东段监理）、四川送变电公司（山东段施工）、山东送变电公司（山东段施工）、湖南送变电公司（山东段施工）、新疆送变电公司（山东段施工）。宁夏电力科学研究院、山东省电力科学研究院分别承担两端换流站特殊试验，银川东换流站站系统调试由北京网联直流工程技术有限公司、宁夏电力科学研究院承担，胶东换流站站系统调试由山东电力科学研究院、北京网联直流工程技术有限公司承担，中国电力科学研究院负责系统调试。

3. 建设历程

2008 年 12 月 8 日，国家发展和改革委员会以发改能源〔2008〕3382 号文核准宁东直流工程。2008 年 12 月 11 日，系统研究与成套设计通过审查。2008 年 12 月 15 日，换流站工程开工。2009 年 2 月，换流站工程初步设计通过审查。2009 年 3 月，直流线路工程（含接地极线路）初步设计通过审查。2009 年 2～7 月，完成主设备招标。2009 年 8 月，直流线路全面开工；2010 年 8 月，直流线路全线架通。2010 年 9 月，工程启动验收委员会第一次会议召开，青岛换流站站系统调试启动。2010 年 10 月，银川东换流站站系统调试启动；工程启动验收委员会第二次会议召开；极 1 系统调试启动。2010 年 11 月 28 日，极 1 投运；2011 年 1 月，工程启动验收委员会第三次会议召开；2 月开始极 2 系统调试。2011 年 2 月 28 日，举行双极投运仪式。2011 年 3 月 25 日，极 2 投运。

三、建设成果

宁东直流工程是我国完全自主研发、设计、建设的世界上第一个 ±660kV 电压等级的直流输电工程，通过工程实践进一步提升了我国直流输电的技术水平和装备制造能力，具有重要示范引领意义。工程荣获 2011~2012 年度国家优质工程金质奖。工程取得了下列成绩及创新成果。

（1）完善了直流输电电压序列，推动了直流输电标准化。目前国际上通行方法是根据具体工程特点、边界条件确定直流输电电压等级和输送容量，这样使得直流输电表现出多样性、定制化，但是不利于工程设计和设备制造的标准化和造价控制。通过深入分析研究直流输电电压和容量对应合理的主接线拓扑、设备参数、导线截面等关键因素，我国提出了 ±500kV、3000MW，±660kV、4000MW，±800kV、8000MW，±1100kV、12000MW 直流输电等级序列，推动了直流输电的系列化、标准化。同时，每个输电等级有对应的经济输电距离范围，在 1000~1400km 输送距离上采用 ±660kV、4000MW 直流输电方案具有较好的技术经济性。

（2）取得了一系列创新成果，推动中国直流输电创新发展。作为世界首个 ±660kV 电压等级直流输电工程，创造了直流输电工程的多项世界纪录。首次研发应用世界容量最大的换流器（换流容量 2000MW），在世界上首次完成单台容量最大（403MVA）的换流变压器研制，首次研发应用 $1000mm^2$ 大截面导线和相应金具。通过工程实践，全面掌握了 ±660kV 直流输电系统集成、工程设计、装备制造、工程建设、试验调试和运行维护等领域的核心技术，实现了全新电压等级直流系统的自主研发和自主建设。±660kV 电压等级直流输电工程已经走出国门，作为国家电网有限公司服务"一带一路"的名片，±660kV 默拉直流输电工程在巴基斯坦成功投入商业运营。

（3）工程运行效益显著，推动了宁夏、山东经济发展。工程投运以来，每天将近 1 亿 kWh 电能送至山东经济中心，占据了"外电入鲁"总量的 40%，系统平均能量利用率超过 80%，是目前国内能量利用率最高的跨区直流输电工程。宁东直流工程充分发挥了高压直流输电"大容量、远距离、高效能"的输送优势和大电网在能源资源方面的有效配置作用，实现了西北与华北电网联网，将西北地区黄河上游水电及宁东火电"打捆"送往山东，将西部的资源优势转化为经济优势，助力宁夏电网实现由"普通国道"向智能化"高速公路"跨越，同时有效缓解了山东省电力供应紧张、能源资源短缺的压力，提高了山东电网运行的经济性和可靠性，为山东经济社会发展提供了可靠电力保障。

工程建成后面貌如图 3-39～图 3-42 所示。

图 3-39 银川东±660kV 换流站

图 3-40 胶东±660kV 换流站

图 3-41　宁东直流工程黄河大跨越

图 3-42　宁东直流工程直流输电线路

第四章

±800～±1100kV 特高压
直流输电工程

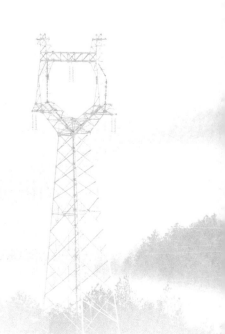

特高压直流输电技术是指 ±800kV 及以上电压等级的高压直流输电技术，具有输送容量大、送电距离远、输电损耗低、节约土地资源等优点，在大范围能源资源优化配置、大规模能源基地集约开发外送、走廊受限条件下电力高效输送等方面优越性突出。2010 年 6 月和 7 月，我国自主设计建设的云南—广东、向家坝—上海 ±800kV 特高压直流输电示范工程相继建成投运，标志着世界上特高压直流输电的诞生。随着后续多个特高压直流输电工程实践，我国在特高压直流输电的输送能力、直流电压、拓扑结构、接入交流系统电压等方面不断创新突破，额定输送容量从 5000MW 逐步提升到 6400、7200、8000、10000、12000MW，额定直流电压从 ±800kV 提升至 ±1100kV，网侧接入系统电压从 500kV 提升至 750kV，再进一步发展至分层接入 500/1000kV 交流系统。2019 年 9 月，世界上电压等级最高、输送容量最大、送电距离最远的昌吉—古泉 ±1100kV、12000MW 特高压直流输电工程建成投运。2020 年，乌东德电站送电广东广西特高压多端直流示范工程建成投运，首次将柔性直流输电技术提升至特高压电压等级。2022 年，世界首个混合级联特高压柔性直流输电工程——白鹤滩—江苏 ±800kV 特高压直流输电工程建成投运，在受端换流站采用级联（串联）混合技术，进一步创新了特高压直流输电的拓扑结构，提升了特高压直流输电的灵活性和适应性。截至 2022 年底，我国已建成 19 项特高压直流输电工程，成为西电东送、北电南送的重要战略手段。特高压直流输电技术不断创新发展，资源配置能力和灵活性不断增强，带动了我国电力科技和电工装备制造业的跨越式发展。2017 年，±800kV 特高压直流输电技术获得国家科学技术进步奖特等奖，标志着我国全面掌握了具有自主知识产权的特高压直流输电技术。2017 年 12 月，由中国国家电网公司联合巴西国家电力公司投资建设的巴西首个特高压直流输电工程——±800kV、4000MW、线路全长 2084km 的美丽山水电送出一期工程建成投运；2019 年 10 月，由中国国家电网有限公司投资建设的巴西第二个特高压直流输电工程——±800kV、4000MW、线路全长 2539km 的美丽山水电送出二期工程建成投运，标志着中国特高压输电技术和装备走出国门。在特高压直流输电技术领域，我国已经处于国际领先地位。

第一节　云南—广东 ±800kV 特高压直流输电示范工程

云南—广东 ±800kV 特高压直流输电示范工程（简称云广直流工程）是世界上

首个特高压直流输电工程，额定电压 ±800kV，额定输送容量 5000MW，2010 年 6 月 18 日投入运行。工程的成功建设运行使得更远距离、更大容量、更高效益的电力输送成为现实，促进了世界直流输电技术从超高压到特高压的跨越式发展，是世界电力工业史上的重要里程碑，标志着我国在直流输电技术领域达到世界领先水平。

一、工程背景

为了落实国家西电东送战略部署，2003 年下半年，中国南方电网公司组织开展了南方电网高一级电压等级应用研究工作，把特高压输电技术纳入公司发展战略。2004 年 12 月，《中国南方电网高一级电压等级应用研究》报告提出，南方电网采用特高压输电技术是必要的、技术上是可行的，并提出了南方电网特高压电网规划方案，建议在"十一五"期间启动云南至广东 ±800kV 特高压直流输电工程建设。

2005 年 2 月 16 日，国家发展和改革委员会印发《国家发展改革委办公厅关于开展百万伏级交流、±80 万伏级直流输电技术前期研究工作的通知》（发改办能源〔2005〕282 号），决定启动我国特高压输电技术前期研究工作。此后，发展特高压输电技术先后列入了《国家中长期科学和技术发展规划纲要（2006-2020 年）》《国民经济和社会发展第十一个五年规划纲要》《国家自主创新基础能力建设"十一五"规划》《中国应对气候变化国家方案》等一系列重大国家发展战略。

2005 年 5 月，中国南方电网公司启动特高压直流输电工程前期研究工作，确立了"中外联合研究开发、中方掌握核心技术，以中方为主制造，实现科研、系统研究、成套设计、工程设计和设备制造的自主化，综合自主化率达到 60% 以上"的目标。随着工作推进，特高压直流输电方案研究的边界条件逐步得到落实。经多方案技术经济论证，为合理利用输电走廊、换流站（变电站）站址、接地极极址资源，较好地适应云南小湾、金安桥等大型水电外送要求，避免云南西电东送电源穿越云南主网，适应西部水电的进一步开发和接入，符合广东电源布局、电网结构和接受外区电力落点规划，结合国内外直流输电技术进步和电网技术升级的需要，推荐云南至广东直流输电工程采用特高压 ±800kV、输电容量为 5000MW，起点位于云南省楚雄自治州禄丰县，落点位于广东省广州市增城市。

2005 年 10 月，中国南方电网公司向国家发展和改革委员会上报《关于云广特高压直流输电工程可行性研究报告的请示》（南方电网计〔2005〕77号），2006年上报《关于云广±800kV 特高压直流输电工程核准申请报告的请示》（南方电网计〔2006〕25号）。2006年6月20日，国家发展和改革委员会印发《国家发展改革委办公厅关于开展交流1000kV、直流±800kV 特高压输电试验、示范工程前期工作的通知》（发改办能源〔2006〕1264号），同意中国南方电网公司提出的结合小湾至广州输电规划，应用5英寸晶闸管技术，建设云南楚雄至广州穗东±800kV、5000MW 特高压直流输电国产化示范工程。2006年12月8日，国家发展和改革委员会印发《国家发展改革委关于云广特高压直流示范工程项目核准的批复》（发改能源〔2006〕2752号）。

二、工程概况

1. 建设规模

云广直流工程起于云南楚雄换流站，止于广东穗东换流站，额定直流电压±800kV，额定输送容量5000MW；直流线路全长1373km，途经云南省、广西、广东3省区。工程动态总投资137.1亿元。图4-1为云广直流工程示意图。

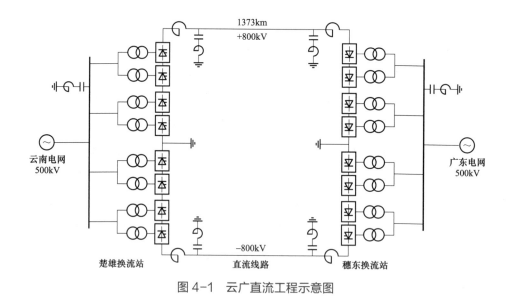

图4-1 云广直流工程示意图

（1）楚雄换流站工程。楚雄换流站位于云南省楚雄自治州禄丰县，额定直流电压±800kV，额定换流容量5000MW，交流侧额定电压500kV。直流系统采用对称双极、中性线接地方式，每极 2 个 12 脉冲换流器串联接线，电压分配为 400kV+400kV。全站装设（24+4）×250MVA 单相双绕组油浸式换流变压器，其中 4 台备用；采用 5 英寸晶闸管换流阀，空气绝缘、水冷却、户内悬吊式二重阀，单阀组额定换流容量 1250MW，每个 12 脉动阀组设置一个阀厅，并按每个 12 脉动阀组装设旁路断路器及隔离开关回路；站内每极安装 4 台 75mH 干式平波电抗器，极线、中性线各 2 台，每极安装 1 组直流滤波器。中性母线上安装金属—大地回路转换用断路器。±800kV 直流出线 1 回，接地极出线 1 回；500kV 交流开关场采用组合电器设备，3/2 接线，500kV 交流出线本期 6 回（至小湾变电站、金安桥变电站、和平变电站各 2 回）。交流滤波器及无功补偿总容量按 3366Mvar 考虑，分为 4 大组，每大组 4～5 个小组，共 17 小组，其中双调谐滤波器 DT12/24 和 DT13/26 各配置 4 组，单调谐滤波器 HP3 配置 2 组，并联电容器组配置 7 组。接地极位于云南省昆明市寻甸县倘甸镇，接地极线路全长 109.5km，导线采用两组二分裂 LGJ-630/45 钢芯铝绞线，一根地线采用 LG-80 钢绞线。

（2）穗东换流站工程。穗东换流站位于广东省广州市增城市，额定直流电压 ±800kV，额定换流容量 5000MW，交流侧额定电压 500kV。直流系统采用双极对称接线、中性线接地方式，每极 2 个 12 脉冲换流器串联接线，电压分配为 400kV+400kV。全站装设（24+4）×244MVA 单相双绕组油浸式换流变压器，其中 4 台备用；采用 5 英寸晶闸管换流阀，空气绝缘、水冷却、户内悬吊式二重阀，单阀组额定换流容量 1250MW，每个 12 脉动阀组设置一个阀厅，并按每个 12 脉动阀组装设旁路断路器及隔离开关回路；站内每极安装 4 台 75mH 干式平波电抗器，极线、中性线各 2 台，每极安装 1 组直流滤波器。±800kV 直流出线 1 回，接地极出线 1 回；500kV 交流开关场采用组合电器设备，3/2 接线，500kV 交流出线本期 6 回（至增城变电站、横沥变电站、水乡变电站各 2 回）。交流滤波器及无功补偿总容量按 3010Mvar 考虑，分为 4 大组，每大组 3～4 个小组，共 15 小组，其中 4 组双调谐滤波器 DT11/24、3 组双调谐滤波器 DT13/26、8 组并联电容器组。穗东换流站与贵广二回直流工程白花洞换流站共用极址（清远市飞来峡区江口镇），接地极线路长 94.3km，导线采用两组二分裂 LGJ-630/45 钢芯铝绞线，一根地线采用 LG-80 钢绞线。

（3）直流输电线路工程。直流输电线路途经云南、广西、广东 3 省区，全线单回路架设，全长 1373km，采用自立式角钢铁塔 2612 基。海拔 10～2550m。

沿线地形高山大岭占 31.35%，一般山地占 44.47%，丘陵占 15.94%，平原占 5.53%，泥沼占 2.71%。设计冰区分为 0、10、15、20、30mm 五个冰区。设计最大风速 27、30、32m/s 三个风区。20mm 及以下冰区导线采用 6×LGJ-630/45 钢芯铝绞线，地线采用 LBGJ-180-20AC 铝包钢绞线；30mm 冰区导线采用 6×AACSR-651/45 钢芯铝合金绞线，地线采用 LBGJ-210-20AC 铝包钢绞线。

2. 参建单位

中国南方电网公司为项目法人，成立了特高压直流示范工程建设领导小组。中国南方电网超高压输电公司作为建设管理单位，实行公司级项目部+现场管理部模式。云广直流工程项目部作为建设单位代表、项目管理主体，负责从初步设计至竣工投产移交的全过程管理。中国南方电网超高压输电公司在工程沿线设立昆明、曲靖、兴仁、南宁、柳州、梧州、广州现场管理部，负责换流站、直流线路、接地极线路及极址现场建设协调管理。南方电力建设工程质量监督中心站负责工程质量监督检查工作。

南方电网技术研究中心与西南电力设计院、广东省电力设计研究院、中南电力设计院等设计单位及高等院校联合开展关键技术研究，重点包括云广直流工程对电网安全稳定的影响、外绝缘及污秽特性、过电压与绝缘配合、电磁环境、特高压直流标准化、云广直流工程运行技术、云广直流工程对南方电网运行影响 7 大方面 66 项研究工作。

工程设计方面。中国电力工程顾问集团公司是工程设计的牵头和总协调单位，南方电网技术研究中心是成套设计牵头和总协调单位。楚雄换流站、穗东换流站设计单位分别为西南电力设计院，广东省电力设计研究院；直流线路设计单位为西南电力设计院、中南电力设计院、东北电力设计院、华北电力设计院、西北电力设计院、华东电力设计院、广东省电力设计研究院；云南侧接地极及接地极线路、广东侧接地极线路设计单位分别为西南电力设计院、广东省电力设计研究院。

主要设备制造供货方面。德国西门子公司承担直流成套设计技术咨询和直流一次设备成套供货，负责两站 20 台高端换流变压器供货；特变电工沈阳变压器有限公司负责 4 台高端换流变压器和 7 台低端换流变压器供货；保定天威保变电气股份有限公司负责 2 台高端换流变压器和 7 台低端换流变压器供货，西安电力机械制造公司负责 2 台高端换流变压器和 14 台低端换流变压器供货。其他设备供货单位有中国西电电力系统有限责任公司（换流阀）、北京电力设备总厂（平波电抗器）、特变电工沈阳变压器有限公司（平波电抗器）、许继集团有限公司（直流控制保护系统、直流测量系统）、德国西门子公司（直流测量系统）。南方电网技术研究中心负责换流变压器和直流设备的监造，广东天广工程监理咨询有限公司负责控制保护和换流阀的监造，沈阳变压器研究所、西安高压电器研究所有限公司、国网武汉高压研究院负责高压并联电抗器和组合电器等其他设备的监造。

现场建设方面。楚雄换流站土建、电气工程监理单位分别为云南电力建设监理咨询有限公司、广东天安工程监理有限公司，施工单位分别为广东省南兴建筑工程有限公司（"三通一平"、土建2标、土建3标）、贵州送变电工程公司（土建1标、电气安装1标）、安徽送变电工程公司（电气安装2标）、云南省送变电工程公司（电气安装3标）。穗东换流站工程监理为广东天广工程监理咨询有限公司，施工单位分别为广西送变电建设公司（"三通一平"、土建5标）、中国葛洲坝集团股份有限公司（土建4标）、广东省输变电工程公司（土建6标、电气安装4标）、湖北省输变电工程公司（电气安装5标）、葛洲坝集团电力有限公司（电气安装6标）。直流线路监理单位为云南电力建设监理咨询有限公司、广东天广工程监理咨询有限公司、河南立新监理咨询有限公司、长春国电建设监理有限公司、河南立新监理咨询有限公司、广东创成建设监理咨询有限公司、广东天安工程监理有限公司，云南侧接地极及线路、广东侧接地极线路分别为江西诚达工程咨询监理有限公司、广东天安工程监理有限公司。直流线路施工单位为安徽、山东、上海、内蒙古、广西、华东、甘肃、浙江、北京、黑龙江、贵州、新疆、青海、河南、陕西、云南、吉林、江西送变电公司，江西省水电工程局、北京电力工程公司、重庆电力建设总公司、广东火电工程总公司、葛洲坝集团电力有限责任公司、湖北省输变电公司、宁夏电力建设工程公司、广东省输变电公司；云南侧接地极及线路施工单位分别为广东省南兴建筑工程有限公司、浙江送变电公司、广东威恒输变电工程有限公司；广东侧接地极线路施工单位分别为陕西送变电公司、北京电力工程公司。系统调试单位为南方电网技术研究中心。

3. 建设历程

2005年5月，中国南方电网公司启动特高压直流输电工程前期研究；2006年3月，"十一五"支撑计划特高压直流关键技术研发启动；2006年12月8日，国家发展和改革委员会核准云广直流工程并确定其为我国特高压直流输电自主化示范工程。2006年12月17日，举行工程开工仪式。2007年1月，启动系统研究和成套设计。2009 年 6 月 30 日，工程全线贯通，单极 400kV 成功送电。2009 年 12 月 8 日，直流线路成功升压至 800kV。2009 年 12 月 23 日，工程单极带电进入试运行，24 日单极 800kV 成功送电，28 日单极正式投产。2010 年 6 月 18 日，工程实现双极投产。

三、建设成果

从 2003 年开始"南方电网高一级电压等级应用研究"开始，历经 7 年时间，至 2010 年 6 月实现云广直流工程双极投产，中国南方电网公司圆满完成了特高压直流输电示范工程建设任务，全面掌握了 ±800kV 特高压直流输电系统研究、成套设计、工程设计、设备制造、施工安装与调试运行等核心技术，形成自主知识产权和规范标准，取得了丰硕成果。依托工程建设，中国南方电网公司完成了"特高压输变电系统开发与示范"等重大科研项目，创造了 37 项世界第一，并获得了一系列重要奖项及荣誉：2009 年亚洲最佳输变电工程奖、2010 年电力行业工程优秀设计一等奖、2010 中国专利优秀奖、2012 年国家优质工程金质奖，2017 年与国家电网公司向家坝—上海 ±800kV 特高压直流输电示范工程联合共同荣获国家科学技术进步奖特等奖。

（1）建成投运了全世界第一个特高压直流输电工程。坚持"以我为主、产学研结合、联合攻关"的原则，大力推进自主创新，历时 3 年，全面建设完成了世界上运行电压最高、技术水平最先进、具有自主知识产权的特高压直流输电工程。

（2）高质量完成特高压直流系统研究和成套设计工作。中国南方电网公司联合国内外相关单位完成了特高压直流工程的主接线、系统接入方案、系统运行方式、过电压及绝缘配合、外绝缘特性、电磁环境、主设备参数、换流站无功配置、直流控制保护 9 个方面的技术研究，提出了特高压直流设备的技术参数和试验要求，总计完成科研项目 58 项、系统研究项目 38 项，研究成果在工程中成功应用。

（3）开发了具有自主知识产权的研究工具和软件。在消化吸收引进技术的基础上，组织国内科研单位、设计院所、高等院校等单位，自主开发了特高压直流基本设计软件包、过电压和绝缘配合仿真计算软件、电磁环境分析软件、噪声预测软件、直流输电保护整定计算软件、调试软件等特高压直流研究设计软件。在云广直流设计过程中利用自主开发软件进行系统研究和成套设计，并利用外方转让的软件和自主开发的软件进行对比验证，结果表明自主软件完全适用于工程实践，证明我国已掌握直流工程系统研究和成套设计核心技术。

（4）主导完成特高压直流输电技术标准建设。依托云广直流，形成世界上第一个 ±800kV 直流输电系统标准体系，包括特高压直流设备标准体系和特高压直流工程设计标准体系。在国家标准制定中提出的如何综合体现不同技术路线的解决方案，奠定了我国今后在特高压直流输电领域的发展基础。依托工程建设，共申请专利 158 项，形成国家和行业标准 22 项，获得软件著作权 11 项，共发表科技论文 240 篇。基于中国特高压交直流输电领域的成就，国际电工委员会（IEC）将制定特高压标准方面的工作交由中国负责。

（5）直流设备国产化取得重要进展。通过云广直流工程建设，我国特高压直流输电设备国产化取得了重大突破，工程综合自主化率达到 62.9%，在换流阀、换流变压器、干式平波电抗器、控制保护系统和 800kV 户外支柱复合绝缘子等设备方面的国产化成绩突出，高端换流变压器国产化率达到 39.3%，换流阀、低端换流变压器、干式平波电抗器、控制保护系统和 ±800kV 户外支柱复合绝缘子 100%国产化。国内制造企业在研发、试验和制造水平上均有大幅提高，实现了电工装备制造业跨越式发展。

（6）建成了特高压工程技术国家工程实验室和世界上最大规模的实时数字仿真系统（real time digital simulation system，RTDS）仿真实验室。特高压工程技术（昆明）国家工程实验室是开展高海拔地区特高压交直流输变电技术研究的重要设施，依托实验室开展了大量试验研究工作，有力支撑了云广直流工程建设。在南方电网技术中心建设了世界上最大规模、运算能力最强的 RTDS 仿真实验室，构建了世界上最大规模的交直流混合系统实时仿真模型（应用了 24 个 RTDS 机箱），不但完成云广直流工程动态性能试验（dynamic performance test，DPT），也在云广直流工程系统调试和后续运行维护中发挥了重要技术支撑作用。

（7）具备了自主开展特高压直流系统调试的能力。为保证调试的顺利进行，对控制保护系统进行了最完善的功能性能试验和动态性能试验，在试验平台、试验内容、试验方法和调试方案等方面均进行了自主创新，仿真实验对控制保护系统进行了全面和深入的测试，有效控制了工程投运的技术风险。

工程建成后面貌如图 4-2～图 4-7 所示。

图 4-2　楚雄 ±800kV 换流站

图 4-3　穗东 ±800kV 换流站

图 4-4　首台 ±800kV 换流变压器通过出厂试验

图 4-5 楚雄换流站高端阀厅

图 4-6 楚雄换流站交流滤波器场

图 4-7 云广直流工程 ±800kV 直流输电线路

第二节　向家坝—上海±800kV特高压
直流输电示范工程

向家坝—上海±800kV特高压直流输电示范工程（简称向上工程）是世界首批特高压直流输电工程，是当时我国自主研发、自主设计、自主建设的世界上电压等级最高、输送容量最大、送电距离最远、技术水平最先进的高压直流输电工程。额定直流电压±800kV，额定输送容量6400MW，工程于2010年7月8日建成投运，是继2009年1月6日1000kV晋东南—南阳—荆门特高压交流试验示范工程、2010年6月18日云南—广东±800kV特高压直流输电示范工程建成投产之后，我国特高压创新发展取得的又一重大成果，标志着我国全面掌握了具有自主知识产权的特高压输电核心技术，占领了世界电网技术发展的制高点。

一、工程背景

2004年12月，国家电网公司根据我国经济社会发展对电力需求不断增长以及能源资源与消费逆向分布的基本国情，提出了发展特高压输电技术的战略构想，联合国内电力、机械等相关行业的科研、设计、制造等单位以及协会、高等院校，提出了"科学论证、示范先行、自主创新、扎实推进"的基本原则，全面开展了特高压输电前期论证研究。当时，世界上最高电压等级的直流输电工程是1986年建成的巴西伊泰普水电站的±600kV送出工程。

2005年2月16日，国家发展和改革委员会印发《国家发展改革委办公厅关于开展百万伏级交流、±80万伏级直流输电技术前期研究工作的通知》（发改办能源〔2005〕282号）。按照国家统一部署，国家电网公司加快推进特高压输电技术攻关和示范工程可行性研究。为了适应我国电网中长期发展需要，对国内外超高压直流输电技术进步、设备制造能力及国产化水平进行了反复论证和技术交流，对金沙江水电外送采用纯直流、纯交流和交直流混合方案进行了比选，研讨了特高压直流输电系统的关键技术问题，包括系统稳定性、电磁环境影响、输电走廊统筹优化、6英寸晶闸管及换流器等关键设备研发等，提出了金沙江水电外送采用三回±800kV、

6400MW 特高压直流输电工程送电华东和华中的方案，决定推荐向家坝—上海±800kV 特高压直流输电工程作为特高压直流输电示范工程。

通过总结国内外以往 ±500、±600kV 等高压直流输电工程经验，深入调研国内外高压直流设备研发制造能力，国内外专家一致认为 ±800kV 电压等级特高压直流输电在技术研发和关键设备研制方面都是可行的。2006 年 6 月 13～14 日，国家发展和改革委员会组织召开了特高压输变电设备研制工作会议，讨论形成了特高压设备研制与供货方案。2006 年 6 月 20 日，国家发展和改革委员会印发《国家发展改革委办公厅关于开展交流 1000kV、直流 ±800kV 特高压输电试验、示范工程前期工作的通知》（发改办能源〔2006〕1264 号），同意国家电网公司提出的结合金沙江、溪洛渡、向家坝水电站电力送出规划，应用 6 英寸晶闸管技术，建设 ±800kV、6400MW 特高压直流输电国产化示范工程。2006 年 10 月 13 日，国家电网公司向国家发展和改革委员会上报《关于溪洛渡、向家坝水电站外送特高压直流及送端外送 500kV 交流输变电工程项目核准的请示》（国家电网发展〔2006〕877 号），其后又补充上报《关于四川复龙—上海南汇特高压直流输电工程项目核准的补充请示》（国家电网发展〔2006〕1037 号）。2007 年 4 月 26 日，国家发展和改革委员会印发《国家发展改革委关于四川复龙至上海南汇特高压直流示范工程项目核准的批复》（发改能源〔2007〕871 号）。

二、工程概况

1. 建设规模

向上工程起于四川复龙（向家坝）换流站，止于上海奉贤换流站，额定直流电压 ±800kV，额定输送容量 6400MW，途经四川、重庆、湖南、湖北、安徽、浙江、江苏、上海 8 省市，直流输电线路全长 1891km。工程核准动态总投资 179.98 亿元（初步设计批复概算动态总投资 232.7 亿元），由国家电网公司投资建设。图 4-8 为向上工程示意图。

（1）复龙换流站工程。复龙换流站位于四川省宜宾市宜宾县复龙镇，额定直流电压 ±800kV，额定换流容量为 6400MW，网侧接入 500kV 交流系统。直流系统采用对称双极、中性线接地方式，每极 2 个 12 脉冲换流器串联接线，电压分配为 400kV+400kV。全站装设（24+4）×321.1MVA 单相双绕组油浸式换流变压器，其中 4 台备用；采用 6 英寸晶闸管换流阀，空气绝缘、水冷却、户内悬吊式二重阀，单阀组额定换流容量 1800MW，每个 12 脉动阀组设置一个独立阀厅，并按每 12 脉动阀组装设旁路断路器及隔离开关回路；每极安装 4 台 75mH 干式平波电抗器，极线、中性线各 2 台；每极装设 1 组直流滤波器；中性母线上安装金属—大地回路转换用断路器。±800kV 直流出线 1 回，接地极出线 1 回；500kV 交流开关场采用组合电器设备，3/2 接线，本期 9 回（远景 10 回）500kV 出线。500kV 交流滤波器大组采用单母线接线，容性无功补偿总容量 3080Mvar，14 小组交流滤波器及并联电容器组成 4 个大组。接地极位于四川省宜宾市兴文县（与溪洛渡右岸换流站共用），接地极线路长约 80km。

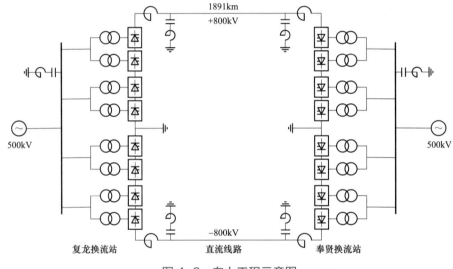

图 4-8　向上工程示意图

（2）奉贤换流站工程。奉贤换流站位于上海市奉贤区，额定换流容量 6400MW，额定直流电压 ±800kV，交流侧额定电压 500kV。直流系统采用双极对称接线、中性线接地方式，每极两组 12 脉冲换流器串联（400kV+400kV）。全站装设（24+4）×297.1MVA 单相双绕组油浸式换流变压器，其中 4 台备用；采用 6 英寸晶闸管换流阀，空气绝缘、水冷却、户内悬吊式二重阀，单阀组额定换流容量 1800MW，每个 12 脉动阀组设置一个独立阀厅，并按每 12 脉动阀组装设旁路断路器及隔离开关回路；站内每极安装 4 台 75mH 干式平波电抗器，极线、中性线各 2 台，每极装设 1 组直流滤波器。±800kV 直流出线 1 回，接地极出线 1 回；500kV 交流开关场为组合电器设备，采用 3/2 接线，远景 4 回（本期 3 回）500kV 出线。500kV 交流滤波器无功补偿总容量 3746Mvar，分为 4 大组 15 小组。接地极位于上海市金山区，接地极线路长约 95km（其中约 79km 与直流线路共杆架设）。

（3）直流线路工程。直流线路工程西起四川宜宾复龙换流站，东至上海奉贤换流站，途经四川、重庆、湖南、湖北、安徽、浙江、江苏、上海 8 省市，线路总长 1891km、铁塔 3939 基。其中一般线路 1879.316km，4 个长江大跨越 11.684km。沿线地形高山大岭占 16.26%，一般山地占 34.41%，丘陵占 20.76%，平地占 16.06%，河网占 12.51%。最高海拔 1560m。

一般线路设计风速分级为 27、28、30、32、35m/s；设计冰区分为 10mm 轻冰区、15mm 中冰区、20mm 和 30mm 重冰区。轻、中冰区和 20mm 重冰区导线采用 6×ACSR-720/50 钢芯铝绞线，两根地线一根采用 LBGJ-180-20AC 铝包钢绞线，另一根采用 OPGW-180；30mm 重冰区导线采用 6×AACSR-720/50 钢芯铝合金绞线，两根地线一根采用 LBGJ-240-20AC 铝包钢绞线，另一根采用 OPGW-250。轻、中冰区悬垂串、跳线串采用复合绝缘子，耐张串及重冰区采用盘形瓷绝缘子。

线路工程四次跨越长江，均采用"耐—直—直—耐"跨越方式。杨家厂长江大跨越位于湖北省公安县杨家厂镇下游约 5km 处，耐张段总长 2580m（500m—1580m—500m），跨越直线塔呼高 181m、全高 191m，最大风速 30m/s，覆冰 15mm；胡家滩长江大跨越位于湖北咸宁地区赤壁市赤壁镇上游约 1.5km 处，耐张段总长 3401m（840m—1705m—856m），跨越直线塔呼高 187m、全高 198.5m，最大风速 31m/s，覆冰 15mm；扎营港长江大跨越右岸位于湖北省黄石市阳新县、左岸在蕲春县，耐张段长 2718m（509m—1733m—476m），跨越直线塔呼高 192m、全高 204.4m，最大风速 30m/s，覆冰 15mm；新吉阳长江大跨越位于安徽省安庆市南偏西约 23km 处，耐张段总长 2985m（518m—2052m—415m），跨越直线塔呼高 221/233m、全高 230/242m，最大风速 35m/s，覆冰 15mm。导线均采用 4×AACSR/EST-640/290 特强钢芯高强铝合金线，两根地线一根为 JLB14-340，另一根采用 OPGW-350。悬垂串、耐张串均采用盘形瓷绝缘子。

2. 参建单位

国家电网公司成立特高压试验示范工程建设领导小组，办公室设在国网特高压办公室（后改为国网特高压建设部），设立专家委员会。国网特高压建设部行使项目法人职能，其他有关部门按照职责行使归口管理职能。电力建设工程质量监督总站负责工程质量监督工作。中国电力工程顾问集团公司受委托负责初步设计评审。国网建设有限公司（后为国网直流建设分公司）负责换流站和直流输电线路工程建设现场管理。国网信息通信有限公司负责系统通信工程建设管理。国网运行分公司负责换流站的运行维护工作。国网四川、重庆、湖南、湖北、安徽、浙江、江苏、上海电力负责各自境内直流输电线路运行维护、500kV 配套工程建设运行和有关地方协调工作。

依托向上工程完成了国家科技项目 2 项、关键技术研究 129 项。主要承担单位为中国电力科学研究院、北京网联直流工程技术有限公司、国网北京电力建设研究院、国网电力科学研究院、国网直流建设分公司、国网运行分公司、国网信息通信有限公司、国网北京经济技术研究院，中国电机工程学会、中国机械工业联合会、中国电力工程顾问集团公司，以及大专院校和有关工程设计、设备研制、施工、试验和调试、调度和运行等方面的单位。

工程设计方面。国家电网公司特高压建设部负责总体管理与协调，中国电力工程顾问集团公司是设计牵头和专业协调单位。工程系统研究与成套设计由北京网联直流工程技术有限公司负责，瑞典 ABB 公司提供技术支持；复龙换流站工程设计由西南、中南电力设计院承担（接地极及线路由中南电力设计院负责），奉贤换流站由华东、西北电力设计院承担（接地极及线路由西北电力设计院负责）。一般直流线路分别由西南、中南、西北、华东、华北、山东、安徽、江苏、浙江、湖南、湖北、四川、山西、辽宁、河南、河北电力设计院承担。杨家厂、胡家滩、扎营港、新吉阳 4 处长江大跨越分别由东北、西南、中南、华东电力设计院承担。通信工程设计单位为中南、西南、华东、东北、华北、西北、湖北、安徽电力设计院，吉林通信工程建设监理公司为设计监理。

主要设备制造方面。复龙换流站主要设备供货商为：中国西电电气股份有限公司与德国西门子公司负责换流阀供货；西安电力电子研究所（PERI）联合德国英飞凌公司负责 6 英寸晶闸管研制与供货；德国西门子公司负责 10 台高端换流变压器供货；中国西电常州变压器有限公司负责 8 台低端换流变压器、2 台高端换流变压器供货；天威保变电气股份有限公司负责 6 台低端换流变压器、2 台高端换流变压器供货；南瑞继保电气有限公司负责直流控制保护供货，ABB 提供技术支持；北京电力设备总厂负责平波电抗器供货；瑞典 ABB 公司负责直流穿墙套管、直流滤波器电容器、直流分压器、直流电流测量装置、直流转换开关、直流避雷器、直流隔离开关与接地开关、500kV 交流滤波器断路器、阀厅与直流场金具等供货；新东北电气集团有限公司负责 500kV 组合电器供货。奉贤换流站主要设备供货商为：许继电气有限公司与瑞典 ABB 公司承担换流阀供货；西安电力电子研究所（PERI）联合瑞典 ABB 公司负责 6 英寸晶闸管研制与供货；瑞典 ABB 公司负责 10 台高端换流变压器供货；特变电工沈阳变压器有限公司负责 14 台低端换流变压器、4 台高端换流变压器供货；许继集团有限公司负责直流控制保护供货，ABB 提供技术支持；北京电力设备总厂负责平波电抗器供货；瑞典 ABB 公司负责直流穿墙套管、直流滤波器电容器、直流分压器、直流电流测量装置、直流转换开关、直流避雷器、直流隔离开关与接地开关、阀厅与直流场金具等供货；山东鲁能恩翼帕瓦电气有限公司负责 500kV 组合电器供货；无锡日新电容器有限公司负责 500kV 交流滤波器电容器供货。国网直流建设分公司（直流监造代表处）、北京网联直流工程技术有限公司、中国电科院、荷兰 KEMA 公司负责设备监造和技术咨询。

现场建设方面。复龙换流站参建单位：中国超高压输变电公司（监理 A）、湖北鄂电监理公司（监理 B）、江西省水电工程局（土建 A 包、桩基）、浙江省二建建设集团（土建 B 包）、湖南送变电公司（安装 A 包）、吉林送变电公司（安装 B 包）、四川送变电公司（安装 C 包、场平）；奉贤换流站参建单位：湖南电力监理公司（监理 A）、江苏宏源监理公司（监理 B）、江苏长江机械化公司（桩基）、上海电力建筑工程公司（土建 A 包）、上海送变电公司（土建 B 包、安装 A 包）、安徽送变电公司（安装 B 包）、华东送变电公司（安装 C 包）。直流线路工程监理单位：四川电力工程建设监理有限公司、湖北环宇工程建设监理有限公司、浙江电力建设监理有限公司、江西诚达工程咨询监理有限公司、湖南电力建设监理咨询有限公司、山东诚信工程建设监理有限公司（含杨家厂大跨越、胡家滩大跨越）、湖北鄂电建设监理有限公司（含扎营港大跨越）、安徽省电力工程监理有限公司（含新吉阳大跨越）、黑龙江电力建设监理有限公司、江苏宏源电力建设监理有限公司；直流线路工程施工单位：北京、四川、山西、东北、黑龙江、湖南、江西、山东（含杨家厂大跨越）、江苏（胡家滩大跨越）、陕西、河南、安徽（新吉阳大跨越）、华东、安徽、浙江、上海送变电公司，山西省电力公司供电工程承装公司、湖北输变电公司（含扎营港大跨越）、重庆渝能建设集团有限公司、福建省第二电力建设公司。北京网联直流工程技术有限公司负责控制保护联调和分系统调试，湖北、四川电力科学研究院负责复龙换流站特殊试验、线路参数测量和交流系统调试，华东电力科学研究院负责奉贤换流站特殊试验和交流系统调试，国网电力科学研究院负责接地极参数测量，中国电力科学研究院负责直流系统调试工作。

3. 建设历程

2007 年 4 月 26 日，向上工程获得国家发展和改革委员会核准；2007 年 5 月 21 日，在上海奉贤换流站举行奠基仪式；2007 年 6 月 28 日，特高压直流试验基地带电成功；2007 年 11 月 17 日，工程成套设计通过评审；2007 年 11 月 22 日，换流站工程初步设计通过评审；2007 年 12 月 17 日，换流站直流设备合同签订；2007 年 12 月 21 日，换流站工程开工建设；2008 年 7 月 24 日，线路工程初步设计通过评审；2008 年 12 月 17 日，首台 800kV 换流变压器通过型式试验；2008 年 12 月 18 日，线路工程开工建设；2009 年 11 月 13 日，线路工程全线架通；2009 年 12 月 26 日，单极全线 800kV 带电；2010 年 4 月 29 日，双极低端送电；2010 年 6 月 25 日，双极全压送电；2010 年 6 月 27 日，成功完成单极大负荷试验；2010 年 7 月 8 日，双极投入运行。

三、建设成果

向上工程的成功建设运行，标志着我国在超远距离、超大规模输电技术上取得全面突破，国家电网全面进入特高压交直流电网时代，为推动能源电力从就地平衡向全国乃至更大范围优化配置转变，从根本上解决长期存在的煤电运紧张矛盾奠定了坚实基础；标志着我国已经全面攻克了特高压交直流两大前沿领域的关键技术，在理论研究、工程建设运行、标准制定等方面都走在了国际前列，为我国从电力大国走向电力科技强国奠定了基础；标志着我国已经具备了系统集成全套特高压直流关键设备的综合能力，显著提升了我国电工装备制造业的自主创新能力和核心竞争力，推动了我国能源领域高新技术"走出去"，依托 ±800kV 巴西美丽山水电送出一、二期工程项目实现了中国特高压输电技术、标准、装备、工程总承包和运行管理全产业链输出。

特高压直流输电技术是我国能源领域的重大创新，是世界电力工业发展史上的重要里程碑，实现了"中国创造"和"中国引领"，并获得了一系列重要荣誉：2019 年庆祝中华人民共和国成立 70 周年经典工程、2018 年中国工业大奖、2017 年国家科学技术进步奖特等奖、2016 年全国质量奖卓越项目奖、2013 年中国标准创新贡献奖一等奖、2011 年中国机械工业科学技术奖特等奖、2011 年国家优质工程奖 30 周年经典工程、2011 年中国电力科技进步奖一等奖、2010～2011 年度国家优质工程金奖等。国际大电网委员会（CIGRE）等国际组织认为"特高压直流是电力系统技术发展的重要里程碑""特高压直流给出了远距离清洁电力供应技术挑战的答案"。

（1）率先实现直流输电电压、电流双提升。向上工程不仅将输送电压提升至

±800kV，同时通过采用 6 英寸晶闸管及大容量换流阀、换流变压器和大通流能力直流场设备技术，将额定直流电流提升至 4000A，使工程额定输送容量达到 6400MW。工程顺利通过严格的试验考核，系统功能和输送能力达到设计要求。输送容量的提升极大地提高了工程经济性，使得单位容量单位送电距离的造价水平低于 ±500kV 直流工程。

（2）全面掌握特高压直流输电核心技术。为全面支撑关键技术研究，国家电网公司投资建设了世界一流的特高压直流试验基地、高海拔试验基地、杆塔试验基地、特高压直流输电工程成套设计研发（实验）中心、大电网仿真中心，拥有了世界最高参数的高电压、大电网试验和大电网仿真条件，试验研究能力达到了世界领先水平。借助这些先进的试验条件和手段，共完成重大关键技术和工程专项研究 130 项，研究内容全面系统，涵盖规划、系统、设计、设备、施工、调试、试验、调度、运行等，成功解决了特高压直流输电关键的技术难题，取得了一大批具有世界领先水平的技术成果，全面掌握了特高压直流输电核心技术，实现了原始创新、集成创新和引进消化吸收再创新的有机结合。国家电网公司特高压直流输电技术已申请专利 214 项，已授权 92 项。

（3）系统建立了特高压输电技术标准体系。在世界上首次研究形成了从系统成套、工程设计、设备制造、施工安装、调试试验到运行维护的全套技术标准和试验规范，为特高压输电的规模应用创造了条件。推动成立了 IEC 高压直流输电技术委员会（编号为 TC115）并将秘书处设在中国，大大增强了我国在世界高压输电领域的话语权。已发布特高压直流技术企业标准 57 项、行业标准 8 项，立项编制国际标准 4 项、国家标准 14 项、行业标准 7 项。

（4）全面掌握特高压直流工程设计技术。成套设计在对系统主回路、无功补偿、绝缘配合、暂态分析、主设备参数、滤波器设计、控制保护策略等进行深入研究的基础上，选取了技术经济综合指标最优的主回路方案，确定了 ±800kV 直流电压最合理的绝缘配合方案，设计出高效的直流滤波系统，在国内首次提出并采用"等值电场强度积污试验法"测量换流站污秽水平。同时，编制出完整的 ±800kV 特高压直流系统的设备规范，成功实现不同的成套技术整合到同一设计平台上，极大地推动了特高压直流工程标准化设计的进程。工程设计中引入三维设计技术，便捷、准确地实现了阀厅设备布置及空气间隙校核。通过采用组合电器设备、交流滤波器"田"字形布置、阀厅面对面布置、换流变压器安装广场宽度优化等措施，使换流站总平布置紧凑，功能分区明确，大大节省了土地资源。提出双换流器并联融冰方案并成功实现工程应用，通过简单的运行方式倒换即实现线路阻冰、融冰功能。采用 6× 720mm² 大截面导线，选用低噪声设备，换流变压器使用 box-in 降噪设计，围墙加装隔声屏障等方案，使工程真正实现"环境友好型"。

（5）成功研制国际领先水平的特高压直流设备。国家电网公司全面主导研制成功了代表国际领先水平的全套特高压直流设备，经过了示范工程全面严格的试验验证和考核，创造了一大批世界纪录。直流输电用 6 英寸晶闸管在世界上首次研制成功，并实现工程应用；研制的换流变压器电压等级最高、单台容量最大，换流阀单阀组容量最大，低噪声干式平波电抗器、直流穿墙套管、直流断路器和隔离开关通流能力最大，均创造了世界之最。其中，特高压换流变压器、换流阀等由国内外联合研发、供货，平波电抗器和交流设备则完全立足于国内自主研制，设备国产化率达到 67%，并使国内设备厂家依托工程掌握了特高压直流设备制造的核心技术，具备了绝大部分特高压设备批量生产的能力，推动了国内电工装备制造业的产业升级和跨越式发展，提高了民族装备制造业的核心竞争力。

（6）广泛应用新材料、新技术和新工艺。大批新材料、新技术和新工艺在工程建设中得到广泛推广，线路大量应用高强钢、F 型塔、原状土基础、旋挖钻机机械成孔工艺、六分裂大截面导线同步展放工艺、可拆卸式全钢瓦楞导线盘以及复合绝缘子防鸟害技术等，并开发出基于海拉瓦技术的三维可视管理信息平台，实现了线路工程数字化施工管理；换流站开展防火墙组装大模板、清水混凝土基础质量控制等多项施工技术攻关科研，"大体积混凝土基础温度控制、裂缝防治、预埋螺栓标高控制"等多项科技成果获科技创新成果奖。

（7）掌握了特高压直流工程调试试验技术。将整个调试任务分解为实验室联调试验、分系统试验、站系统试验和系统试验几个层次逐步实施。实验室联调试验是在实验室仿真一次设备的前提下，从系统角度全面检验控制保护设备的功能、性能及其接口正确性；分系统试验是在控制保护设备现场安装完成后，全面检验二次回路设计和接线的正确性，向上工程历时 19 个多月完成 2200 项实验室联调项目和 20000 余项分系统试验项目，为现场站系统试验和系统试验打下了扎实基础。站系统试验和系统试验则根据工程建设进展分期实施，建成一个换流器单元即调试一个，调试时科学优化步骤以减少方式倒换，采用交叉方式试验项目的办法合理有效利用时间，147 项站系统试验和 591 项系统试验仅用时 50 余天即保质保量完成，系统严格地验证了工程的功能和性能，同时创造了直流输电工程调试效率的新纪录。

（8）创新了大型电网工程建设管理模式，坚持以集团化运作抓工程推进，以集约化协调抓工程组织，以精细化管理创精品工程，以标准化建设构技术体系。建立健全了协同高效的三级管理组织体系和科学严谨的三级管理制度体系，坚持"统一指挥、分工协作"的原则，充分发挥国家电网公司总部的管理职能和资源优势、直属单位的专业管理优势、属地电力公司的地方协调优势，在工程建设中收到了很好的效果，不仅工程建设质量优良，而且创造了输电工程建设速度的新纪录、新水平。

工程建成后面貌如图 4-9～图 4-20 所示。

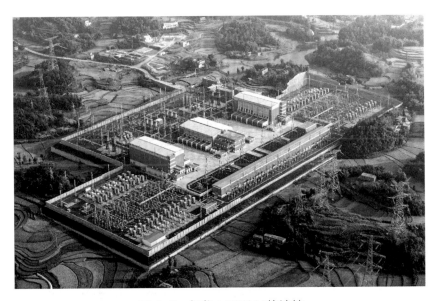

图 4-9　复龙±800kV 换流站

图 4-10　奉贤±800kV 换流站

图 4-11　奉贤换流站 800kV 换流变压器

图 4-12　奉贤换流站低端阀厅

图 4-13　向上工程杨家厂长江大跨越

图 4-14　向上工程胡家滩长江大跨越

图 4-15　向上工程扎营港长江大跨越

图 4-16　向上工程新吉阳长江大跨越

图 4-17　向上工程 ±800kV 直流输电线路 1

图 4-18　向上工程 ±800kV 直流输电线路 2

图 4-19　向上工程 ±800kV 直流输电线路 3

图 4-20　特高压交直流输电线路同走廊

第三节　哈密南—郑州 ± 800kV 特高压直流输电工程

哈密南—郑州 ±800kV 特高压直流输电工程（简称哈郑工程）是世界上首个建成投运的 ±800kV、8000MW 特高压直流输电工程（当时世界上输送功率最大），是国家实施"疆电外送"战略的第一个特高压工程，也是西北地区风电、火电打捆送出的首个特高压工程，工程于 2014 年 1 月 27 日正式投入商业运行。

一、工程背景

新疆地区煤炭和风能资源蕴藏丰富，是我国重要的能源基地。哈密地区煤炭预测储量达 3638 亿 t，已探明储量 373 亿 t，矿区煤层浅，开采条件好，具有建设大型煤电一体化坑口电厂优势。新疆"九大风区"中三个位于哈密，技术开发容量达 25635 万 kW，具备建设大型风电基地条件；而新疆本地电力市场空间小，电力资源需要大规模外送。2010 年 5 月，中央新疆工作座谈会在北京举行，指出新疆工作必须围绕推进新疆跨越式发展和长治久安，要求加快推动资源优势向经济优势转化。为了落实中央新疆工作战略部署，国家电网公司提出建设哈郑工程，是以实际行动贯彻落实中央新疆工作座谈会精神、加快电网发展方式转变实施"一特四大"战略

（建设以特高压电网为骨干网架、各级电网协调发展的坚强国家电网，促进大煤电、大水电、大核电、大可再生能源基地集约化开发）的重要举措。

哈郑工程与以往特高压直流输电工程相比，输送容量更大、送电距离更远、技术水平更先进，是 ±800kV 直流输电技术进入规模化应用的标志性工程，具有重大示范效应。2011 年 9 月，工程可行性研究报告通过评审；国家电网公司向国家发展和改革委员会先后上报《关于哈密—郑州 ±800 千伏特高压直流工程项目核准的请示》（国家电网发展〔2011〕1770 号）、《关于调整哈密南—郑州 ±800 千伏特高压直流工程核准有关事项的请示》（国家电网发展〔2012〕440 号）。2012 年 5 月 10 日，国家发展和改革委员会印发《国家发展改革委关于哈密南—郑州 ±800 千伏特高压直流输电工程项目核准的批复》（发改能源〔2012〕1318 号）。

二、工程概况

1. 建设规模

哈郑工程额定电压 ±800kV，额定电流 5000A，额定输送功率 8000MW，工程起于新疆哈密天山换流站，止于河南郑州中州换流站，途经新疆、甘肃、宁夏、陕西、山西、河南 6 省区，直流线路全长 2191.5km（含黄河大跨越 3.9km），工程核准静态投资 224.97 亿元、动态投资 233.93 亿元，由国网浙江省电力公司（哈密换流站，新疆及部分甘肃境内线路）、国网河南省电力公司（郑州换流站，河南、山西、陕西、宁夏及部分甘肃境内线路）投资建设。图 4-21 为哈郑工程示意图。

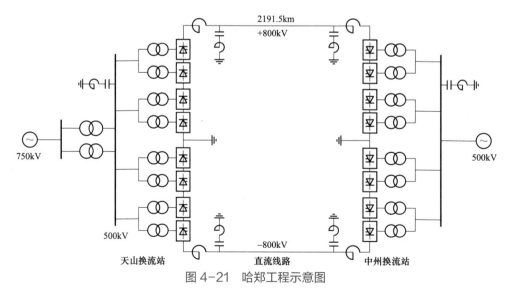

图 4-21 哈郑工程示意图

（1）天山换流站工程。天山换流站位于新疆哈密市南湖乡，额定直流电压 ±800kV，额定换流容量 8000MW，网侧接入交流 500kV 配电装置，500kV 系统通过 2 台联络变压器（2×2100MVA）接入 750kV 电网。直流系统采用对称双极接线、中性线接地方式，每极 2 个 12 脉冲换流器串联接线，电压分配为 400kV+400kV。全站配置（24+4）×405MVA 单相双绕组油浸式换流变压器，其中 4 台备用；采用 6 英寸晶闸管换流阀，空气绝缘、水冷却、户内悬吊式二重阀，单阀组额定换流容量 2000MW，每个 12 脉动阀组设置一个独立阀厅，并按每 12 脉动阀组装设旁路断路器及隔离开关回路；按极装设平波电抗器和直流滤波器，每极 6 台干式平波电抗器（极线 3 台、中性线 3 台，单台电感值 50mH），1 组直流滤波器跨接在平波电抗器后的极母线与中性母线之间（2 个双调谐并联，共用 1 组隔离开关）。中性母线上安装金属—大地回路转换用断路器。±800kV 直流出线 1 回，接地极出线 1 回。交流 750kV 本期出线 4 回（至哈密、哈密南各 2 回），在母线上安装高抗 1×420Mvar；交流 500kV 均为电源进线，远期按 6 回考虑；750kV、500kV 交流开关场采用组合电器设备，3/2 接线。500kV 交流滤波器分为 4 大组 16 小组，无功补偿总容量 3880Mvar。接地极位于新疆哈密市乌拉台乡，接地极线路全长约 66km。

（2）中州换流站工程。中州换流站位于河南省郑州市中牟县大孟镇，额定直流电压 ±800kV，额定换流容量 8000MW，网侧接入 500kV 电网。直流系统采用双极对称接线、中性线接地方式，每极 2 个 12 脉冲换流器串联接线，电压分配为 400kV+400kV。全站装设（24+4）×377MVA 单相双绕组油浸式换流变压器，其中 4 台备用；采用 6 英寸晶闸管换流阀，空气绝缘、水冷却、户内悬吊式二重阀，单阀组额定换流容量 2000MW，每个 12 脉动阀组设置一个独立阀厅，并按每 12 脉动阀组装设旁路断路器及隔离开关回路；按极装设平波电抗器和直流滤波器，每极安装 6 台干式平波电抗器（极线 3 台、中性线 3 台，单台电感值 50mH），1 组直流滤波器跨接在平波电抗器后的极母线与中性母线之间（2 个双调谐并联，共用 1 组隔离开关）。±800kV 直流出线 1 回，接地极出线 1 回。500kV 交流开关场采用组合电器设备，3/2 接线，交流 500kV 出线本期 6 回（至官渡变电站、汴西变电站、郑北变电站各 2 回）。500kV 交流滤波器分为 4 大组 19 小组，无功补偿总容量 4940Mvar。接地极位于河南省开封市尉氏县庄家乡，接地极线路全长约 38km。

（3）直流线路工程。直流线路西起新疆哈密市天山换流站，东至河南郑州市中牟县中州换流站，途经新疆、甘肃、宁夏、陕西、山西、河南 6 省区，全长 2191.5km

（其中黄河大跨越 3.9km ），铁塔 4199 基。沿线地形高山大岭占 5.5%、一般山地占 30%、丘陵占 21.6%、平地占 40%、泥沼河网占 0.8%、沙丘占 2.1%。最高海拔 2300m。

一般线路设计风速分为 27、29、30、31、32、33m/s 六种，设计覆冰分为 5、10mm 轻冰区，15mm 中冰区和 20mm 重冰区。导线采用 6×1000mm² 大截面导线，轻冰区的平丘地形采用 JL/G3A-1000/45 型钢芯铝绞线，轻冰区一般山地、高山大岭及中、重冰区采用 JL/G2A-1000/80 型钢芯铝绞线，局部试用 JL/LHA1-745/335 铝合金芯铝绞线。两根地线一根采用 LBGJ-150-20AC 铝包钢绞线，另一根采用 LBGJ-150-20AC 铝包钢绞线和 OPGW-150 光缆（ 24 芯 ）的组合。轻、中冰区悬垂串采复合绝缘子，耐张串及重冰区采用瓷绝缘子和玻璃绝缘子。

黄河大跨越左岸跨越点位于河南省新乡市原阳县官厂下赵沿村，右岸跨越点位于郑州市中牟县万滩镇关庄村，采用"耐一直一直一直一耐"跨越方式，耐张段全长 3900m（ 450m—1200m—1350m—900m ），跨越塔呼高 136m、全高约 140.6m。导线采用 4×JLHA1/EST-900/240 特强钢芯高强铝合金绞线，两根地线均为 OPGW-300。悬垂串、耐张串均采用瓷绝缘子。基本风速 32m/s，覆冰厚度 15mm（ 地线增加 5mm ）。

2. 参建单位

国家电网公司直流建设部行使项目法人职能。送、受端换流站本体工程由国网直流建设分公司负责建设管理。系统通信工程由国网信息通信分公司负责建设管理。送、受端换流站"四通一平"、直流输电线路由属地省电力公司国网新疆、甘肃、宁夏、陕西、山西、河南电力负责现场建设管理。

工程设计方面，国家电网公司直流建设部负责统筹管理与总体协调。中国电力工程顾问集团公司负责设计专题评审和各阶段设计技术方案评审。国网北京技术经济研究院负责工程系统研究与成套设计；天山换流站工程设计由西北电力设计院牵头，华北、新疆电力设计院参加；中州换流站工程设计由中南电力设计院牵头，河南省电力设计院参加。线路工程设计由中国电力工程顾问集团公司、国网北京技术经济研究院总牵头，华北、新疆、湖南、江苏、东北、甘肃、西北、华东、福建、湖北、浙江、西南、辽宁、宁夏、陕西、安徽、山西、江西、河北电力设计院和山东电力工程咨询院有限公司、四川电力设计咨询有限公司承担。

主要设备制造供货方面，天山换流站主要设备供货商有：特变电工沈阳变压器有限公司（联合瑞典 ABB 公司研制供货 14 台高端换流变压器、12 台低端换流变压器）、山东电工电气有限公司（2 台低端换流变压器）、中电普瑞电力工程有限公司（极 1 换流阀）、中国西电电气有限公司（极 2 换流阀、500kV 组合电器、800kV 罐式断路器）、北京电力设备总厂（平波电抗器）、南瑞继保电气有限公司（直流控制保护）、北京 ABB 四方电力系统有限公司（直流断路器、直流穿墙套管、直流分压器、直流测量装置）。中州换流站主要设备供货商有：中国西电电气有限公司（联合德国西门子公司研制供货 14 台高端换流变压器）、天威保变电气有限公司（12 台低端换流变压器）、山东电工电气有限公司（2 台低端换流变压器）、许继集团有限公司（换流阀）、南瑞继保电气有限公司（直流控制保护）、北京电力设备总厂（平波电抗器）、北京 ABB 四方电力系统有限公司（直流断路器、直流穿墙套管、直流分压器、直流测量装置）、平高东芝高压开关有限公司（500kV 组合电器）。国网直流建设分公司（直流监造代表处）、北京网联直流工程技术有限公司、中国电力科学研究院承担设备监造和技术咨询。

现场建设方面。天山换流站监理单位为山东诚信工程建设监理有限公司、河南立新监理咨询公司，施工单位为天津电力建设有限公司（土建 A 包）、青海送变电工程公司（土建 B 包）、新疆送变电公司（"四通一平"、土建 C 包）、山东送变电公司（电气安装 A 包）、新疆送变电公司（电气安装 B 包）、吉林送变电公司（电气安装 C 包）、甘肃送变电公司（电气安装 D 包）；中州换流站监理单位为湖南电力监理有限公司，施工单位为郑州建工集团有限公司（桩基）、浙江二建建设集团有限公司（土建 A 包）、河南二建建设集团有限公司（土建 B 包）、河南送变电公司（电气安装 A 包）、湖南送变电公司（电气安装 B 包）、华东送变电公司（电气安装 C 包）。直流线路工程监理单位为河南立新监理咨询公司、新疆电力监理有限公司、甘肃光明电力工程咨询监理有限公司、辽宁电力建设监理有限公司、山西锦通工程项目管理咨询有限公司、山东诚信工程建设监理有限公司、黑龙江电力建设监理有限公司、宁夏电力建设监理咨询有限公司、河北省电力建设监理有限公司、西北电力建设工程监理有限公司、江苏省宏源电力建设监理有限公司、安徽电力工程监理有限公司。直流线路工程施工单位为新疆、河北、安徽、贵州、吉林、浙江、辽宁、青海、华东、重庆、山东、江西、甘肃、陕西、吉林、宁夏、山西、内蒙古、北京、河南送变电公司（含黄河大跨越），湖南省电网建设工程公司、北京电力工程公司、中冶地集团西北岩土工程有限公司、山西省电力供电承装公司。湖北省电力科学研究院负责天山换流站特殊试验、线路参数测量和交流系统调试，河南省电力科学研究院负责中州换流站特殊试验和交流系统调试，中国电力科学研究院负责直流系统调试。

3. 建设历程

2011 年 12 月，哈郑工程预初步设计通过评审。2012 年 5 月，换流站、接地极及接地极线路初步设计技术部分通过评审。2012 年 6 月，工程成套设计通过评审。2012 年 7 月，工程初步设计通过评审。2012 年 5 月 13 日，举行工程开工仪式；5 月线路工程开工；7 月换流站工程开工。2012 年 8 月，国家发展和改革委员会印发《国家发展改革委办公厅关于哈密南—郑州 ±800 千伏特高压直流输电工程换流站主设备国产化方案和采购方式的复函》（发改办能源〔2012〕2136号）；9 月，直流设备采购合同签订。2013 年 9 月，工程启动验收委员会成立，召开第一次会议；10 月 17～30 日完成第一阶段系统调试（低端直流系统）。2013年 12 月，工程启动验收委员会召开第二次会议。2013 年 12 月 18 日～2014 年 1月 16 日，完成第二阶段系统调试（高端直流系统）。2014 年 1 月 27 日，工程正式投入运行。

三、建设成果

哈郑工程是世界上首个建成投运的 ±800kV、8000MW 特高压直流输电示范工程，是当时中国特高压直流输电技术发展的最新成果，进一步巩固了我国在世界特高压输电技术领域的创新引领地位。

（1）哈郑工程是落实国家"疆电外送"的重要举措。建设哈郑工程是国家电网公司落实中央新疆开发战略、促进新疆资源优势转化为经济优势、满足华中地区用电需求的重要举措，工程投运后每年送电 500 亿 kWh，对于实现电力资源在全国范围内优化配置，推动新疆经济社会发展和长治久安具有重要意义。

（2）进一步提升了特高压直流输电的技术优势。哈郑工程额定直流电流提升至5000A，额定输送容量提升至 8000MW，是当时世界上电压等级最高、输送容量最大的直流输电工程，与 ±500kV/3000MW 常规直流相比，每 1000km 损耗率由6.94%降低到 2.79%，造价由 2.16 元/（kW·km）降低到 1.56 元/（kW·km），单位走廊宽度传输容量增大近一倍。特高压直流单位容量造价、走廊输送容量进一步提升，进一步发挥了特高压直流远距离、大容量、低损耗、节约输电走廊的技术优势，有利于促进大核电、大水电、大煤电和大型可再生能源基地的集约开发和送出。

（3）哈郑工程是特高压直流输电标准化的示范工程。通过对直流输电电压序列、直流电压与输送容量匹配性综合研究，特高压直流技术经济性分析，深入研究 6 英寸晶闸管、铁路运输换流变压器、直流套管、平波电抗器、隔离开关等关键设备容量与通流能力提升技术可行性，提出并实施 ±800kV 特高压直流额定输送容量提升至 8000MW，经过后续多个工程建设运行实践，±800kV、8000MW 已成为后续特高压直流输电标准技术方案。

（4）成功突破了容量提升的一系列设备研制关键技术。直流电流提升至 5000A，是世界直流输电工程发展史上的首次，6 英寸晶闸管及换流阀、换流变压器、直流套管、平波电抗器、直流隔离开关等一系列设备面临重大技术挑战，通过联合科研院所和设备厂家协同攻关，取得一批创新成果：

1）通过提高硅单晶的均匀性，增加阴极有效面积和初始导通线长度，优化管壳结构降低热阻，优化台面造型增加阻断能力，研发出 8.5kV/5000A 的 6 英寸晶闸管。

2）换流变压器容量和外形尺寸、质量远超以往工程产品，绝缘设计、温升控制、机械设计协同优化难度大，通过中外协同攻关，攻克了电、磁、热、机械受力等换流变压器设计、制造难题，成功研制了 800kV、405MVA 换流变压器。

3）攻克了内外绝缘统筹、轴向径向电场协调、绝缘增厚与散热，尺寸增大与机械受力平衡等难题，成功研制了 800kV/5000A 换流变压器阀侧套管和直流穿墙套管。

4）通过优化通流回路导体结构和接头设计，改进工艺和散热条件，成功研制出额定电流达 5000A 的平波电抗器、直流隔离开关等全套直流场设备。

5）成功研制并在特高压直流工程推广应用 1000mm^2 大截面导线，全面推广应用大规格角钢，开发了配套金具、施工机具，掌握了大截面导线施工技术和防振技术，进一步提高了工程的输送能力，降低了线路损耗，改善了电磁环境。

（5）进一步提升了特高压直流设备国产化水平。系统研究与成套设计首次实现由国内自主设计，彻底摆脱国外依赖，直流控制保护首次实现由南瑞继保自主研发，低端换流变压器完全由国内自主设计，高端换流变压器由国内外联合设计，直流场设备大部分由国内自主研制，特高压直流设备的自主化、国产化水平得到大幅提升。

工程建成后面貌如图 4-22～图 4-26 所示。

图 4-22 天山 ±800kV 换流站

图 4-23 中州 ±800kV 换流站

图 4-24 天山换流站换流阀

图 4-25　哈郑工程黄河大跨越

图 4-26　哈郑工程 ±800kV 一般输电线路

第四节　锡盟—泰州 ±800kV 特高压
直流输电示范工程

　　锡盟—泰州 ±800kV 特高压直流输电工程（简称锡泰直流工程）是国家大气污染防治行动计划"四交五直"特高压工程项目之一，是世界上首个额定输送容量达 1000 万 kW 的特高压直流输电工程，也是首次实现特高压直流受端分层接入 500/1000kV 交流电网的超级工程，工程于 2017 年 9 月 30 日建成投运。

一、工程背景

内蒙古锡盟地区煤炭资源和风能资源丰富，是我国重要的能源基地，适宜大规模开发电力装机外送。江苏省是我国经济发达地区，但能源资源缺乏，未来能源供应将面临资源总量不足、煤炭运输紧张、环保压力较大等挑战。2013 年 9 月，国务院印发《大气污染防治行动计划》。2014 年 5 月，国家能源局印发《国家能源局关于加快推进大气污染防治行动计划 12 条重点输电通道建设的通知》（国能电力〔2014〕212 号），其中包括"四交五直"特高压工程，内蒙古锡盟—江苏泰州 ±800kV特高压直流输电工程是"五直"之一。建设该工程是落实西部大开发战略和《大气污染防治行动计划》的重要举措，对于促进锡盟地区经济社会发展、缓解江苏地区能源供需矛盾和大气污染防治压力、满足江苏地区电力需求及经济发展需要具有重要意义。

2012 年以来，国家电网公司组织国内外 40 余家科研单位、高等院校、设计单位和设备厂家，在 ±800kV、8000MW 特高压直流输电技术研发和工程成功应用的基础上，深入开展了 ±800kV 特高压直流分层接入和容量提升的关键技术研究和设备研制工作。2012~2013 年论证了技术可行性，明确了总体技术方案，发布了关键设备技术规范，确认了关键设备设计方案，开展了关键设备样机研制。2014 年，依托锡盟—泰州、上海庙—山东、扎鲁特—山东 ±800kV 特高压直流输电工程，形成了工程实施整体技术方案，研制成功绝大部分设备样机并通过了型式试验，2015 年 7 月通过了国家能源局组织的技术、设备可行性专家论证，证明了 ±800kV、10000MW 特高压直流输电的技术可行性；2015 年 9 月，国家电网公司组织召开 ±800kV 特高压直流容量提升、分层接入技术方案公司级专题会议，认为总体技术方案可行，已具备工程实施条件。2014 年 8 月，锡盟—泰州 ±800kV 特高压直流输电工程（送电 1000 万 kW）可行性研究报告通过评审。之后，国家电网公司以国家电网发展〔2015〕533 号向国家发展和改革委员会上报《国家电网公司关于内蒙古锡盟—江苏泰州 ±800 千伏特高压直流工程项目核准的请示》。2015 年 10 月 28 日，国家发展和改革委员会印发《国家发展改革委关于内蒙古锡盟—江苏泰州 ±800 千伏特高压直流工程项目核准的批复》（发改能源〔2015〕2487 号）。

二、工程概况

1. 建设规模

锡泰直流工程起于内蒙古自治区锡林浩特市锡盟换流站，止于江苏省泰州市泰州换流站，途经内蒙古、河北、天津、山东、江苏 5 省区，线路全长 1620.241km（含黄河大跨越段 3.734km），额定直流电压 ±800kV，额定直流电流 6250A，额定输送容量 10000MW。工程核准静态投资 244.72 亿元、动态投资 253.60 亿元，由国家电网公司（锡盟换流站）、国网江苏省电力公司（泰州换流站、直流线路）出资建设。图 4-27 为锡泰直流工程示意图。

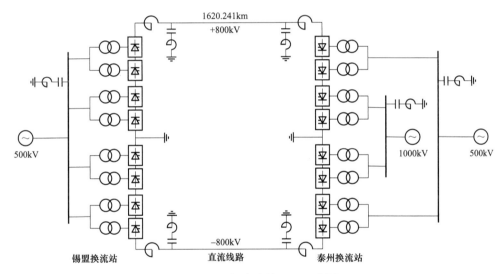

图 4-27 锡泰直流工程示意图

（1）锡盟换流站工程。锡盟换流站位于内蒙古自治区锡林郭勒盟锡林浩特市朝克乌拉苏木乡，额定直流电压 ±800kV，额定换流容量 10000MW，网侧接入 500kV 交流系统。直流系统采用典型双极对称、中性线接地方式，每极 2 个 12 脉动换流器串联接线，电压分配为"400kV+400kV"。全站装设（24+4）台 509.3MVA 单相双绕组油浸式有载调压式换流变压器，其中 4 台备用。全站装设 4 个 12 脉动换流器（每极 2 个），采用 6 英寸晶闸管换流阀，空气绝缘、水冷却、户内悬吊式二重阀，单阀组额定换流容量 2500MW；每个 12 脉动换流器装设旁路断路器及隔离开关回路。采用户外直流场，每极安装 1 组 2 个双调谐直流滤波器（共用 1 个隔离开关），跨接在极线与中性线之间；每极 6 台平波电抗器，单台电感 50mH，极母线和中性母线各 3 台；中性母线上安装金属—大地回路转换断路器和大地—金属回路转换断路器及站内快速接地开关。±800kV 直流出线 1 回，接地极出线 1 回。500kV 交流开关场采用户内 GIS，3/2 接线，远期 14 回 500kV 出线（本期 12 回）、4 台换流变压器进线、4 大组交流滤波器进线、2 台降压变压器进线共 24 个元件组成 11 个完整串和 2 个单断路器间隔，开关设备按远期规模一次建成。交流滤波器 4 大组 20 小组，容性无功补偿总容量 6100Mvar，其中交流滤波器 10 小组，并联电容器 10 小组。后期建设了 2 台 300Mvar 调相机，接入 500kV 配电装置。接地极位于内蒙古锡林浩特市朝克乌拉牧场西北约 10km，接地极线路全长约 41km。

（2）泰州换流站工程。泰州换流站位于江苏省泰州市兴化市大邹镇（与 1000kV 特高压泰州变电站合建），额定直流电压 ±800kV，额定换流容量 10000MW，低端换流变压器网侧接入 1000kV 交流系统，高端换流变压器网侧接入 500kV 交流系统。直流系统采用典型双极对称、中性线接地方式，每极采用 2 个 12 脉动换流器串联接线，电压分配为"400kV+400kV"。全站装设（24+4）台 488.69MVA 单相双绕组油浸式有载调压式换流变压器，其中 4 台备用。采用 6 英寸晶闸管换流阀，空气绝缘、水冷却、户内悬吊式二重阀，单阀组额定换流容量 2500MW；每个 12 脉动换流器装设旁路断路器及隔离开关回路。采用户外直流场，每极安装 2 组直流滤波器并联，跨接在极线与中性线之间；每极 6 台平波电抗器，单台电感 50mH，极母线和中性母线各 3 台。±800kV 直流出线 1 回，接地极出线 1 回。500kV 交流开关场采用户内 GIS，3/2 接线，500kV 出线 6 回、2 台换流变压器进线、3 大组交流滤波器进线，1 回调相机进线共 12 个元件组成 6 个完整串。1000kV 交流开关场采用户外 GIS，与 1000kV 泰州变电站共母线，3/2 接线，2 台换流变压器进线、2 大组交流滤波器进线共 4 个元件组成 1 个完整串和 2 个不完整串。500、1000kV 交流滤波器场为户外布置，采用敞开式开关设备，各滤波器大组作为一个元件接入 500、1000kV 交流开关场。500kV 交流滤波器 3 大组，容性无功补偿总容量 3255Mvar，其中交流滤波器 9 小组，并联电容器 5 小组。1000kV 交流滤波器 2 大组，容性无功补偿总容量 3360Mvar，其中交流滤波器 6 小组，并联电容器 4 小组，采用 1000kV 四断口瓷柱式 SF_6 断路器。接地极位于盐城市建湖县沿河镇蒿仑村西南，接地极线路长度约 40km。

（3）直流输电线路。直流输电线路工程起于内蒙古自治区锡林浩特市锡盟换流站，止于江苏省泰州市泰州换流站，途经内蒙古、河北、天津、山东、江苏 5 省区，直流输电线路全长 1620.241km（含黄河大跨越段 3.734km）。铁塔 3137 基。沿线地形平地占 54.0%，丘陵占 11.4%，一般山地占 12.1%，高山占 6.3%，峻岭占 0.2%，河网泥沼占 8.4%，沙丘地占 7.6%。海拔 0～2000m。

一般线路分 27、29m/s 和 30m/s 三个风区；冰区均为 10mm 轻冰区（地线增加 5mm）。平丘段导线采用 8×JL1/G3A-1250/70 钢芯铝绞线，山地段采用 8×JL1/G2A-1250/100 钢芯铝绞线；两根地线一根采用 JLB20A-150 铝包钢绞线，另一根采用 OPGW-150 复合光缆。

黄河大跨越位于山东省境内，北岸为东营市利津县北宋镇张潘马村，南岸为滨州市博兴县乔庄镇，采用"耐—直—直—直—耐"跨越方式，耐张段全长 3734m（876m—1122m—998m—738m）。三基跨越悬垂塔呼高 112m、全高 116.6m。设计基本风速 33m/s，覆冰厚度 15mm（地线增加 5mm）。导线采用 6×JLHA1/G4A-900/240 特强钢芯高强铝合金绞线，2 根地线采用 OPGW-300。

2. 参建单位

国家电网公司直流建设部行使项目法人职能。国网直流建设分公司负责送端换流站本体工程现场建设管理，国网江苏省电力公司负责受端换流站工程现场建设管理（国网直流建设分公司负责技术支撑），国网信通公司负责系统通信工程建设管理，国网物资公司负责两端换流站设备物资供应管理。送、受端换流站"四通一平"、直流输电线路由相关属地省电力公司（国网内蒙古、河北、天津、山东、江苏电力）负责现场建设管理。

工程设计方面，国家电网公司直流建设部负责总体协调和统筹管理。电力规划设计总院负责换流站工程初步设计评审和设计相关专题研究评审。国网北京经济技术研究院负责直流系统研究和成套设计工作及泰州换流站的阀厅土建设计。锡盟换流站工程设计单位是东北电力设计院（A 包）、山东电力工程咨询院（B 包）、中南电力设计院（阀厅土建设计），泰州换流站工程设计单位是中南电力设计院（A 包）、西北电力设计院（B 包）。一般线路设计单位：湖南、华北、陕西、甘肃、西北、东北、西南、广西、江西、安徽、江苏电力设计院，内蒙古、山西、河北、湖北、黑龙江省电力勘测设计院，国核电力规划设计研究院、四川电力设计咨询有限公司。黄河大跨越设计单位是国核电力规划设计研究院。

主要设备制造供货方面，锡盟换流站主要设备供货商为：特变电工沈阳变压器集团有限公司/重庆 ABB 变压器有限公司/瑞典 ABB 公司（高端换流变压器），特变电工沈阳变压器集团有限公司（低端换流变压器）、中国西电电气股份有限公司（换流阀）、许继集团有限公司（直流控制保护）、北京电力设备总厂（平波电抗器）、北京四方 ABB 电力系统有限公司（直流断路器）、沈阳传奇电气有限公司（直流穿墙套管）、河南平芝高压开关有限公司（500kV 组合电器）。泰州换流站主要设备供货商为：山东电力设备有限公司/重庆 ABB 变压器有限公司/瑞典 ABB 公司（高端换流变压器）、中国西电电气股份有限公司/广州西门子变压器有限公司/德国西门子公司（低端换流变压器）、许继集团有限公司（换流阀、直流控制保护）、西安中扬电气股份有限公司（平波电抗器）、北京四方 ABB 电力系统有限公司（直流断路器）、沈阳传奇电气有限公司（直流穿墙套管）、西安西电高压开关有限公司（1000kV 滤波器断路器）、北京 ABB 高压开关设备有限公司（500kV 滤波器断路器）、山东电工电气日立高压开关有限公司（500kV 组合电器）、新东北电气集团高压开关有限公司（1000kV 组合电器）。国网直流建设分公司（直流监造代表处）、北京网联直流工程技术有限公司、中国电力科学研究院承担设备监造和技术咨询。

现场建设方面，锡盟换流站参建单位：浙江电力监理公司联合蒙能建设工程监理公司（工程监理）、安徽送变电公司（土建 A 包、电气安装 A 包）、辽宁送变电公司（土建 B 包）、北京送变电公司（土建 C 包、电气安装 B 包）、黑龙江送变电公司（电气安装 C 包）。泰州换流站参建单位：江苏宏源监理公司（工程监理）、武汉南方岩土公司（桩基 A）、江西水电工程局（桩基 B）、江苏送变电公司（土建 A 包、电气安装 A 包）、河南省第二建设集团有限公司（土建 B 包）、河南三建建设集团有限公司（土建 C 包）、上海送变电公司（电气安装 B 包）、辽宁送变电公司（电气安装 C 包）。直流线路工程监理单位：内蒙古康远工程建设监理有限公司、辽宁电力建设监理有限公司、长春国电建设监理有限公司、武汉中超电网建设监理有限公司、黑龙江电力建设监理有限公司、河南立新监理咨询有限公司、四川电力工程建设监理有限公司、新疆电力工程监理有限公司、湖南电力建设监理咨询有限公司。直流线路工程施工单位：华东、湖南、北京、天津、吉林、河北、山东（含黄河大跨越）、福建、贵州、黑龙江、江苏送变电公司，北京电力工程公司。国网蒙东电力科学研究院负责锡盟换流站特殊试验、线路参数测量和交流系统调试，国网江苏电力科学研究院负责泰州换流站特殊试验和交流系统调试，中国电力科学研究院负责直流系统调试工作。

3. 建设历程

2015 年 8 月，国家电网公司组织成套设计评审会议，印发《国网直流部关于印发内蒙古锡盟一江苏泰州 ±800kV 特高压直流工程成套设计评审意见的通知》（直流技〔2015〕131 号）。2015 年 9 月 8 日，电力规划设计总院组织召开锡盟一泰州

±800kV 特高压直流输电工程初步设计评审会议，印发《关于内蒙古锡盟—江苏泰州 ±800kV 特高压直流输电工程初步设计的评审意见》（电规电网〔2015〕1189 号）。2015 年 12 月 15 日，工程开工动员大会召开。2017 年 6 月 22 日～7 月 3 日，完成第一阶段双极低端换流器系统调试；2017 年 8 月 6 日～9 月 2 日，完成第二阶段双极高端换流器系统调试。2017 年 9 月 17～22 日，完成大负荷及相关试验。2017 年 9 月 30 日，工程通过试运行全面建成投产。

三、建设成果

锡泰直流工程在世界上首次将 ±800kV 特高压直流额定输电容量提升到 10000MW，额定电流提升至 6250A，受端分层接入 500/1000kV 交流电网，在输送容量方面创造了新的世界纪录，在接入系统方式上取得了重大创新突破，首次实现了特高压直流接入特高压交流，代表了当时世界高压直流输电技术的最高水平。锡泰直流工程全面采用我国自主研发的特高压直流输电技术和装备，进一步提高了特高压直流输电效率，节约了宝贵的土地资源，大幅提升了经济社会效益。

锡泰直流工程的直流系统主回路结构、参数配置、绝缘配合等方面的技术原则与国内已投运 ±800kV 特高压直流工程基本一致，大部分可以沿用已有工程成功经验。不同之处主要在于分层接入和容量提升的新技术、新设备。分层接入需要解决接入不同电网的两个受端换流器的协调控制难题，研发网侧 1000kV 换流变压器、1000kV 交流滤波器断路器，运输尺寸受限且容量提升条件下对换流变压器、直流通流回路的所有设备提出了更高要求，相关的关键技术创新性强、关键设备研制难度大。

（1）进一步提升了特高压直流能源资源配置能力。±800kV 特高压直流输电工程输送容量提升至 10000MW，换流站和线路工程初始投资增加，但单位容量造价有所降低，损耗率降低，线路走廊和土地资源利用效率提高。与 ±800kV、8000MW 特高压直流输电工程比较，分层接入和容量提升的换流站工程总投资增幅约 26%，略高于容量增幅；直流线路采用 8×1250mm² 导线，单位长度本体投资比 6×1250mm² 增加约 8%；工程单位长度千瓦投资降低约 5%，线路每 1000km 损耗由 2.8% 降低到 2.6%。

（2）促进了特高压电网协调发展。提升特高压直流输送能力，受端分层接入 500、1000kV 交流系统，在充分利用宝贵走廊资源的同时，通过分层接入降低了特高压直流故障对单一电网的冲击；另外，一个交流系统故障不至导致直流系统全部故障或者停运，进一步提高了特高压交流电网电源支撑能力、稳定水平和利用效率，实现了特高压直流远距离、大容量与特高压交流接纳能力强、稳定水平高的有机融合，威胁电网安全稳定运行的多馈入直流换相失败、暂态频率和电压稳定等问题得到有效缓解，促进了特高压电网的统筹发展，有利于改善"强直弱交"电网局面。

（3）工程首次实现特高压直流输送容量提升至10000MW,受端分层接入500、1000kV交流电网，在关键技术研究和关键设备研制方面取得一批重大创新成果：

1）解决了特高压直流分层接入协调控制难题。分层接入是在换流器直流侧串联运行强耦合条件下高、低压端换流器分别接入不同电网，由于高、低压端换流器接入不同交流电网，两个系统的电压、相角不一致，通过增加高、低压端换流器中点直流分压器和电压平衡控制功能，500、1000kV换流变压器分接头分别独立控制，500、1000kV侧的站控系统完全独立并分别实现无功控制功能，在功率反送时控制直流系统电流，对高、低压端换流器的电压差通过调整触发角从而实现两换流器电压平衡，实现了分层接入两个换流器的协同控制。

2）成功研制出网侧1000kV特高压换流变压器。换流变压器网侧电压提高到1000kV，交流短时耐受电压达到1100kV，较网侧500kV提高76%，需要同时解决交、直流电压下的绝缘问题，经对比分析了多种技术方案，提出了阀侧/网侧/调压绕组+网侧端部出线结构和阀侧/网侧/分裂调压绕组+网侧中部出线两种结构形式，并研制出1000kV交流出线装置，完成了特高压直流网侧直接接入特高压交流的关键设备研制。

3）成功研制可由铁路运输的单台容量506MVA特高压换流变压器。10000MW特高压直流工程换流变压器容量较8000MW提高了25%，铁路运输尺寸不超过13m×3.5m×4.85m，运输质量不超过350t，通过采用双主柱+弧形油箱结构，提高了油箱空间利用效率，保障了绝缘设计空间，满足了铁路运输尺寸和质量限制要求；另外，通过增大冷却器容量，采用强油导向冷却等措施提高换流变压器的冷却效率，保证容量增大后的换流变压器温升满足要求；通过采用开断能力更强的真空开关，保障有载开关转换性能满足要求。

4）成功研制10000MW直流工程用直流套管。换流变压器阀侧直流套管额定电流接近6000A，常规措施难以解决发热问题，通过增大导电杆直径，采用热管散热技术，在套管导杆中增加热管，通过内部液态冷媒建立高效散热通道，在不改变原有尺寸和绝缘设计的情况下，大幅提高了散热效率，提高了套管通流能力。针对直流穿墙套管，通过增大导电杆直径，统筹套管内外绝缘，协调轴向径向电场等措施，妥善处理绝缘增厚与散热、尺寸增大与机械受力平衡等难题，成功研制了800kV/6250A 直流穿墙套管。

5）成功研制更大通流能力和换流容量的晶闸管及换流阀。通过优化设计和改进制造工艺，增加了晶闸管器件有效通流面积，提高了电压片厚比，降低了器件导通压降，提升了通流能力和关断恢复能力，成功研制出通流能力为 6250A 的 6 英寸晶闸管。应用 6250A 国产 6 英寸晶闸管，提高通流回路阳极电抗器等元器件通流能力，加强冷却系统设计，完成了 6250A 换流阀研制。

6）成功研制出 1000kV 可开断滤波器的瓷柱式 SF$_6$ 断路器。由于需要开断1000kV 滤波器容性电流，交流滤波器小组断路器断口恢复电压要求达到 2900kV，高于现有交流 1000kV 断路器绝缘耐受水平。通过采用双柱四断口结构，采用复合绝缘子等措施，成功研制出满足要求的 1000kV 瓷柱式 SF$_6$ 断路器。

7）成功研制出转换能力达到 6250A 的直流转换开关。工程用直流转换开关长期通流和直流转换能力要求提高，通过断路器并联或并联辅助开关方式提升通流能力，采用两个双断口开断单元串联的方式，增大弧压，优化转换过程控制，提高了转换能力，成功研制满足技术要求的直流转换开关。

8）成功解决容量提升后直流回路接头过热问题。在以往特高压直流工程运行过程中，直流回路接头过热是一个顽固问题，结合前期研究成果和运行经验，提出了对应直流提升至 6250A 后相应的接头通流密度、压紧力、表面工艺要求等技术标准，并研究合理应用导电膏，有效保证了温升性能和机械性能满足要求。

9）成功研制并应用大截面导线。为满足直流电流提升要求，降低线路损耗，容量提升后推荐工程采用八分裂1250mm^2 大截面导线，开发了配套金具、施工机具，掌握了大截面导线施工技术和防振技术，进一步提高了工程的输送能力，降低了线路损耗，改善了电磁环境。

10）成功研制并规模化应用大规格角钢。国际上首次设计制造了肢宽 220mm和 250mm 级的大规格高强角钢铁塔，并在 ±800kV 特高压直流线路上规模化推广应用，优化了铁塔构造，减轻了铁塔组立的施工量和施工难度，降低了工程造价。

工程建成后面貌如图 4-28～图 4-33 所示。

图4-28 锡盟±800kV 换流站

图4-29 泰州±800kV 换流站

图4-30 锡泰直流工程一般输电线路1

图 4-31　锡泰直流工程一般输电线路 2

图 4-32　锡泰直流工程一般输电线路 3（天津特高压密集通道段）

图 4-33　锡泰直流工程黄河大跨越

第五节　昌吉—古泉 ± 1100kV 特高压
直流输电示范工程

昌吉—古泉 ±1100kV 特高压直流输电示范工程（简称吉泉直流工程）是世界上首个 ±1100kV 特高压直流输电工程，额定输送容量 12000MW，输送距离超过 3300km，是目前世界上电压等级最高、输送容量最大、送电距离最远、技术水平最先进的特高压直流输电工程。工程于 2019 年 9 月 26 日正式投入运行。

一、工程背景

远距离、大容量、低损耗是直流输电技术的突出优势。基于中国"西电东送"战略的需要，国家电网公司一直致力于推进特高压直流输电技术的创新发展，不断提升直流工程的输送能力和输电效率。在 ±800kV、8000MW 特高压直流输电技术成功实践的基础上，先后研发了 ±800kV 特高压直流网侧直接接入 750kV 交流系统、±800kV 特高压直流输送容量提升至 10000MW、受端分层接入 500/1000kV 交流电网等世界首创技术，并已在灵州—绍兴、酒泉—湖南、锡盟—泰州、上海庙—山东等特高压直流工程中应用。

随着我国能源基地开发不断西移和北移，新疆煤电和新能源基地、西藏水电基地送到东中部地区的距离将超过 3000km。随着输电距离增加，需要研发 3000km 以上的电力超远距离"飞行航线"（±800kV 直流输电技术经济输电距离为 2000km 左右）。国家电网公司在 2008 年初启动了 ±1000kV 及以上特高压直流输电技术的相关研究。2010 年 12 月，通过开展 ±1000kV 及以上特高压直流电压等级的论证，在总结相关科研成果和全面分析比较 ±1000、±1100、±1200kV 三个电压等级的技术经济性的基础上，确定 ±1100kV 为 ±800kV 之上的直流电压等级。

2008 年以来，国家电网公司组织国内外 50 余家科研单位、设计单位、高等院校和设备厂家，在 ±800kV 特高压直流输电技术研发和工程应用的基础上，组织开展了 117 项专题研究，组织召开各类专题研究会议 300 余次，形成 200 余份科研专题研究报告，通过近八年的不懈努力，在关键技术攻关和关键设备研发上取得突破。通过研究分析和试验论证，±1100kV、12000MW、受端分层接入 500/1000kV 的特高压直流工程主接线结构与分层接入的 ±800kV 特高压直流工程基本一致，每站每极由两个 12 脉动换流器串联组成，额定电压 ±1100kV，两个换流器间电压平均分配。送端换流站网侧接入 750kV 或 500kV 电网，受端高端换流器接入 500kV 交流电网，低端换流器接入 1000kV 交流电网。通过采用户内直流场方案，降低由湿操作冲击和污秽引起的闪络概率，降低了 1100kV 设备绝缘尺寸要求，通过优化避雷器配置方案和参数取值，抑制了过电压水平，降低了设备研制难度。同时研究确定了阀厅、户内直流场的各种间隙尺寸与电极形状系数，保证了工程安全裕度。结合设备的真实设计尺寸开展了阀厅、户内直流场全域的仿真计算，通过多次迭代优化，确定了设备均压装置设计方案。按照"技术参数优化—模型样机验证—设备设计研制"的总体技术路线，国家电网公司于 2011 年正式发布了《±1100kV 特高压直流工程输电设备研制技术规范》，并组织国内外厂家完成了换流变压器、换流阀、直流套管、支柱绝缘子等设备的模型样机研制并通过了试验，性能参数符合设计预期，具备工程建设实施条件。

新疆准东地区煤炭资源丰富，具备大规模煤电基地电力开发外送条件；华东地区用电需求旺盛，一次能源相对匮乏，需要从区外大量输入能源。为了贯彻中央新疆工作座谈会精神，促进新疆资源优势转化为经济优势，保障华东地区能源安全可靠供应，国家电网公司提出建设准东—华东特高压直流输电工程。2013 年 12 月，国家能源局印发《关于加快开展准东—华东特高压直流输电工程前期工作的通知》（国能电力〔2013〕467 号）。2014 年 8 月，国家能源局印发《国家能源局关于同意新疆准东煤电基地外送项目建设规划实施方案的复函》（国能电力〔2014〕402 号），明确总容量 13200MW 的煤电机组作为准东—华东特高压直流工程的配套电源。2015 年 4～5 月，准东—华东（皖南）±1100kV 特高压直流输电工程可行性研究报告通过评审。之后，国家电网公司以国家电网发展〔2015〕1001 号文向国家发展和改革委员会上报《国家电网公司关于准东—华东（皖南）±1100 千伏特高压直流工程项目核准的请示》。2015 年 12 月 28 日，国家发展和改革委员会印发了发改能源〔2015〕3112 号《国家发展改革委关于准东—华东（皖南）±1100kV 特高压直流工程项目核准的批复》。

二、工程概况

1. 建设规模

吉泉直流工程额定电压±1100kV，额定输送容量12000MW，起于新疆维吾尔自治区昌吉自治州的昌吉（准东）换流站，止于安徽省宣城市古泉（皖南）换流站，途经新疆、甘肃、宁夏、陕西、河南、安徽六省区，翻越天山、秦岭，跨过黄河、长江，直流线路全长3319.2km，工程核准动态投资407.29亿元，由国家电网公司（新疆及部分甘肃境内线路）、国网新疆电力公司（准东换流站）、国网安徽省电力公司（皖南换流站、国家电网公司范围之外的全部线路）出资建设。图4-34为吉泉直流工程示意图。

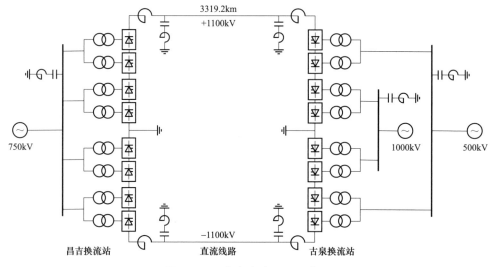

图4-34　吉泉直流工程示意图

（1）昌吉换流站工程。昌吉换流站位于新疆维吾尔自治区昌吉回族自治州东北148km吉木萨尔县三台乡，与五彩湾750kV变电站合建。额定电压±1100kV，额定换流容量12000MW，直流系统采用典型双极对称、中性点接地的接线方式，每极2个12脉动换流器串联，2个换流器电压按"550kV+550kV"平均分配，每个换流器设置旁路开关回路。直流场为户内式。全站配置4个12脉动换流器，每个换流器设置独立阀厅，采用6英寸晶闸管换流阀，额定电流5455A，空气绝缘、水冷却、户内悬吊式二重阀，单阀组额定换流容量3000MW。全站安装（24+4）台单相双绕组油浸式有载调压换流变压器（单台容量 607.5MVA），每种型式 1 台备用。干式平波电抗器每极 4 台，单台电感值 75mH，极线、中性线各 2 台，全站设置 1 台备用线圈。直流滤波器每极装设 1 组，跨接在极线与中性线之间。中性母线上安装金属—大地回路转换用断路器。±1100kV 直流出线 1 回，接地极出线 1 回。换流变压器网侧接入 750kV 交流系统，3/2 接线，远景出线 13 回、换流变压器进线 4 回，按 10 个完整串和 1 个不完整串规划，本期一次建成。750kV 交流滤波器及并联电容器 4 大组 20 小组，总容量 6700Mvar，交流滤波器大组作为 1 个元件接入串中。接地极极址位于木垒县大南沟，接地极线路全长约 135km，其中与特高压直流线路同塔架设约 86km。

（2）古泉换流站工程。古泉换流站位于安徽省宣城市西北 18km 古泉镇，额定电压 ±1100kV，额定换流容量 12000MW，直流系统采用典型双极对称、中性点接地的接线方式，每极 2 个 12 脉动换流器串联，2 个换流器电压按 "550kV+550kV" 平均分配，每个换流器设置旁路开关回路。直流场为户内式。全站配置 4 个 12 脉动换流器，每个换流器设置独立阀厅，采用 6 英寸晶闸管换流阀，额定电流 5455A，空气绝缘、水冷却，户内悬吊式二重阀，单阀组额定换流容量 3000MW。全站安装（24+4）台单相双绕组油浸式有载调压换流变压器（单台容量 587.1MVA），每种型式 1 台备用。干式平波电抗器每极 4 台，单台容量 75mH，极线、中性线各 2 台，全站设置 1 台备用线圈。直流滤波器每极装设 1 组，跨接在极线与中性线之间。±1100kV 直流出线 1 回，接地极出线 1 回。网侧采用分层接入方案，低端换流变压器网侧电压 1000kV，高端换流变压器网侧电压 500kV。500、1000kV 交流场均采用 3/2 接线，交流滤波器大组作为 1 个元件接入串中。交流 1000kV 远景出线 2 回、换流变压器进线 2 回、交流滤波器 2 大组按 3 个完整串规划，本期一次建成。交流 500kV 远景出线 8 回、换流变压器进线 2 回、交流滤波器 3 大组、调相机 2 组、500/10kV 站用变压器 2 台，按 8 个完整串、1 台站用变压器经断路器接母线规划，本期出线间隔一次建成。1000kV 交流滤波器及并联电容器 2 大组 12 小组，总容量 4080Mvar；500kV 交流滤波器及并联电容器 3 大组 14 小组，总容量 3990Mvar。本工程终期规模增加 2×300Mvar 调相机组接入本站 500kV 配电装置。接地极极址位于泾县样里，接地极线路全长约 74km。

（3）直流线路工程。线路工程起于新疆维吾尔自治区昌吉自治州昌吉换流站，途经新疆、甘肃、宁夏、陕西、河南、安徽六省区，止于安徽省宣城市古泉换流站，翻越天山、秦岭，跨过黄河、长江，线路全长 3319.2km（包括长江大跨越 2.9km）。沿线地形平地占 44.4%，河网占 2.3%，泥沼占 2.9%，沙丘占 2.2%，丘陵占 24.2%，一般山地占 22.1%，高山大岭占 1.5%，峻岭占 0.4%。海拔 0~2400m。

一般线路分为 27、29、30、31、32、33、36、37、38、41m/s 和 43m/s 共 11 个风区，以及 5、10mm 轻冰区，15mm 中冰区，20、30mm 重冰区共 5 个冰区（地线增加 5mm）。5、10mm 冰区平丘地段导线采用 8×JL1/G3A-1250/70 钢芯铝绞线，5、10mm 冰区山地段和 15、20mm 冰区导线采用 8×JL1/G2A-1250/100 钢芯铝绞线，30mm 冰区导线采用 8×JLHA4/G2A-1250/100 钢芯中强度铝合金绞线；两根地线一根采用 OPGW-240 复合光缆，另一根地线采用铝包钢绞线（20mm 及以下冰区采用 JLB20A-240，30mm 冰区采用 JLB20B-240）。悬垂直线塔采用 V 串（轻、中冰区采用复合绝缘子 V 串、重冰区采用盘形绝缘子 V 串），悬垂转角塔采用双联或三联 L 形串；耐张串采用 6 联、4 联盘形绝缘子。

长江大跨越位于安徽省芜湖市境内，北岸为无为县高沟镇群英村东侧，南岸为繁昌县荻港镇庆大圩，采用"耐—直—直—耐"跨越方式，耐张段全长约 2.9km（570m—1790m—540m），跨越直线塔呼高 223m、全高 225.25m。风速 33m/s，覆冰 15mm（地线增加 5mm）。导线采用 6×JLHA1/G4A-900/240 特强钢芯高强铝合金绞线，2 根地线均为 OPGW-300。

2. 参建单位

国家电网公司直流建设部行使项目法人职能。送、受端换流站本体工程由国网直流建设分公司负责建设管理。国网信通公司负责系统通信工程建设管理。国网物资公司负责两端换流站设备物资供应管理。送、受端换流站"四通一平"、接地极及其线路工程、直流输电线路工程由相关属地省电力公司（国网新疆、甘肃、宁夏、陕西、河南、安徽电力）负责现场建设管理。

工程设计方面，国网北京经济技术研究院是牵头和协调单位，并负责成套设计 A 包（系统研究与成套设计），中国电力科学研究院负责成套设计 B 包（技术专题研究）。换流站工程设计各分为 A、B、C 三个包，昌吉换流站设计 A、B、C 包分别为西北、华北、广东电力设计院，古泉换流站设计 A、B、C 包分别为中南、华东、西南电力设计院。系统通信工程由中南电力设计院负责。线路工程设计单位为广西、西北、江苏、东北、北京、内蒙古、广东、华北、湖南、甘肃、浙江、中南、山东、宁夏、福建、西南、陕西、四川、山西、河南、河北、湖北、安徽、吉林、华东电力设计院（含长江大跨越），国核电力设计研究院、福建永福电力设计有限公司。

主要设备制造供货方面。昌吉换流站：特变电工沈阳变压器集团有限公司联合瑞典 ABB 公司负责 1100、825kV 换流变压器供货，山东电力设备有限公司、重庆 ABB 变压器有限公司联合瑞典 ABB 公司负责 550、275kV 换流变压器供货，南京南瑞继保电气有限公司负责换流阀、控制保护系统供货，北京 ABB 四方电力系统有限公司负责直流穿墙套管、直流断路器供货，北京电力设备总厂有限公司负责平波电抗器供货，许继集团有限公司负责直流分压器供货，新东北电气集团有限公司负责 750kV 组合电器和交流滤波器小组用罐式断路器供货。古泉换流站：西安西电变压器有限责任公司、广州西门子变压器有限公司联合德国西门子公司负责 1100、825kV 换流变压器供货，保定天威保变电气股份有限公司、广州西门子变压器有限公司联合德国西门子公司负责 550、275kV 换流变压器供货，西安西电电力系统有限公司、北京 ABB 四方电力系统有限公司负责换流阀供货，天津经纬正能电气设备有限公司负责平波电抗器供货，南京南瑞继保电气有限公司负责控制保护系统供货，北京 ABB 四方电力系统有限公司负责直流穿墙套管、直流断路器供货，南京南瑞继保电气有限公司负责直流分压器供货，西安西电开关电气有限公司负责 1000kV 组合电器供货，山东电工电气日立高压开关有限公司负责 500kV 组合电器供货，河南平高电气股份有限公司负责交流滤波器小组 1000、500kV 瓷柱式断路器供货。北京网联直流工程技术有限公司、中国电力科学研究院、国网电力科学研究院武汉南瑞有限责任公司承担设备监造和技术咨询。

现场建设方面，昌吉换流站站监理单位是湖南电力工程咨询有限公司，施工单位是天津电力建设有限公司（土建 A 包）、安徽电力建设第二工程公司（土建 B 包）、新疆送变电公司（土建 C 包）、湖南省送变电公司（电气安装 A 包）、上海送变电公司（电气安装 B 包）、新疆送变电公司（电气安装 C 包），湖北电力科学研究院和新疆电力科学研究院（特殊交接试验）；古泉换流站监理单位是安徽电力工程监理有限公司（监理 A）、河北电力工程监理有限公司（监理 B），施工单位是安徽送变电公司（土建 A 包）、上海电力建筑工程公司（土建 B 包）、安徽电力建设第一工程公司（土建 C 包）、安徽送变电公司（电气安装 A 包）、黑龙江送变电公司（电气安装 B 包）、辽宁送变电公司（电气安装 C 包）、湖北电力科学研究院（特殊交接试验）。新疆电力科学研究院负责昌吉换流站交流系统调试，安徽电力科学研究院负责古泉换流站交流系统调试，中国电力科学研究院负责直流系统调试。直流线路工程监理单位：新疆电力工程监理有限公司、河南立新监理咨询有限公司、吉林省吉能电力建设监理有限公司、武汉中超电网建设监理有限公司、甘肃光明电力工程咨询监理有限公司、江苏省宏源电力建设监理有限公司、宁夏电力建设监理咨询有限公司、湖北环宇工程建设监理有限公司、陕西诚信电力工程监理有限公司、四川电力工程建设监理有限公司、辽宁电力建设监理有限公司、湖南电力建设监理咨询有限公司、山东诚信工程建设监理有限公司。直流线路工程施工单位：北京电力工程公司、山西供电工程承装公司、湖南省电网工程公司，新疆、湖南、山西、山东、青海、四川、甘肃、华东、北京、天津、浙江、重庆、宁夏、陕西、吉林、湖北、江西、江苏、福建、河南、河北、安徽送变电公司（含长江大跨越），广东省输变电工程公司。

3. 建设历程

2008 年 1 月，国家电网公司启动 ±1100kV 特高压直流输电相关技术研究；2010 年 12 月，国家电网公司确定 ±1100kV 为 ±800kV 之上的直流电压等级；从 2011 年开始依托新疆准东电力送出工程进一步开展关键技术和工程应用研究。2015 年 12 月 28 日，国家发展和改革委员会正式核准吉泉直流工程。2016 年 1 月，工程开工建设。2016 年 11 月，召开设备工作会议，全面开展关键设备研制。2017 年 1～2 月，依托国家 863 计划课题，河南平高电气股份有限公司、西安西电高压开关有限责任公司自主研发的 1100kV 直流穿墙套管先后在中国电力科学研究院通过型式试验；2017 年 3、12 月，南京南瑞继保电气有限公司、中国西电集团有限公司自主研发的 1100kV 换流阀先后通过型式试验；2017 年 9 月～2018 年 4 月，送、受端首台套八种型号换流变压器全部通过型式试验；2018 年 4～5 月，国内生产的首台 1100kV 换流变压器通过出厂试验。2018 年 5 月，直流线路全线架通。2018 年 7 月，古泉换流站 500kV 交流系统投运。2018 年 9 月，昌吉换流站交流系统调试完成。2018 年 10 月，完成双极低端全部调试工作。2018 年 11 月，极 2 高端站系统调试完成，电压首次升至 1100kV。2019 年 9 月 11 日完成四台换流器调试，进入试运行。2019 年 9 月 18 日完成 168h 试运行。2019 年 9 月 26 日，国家电网有限公司举办"准东—皖南 ±1100 千伏特高压直流输电工程、苏通 1000 千伏特高压交流 GIL 综合管廊工程竣工投产大会"，宣布工程正式投入运行。

三、建设成果

吉泉直流工程是世界上首次将直流电压提升至 ±1100kV，输电容量提升至 12000MW，输送距离提升至 3300km 以上，网侧在送端接入 750kV 交流系统、受端分层接入 500/1000kV 交流系统，实现了直流电压、输送容量和交流网侧电压全面提升，是目前世界上电压等级最高、输送容量最大、送电距离最远、技术水平最先进的特高压直流输电工程，成为国际高压输电领域里程碑式的"超级输电工程"。与向上工程相比，额定电压提高了 37.5%，额定容量提升了 87.5%，输电距离提高了 72.7%。研发过程中面临空气间隙绝缘特性深度饱和、电磁波光速传输的时延已不能忽略、设备设计制造技术需全面升级等重重困难。国家电网公司依托国家 863 计划和重点研发计划，组织电力、电子、机械行业数百家单位进行产学研联合攻关、国内外联合攻关，开放式创新，攻克了系统方案论证、超长空气间隙绝缘、过电压深度控制、电磁环境控制、系统分析与设计、可靠控制与保护、主设备研制、超大型复杂绝缘结构机电协同设计等世界级难题，全面掌握了 ±1100kV 电压等级输电的核心技术。

工程投运后，每年可向华东地区输送电能 600 亿 kWh，成为"送、受、输"三方共同受益的典范，经济社会效益显著，对于促进新疆地区经济发展、安全稳定和长治久安，保障华东地区电力可靠供应具有重要战略意义。该工程使特高压直流工程经济输送距离由 2000km 提升到 3000km，极大地提高了电网大范围资源优化配置能力，是我国电力技术和电工装备领域又一个世界最高水平的重大创新成果。

（1）关键技术研究引领直流创新发展。

1）基础研究方面。通过大量试验研究，掌握了 ±1100kV 输电工程超长空气间隙的放电特性曲线；采用优化配置的换流站高性能避雷器和线路避雷器深度抑制过电压，解决了空气间隙绝缘特性深度饱和约束下的外绝缘难题，有效降低了设备制造难度；通过"电场计算、真型试验、优化设计"反复迭代，开发了全系列新型均压屏蔽装置，解决了更高电压作用下的强烈电晕放电和长空气间隙放电电压不确定性难题。

2）工程设计方面。综合设备研制难度、系统运行复杂性、工程可靠性等各方面因素，对比分析了不同方案，提出了 ±1100kV 直流工程的主接线拓扑、控制保护策略和成套设计方案；研发应用简化直流滤波器，首次采用特高压直流工程直流场户内设计新方案，降低了 1100kV 直流场设备研制难度，提升了工程可靠性；通过技术创新和优化布置，大幅减小了高端阀厅、户内直流场等大体积建筑物的尺度；研发了网侧套管连接金具、阀侧套管专用悬吊绝缘子、穿墙套管端部绝缘子塔等新结构，解决了 ±1100kV 特高压直流工程电气绝缘强度与机械力学强度相互约束的难题。

（2）关键设备研制取得重大突破。

1）换流变压器。最大容量达 607.5MVA，阀侧电压最高 1100kV，网侧接入 500/750/1000kV 三种电压等级，最大全装长度达 37m，全装质量最大达 900 多 t，是当前世界上尺寸、质量、技术水平最高的换流变压器，通过严格控制电、磁、热、力多物理场作用下的安全裕度，加强阀侧套管及出线装置电气、机械协同设计，强化工艺质量管控，研制成功世界最高直流电压、单台最大容量换流变压器。

2）晶闸管及换流阀等设备。成功研制单片容量达世界之最的 8.5kV/5500A 晶闸管和 1100kV/5500A 换流阀，换流阀单阀组额定换流容量 3000MW 为世界最高水平，通过优化设计和改进制造工艺，增加了晶闸管器件有效通流面积，提高了电压片厚比，降低了器件导通压降，提升了通流能力和关断恢复能力；依托国家 863 计划项目，自主研制成功两种技术路线的 1100kV 直流穿墙套管。

3）控制保护系统。成功开发适用于最高电压等级、最大输电容量、超长输电距离直流工程——吉泉直流工程的控制保护系统，在动态性能、策略设计、参数选择、裕度控制等方面进行了大量创新，通过了 2368 项试验的全面严格考核。

（3）社会效益取得丰硕成果。吉泉直流工程是"疆电外送"的标志性工程，成功破解了新疆丰富的能源资源难以大规模开发利用的困局，为新疆电力开拓了华东市场。工程每 8h20min 即可输送 1 亿 kWh 电能，有效解决了新疆现有新能源的消纳问题，支撑了大型新能源基地的集约开发，将昔日的不毛之地变成了聚宝盆。工程直接带动新疆的电源等相关产业投资约 1020 亿元，增加就业岗位约 2.8 万个，每年拉动 GDP 增长上千亿元。

（4）技术标准引领国际发展。依托工程实践，形成了 ±1100kV 特高压直流输电的技术标准体系，涵盖工程设计、设备制造、施工安装、环境保护、调试试验和运行维护全过程。实现了 ±1100kV 设备安装及线路施工技术标准化，初步实现 ±1100kV 换流站、输电线路的通用设计，相关创新成果已通过工程实践检验。

（5）带动国内装备制造能力升级。1100kV 直流关键设备技术水平高、生产工艺复杂、体积和质量大，用于生产的工装设施开展了大量的升级改造。同时，1100kV直流设备试验参数要求高，现有试验装置的容量、参数不能满足要求，通过改造或新增等方式顺利完成了试验。累计对 33 家供货厂家的 15 类设备的生产工装和试验设施进行了改造，改造生产工装 41 项，升级试验设施 20 项，通过 ±1100kV 直流工程推动的装备制造升级，使得国内现有的直流设备工装设施的参数、规模已达世界第一，实验室的尺寸和试验设备参数水平也实现了世界第一。

工程建成后面貌如图 4-35～图 4-42 所示。

图 4-35　昌吉 ±1100kV 换流站

图 4-36　古泉 ±1100kV 换流站

图 4-37　±1100kV 换流变压器

图 4-38　古泉换流站阀厅

图 4-39　古泉换流站户内直流场

图 4-40 吉泉直流工程长江大跨越

图 4-41 吉泉直流工程一般输电线路 1

图 4-42 吉泉直流工程一般输电线路 2

第六节　昆北—柳北—龙门特高压多端柔性直流输电工程

昆北—柳北—龙门特高压多端柔性直流输电工程（简称昆柳龙直流工程）是世界上首个特高压多端混合直流输电工程，也是世界上首个特高压柔性直流输电工程。工程于 2020 年 12 月 27 日建成投运，进一步巩固了我国在直流输电领域的领先地位。

一、工程背景

20 世纪 80 年代，意大利、法国、美国等国家开始多端直流输电的研究及工程应用。1987 年，意大利和法国率先建成投运世界首条三端常规直流工程——±200kV、200MW 的意大利—科西嘉—撒丁岛直流输电工程。2015 年，印度建成投运 NEA800 三端直流输电工程，将常规多端直流工程电压等级提升至±800kV，容量提升至 6000MW。20 世纪 90 年代，柔性直流输电技术开始起步。2013 年 12 月，中国南方电网公司建成世界上首个三端柔性直流工程——±160kV、200MW（总换流容量 400MW）的南澳三端柔性直流输电工程，首次将柔性直流输电由两端输电方式提升为多端输电方式。2014 年 7 月，中国国家电网公司建成投运世界上第一个五端柔性直流工程——±200kV、1000MW 的舟山多端柔性直流工程。2016 年 8 月，中国南方电网公司建成当时世界上容量最大、电压等级最高的柔性直流工程——鲁西背靠背柔性直流工程，电压提升至±350kV，输送容量提升至 1000MW。2020 年 6 月，世界上首个具有真正网络特性直流工程——张北柔性直流电网试验示范工程正式投运，额定电压±500kV，最大输送能力4500MW，成为世界上电压等级最高、输送容量最大、技术最先进的柔性直流电网工程。

乌东德水电站位于云南省禄劝县与四川省会东县交界的金沙江干流上，是国家实施"西电东送"战略的重大工程，总装机容量 1020 万 kW，2020 年 6 月首批机组投产发电，2021 年 6 月全部机组投产发电。乌东德电站投产后，云南在满足本省负荷发展需求的基础上，还具备新增外送 8000～10000MW 电力的能力。广东、广西位于我国能源流的末端，未来存在一定的能源供应缺口。为促进云南清洁能源消纳，兼顾云南滇中地区远期用电需要及滇西北富裕水电外送，并充分考虑受端电网承受能力，促进两广地区用能结构向清洁化方向发展，建设乌东德电站送电广东、广西输电工程十分必要。

2013 年 9 月，国家能源局印发《南方电网发展规划（2013-2020 年）》，规划实施金沙江下游二期输电通道。2016 年 8 月，中国南方电网公司启动金沙江下游二期输电通道前期准备工作。结合云南水电消纳专题研究，综合分析两端直流和多端直流经济性、灵活性、可靠性，以及我国特高压直流技术发展成果，2016 年 9 月中国南方电网公司向国家能源局汇报乌东德送电广东、广西三端特高压直流工程设想并获得支持。2016 年 10 月，中国南方电网公司启动工程可行性研究工作。2016 年 11 月，国家发展和改革委员会、国家能源局印发《电力发展"十三五"规划（2016-2020 年）》，明确"十三五"期间建成乌东德电站送电广东广西直流输电工程，确定为特高压多端直流示范工程。

中国南方电网公司从投产要求、系统安全稳定性、设备研制可行性、技术创新引领性等多方位开展国内国际调研，邀请权威院士、专家、学者多轮次研究论证特高压多端常规直流、特高压多端柔性直流、特高压多端混合直流输电技术。2017 年 3 月 14～15 日，中国南方电网公司在广州组织召开工程可行性研究报告评审会议，建议工程按照特高压多端常规直流和混合直流方案（广东、广西采用特高压柔性直流）两类技术方案并行开展工作。2017 年 12 月 19～20 日，中国南方电网公司在广州组织召开工程可行性研究报告评审收口会议，确定云南昆北换流站采用常规直流输电技术、广西柳北换流站及广东龙门换流站采用柔性直流输电技术这一多端混合直流技术方案。2017 年 12 月 29 日，中国南方电网公司向国家发展和改革委员会上报《南方电网关于报请核准乌东德电站送电广东广西（昆柳龙直流）输电工程（特高压多端直流示范工程）的请示》（南方电网计〔2017〕82 号）。2018 年 3 月 29 日，国家发展和改革委员会印发《国家发展改革委关于乌东德电站送电广东广西特高压多端直流示范工程核准的批复》（发改能源〔2018〕498 号），正式核准该工程项目并明确了三端（常规直流+柔性直流）技术方案。

二、工程概况

1. 建设规模

昆柳龙直流工程额定电压±800kV,额定输送容量8000MW,新建三座换流站,包括±800kV、8000MW昆北常规直流换流站,±800kV、3000MW柳北柔性直流换流站和±800kV、5000MW 龙门柔性直流换流站；直流输电线路全长1451.9km,途经云南、贵州、广西、广东4省区。工程动态投资2424891万元。工程示意图如图4-43所示。

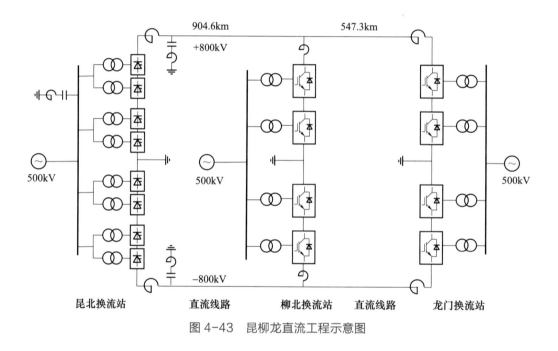

图 4-43　昆柳龙直流工程示意图

（1）昆北±800kV换流站工程。云南送端昆北换流站位于昆明市禄劝彝族苗族自治县茂山镇,海拔1969.6m。采用特高压常规直流输电技术,额定电压±800kV,额定换流容量8000MW,网侧接入500kV交流系统。直流系统采用对称双极、中性线接地方式,每极2个12脉动换流器串联,电压按照400kV+400kV平均分配；全站装设4个12脉动换流器,每个换流器设置独立阀厅,采用6英寸晶闸管换流阀,单阀组额定换流容量2000MW,为空气绝缘、水冷却、户内悬吊式换流阀；全站配置（24+4）台单台容量为406MVA的单相双绕组油浸式有载调压换流变压器,每种型式备用1台；平波电抗器采用单台电感值75mH的干式电抗器,每极4台,极线、中性线各 2 台，全站设置 1 台备用电抗器。直流滤波器每极装设 1 组，跨接在极线与中性线之间；设置阻塞滤波电抗器，每极 100mH；中性母线上安装金属—大地回路转换用断路器。±800kV 直流出线 1 回，接地极出线 1 回。500kV 交流场采用 GIS 设备，3/2 接线，500kV 交流出线 10 回（至乌东德水电站 3 回、龙开口水电站 1 回、鲁地拉水电站 2 回、仁和变电站 2 回、铜都变电站 2 回）。500kV 交流滤波器及电容器 4 个大组 20 个小组，总容量 4640Mvar。接地极位于昆明市禄劝县鸡街镇，与云贵互联通道直流工程禄劝换流站共用极址，接地极线路长约 35km。

（2）柳北 ±800kV 换流站工程。广西受端柳北换流站位于柳州市鹿寨县中渡镇，海拔 136.25m。采用特高压柔性直流输电技术，额定电压 ±800kV，额定换流容量 3000MW，网侧接入 500kV 交流系统。直流系统采用对称双极、中性线接地方式，每极 2 个柔性直流换流器串联，电压按照 400kV+400kV 平均分配；全站装设 4 个模块化多电平柔性直流换流器，为"全桥+半桥"混合桥结构，每个桥臂全桥子模块数量不低于 70%，每个换流器设置独立阀厅，单阀组额定换流容量 750MW，为空气绝缘、水冷却、户内落地支撑式换流阀；全站配置（12+2）台单台容量 290MVA 的单相双绕组油浸式有载调压换流变压器，每种型式备用 1 台；100mH 直流电抗器每极 3 台（极线 1 台、中性线 2 台）；55mH 桥臂电抗器每极 12 台。±800kV 直流出线 2 回（至昆北、龙门换流站各 1 回），接地极出线 1 回。500kV 交流场采用 GIS 设备，3/2 接线，远期出线 8 回（至柳东变电站、如画变电站各 2 回，备用 4 回）。500kV 主变压器远期 4 组，220kV 出线远期 12 回，每组主变压器低压侧预留 5 组低压无功补偿设备。接地极与已投运的桂中换流站极址共用，位于来宾市象州县罗秀镇石磨村，接地极线路长约 79km。

（3）龙门 ±800kV 换流站工程。广东受端龙门换流站位于惠州市龙门县，海拔 101.32m。采用特高压柔性直流输电技术，额定电压 ±800kV，额定换流容量 5000MW，网侧接入 500kV 交流系统。直流系统采用对称双极、中性线接地方式，每极 2 个柔性直流换流器串联，电压按照 400kV+400kV 平均分配；全站装设 4 个模块化多电平柔性直流换流器，为"全桥+半桥"混合桥结构，每个桥臂全桥子模块数量不低于 70%，每个换流器设置独立阀厅，单阀组额定换流容量 1250MW，为空气绝缘、水冷却、户内落地支撑式换流阀；全站配置（12+2）台单台容量 480MVA 的单相双绕组油浸式有载调压换流变压器，每种型式备用 1 台；极母线及中性母线均设置 1 台 75mH 的直流电抗器，全站共 4 台，配置 1 台备用电抗器。桥臂电抗器每台 40mH，每极 12 台。±800kV 直流出线 1 回（至柳北换流站），接地极出线

1回。500kV 交流场采用 GIS 设备，3/2 接线，远期出线 8 回（至水乡变电站、从西变电站、博罗变电站各 2 回，备用 2 回）；220kV 交流规划出线 12 回。规划建设 4×750MVA 交流主变压器，每组主变压器低压侧装设 5 组低压无功补偿装置。接地极位于河源市连平县田源镇，接地极线路长约 71.5km；该接地极与滇西北至广东 ±800kV 特高压直流工程东方换流站接地极相连后，由龙门换流站、东方换流站和 ±500kV 溪洛渡右岸电站送电广东同塔双回直流工程从化换流站四回直流共用，是世界上首个 4 回高压/特高压直流共用接地极，单回直流的额定入地电流为 3125～3200A。

（4）直流输电线路工程。昆柳龙直流工程直流输电线路途经云南、贵州、广西、广东 4 省区，全线单回路架设，全长约 1451.9km，其中昆北—柳北段长约 904.6km，额定直流电流 5000A；柳北—龙门段长约 547.3km，额定直流电流 3125A；全线海拔 50～3100m。全线采用自立式角钢铁塔，共 2947 基。沿线地形高山大岭占52.53%，一般山地占 36.21%，丘陵占 6.93%，平地占 4.33%。全线设计基本风速设 27m/s 和 30m/s 两个级别。全线分为无冰区、10mm 轻冰区、15mm 中冰区、20mm 重冰区和 30mm 重冰区五个冰区（一般区段地线增加 5mm，覆冰严重区段地线增加 10mm）。昆北—柳北段 20mm 及以下冰区导线采用 8×JL/G2A-900/75 钢芯铝绞线，两根地线一根采用 JLB20A-150 铝包钢绞线，另一根采用 OPGW-150 复合光缆；30mm 冰区导线采用 6×JLHA1/G2A-900/75 高强度钢芯铝合金绞线，两根地线一根采用 JLB20A-240 铝包钢绞线，另一根采用 OPGW-250 复合光缆。柳北—龙门段 20mm 及以下冰区导线采用 6×JL/G2A- 720/50 钢芯铝绞线，地线均采用 JLB20A-150 铝包钢绞线；30mm 冰区导线采用 6×JLHA1/G2A-720/50 高强度钢芯铝合金绞线，地线均采用 JLB20A-240 铝包钢绞线。

工程输电线路利用中间的柳北换流站融冰装置，对普通地线及 OPGW 采用导、地线混合搭接的直流融冰方式，融冰线路长 729km，其中昆北—柳北段长约 469km，柳北—龙门段长约 260km，融冰区段覆盖所有的中、重冰区，全线地线共分为 14 个融冰区段，其中昆北—柳北段 9 个，柳北—龙门段 5 个。融冰区段内地线采用绝缘设计，非融冰段内地线逐基接地。利用融冰自动搭接装置搭接导、地线，实现地线的分段融冰，在融冰分段内还配置了融冰电流监测装置，及时监测融冰过程中地线的电流和温度，确保融冰工作可靠、可控。

2. 参建单位

2018 年 3 月 2 日，中国南方电网公司成立昆柳龙直流工程项目推进领导小组和工作小组，统筹推进工程建设工作。中国南方电网超高压输电公司履行项目法人职责，负责工程建设实施全过程管理，成立项目建设指挥部落实工程各项决策部署。

工程设计方面，系统研究与成套设计由南方电网科学研究院负责。中国电力工程顾问集团公司是设计牵头和专题研究技术服务单位。换流站（含接地极及其线路）设计单位是西南电力设计院（昆北换流站）、中南电力设计院（柳北换流站）、广东省电力设计研究院（龙门换流站）。直流线路设计单位是西南电力设计院、云南省电力设计院、贵州电力设计研究院、华北电力设计院、中南电力设计院、东北电力设计院、广东省电力设计研究院。

主要设备制造供货方面。昆北换流站：许继集团有限公司、西安西电电力系统有限公司负责晶闸管换流阀供货，特变电工沈阳变压器有限公司负责换流变压器供货，南京南瑞继保电气有限公司负责三端控制保护供货，北京电力设备总厂有限公司负责平波电抗器、阻塞电抗器供货，传奇电气（沈阳）有限公司负责直流穿墙套管供货，河南平芝高压开关有限公司负责 500kV 组合电器供货，西安西电电力电容器有限公司、上海思源电力电容器有限公司、桂林电力电容器有限公司负责交流滤波器电容器供货。柳北换流站：南京南瑞继保电气有限公司（柔性直流换流阀、三端控制保护），特变电工新疆新能源股份有限公司（柔性直流换流阀），广州西门子变压器有限公司（柔性直流换流变压器），北京电力设备总厂有限公司（桥臂电抗器），传奇电气（沈阳）有限公司（直流穿墙套管），厦门 ABB 高压开关有限公司（500kV 组合电器）。龙门换流站：许继集团有限公司、荣信汇科电气技术有限公司负责柔性直流换流阀供货，保定天威保变电气股份有限公司负责柔性直流换流变压器供货，南京南瑞继保电气有限公司负责三端控制保护供货，特变电工沈阳变压器有限公司负责桥臂电抗器供货，传奇电气（沈阳）有限公司负责直流穿墙套管供货，天津经纬正能电气设备有限公司负责直流电抗器供货，山东泰开高压开关有限公司负责 500kV 组合电器供货。

现场建设方面，昆北换流站：广东天广工程监理咨询有限公司（监理）、中国水利水电第十四工程局有限公司（"三通一平"）、云南送变电公司（建筑工程 A 包、电气安装工程 A 包）、贵州送变电公司（建筑工程 B 包、电气安装工程 B 包）、中国南方电网超高压输电公司检修试验中心（特殊交接试验）。柳北换流站：云南电力建设监理咨询有限公司（监理）、广西送变电公司（建筑工程 A 包、电气安装工程 A 包）、江西省水电工程局有限公司（"三通一平"、建筑工程 B 包）、河南送变电公司（电气安装工程 B 包）、中国南方电网超高压输电公司检修试验中心（特殊交接试验）。龙门换流站：广东天广工程监理咨询有限公司（监理）、广东能源发展有限公司（"三通一平"、建筑工程 A 包、电气安装工程 A 包）、天津电力建设有限公司（建筑工程 B 包）、湖南送变电公司（电气安装工程 B 包）、中国南方电网超高压输电公司检修试验中心（特殊交接试验）。直流线路工程监理单位为云南电力建设监理咨询有限公司、广东天安项目管理有限公司、广东天广工程监理咨询有限公司、中国电力建设工程咨询有限公司、山东诚信工程监理有限公司、广东创成建设监理咨询有限公司、甘肃光明电力工程咨询监理有限责任公司；直流线路工程施工单位为云南、华东、河南、贵州、新疆、湖南、湖北、甘肃、广西、吉林省送变电公司，江西省水电工程局有限公司、广东火电工程有限公司、广东能源发展有限公司。站系统调试、系统调试由南方电网科学研究院承担。

3. 建设历程

2018 年 3 月 29 日，国家发展和改革委员会核准昆柳龙直流工程。2018 年 5 月 15 日，中国南方电网公司召开工程建设启动会；2018 年 11 月 28 日，线路工程开工；2018 年 12 月 11 日，换流站工程开工。2019 年 10 月 1 日，首台±800kV 柔性直流换流变压器通过型式试验；2019 年 11 月 3 日，800kV 柔性直流换流阀通过型式试验；2020 年 1 月 9 日，控制保护系统完成了全部功能试验。2020 年 5 月 14 日，线路全线贯通。2020 年 5 月 20 日，昆北换流站、龙门换流站开始站系统调试，标志着工程站系统调试启动；2020 年 7 月 1 日，昆北换流站、龙门换流站开展极 2 低端系统调试，标志着工程系统调试启动。2020 年 7 月 31 日，昆北—龙门换流站双极低端投产，标志着工程形成送电能力。2020 年 11 月 12 日，昆北—柳北—龙门三端系统调试开始；2020 年 12 月 17 日，昆北—柳北—龙门极 1 双换流器成功解锁，首次实现工程 800kV 三端送电；2020 年 12 月 27 日，工程全面建成投产。

三、建设成果

中国南方电网公司历经三年奋战，高质量完成了昆柳龙直流工程建设任务，全面验证了特高压柔性直流、特高压多端直流、混合直流输电的技术可行性、设备可靠性、系统安全性和生态友好性。依托工程构建了产学研用深度融合创新体系，建成了世界一流的特高压柔性直流试验研究体系，全面掌握了特高压柔性直流输电核心技术，成功研制了代表世界最高水平的特高压柔性直流设备，构建了系统全面的特高压多端柔性直流知识产权体系。工程采用世界最前沿的技术路线，是直流输电工程技术领域又一个世界级重大创新成果，工程荣获 2022～2023 年度第一批国家优质工程金奖，被评为 2022 年度国家水土保持示范工程，并获得省部级科技进步一等奖及以上奖项 14 项、省部级优秀设计咨询勘测一等奖 9 项。

（1）高质量建成了代表世界最高水平的特高压柔性直流输电工程。昆柳龙直流工程技术挑战大、施工难度大，在工程建设关键时期遭遇新冠疫情的严重影响，各参建单位始终坚持"一切为了工程、一切围绕工程、一切服务工程"，统筹工程建设和疫情防控，结合工程建设特点、技术攻关难点、内外部建设环境等因素首创了"65431"工程建设管理体系，协调各方资源，全力攻坚克难，从开工到投产仅用时 25 个月，全面建成了世界上运行电压最高、技术水平最先进、我国具有完全自主知识产权的柔性直流工程。

（2）特高压多端柔性直流关键技术研究取得创新突破。全面掌握了特高压柔性直流核心技术。攻克了特高压柔性直流、多端混合直流等多项世界级难题，取得了"单一功率模块故障均能安全可靠旁路隔离技术及其试验方法"等一系列原创性技术突破和创新成果，掌握了大容量特高压柔性直流换流阀等多项首台套设备关键技术，实现了成套设计、工程设计、工程建设、试验调试及运行维护等直流技术集成，构建了系统全面的特高压多端柔性直流知识产权体系，抢占了世界特高压多端直流、柔性直流输电技术制高点，推动世界柔性直流技术实现跨越式发展，引领特高压技术进入柔性直流时代。

1）系统研究方面，自主开展了多端混合直流机电暂态建模研究和机电一电磁暂态混合仿真研究，提出了基于直流网络的直流输电通用化建模技术，解决了多常规与柔性换流器复杂组合的混合直流系统建模难题。

2）控制保护技术研究方面。首次提出柔性直流阀组短接充电和零压解锁控制策略，实现柔性直流阀组在线投退。在特高压柔性直流换流阀全半桥功率模块混合拓扑结构基础上，提出了柔性直流换流阀不闭锁清除直流线路故障与重启动策略，解决了长距离架空线路柔性直流工程直流线路故障快速自清除的技术难题。首次提出了"基于虚拟电压自适应"的高频谐振抑制策略，攻克了柔性直流高频谐振技术难题。

3）工程设计方面。创造性地将桥臂电抗器设置于换流阀直流侧，限制柔性直流换流阀和桥臂电抗器间相对地短路故障时阀塔故障电流上升率。首次在昆北换流站—兴仁换流站之间的光缆线路开通 10G 超长站距试验电路，传输距离为 470km，为超长距大容量光传输技术的发展提供有效技术支撑。提出了世界上首个四回直流共用接地极方案，有效解决了直流落点密集区域和经济发达地区接地极选址难的问题。

（3）自主成功研制特高压多端柔性直流关键设备。成功研制出代表世界最高电压水平的特高压柔性直流换流阀、混合多端直流控制保护系统等关键设备，各关键设备指标优异、性能稳定，经受住了连续多天 8000MW 满负荷的严苛考核。特高压柔性直流关键设备的成功研制，有效带动了我国原材料、电力电子器件、电工装备等产业链供应链现代化水平的整体提升。

1）世界首次研制成功特高压柔性直流换流阀。在"高可靠性功率模块旁路技术研究"方面取得原创性突破，攻克了"单一模块故障不导致系统跳闸"这一世界级难题，相关先进技术被国外厂家所借鉴。

2）提出了可实现直流线路故障自清除柔性直流换流阀拓扑结构。采用全桥和半桥混合拓扑结构设计，解决了线路瞬时故障自清除世界级问题，实现了柔性直流远距离架空线输电。发明了专用双向晶闸管和全新功率模块拓扑结构，仅半年内完成了新型晶闸管研发试验工作，领先于国际先进半导体公司。

3）带动了我国电力技术进步和供应链产业链水平整体提升。通过特高压多端、柔性直流输电自主创新，我国电力科技水平和创新能力进一步增强，在特高压多端、柔性直流输电领域形成技术优势，国际话语权和影响力大幅提升。通过特高压柔性直流输电自主创新，我国电力行业研发设计、生产装备、质量控制、试验检测能力达到国际领先水平，形成核心竞争力，实现了从跟跑、并跑到领跑，走向领先地位。

工程建成后面貌如图 4-44～图 4-48 所示。

图 4-44　昆北 ±800kV 换流站

图 4-45　柳北 ±800kV 柔性直流换流站

图 4-46　龙门 ±800kV 柔性直流换流站

图 4-47　±800kV 昆柳龙直流线路跨越高山大岭

图 4-48　±800kV 昆柳龙直流线路跨越北江

第七节　白鹤滩—江苏±800kV 特高压直流输电工程

白鹤滩—江苏±800kV 特高压直流输电工程（简称白鹤滩—江苏工程）是世界上首个混合级联特高压直流输电工程，是国家实施"西电东送"战略的重要骨干输电通道。2022 年 7 月 1 日工程送端低端、受端高端启动送电，2022 年 12 月 19 日工程全面建成投运，保障了白鹤滩水电可靠送出和华东地区电力需求，在探索直流多馈入受端应用柔性直流技术提升抵御换相失败能力、改善电网性能方面示范引领意义重大。

一、工程背景

常规特高压直流输电在远距离、大容量、低损耗方面具有突出优势，但是由于输送容量大、电压等级高，难以深入负荷中心，受固有特性影响在交流系统故障时易发生换相失败，难以解决弱系统和新能源规模汇集接入稳定问题；柔性直流输电在新能源接入的友好性、分散深入负荷中心的灵活性，以及抵御交流系统故障导致换相失败等方面优点明显，但是在直流侧故障清除隔离技术方面的不足明显，且柔性直流关键设备直接升级到特高压造价昂贵。随着经济社会和新型电力系统规划发展，在受端电网面临城市负荷中心高压电网进入通道困难、大量分布式新能源接入系统稳定问题突出、多回直流在交流系统故障条件下连续换相失败对电网冲击大等突出问题，亟须研究既能充分发挥常规特高压直流、柔性直流输电技术经济优势，又可破解以上焦点问题的创新解决方案。

2018 年我国华东电网总装机容量超过 3.6 亿 kW，最大负荷突破 2.8 亿 kW，通过 11 回直流工程接受区外来电。高峰用电时段，直流区外来电比例高达 20%～30%，电网安全稳定运行面临巨大压力。采用常规特高压直流输电技术进一步增加区外来电开始遭遇"技术瓶颈"，交流系统故障引发多回直流换相失败问题日趋严峻。2017 年以来，国家电网公司组织国内外百余家科研设计单位、设备厂家等，开展了几十项专题研究，召开专题研讨会议百余次，在相关的关键技术攻关和设备研发上取得突破。经过综合研究分析论证，在世界上首次创造性地研发了特高压混合级联直流输电新技术方案——送端换流站采用常规直流输电技术，受端换流站采用混合级联直流输电技术（高端采用 LCC 换流器，低端采用 3 个 VSC 换流器并联），并且组织 5 家单位在 7 套平台上开展研究论证及校核，院士专家团队把关重大技术方案，实现上百种运行方式的遍历式验证，证明了该方案的技术可行性和性能优越性，并在白鹤滩—江苏工程成功应用。该方案兼具常规直流、柔性直流的优势，与常规直流相比可降低换相失败风险，与全柔性直流相比投资省、占地小、损耗低、短路电流小。

白鹤滩水电站位于四川省凉山州和云南昭通市境内的金沙江干流河段上，电站总装机容量 16000MW，首批机组于 2021 年 6 月投产发电，全部机组于 2023 年投产。白鹤滩水电站是"西电东送"重要工程，其电力外送工程已列入国家《电力发展"十三五"规划（2016-2020 年）》。2018 年 9 月，国家能源局印发《关于加快推进一批输变电重点工程规划建设工作的通知》（国能发电力〔2018〕70 号），要求加快推进白鹤滩水电站外送工程建设，明确白鹤滩水电站电力以 2 回 ±800kV 直流输电工程分别送电江苏、浙江消纳。为落实国家能源战略，国家电网有限公司组织开展了白鹤滩—江苏工程可行性研究，2018 年 10～12 月经过评审，并以国家电网发展〔2020〕300 号《关于白鹤滩—江苏 ±800kV 特高压直流输电工程核准的请示》上报国家发展和改革委员会。2020 年 11 月 3 日，国家发展和改革委员会印发《国家发展改革委关于白鹤滩—江苏 ±800 千伏特高压直流输电工程换流站及部分输电线路项目核准的批复》（发改能源〔2020〕1672 号）；2021 年 2 月 2 日印发《国家发展改革委关于白鹤滩—江苏 ±800 千伏直流四川、湖北、安徽境内线路工程核准的批复》（发改能源〔2021〕157 号）。

二、工程概况

1. 建设规模

白鹤滩—江苏工程起于四川省凉山州建昌换流站，止于江苏省苏州市姑苏换流站，途经四川、重庆、湖北、安徽、江苏 5 省市，直流输电线路全长 2079.68km，送端换流站采用常规特高压直流输电技术，受端换流站采用混合级联特高压直流输电技术，额定直流电压 ±800kV，额定输送容量 8000MW。发改能源〔2020〕1672号文件核准工程动态投资 193.48 亿元，由国家电网有限公司（建昌换流站）、国网江苏省电力有限公司（姑苏换流站，重庆市、江苏省境内直流线路）作为项目法人出资建设经营。发改能源〔2021〕157 号文件核准工程动态投资 113.93 亿元，由国网江苏省电力有限公司（四川省、湖北省、安徽省境内直流线路）作为项目法人出资建设经营。图 4-49 为白鹤滩—江苏工程示意图。

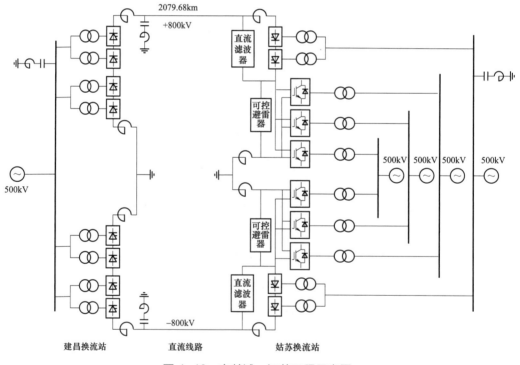

图 4-49　白鹤滩—江苏工程示意图

（1）建昌换流站工程。建昌换流站位于四川省凉山彝族自治州布拖县特木里镇，与布托 500kV 变电站合建。海拔 2448.4m。额定直流电压 ±800kV，额定换流容量 8000MW，网侧接入 500kV 交流系统。直流系统采用典型对称双极、中性线接地方式，每极 2 个 12 脉动换流器串联，2 个换流器电压按 "400kV+400kV" 平均配置，每个换流器设旁路开关回路；全站装设 4 个 12 脉动换流器，每个换流器设置独立阀厅，采用 6 英寸晶闸管换流阀，单阀组额定换流容量 2000MW，为空气绝缘、水冷却、户内悬吊式二重阀；全站配置（24+4）台单台容量 406.1MVA 的单相双绕组油浸式有载调压换流变压器，每种型式备用 1台（与同址建设的二期共用）。干式平波电抗器每极 4 台，极线和中性线各 2 台，单台容量 75mH，设置 1 台备用电抗器（与二期共用）。直流滤波器每极装设 1组，跨接在极线与中性线之间。中性母线上安装金属一大地回路转换用断路器。±800kV 直流出线 1 回，接地极出线 1 回。500kV 交流场采用户内 GIS 设备，3/2 接线，交流滤波器大组作为一个元件接入串中。2 组 500kV、1000MVA 主变压器一次上齐。远景 500kV 出线 10 回（本期 9 回），换流变压器进线 4 回，交流滤波器 4 大组，500kV 主变压器进线 2 回，规划 10 个完整串本期一次上齐。交流滤波器 4 大组 16 小组，总容量 4345Mvar。接地极位于凉山州昭觉县大坝乡，接地极线路长约 29km。

（2）姑苏换流站工程。姑苏换流站位于江苏省苏州市常熟市辛庄镇，额定直流电压 ±800kV，额定换流容量 8000MW，网侧接入 500kV 交流系统。直流系统采用典型对称双极、中心线接地方式，采用混合级联技术。每极高端为 1 个常规 LCC 换流阀（12 脉动），额定电压 400kV、额定换流容量 2000MW，6 英寸晶闸管换流阀，空气绝缘、水冷却、户内悬吊式二重阀。每极低端为 3 个柔性直流 VSC 换流阀并联，额定电压 400kV、每个 VSC 阀组额定换流容量 1000MW，采用半桥型模块化多电平电压源换流阀，空气绝缘、水冷却、户内落地支撑式。高、低端之间串联接线，电压分配为 "400kV+400kV"。高、低端阀组分别装设旁路开关。高端安装（12+2）台单相双绕组油浸式换流变压器，2 台备用（每种型式各 1 台），单台容量 380.4MVA。低端安装（18+1）台单相双绕组油浸式换流变压器，1 台备用，单台容量 375MVA。直流滤波器每极 1 组，跨接在 800kV 极线与 400kV 中压线之间，中性线上每极 1 组阻塞滤波器。干式平波电抗器每极 4 台，极线、中性线各 2 台，设置 1 台备用电抗器，单台电感 75mH。干式桥臂电抗器接入 VSC 换流器直流侧，共 36 台，单台电感 50mH，设置 1 台备用电抗器。3 个 VSC 换流阀直流侧经快速开关等接入 400kV 汇流母线，400kV 汇流母线与中性线之间装设可控自恢复消能装置。VSC 换流器交流侧通过启动电阻、换流变压器接入 500kV 交流系统。

±800kV 直流出线 1 回，接地极出线 1 回。高端换流器交流侧 500kV 配电装置采用户内 GIS，3/2 接线，远期 5 回出线（至斗山变电站 2 回、常熟南变电站 3 回），2 回换流变压器进线、3 回大组滤波器进线组成 5 个完整串，本期 1 次建成，500kV 交流滤波器 3 大组 9 小组，总容量 2700Mvar。低端 3 个 VSC 换流器分别接入 2 个独立的 500kV 交流配电装置，之间预留母联开关位置。VSC1 远期 2 回出线（至张家港变电站、常熟北变电站各 1 回）、2 回换流变压器进线一次建成，双母线接线。VSC2、VSC3 远期 4 回出线（VSC2 至木渎变电站 2 回、VSC3 至玉山变电站 2 回）、4 回换流变压器进线一次建成，双母线双分段接线。接地极位于常州市武进区湟里镇，与 ±500kV 政平换流站共用迈步极址，接地极线路长约 150km。

（3）直流线路工程。直流线路工程起于四川省凉山州的建昌（布拖）换流站，止于江苏省苏州市的姑苏（虞城）换流站，途经四川、重庆、湖北、安徽、江苏 5 省市。直流线路长 2079.68km，包括四川省宜宾岷江大跨越 2.459km、重庆市江津长江大跨越 2.504km、湖北省钟祥汉江大跨越 2.775km、安徽省马鞍山长江大跨越 3.489km。沿线地形高山占 11.4%、一般山地占 44.8%、丘陵占 20.7%、平地占 14.9%、河网泥沼占 8.2%。海拔 10~3300m。

一般线路分 27、29、30、31、32m/s 五个风区，10、15、20（中冰区）、20（重冰区）、30、40、50mm 七个冰区（地线增加 5mm）。10mm 冰区平丘地形导线采用 6×JL1/G3A-1000/45 钢芯铝绞线，10mm 冰区一般山地及 15mm 冰区导线采用 6×JL1/G2A-1000/80 钢芯铝绞线，20mm 中、重冰区导线采用 6×JL1/G2A-900/75 钢芯铝绞线，30、40mm 冰区导线采用 6×JLHA4/G2A-900/75 钢芯中强度铝合金绞线，50mm 冰区导线采用 6×JLHA1/G2A-900/75 钢芯高强度铝合金绞线；10、15、20mm 冰区普通地线采用 JLB20A-150 铝包钢绞线，OPGW 采用 OPGW-150 复合光缆；30、40mm 冰区普通地线采用 JLB20A-240 铝包钢绞线，OPGW 采用 OPGW-240 复合光缆；50mm 冰区普通地线采用 JLB20A-300 铝包钢绞线，OPGW 采用 OPGW-300 复合光缆。

全线共四个大跨越工程，均采用"耐—直—直—耐"跨越方式。宜宾岷江大跨越西岸跨越点位于叙州区蕨溪镇，东岸位于屏山县屏山镇，耐张段全长 2459m（420m—1619m—420m），跨越塔呼高 143m、全高 145.2m；江津长江大跨越位于江津区白沙镇，耐张段长 2504m（615m—1511m—378m），跨越塔呼高 140m、全高 144.8m；钟祥汉江大跨越位于钟祥市磷矿镇，耐张段长度 2775m（750m—

1522m—503m），跨越塔呼高 172m、全高 177.3m。上述三个大跨越，设计风速30m/s，覆冰 15mm，导线采用 4×JLHA1/G4A-900/240 特强钢芯高强铝合金绞线，2 根地线均为 OPGW-300 复合光缆。马鞍山长江大跨越与 ±500kV 龙政线共塔架设，北岸跨越点位于马鞍山市郑蒲港新区白桥镇，南岸位于芜湖经济开发区东梁社区，耐张段长度 3489m（705m—2100m—684m），设计风速30m/s，覆冰 15mm，上层 ±800kV 线路导线采用 6×JLHA1/G6A-500/280，下层 ±500kV 线路导线采用 4×JLHA1/G6A-500/280，2 根地线均为 OPGW-340 复合光缆。

2. 参建单位

国家电网公司特高压建设部行使项目法人职能。送端建昌换流站本体工程由国网特高压建设分公司负责建设管理，受端姑苏换流站本体工程由国网江苏省电力公司负责建设管理。国网信通公司负责系统通信工程建设管理。国网物资有限公司负责换流站设备物资供应管理。送受端换流站"四通一平"、接地极及其线路工程、直流输电线路工程由相关属地省电力公司（国网四川、重庆、湖北、安徽、江苏省市电力公司）负责现场建设管理。

工程设计方面，国网特高压建设部负责总体协调和统筹管理及重大技术方案把关。电力规划设计总院牵头负责换流站工程初步设计评审和设计相关专题研究评审。国网北京经济技术研究院负责工程系统研究和成套设计。换流站工程设计分 A、B两个包，设计单位为西南电力设计院（建昌换流站 A 包）、华北电力设计院（建昌换流站 B 包），华东电力设计院（姑苏换流站 A 包）、江苏电力设计院（姑苏换流站 B包）。光纤通信由西南电力设计院设计。直流线路工程设计单位为四川、西南、东北（含岷江大跨越）、山东、山西（含江津长江大跨越）、河南、中南、华北、浙江、湖北（含汉江大跨越）、河北、安徽、华东（含马鞍山长江大跨越）、江苏、湖南电力设计院。

主要设备供货方面。建昌换流站：特变电工沈阳变压器有限公司、广州西门子能源变压器有限公司、西门子纽伦堡变压器厂负责 800、600kV 换流变压器供货，保定天威保变电气股份有限公司负责 400、200kV 换流变压器供货，中国西电电气股份有限公司、北京 ABB 电力系统有限公司负责极 1、极 2 换流阀供货，南京南瑞继保电气有限公司负责直流控制保护供货，传奇电气（沈阳）有限公司负责直流穿墙套管供货，北京 ABB 电力系统有限公司负责直流断路器供货，河南平芝高压开关有限公司负责 500、220kV 组合电器供货，北京 ABB 高压开关设备有限公司负责交流滤波器小组 500kV 瓷柱式断路器供货，特变电工沈阳变压器有限公司负责平波电抗器供货，斯尼汶特（平湖）电气有限公司负责直流分压器供货。姑苏换流站：中国西电电气股份有限公司负责 400kV 换流变压器供货，山东电力设备有限公司、重庆 ABB 变压器有限公司、瑞典 ABB 公司负责 600、800kV 换流变压器供货，许继电气股份有限公司负责晶闸管换流阀供货，南京南瑞继保工程技术有限公司、荣信汇科电气股份有限公司、中电普瑞电力工程有限公司负责柔性直流换流阀供货，南京南瑞继保电气有限公司负责直流控制保护供货，北京 ABB 电力系统有限公司、河南平高电气股份有限公司负责直流穿墙套管供货，北京 ABB 高压开关设备有限公司、河南平高电气股份有限公司、西安西电电力系统有限公司、西安西电高压开关有限责任公司负责直流断路器供货，西安西电高压开关有限公司负责 500kV SF_6 瓷柱式断路器供货，山东电工电气日立高压开关有限公司、上海思源高压开关有限公司、西安西电开关电气有限公司负责 500kV 组合电器供货，北京电力设备总厂有限公司、天津经纬正能电气设备有限公司负责桥臂电抗器供货，北京电力设备总厂有限公司负责平波电抗器供货，北京电力设备总厂有限公司负责阻塞电抗器供货，南京南瑞继保工程技术有限公司负责直流电压分压器供货，南京南瑞继保工程技术有限公司、中电普瑞科技有限公司负责可控自恢复消能装置供货，西安西电电力电容器有限公司、上海思源电力电容器有限公司负责幅相校正器装置供货。

现场建设方面，建昌换流站：山东诚信工程建设监理有限公司联合四川电力工程建设监理有限公司（工程监理）、天津电力建设公司（土建 A 包）、四川送变电公司（土建 B 包）、黑龙江送变电公司（土建 C 包）、四川送变电公司（电气安装 A 包）、安徽送变电公司（电气安装 B 包）、黑龙江送变电公司（电气安装 C 包）。姑苏换流站：江苏电力工程咨询有限公司（工程监理）、江苏送变电公司（土建 A 包）、辽宁送变电公司（土建 B 包）、中国建筑一局（集团）有限公司（土建 C 包）、江西送变电公司（土建 D 包）、江苏送变电公司（电气安装 A 包）、华东送变电公司（电气安装 B 包）、吉林送变电公司（电气安装 C 包）。四川电力科学研究院负责建昌换流站交流系统调试与特殊试验，江苏电力科学研究院负责姑苏换流站交流系统调试与特殊试验，中国电力科学研究院负责直流系统调试。直流线路工程监理单位为四川电力监理公司、山东诚信监理公司（含岷江大跨越监理）、重庆渝电监理公司（含江津长江大跨越监理）、长春国电监理公司、湖北鄂电监理公司、武汉中超监理公司（含汉江大跨越监理）、湖北环宇监理公司、吉林吉能监理公司、安徽电力监理公司（含马鞍山长江大跨越监理）、江苏电力咨询公司；施工单位为四川、上海、浙江（含岷江大跨越施工）、江西、北京、辽宁（含江津长江大跨越施工）、新疆、重庆、贵州、河北、河南、华东、吉林、山西、甘肃、山东、福建、黑龙江、安徽（含马鞍山长江大跨越施工）、天津、江苏送变电公司，广东电网能源发展公司、北京电力工程公司、湖北送变电公司（含汉江大跨越施工）。

3. 建设历程

2020 年 11 月 3 日，国家发展和改革委员会印发核准文件（发改能源〔2020〕1672 号）。2020 年 12 月 10 日，国家电网有限公司召开工程开工动员大会。2021 年 2 月 2 日，国家发展改革委印发核准文件（发改能源〔2021〕157 号）。2022 年 5 月 20 日，直流线路全线架通。2022 年 6 月 30 日，送端换流站低端换流器、受端换流站高端换流器系统调试完成。2022 年 7 月 1 日，送端换流站低端换流器、受端换流站高端换流器启动送电。2022 年 12 月 19 日，工程全面建成投运。

三、建设成果

历经五年攻坚克难，白鹤滩—江苏工程顺利建成投运，在高压输电技术方面实现了四大突破：① 高质量建成首个特高压混合级联直流输电工程，保障了白鹤滩水电可靠送出和华东地区用电需求；② 全面掌握了特高压混合级联输电技术规律，在世界上首次突破系统构建、故障穿越、运行控制、稳定控制等全系列关键技术；③ 成功研发了混合级联成套技术装备，柔性直流大功率 IGBT 器件、单柱大容量换流变压器、可控自恢复消能装置、幅相校正装置等 13 大类 20 种新设备通过严格试验考核，与此同时突破了电工技术领域一批共性基础问题，聚焦稳定、安全、可靠目标，大幅提升工程可靠性、安全性和经济性；④ 成功应用基于建筑信息模型（Building Information Modeling，BIM）技术的三维正向设计，试点采用三维数字化技术施工交底，提高了工程设计、现场管理、设备安装质效。白鹤滩—江苏工程是我国适应能源变革需要取得的又一重大创新成就，验证了特高压混合级联直流输电的技术可行性、设备可靠性、系统安全性和功能灵活性，为"十四五"新能源大规模开发利用、助力"双碳"目标实现提供了重要技术储备。

（1）高质量建成了代表世界领先水平的首个混合级联特高压直流输电工程。白鹤滩—江苏工程肩负技术创新和送电重任，混合级联系统研究、关键技术攻关、可控自恢复消能装置研制技术挑战大，确保白鹤滩水电送出建设工期紧，工程建设关键时期遭遇新冠疫情严重影响，国家电网有限公司统筹工程建设和疫情防控，从工程开工到送端换流站低端换流器、受端换流站高端换流器具备 400 万 kW 送电能力仅用时 18 个月，有效保证了白鹤滩水电可靠送出，缓解了华东地区迎峰度夏用电紧张局面。仅用两年时间全面建成了世界上技术水平最先进、我国具有完全自主知识产权的混合级联特高压直流输电工程。

（2）全面突破混合级联特高压直流输电关键技术。工程首次研发混合级联输电技术，送端换流器、受端高端换流器采用常规直流技术，受端低端采用 3 个柔性直流换流器并联。混合级联技术集合了特高压直流大容量、远距离、低损耗、高可靠性与柔性直流控制灵活、适应性强、电压动态支撑能力强的优势。组织中外团队并行研究相互校核、多套仿真系统"背靠背"并行开展仿真研究、多种仿真方式同步推进充分论证、院士专家团队把关重大技术方案，突破交直流故障穿越、振荡抑制、受端分步闭锁策略、柔性直流短路电流抑制、功率互济等多项混合级联专题研究。混合级联新技术方案成功降低了换相失败风险，受端多馈入短路比提高到 2.5 以上，增强了直流对电网的无功支撑能力（-240 万～200 万 kvar），提高了电网功率互济能力。工程在大功率安全送电的同时，增强了交流电网的强度，使得进一步扩大区外来电成为可能。

（3）成功研制混合级联特高压直流关键设备。依托首个混合级联特高压直流输电工程，成功研制了直流侧大容量可控自恢复消能装置、大功率 IGBT 器件、单柱大容量换流变压器、幅相校正装置及混合级联特高压直流控制保护系统等设备。

1）可控自恢复消能装置。由"固定部分"和"可控部分"串联组成，当柔性直流换流阀电压升高到限值后，迅速闭合开关，短接"可控部分"，由"固定部分"吸收盈余功率，保护设备，实现柔性直流在严苛故障下的故障可靠穿越。研发高可靠性避雷器及不同类型高速开关，构建了单片—单柱—成组的"三道防线"，通过三轮摸底定型试验彻底验证大电流、高能量真实工况下均流、快速开关、整机控制保护等核心性能。

2）大容量单柱换流变压器。提出采用单柱结构，简化换流变压器内部引线设计，提升网侧升高座区域防爆性能，与现有换流变压器相比，降低损耗约 20%，降低温升约 10K；设计裕度加大，可靠性提高，19 台柔性直流换流变压器全部一次通过出厂试验。

3）幅相校正器。自主研发世界首台套幅相校正器成套装置，攻克了基于大电容硬件装置系统回路高频阻抗重构难题，首次构建了一、二次协同柔性直流输电系统高频振荡防控方法体系，实现 4000Hz 宽频范围内系统回路阻抗校准矫正和负阻尼特性弱化抵消，大幅提升柔性直流系统运行可靠性和接入友好度。

4）混合级联控制保护系统。采用全新的第 3 代 UAPC3.0 控制保护基础平台，最快控制周期由 75μs 缩短至 10μs。组织开展控制保护联调试验 3600 项，调试项目为常规特高压直流工程的 2 倍以上，实现了 45 类 252 种运行方式遍历式验证，充分验证了混合级联控制保护装置接口、逻辑、性能、功能。

（4）全面推进工程设计施工三维数字应用。以 BIM 技术为支撑，根据工程实际需求，分步实现工程三维正向设计出图，大大减少设计错误，节省设计周期和施工周期，优化设计方案节省投资约 6000 万元，有效提高了特高压工程建设质效，推广了数字化手段对特高压工程建设的支撑。工程施工试点采用三维数字化技术施工交底，基于三维设计，构建施工场景，校核施工方案，识别施工风险点，指导数字化安装，提升施工效率。选取江苏境内两段共 23.71km 地形复杂、交跨较多、房屋密集的典型线路作为示范，通过构建精细三维模型，大幅提高了通道内平均高程精度，房屋拆迁面积误差控制在 0.6% 以内，节约工程投资约 320 万元。

工程建成后面貌如图 4-50～图 4-61 所示。

图 4-50　建昌（布拖）±800kV 换流站

图 4-51　姑苏（虞城）±800kV 换流站

图 4-52　大容量单柱柔性直流换流变压器

图 4-53　可控自恢复消能装置

图 4-54　建昌（布拖）换流站阀厅

图 4-55　姑苏（虞城）柔性直流阀厅

图 4-56　白鹤滩—江苏工程宜宾岷江大跨越

图 4-57　白鹤滩—江苏工程江津长江大跨越

图 4-58　白鹤滩—江苏工程钟祥汉江大跨越

图 4-59　白鹤滩—江苏工程马鞍山长江大跨越

图 4-60 白鹤滩—江苏工程一般输电线路 1

图 4-61 白鹤滩—江苏工程一般输电线路 2

第五章

柔性直流输电工程

随着能源和环境问题日趋严峻，风能和太阳能等可再生能源开发利用规模不断扩大，其固有的分散性、间歇性、波动性等特点，使得采用传统的交流输电技术或基于电网换相的直流输电技术并网时，系统运行面临一系列难以解决的问题。20 世纪 90 年代，有学者提出了基于全控可关断器件的电压源换流器（Voltage Source Converter，VSC）新型直流输电技术，即柔性直流输电技术，能够实现自换相和输出并网电压，大幅提升了直流输电的友好性、适应性和灵活性。柔性直流输电技术作为新一代直流输电技术，其基本主回路拓扑、运行特点与基于电网换相的直流输电技术类似，仍是由换流站和直流输电线路构成，构建的直流输电工程换流站主接线、直流控制策略也基本类似，但是基于全控可关断器件的柔性直流输电技术具有可向无源网络供电、没有换相失败问题、可提供并网交流电压及易于构成多端直流系统等独特优点，更加适应目前新能源大规模发展对电网的需求。

国际大电网会议（CIGRE）和国际电工委员会（IEC）将基于电压源换流器的高压直流输电技术称为电压源换流器直流输电技术（VSC-HVDC）；瑞典 ABB 公司称之为轻型直流输电（HVDC Light），德国西门子公司称之为新型直流输电（HVDC Plus）。2006 年 5 月，国家电网公司科技部和中国电力科学研究院组织国内权威专家在北京召开"轻型直流输电系统关键技术研究框架研讨会"，与会专家一致建议国内将基于电压源换流器技术（第三代直流输电技术）的直流输电统一命名为"柔性直流输电（HVDC Flexible）"。1997 年 3 月，瑞典 ABB 公司建成世界上第一个基于电压源换流器技术的 ±10kV、3MW、输电距离 10km 的工业性试验工程，接入已有 10kV 交流电网。

我国 2006 年开始研究柔性直流输电，制订研究框架，组建产学研用联合科研团队，在 50 多项关键技术上实现突破，取得了一系列具有完全自主知识产权的重大成果。2011 年 7 月投运的 ±30kV、18MW 上海南汇柔性直流输电工程是亚洲首个柔性直流输电工程；2013 年 12 月，建成投运世界上首个多端柔性直流输电工程——±160kV、200MW 南澳多端柔性直流输电示范工程；2014 年 7 月，建成投运世界上第一个五端柔性直流输电工程——浙江舟山 ±200kV 五端柔性直流科技示范工程；2015 年 12 月，建成投运世界上首个输送容量百万千瓦级、真双极柔性直流输电工程——±320kV、1000MW 厦门柔性直流输电科技示范工程；2019 年 6 月，建成投运世界上输送容量最大、单换流器电压最高的柔性直流输电工程——±420kV、5000MW 渝鄂直流背靠背联网工程。至此，我国全面掌握了从系统研究、工程设计、设备研发制造到施工安装、系统调试、运行维护的全套柔性直流输电技术。多年技术沉淀之后，2020 年 6 月，建成投运世界上首个具有真正网络特性的张北柔性直流电网试验示范工程，成为世界上电压等级最高、输送容量最大、技术水平最先进的柔性直流电网工程；2020 年 12 月，建成投运世界上首个多端混合特高压直流输电工程——±800kV、8000MW 昆北—柳北—龙门特高压多端柔性直流输电工程，引领柔性直流输电技术进入特高压新时代，进一步确立了我国在柔性直流输电技术领域的国际领先地位（详细介绍见第四章）。

第一节　上海南汇 ± 30kV 柔性直流输电工程

上海南汇 ± 30kV 柔性直流输电工程是亚洲首个柔性直流输电工程，是我国拥有完全自主知识产权、当时具有世界一流水平的柔性直流输电工程，是国家电网公司"十一五"规划的重点科技示范项目，工程于 2011 年 7 月 25 日正式投入运行。工程的建成投运，标志着我国实现了柔性直流输电基础理论、系统构建、工程设计、设备研制、建设运行的全面突破和完全自主，为柔性直流输电技术在中国的创新发展和推广应用奠定了基础。国家电网公司成为继 ABB、西门子公司之后全球第三家掌握柔性直流输电技术的公司。

一、工程背景

随着电力电子技术和换流技术快速发展，采用 IGBT、IGCT 等全控器件构成电压源换流器（VSC）进行直流输电成为可能。柔性直流输电技术采用基于可关断型器件的电压源换流器进行直流输电，具有电压控制的自主性、快速灵活的可控性等特点，可增强电网灵活性，提升可再生能源送出水平，在电网柔性互联、大规模新能源汇集、远海风电送出、无源负荷供电等场景具备独特优势。"十一五"期间，上海市大力发展风力发电、太阳能光伏发电，并利用天然气，结合医院、大学、办公楼等建筑物适当规划建设了一定容量的分布式供能系统。上海南汇风电场是当时上海规模最大的风电场，如何实现大规模风力发电场的并网运行是亟待解决的关键问题。国家电网公司经过多次研讨，提出研究应用柔性直流输电技术，建设上海南汇柔性直流输电工程，解决南汇风电场的并网问题，为今后大规模风电场等新能源并网进行技术储备，积累相关经验。2010 年 7 月，上海市发展和改革委员会印发《上海市发展改革委关于上海柔性直流输电示范工程项目核准的批复》（沪发改能源〔2010〕080 号）。

二、工程概况

1. 建设规模

上海南汇柔性直流输电工程位于上海市浦东新区东南部临港新城附近，包括南风换流站、书柔换流站，以及两端换流站之间的直流输电线路。工程额定电压±30kV，额定直流电流 300A，额定输送功率 18MW，由国网上海市电力公司出资建设。上海南汇柔性直流输电工程示意图如图 5-1 所示。

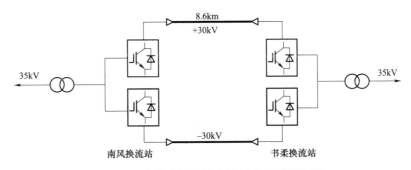

图 5-1 上海南汇柔性直流输电工程示意图

（1）南风换流站。南风换流站位于南汇区沿海围垦滩涂上，与南汇风电场相邻。额定电压±30kV，额定直流电流 300A，额定换流容量 18WM，采用伪双极（对称单极）接线，装设一个±30kV、18MW 模块化多电平柔性直流换流阀单元，直流系统通过联接变压器阀侧星形绕组中性点经电阻接地。装设一台 20MVA 三相双绕组无载调压油浸式联接变压器。交流侧接入 35kV 交流系统，35kV 交流出线一回至南汇风电场。

（2）书柔换流站。书柔换流站位于浦东新区书院镇。额定电压±30kV，额定直流电流 300A，额定换流容量 18WM，采用伪双极（对称单极）接线，装设一个±30kV、18MW 模块化多电平柔性直流换流阀单元，直流系统通过联接变压器阀侧星形绕组中性点经电阻接地。装设一台 20MVA 三相双绕组无载调压油浸式联接变压器。交流侧接入 35kV 交流系统，35kV 交流出线一回至 35kV 大冶变电站。

（3）直流输电线路。南风换流站至书柔换流站之间采用 8.6km 直流电缆相连。

2. 参建单位

上海南汇柔性直流输电工程是国家电网公司重点科技示范项目，由国网科技部负责统筹协调，组织关键技术研究和关键设备研制，由国网上海市电力公司负责投资、建设和运营。

中国电力科学研究院是工程的技术总负责单位，结合科研项目开展柔性直流输电关键技术研究、换流阀等核心设备研发和工程成套设计。换流站工程设计单位为上海电力设计院，监理单位为上海电力监理咨询有限公司，施工单位为上海电力高压实业有限公司，调试单位为国网上海电力科学研究院，国网上海电力超高压分公司负责两个换流站的生产准备和运行维护。

在设备制造供货方面，中国电力科学研究院（中电普瑞电力工程有限公司）负责柔性直流换流阀、阀控制系统和阀冷却系统的研制与供货，国网电力科学研究院（南京南瑞继保有限公司）负责直流控制保护、直流电压电流测量装置、换流变压器保护、交流保护装置的研制与供货。其余主要设备制造厂商包括特变电工沈阳变压器集团有限公司（换流变压器）、河南平高电气股份有限公司（直流隔离开关）、西安西电避雷器有限责任公司（直流避雷器）、上海吉泰电阻器有限公司（启动电阻）、北京电力设备总厂（桥臂电抗器）。

3. 建设历程

2010 年 7 月，南风换流站土建工程开工；2010 年 11 月，书柔换流站土建工程开工；2011 年 2～3 月，南风换流站调试，单侧静止补偿器（STACOM）方式运行；2011 年 4～5 月，书柔换流站调试，单侧 STACOM 方式运行及两站 STATCOM 方式联调；2011 年 5 月 3 日并网，整体投入试运行；2011 年 6 月完成交流侧短路故障试验，结果表明该工程可有效提升风电场低电压穿越能力 50% 以上。2011 年 7 月 25 日，上海南汇柔性直流输电工程正式投入运行。

三、建设成果

上海南汇柔性直流输电工程是我国乃至亚洲第一个柔性直流输电工程，关键技术与关键设备均为我国首次研发并实现工程应用，工程系统研究、成套设计、工程设计完全由国内单位承担，工程施工、安装和调试等全部立足国内，主要设备 100% 由国内自主研制和供货。工程的顺利建成投运对于我国柔性直流输电技术发展和构建新型电力系统具有重要意义。以该工程为依托的科技项目"柔性直流输电关键技术研究、装置研制及示范应用"获得 2012 年国家电网公司科技进步特等奖。

（1）实现柔性直流输电技术的重大突破。2006 年，国家电网公司及时把握直流输电技术发展趋势，与德国西门子公司几乎同步开展了基于模块化多电平电压源换流器（MMC-VSC）的柔性直流输电技术研究，组建产学研用科研团队，在 50 多项关键技术上实现突破，在基础理论研究、关键技术攻关、核心装备研制、试验能力建设和工程系统集成等方面取得了一系列的自主创新成果，并于 2011 年在上海南汇柔性直流输电工程成功实现工程应用，使中国在柔性直流输电关键技术研究与工程应用领域实现了飞跃式发展，有力地打破了国外技术垄断，国家电网公司成为继瑞典 ABB、德国西门子公司后全球第三家完全掌握柔性直流输电核心技术的企业。

（2）实现直流输电技术的自主创新。一直以来，直流输电技术的重大创新发展均由欧美发达国家完成，中国基本上都是技术引进、消化吸收再发展创新，基础理论、关键技术、核心设备首次均是学习引进国外。上海南汇柔性直流输电工程首次实现直流输电重大技术创新完全由中国人自己完成，首次自主完成了柔性直流输电的理论构建、系统集成、工程设计、设备研制、建设实施和调试运行，其中 MMC-VSC 柔性直流换流阀与阀控、直流控制保护等关键设备完全依靠自主研制。上海南汇柔性直流输电工程的成功投运增强了国家电网公司自主创新的实力和信心，后续中国柔性直流输电技术不断创新发展，多端柔性直流、特高压柔性直流、直流电网等世界首创均由中国完成，为中国建设创新型国家贡献了力量。

工程建成后面貌如图 5-2～图 5-4 所示。

图 5-2　南风换流站

图 5-3　书柔换流站

图 5-4　书柔换流站阀厅

第二节　南澳 ± 160kV 多端柔性直流输电示范工程

南澳 ± 160kV 多端柔性直流输电示范工程是世界上首个多端柔性直流输电工程，2013 年 12 月 25 日投入运行。工程的建成投运标志着我国成为世界上第一个攻克技术难关、全面掌握多端柔性直流输电系统构建、设备成套、设计施工、试验调试、运行控制核心技术的国家，为远距离大容量输电、大规模间歇性清洁能源接入、多直流馈入、海上或偏远地区孤岛系统供电、构建直流输电网络等提供了安全高效解决方案，推动直流输电技术实现了新突破。

一、工程背景

20 世纪 80 年代，意大利、法国、美国等国家开始多端直流输电的研究及工程应用。1987 年，意大利和法国率先建成投运世界首条三端常规直流工程——± 200kV、200MW 意大利—科西嘉—撒丁岛三端直流输电工程。2015 年，印度建成投运 NEA800 三端直流输电工程，将常规多端直流输电工程电压等级提升至 ± 800kV，容量提升至 6000MW。

20 世纪 90 年代，柔性直流输电技术开始起步。1997 年，瑞典建成世界上首个柔性直流输电工程——± 10kV、3MW 的工业性试验工程。2011 年 7 月，中国建成投运的 ± 30kV、18MW 上海南汇柔性直流输电工程是亚洲首个柔性直流输电工程。上述工程均为端对端柔性直流输电工程，电压等级较低，输送容量较小。

根据《"十二五"广东海上风电输电规划研究》和南澳岛风电现状及发展规划，广东省南澳地区将建成五屿、塔屿等多个风电场，规划建设的洋东、塔屿海上风电场，总装机容量达 1700MW，上述海上风电场近区为南澳岛电网，岛上又有牛头岭、青澳、云澳等已建陆上风电场，装机约 143MW，这批风电如何可靠接入电网、确保系统安全稳定运行需要统筹规划研究。

2010 年 10 月，国家科技部启动 863 计划"先进能源技术领域智能电网关键技术研发（一期）"课题研究，中国南方电网公司启动重大项目"大型风电场柔性直流输电接入技术研究与开发"课题研究，以大型风电场通过柔性直流输电系统实现高效率和高可靠性的电网接入为目标，围绕大型风电场的柔性多端直流组网接入技术、大型风电场柔性直流输电接入对电网运行影响及交互特性分析技术、柔性输电变流器的关键技术、核心装备制造技术与工程应用等几方面的核心问题展开研究。2011年12月，中国南方电网公司和国家科技部正式签订任务书，牵头承担863计划"先进能源技术领域智能电网关键技术研发（一期）"重大项目课题3"大型风电场柔性直流输电接入技术研究与开发"。中国南方电网公司根据南澳岛风电现状及发展规划，提出在南澳岛近区开展大型风电场柔性直流输电接入技术研究与开发示范工程建设，实施多端直流组网的柔性直流输电系统的工程应用。2012年8月，广东省发展和改革委员会复函同意开展示范工程前期工作，并明确该项目委托汕头市发展和改革局核准（粤发改能电函〔2012〕2193号）。2012年10月10日，南方电网广东电网公司组织完成了示范工程可行性研究报告评审。2013年3月28日，汕头市发展和改革局印发《汕头市发展和改革局关于南澳至澄海大型风电场柔性直流输电接入技术研究与开发示范工程项目备案的通知》（汕市〔2013〕104号），项目法人为广东电网公司，项目实施单位为广东电网公司汕头供电局。

二、工程概况

1. 建设规模

南澳多端柔性直流输电示范工程额定电压±160kV，额定输送容量200MW，采用多端柔性直流输电技术。新建南澳岛送端青澳±160kV 换流站（50MW）、金牛±160kV 换流站（100MW）和澄海区受端塑城±160kV 换流站（200MW）；新建直流线路全长36.947km。扩建塑城220kV 变电站、金牛110kV 变电站，新建交流线路1.7km。核准动态总投资118844万元。南澳多端柔性直流输电示范工程示意图如图5-5所示。

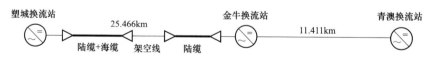

图 5-5　南澳多端柔性直流输电示范工程示意图

（1）青澳换流站工程。青澳换流站额定电压±160kV，额定换流容量50MW，换流器网侧接入110kV 系统。换流站采用伪双极（对称单极）接线方式，联接变压器阀侧星形绕组中性点经电阻接地；采用模块化多电平柔性直流换流阀，空气绝缘，水冷却，落地支撑式结构；联接变压器采用三相双绕组油浸式有载调压变压器，变比为 166/110kV，额定容量 60MVA；平波电抗器电感 10mH；桥臂电抗器电感 360mH；启动电阻 10kΩ；中性点接地电阻 5kΩ。直流出线 1 回至金牛换流站，汇集电力后经直流架空/电缆混合线路送出至受端朔城换流站。青澳风电场、南亚风电场接入青澳换流站。

（2）金牛换流站工程。金牛换流站额定电压 ±160kV，额定换流容量 100MW，换流器网侧接入 110kV 系统（以 110kV 电缆出线接入金牛 110kV 变电站）；换流站采用伪双极（对称单极）接线方式，联接变压器阀侧星形绕组中性点经电阻接地；采用模块化多电平柔性直流换流阀，空气绝缘，水冷却，落地支撑式结构；联接变压器采用三相双绕组油浸式有载调压变压器，变比为 166/110kV，额定容量 120MVA；平波电抗器电感 10mH；桥臂电抗器电感 180mH；启动电阻 8kΩ；中性点接地电阻 5kΩ。直流出线 1 回，汇集青澳换流站电力后通过直流架空/电缆混合线路送出至塑城换流站。牛头岭风电场、云澳风电场接入金牛换流站。

（3）塑城换流站工程。塑城换流站与塑城 220kV 变电站合建，额定电压 ±160kV，额定换流容量 200MW，换流器网侧接入塑城 220kV 变电站 110kV 侧。换流站采用伪双极（对称单极）接线方式，联接变压器阀侧星形绕组中性点经电阻接地；采用模块化多电平柔性直流换流阀，空气绝缘，水冷却，落地支撑式结构；联接变压器采用三相双绕组油浸式有载调压变压器，全户内布置，散热装置分体布置，变比为 166/110kV，额定容量 240MVA；平波电抗器电感 10mH；桥臂电抗器电感 100mH；启动电阻 5kΩ；中性点接地电阻 5kΩ。直流进线 1 回，接入青澳换流站、金牛换流站汇集送来的直流电力。

（4）直流输电线路。直流输电线路总长 36.947km，其中青澳换流站至金牛换流站直流线路为双极架空线路，长 11.411km；金牛换流站至塑城换流站直流线路为直流陆地电缆、海底电缆、架空混合线路，长 25.466km（陆地电缆长 7.848km，海底电缆线路长 9.991km，架空线路长 7.627km）；金牛换流站至汇流母线为电缆线路，长 0.07km。直流线路均按双极布置，架空部分的导线采用铝包钢芯铝绞线，普通地线采用铝包钢绞线，配套架设 OPGW 光缆。陆地电缆采用双极 $500mm^2$ 交联聚乙烯绝缘电缆，沿线敷设 1 根管道光缆。海底电缆采用导体截面积为 $500mm^2$ 的交联聚乙烯绝缘海底光电复合缆。

2. 参建单位

2012 年 4 月，中国南方电网公司召开 863 计划课题"大型风电场柔性直流输电接入技术研究与开发"示范工程立项与建设问题协调会，明确由广东电网公司负责南澳多端柔性直流输电示范工程前期工作。2012 年 4 月，中国南方电网公司成立南澳多端柔性直流输电示范工程推进领导小组和工作小组，统筹各方资源组织实施示范工程建设。

工程设计方面，可行性研究单位为广东省天联集团有限公司，EPC 总承包单位为广东省电力设计研究院和南方电网科学研究院联合体，同时负责工程设计与成套设计。

设备制造供货方面，主要供货商有：荣信电力电子股份有限公司（塑城换流站换流阀）、南京南瑞继保工程技术有限公司（金牛换流站换流阀、直流电压/电流测量装置）、中国西电电力系统有限公司（青澳换流站换流阀）、北京电力设备总厂（阀电抗器、直流电抗器）、广州高澜节能技术股份有限公司（阀冷却系统）、西安神电电器有限公司（启动电阻）、荣信电力电子股份有限公司（控制保护设备）、西安西电避雷器有限责任公司（避雷器设备）、宁波东方电缆股份有限公司（直流电缆标段1）、中天科技海缆有限公司（直流电缆标段 2）、西安西电高压套管有限公司（直流穿墙套管）、特变电工衡阳变压器有限公司（联接变压器）、北京宏达日新电机有限公司（166kV 组合电器）、上海吉泰电阻器有限公司（中性点接地电阻）、西门子（杭州）高压开关有限公司（直流隔离开关/接地开关）、广州市迈克林电力有限公司（直流复合绝缘子）、深圳市安捷工业光电有限公司（海缆在线综合监控预警系统）、西安西电电力电容器有限责任公司（电容式电压互感器）。

现场建设方面，主要参建单位：广东创成建设监理咨询有限公司（工程监理）、广东火电工程总公司（施工 1 标段，金牛换流站、青澳换流站及岛内线路）、广东省输变电工程公司（施工 2 标段，塑城换流站工程）、浙江舟山启明电力建设有限公司（施工 3 标段，海缆工程）、汕头市电力安装总公司（施工 4 标段，澄海区陆缆工程）、汕头经济特区广澳电力发展公司（施工 5 标段，消防工程）。

3. 建设历程

2012 年 8 月 2 日，启动系统研究和成套设计；2012 年 12 月 25 日，三个换流站"三通一平"工程开工；2013 年 4 月 10 日，主设备合同签订；2013 年 4 月 16 日，启动工程控制保护系统研发；2013 年 8 月 5 日，换流站开始电气安装施工；2013 年 6 月 3 日，控制保护联调启动；2013 年 10 月 28 日，工程启动验收委员会第一次会议召开，10 月 29 日开始站系统调试，12 月 10 日三站全面完成；2013 年 12 月 22 日，金牛、塑城和青澳换流站系统调试完成。2013 年 12 月 25 日，工程正式投运。

三、建设成果

作为国家 863 计划课题研究的依托工程，南澳多端柔性直流输电示范工程的建成投运标志着我国率先掌握了多端柔性直流输电技术。作为国内可再生能源接入及智能电网建设的示范工程，工程系统方案科学、技术方案先进、设备选型合理，新增直流外送通道提高了南澳岛风电的外送能力，经济社会效益显著，为后续大规模风电等可再生能源并网、未来直流电网的构建提供了有益的示范和借鉴。

（1）提升新能源外送能力。工程有效解决了南澳岛风电开发的送出问题，展示了柔性直流输电在风电接入方面的技术优势，提高风电利用率 5%～10%。每年能输送风电 5.6 亿 kWh，以供电标准煤耗（326g/kWh）计算，相当于节约了 18.25 万 t 标准煤，减少了 48.55 万 t 二氧化碳。

（2）掌握多端直流输电技术。工程采用"产学研用"结合方式自主研究，从主电路拓扑及系统接线、过电压及绝缘配合、控制保护策略、直流电缆选型和海缆敷设保护等入手，首次提出多端柔性直流输电的系统构建方案、拓扑结构和运行控制策略，组织国内厂家自主研制出全套关键设备，首次成功研制并应用 ±160kV 交联聚乙烯（XLPE）直流陆、海缆及其附件，首次研制成功多端柔性直流控制保护系统；通过运用三维优化选线技术，有效地避开了主要旅游景点、军事设施，大大减少了拆迁量；采用新型杆塔外观设计，因地制宜多方式结合优化电缆终端站（场）布置，与环境进行完美融合；研究并应用海缆综合保护方案、海缆综合监测系统、电缆中间接头井新型布置、固定防风偏跳线串及导、地线预绞丝金具等新技术、新产品；首次实现电缆和架空线的直流混合线路应用；依托工程编制并形成了系列国家和行业标准。

（3）创新成果丰硕。工程获得专利 20 项，其中发明专利 6 项；2015 年 1 月广州市科技和信息化局组织科学技术成果鉴定认为"项目总体研究成果达到国际先进水平"；2016 年获得第八届中国技术市场协会金桥奖优秀项目奖、2016 年电力行业技术市场金桥奖项目一等奖，以及 2016 年中国机械工业科技进步一等奖等。

工程建成后面貌如图 5-6～图 5-9 所示。

图 5-6　青澳 ± 160kV 换流站

图 5-7　金牛 ± 160kV 换流站

图 5-8　塑城 ± 160kV 换流站

图 5-9 塑城换流站柔性直流换流阀

第三节 舟山 ±200kV 五端柔性直流科技示范工程

舟山 ±200kV 五端柔性直流科技示范工程（简称舟山柔性直流工程）是世界上首个五端柔性直流输电工程，2014 年 7 月 4 日建成投运，是当时世界上电压等级最高、端数最多、单端容量最大的多端柔性直流输电工程。工程将舟山海岛电网结构由辐射馈线式供电模式转变为环网手拉手供电模式，舟山主网易受风电新能源并网影响存在的电压和频率波动问题得到了显著改善，交直流混联运行稳定性得到显著提高，大幅提升了舟山北部海岛电网供电可靠性。

一、工程背景

舟山群岛地处我国东南沿海、浙江省东北部，是中国第一大群岛。2011 国务院正式批准设立浙江舟山群岛新区，是继上海浦东、天津滨海、重庆两江之后又一个国家级新区，也是中国首个以海洋经济为主题的国家战略新区，经济快速发展，负荷增长潜力巨大。舟山柔性直流工程建设之前，舟山本岛通过 2 回 220kV 线路、3 回 110kV线路与浙江主网相联。受海岛地理条件限制，舟山群岛负荷相对分散，除舟山本岛有火电电源（舟山电厂）外，其余岛屿仅能通过舟山本岛供电或与上海联网供电（嵊泗地区），岛屿间相互联系较弱，舟山北部电网在故障情况下可能出现孤岛供电情况（如嵊泗地区 2010 年出现 8·10 全县停电事件），亟需增强舟山北部主要岛屿间及主要岛屿与舟山本岛间的电气联系，提高舟山北部电网的供电能力和供电可靠性。

为满足舟山群岛新区负荷增长需要，提高电网供电能力和抗灾能力，积极推进多端柔性直流输电技术在我国的示范应用，2012 年 10 月 16 日，浙江省舟山市发展和改革委员会以《关于舟山多端柔性直流输电示范工程配套试验能力建设项目核准的批复》（舟发改审批〔2012〕163 号）核准柔性直流输电配套试验能力建设项目。2012 年 11 月 2 日，国家电网公司以《关于浙江舟山 ±200 千伏多端柔性直流输电重大科技示范工程可行性研究报告的批复》（国家电网发展〔2012〕1374 号）批复了该工程可行性研究。2012 年 12 月 13 日，浙江省发展和改革委员会以《关于舟山多端柔性直流输电示范工程项目核准的批复》（浙发改能源〔2012〕1448 号）正式核准建设舟山柔性直流工程。

二、工程概况

1. 建设规模

舟山柔性直流工程包括柔性直流输电工程及配套交流输变电工程。柔性直流输电工程额定电压 ±200kV，总换流容量 1000MW，包括 5 座换流站、4 段直流电缆、5 个配套送出工程和 1 个试验能力建设项目。浙发改能源〔2012〕1448 号文件核准的工程动态总投资 42.1276 亿元，由国网浙江省电力公司出资建设。舟发改审批〔2012〕163 号文件核准的配套试验能力建设项目（海缆性能试验室、机械性能试验室、户外试验场等）总投资 16662 万元，由舟山供电公司自筹。

（1）柔性直流输电工程。

新建 5 座换流站，额定电压 ±200kV，总换流容量 1000MW。舟山本岛舟定换流站换流容量 400MW、额定电流 1000A，位于定海区定海工业园；岱山岛舟岱换流站换流容量 300MW、额定电流 750A，位于岱山县东沙镇；衢山岛舟衢换流站换流容量 100MW、额定电流 250A，位于岱山县衢山镇；泗礁岛舟泗换流站换流容量 100MW、额定电流 250A，位于嵊泗县菜园镇；洋山岛舟洋换流站换流容量 100MW、额定电流 250A，位于嵊泗县洋山镇。直流系统采用对称单极（伪双极）接线，舟定换流站、舟岱换流站采用阀侧星形联接电抗器（电感 3H、电阻 1kΩ）构成辅助接地中性点，舟洋换流站采用联接变压器阀侧星形绕组中性点经 2kΩ电阻接地，舟衢换流站、舟泗换流站采用联接变压器阀侧星形绕组中性点经开关和 2kΩ电阻接地（正常运行时开关打开，不接地）。所有换流站均采用模块化多电平柔性直流换流阀（MMC-VSC）；各换流站均装设一台三相双绕组油浸式联接变压器（舟定换流站变压器容量 450MVA、额定电压 230/205/10.5kV，舟岱换流站变压器容量 350MVA、额定电压 230/204/10.5kV，其他 3 个换流站变压器容量均为 120MVA、额定电压 115/208/10.5kV）。平波电抗器均为 20mH。舟定换流站桥臂电抗器 90mH、启动电阻 6kΩ，舟岱换流站桥臂电抗器 120mH、启动电阻 9kΩ，其他 3 个换流站桥臂电抗器 350mH、启动电阻 26kΩ。

新建直流线路 140.5km，其中海底电缆 129km，陆地电缆 11.5km；新建 1 条 30km、36 芯专用海底光缆。4 回 ±200kV 直流输电线路全部采用国产化全电缆方案，定海—岱山段长 52km，其中海底电缆线路 48km，陆地电缆线路 4km；岱山—衢山段长 16km，全部为海底电缆；岱山—洋山段长 38.9km，其中海底电缆线路 36km，陆地电缆线路 2.9km；洋山—泗礁段线路长 33.5km，其中海底电缆线路 29km，陆地电缆线路 4.5km。

（2）配套交流输变电工程。

舟定换流站通过 1 回 220kV 线路接入 220kV 云顶变电站，舟岱换流站通过 1 回 220kV 线路接入 220kV 蓬莱变电站，舟衢换流站通过 1 回 110kV 线路接入 110kV 大衢变电站，舟泗换流站通过 1 回 110kV 线路接入 110kV 嵊泗变电站，舟洋换流站通过 1 回 110kV 线路接入 110kV 沈家湾变电站。共计新建 5 回交流线路，总长 31.8km，其中 2 回 220kV 交流线路共计 22.1km，3 回 110kV 交流线路共计 9.25km。

舟山柔性直流工程示意图如图 5-10 所示。

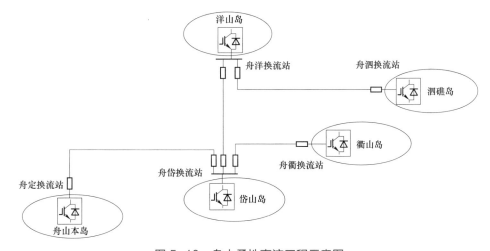

图 5-10　舟山柔性直流工程示意图

（3）配套试验能力建设项目。

建设直流电缆试验检测基地，按满足电压±320kV 电缆试验、兼顾 500kV 发展需求、最大截面积 3000mm² 电缆检测要求设计。主要建设屏蔽厅、机械性能试验厅、预鉴定设备区、海缆户外试验场、试验楼和其他辅助设施。

2. 参建单位

舟山柔性直流工程是国家电网公司重点科技示范项目，由国网科技部负责统筹协调，组织关键技术研究和关键设备研制；项目法人为国网浙江省电力公司，在国网浙江电力工程建设领导小组领导下成立工程建设现场指挥部并负责工程管理，采用 EPC（Engineering Procurement and Construction，设计、采购、施工）总承包模式建设。总承包单位为中国电力技术装备有限公司联合北京网联直流工程技术有限公司（履行建设管理及 EPC 管理职责），监理单位为浙江电力建设监理有限公司；国网北京经济技术研究院负责工程系统研究与成套设计，浙江省电力设计院、郑州电力设计院、舟山启明电力设计院负责工程设计，浙江省电力设计院负责设计牵头；换流站施工单位是浙江省送变电工程公司（舟定换流站、舟岱换流站、舟泗换流站）、山东送变电工程公司（舟衢换流站）、上海送变电工程公司（舟洋换流站），直流海缆施工由舟山启明电力建设有限公司承担，交流配套输变电施工由舟山市电力安装公司承担，浙江电科院负责工程调试。

主要设备供货厂家：舟岱、舟定、舟衢换流站换流阀及工程直流控制保护系统由南京南瑞继保电气有限公司负责供货，舟洋、舟泗换流站换流阀由许继集团有限公司负责供货；直流断路器由中电普瑞电力工程有限公司、许继集团有限公司负责供货；直流海缆由江苏中天电气装备集团有限公司（舟定换流站至舟岱换流站海缆、舟岱换流站至舟衢换流站海缆）、青岛汉缆股份有限公司（舟洋换流站至舟泗换流站海缆）、宁波东方电缆股份有限公司（舟岱换流站至舟洋换流站海缆）负责供货；阀冷却设备由许昌许继晶锐科技有限公司负责供货；舟定、舟衢换流站联接变压器由保定天威保变电气股份有限公司负责供货，舟岱换流站联接变压器由特变电工沈阳变压器集团有限公司负责供货，舟洋、舟泗换流站联接变压器由山东电力设备有限公司负责供货；平波电抗器由北京电力设备总厂负责供货，桥臂电抗器由西安中扬电气股份有限公司负责供货。

3. 建设历程

2012 年 12 月 13 日,浙江省发展和改革委员会核准建设舟山柔性直流工程;2013 年 3 月,完成成套设计和初步设计,进入全面施工阶段;2013 年 12 月,完成关键技术研究、设备研制和型式试验;2013 年 12 月~2014 年 3 月完成换流站电气安装和单体调试；2014年3~6月完成直流海缆敷设施工，工程分系统、站系统、系统调试；2014年6月27日，开始168h试运行；2014年7月4日，工程正式投运。

三、建设成果

依托舟山柔性直流工程建设实践，国家电网公司掌握了从系统研究、工程设计、设备研发制造、施工安装、系统调试、运行维护的多端柔性直流输电工程全套技术，装备实现100%国产化。工程投运创下多个世界第一：世界上第一个五端柔性直流输电工程；世界上第一根最长无接头直流海底电缆（38.9km，舟岱换流站至舟洋换流站）；世界上容量最大的联接变压器（450MVA）。同时，也是国内第一根直流电压等级最高的海底电缆（52km，舟岱换流站至舟定换流站）。工程建设相关成果多次荣获重要奖项，其中多端柔性直流输电关键技术、装备研制与工程应用获得浙江省科技进步一等奖、中国电力创新奖一等奖、国网浙江省电力公司科技进步特等奖、国家电网公司科技进步一等奖，直流多端关键技术、装备研制及工程应用获国网浙江省电力公司科技进步一等奖、国家电网公司科技进步一等奖、浙江电力科学技术一等奖及中国电力科学技术二等奖等。

（1）掌握了多端柔性直流系统构建与故障隔离技术。掌握了采用柔性直流换流阀构建多端直流系统的关键技术，提出了多端柔性直流拓扑结构与换流站主接线方式。通过研发应用200kV直流断路器和阻尼恢复系统，突破了直流系统故障电流毫秒级快速清除技术，实现了舟山柔性直流工程故障电流有效抑制、故障区域的毫秒级隔离与百毫秒快速恢复和单换流站独立带电投退，全面提升了系统运行的可靠性、灵活性，为舟山电网的稳定运行提供重要支撑。首次研发多端柔性直流控制保护系统和200kV高压直流断路器，推动半导体、高压开关、海底电缆等产业制造工艺提升，带动了国内装备制造业的发展；通过工程实践，我国全面掌握了多端柔性直流工程设计、施工、调试、运行等关键技术。

（2）提升了舟山群岛电网供电可靠性。舟山柔性直流工程将舟山群岛电网结构由辐射馈线式供电模式转变为环网手拉手的供电模式，供电可靠性和灵活性大幅提升。依托柔性直流输电的功率传输双向性以及有功、无功功率独立可调优势，提升了电网稳定水平和电能质量调节能力，有效地改善了风电场故障穿越水平，增强了风电消纳能力。工程投运后，成功经受住强台风等极端气象条件的考验，经历多次交流线路单相瞬时和永久接地故障的扰动而运行平稳，同时在节日调压、事故备用、检修备用方面发挥了巨大作用，并在交流电源失去后自动识别切换电网孤岛运行状态，有效提高了舟山电网可靠性。

（3）初步建立了柔性直流运维技术体系。依托舟山柔性直流工程，建成国内首个柔性直流运检人员培训基地，编制国内首套柔性直流输电换流站和直流断路器运行管理规定、运行典型操作票、标准化巡视作业指导书，出版国内首套运检岗位培训教材 2 套，参与制定电力行业标准 8 项、企业标准 1 项。建设国家电网公司柔性直流输电人才建设和运检成果的"孵化仓"。先后为张北、渝鄂、厦门等柔性直流工程技术人员授培 200 余人次，为张北柔性直流工程提供现场技术支援 7 人次。接待国内参观调研人员 2000 余人次，并先后接待过法国、希腊、韩国、葡萄牙、土耳其、印尼等多次国外交流访问。

工程建成后面貌如图 5-11～图 5-15 所示。

图 5-11　舟定±200kV 换流站

图 5-12　舟岱±200kV 换流站

图 5-13　舟衢 ±200kV 换流站

图 5-14　舟洋 ±200kV 换流站

图 5-15　舟泗 ±200kV 换流站

第四节 厦门±320kV 柔性直流输电科技示范工程

厦门±320kV 柔性直流输电科技示范工程（简称厦门柔性直流工程）是世界上第一个采用真双极、百万千瓦级的柔性直流输电工程，是当时世界上电压等级最高、输送容量最大的柔性直流输电工程，也是国内第一个用于验证柔性直流输电技术在大容量输电、城市电网扩容等方面的技术先进性的科技示范工程。厦门柔性直流工程的成功建设和运行，大幅提升了我国柔性直流输电技术水平和自主创新能力，促进了国内电工装备制造业的产业升级，对于推动我国电力工业科学发展、保障国家能源安全和电力可靠供应具有重大意义。工程于 2015 年 12 月 17 日正式投入运行。

一、工程背景

厦门市地处福建省东南部，是国家批准设立的中国经济特区和东南沿海重要的中心城市、港口、风景旅游城市，经济社会发展迅速、前景广阔。厦门电网是福建省沿海主要负荷中心，岛内用电负荷保持较快增长速度，同时地区电网易受台风等自然灾害影响，为满足经济持续快速增长的用能需求，对电网供电能力和供电可靠性提出了更高要求。2014 年以前厦门岛主要依靠英春—围里、钟山—东渡、嵩屿—厦禾 3 个进岛通道共 6 回 220kV 线路供电。2014 年建成进岛第四通道的新店燃气电厂—湖边一回 220kV 线路后，厦门岛通过 4 个进岛通道 7 回 220kV 线路与主网联络。基于厦门岛负荷持续增长，当时预计到 2016 年 7 回 220kV 进岛线路将无法满足供电需求。因此，需要建设新的进岛输电线路，提高厦门岛电网的供电能力及供电可靠性。

柔性直流输电技术是新一代直流输电技术，具有交流及常规直流不具备的向无源电网（孤岛）供电、快速独立控制有功与无功、潮流反转方便快捷、运行方式变换灵活等诸多优点，在国内外已成功应用于风电并网、电网互联、孤岛和弱电网供电、城市供电等领域。我国也已成功建成投产上海南汇柔性直流输电工程（电压等级±30kV、输电容量 18MW），并在高压大容量柔性直流输电领域开展了积极的技术研发储备。应用高压大容量柔性直流输电技术，建设厦门市翔安南部地区至厦门岛内湖里区的柔性直流输电工程，有利于满足厦门岛内电力负荷快速增长需要，保障供电可靠性，提高厦门岛内电网安全稳定运行水平。同时依托工程验证柔性直流输电技术在大容量输电、城市电网扩容等方面的技术先进性，加快推动先进输电技术在我国的发展应用。2013 年 11 月，国家电网公司印发《国家电网公司关于厦门柔性直流输电科技示范工程可行性研究报告的批复》（国家电网发展〔2013〕1758 号）。2013 年 12 月 19 日，厦门市发展和改革委员会印发《厦门市发展改革委关于厦门柔性直流输电科技示范工程项目核准的批复》（厦发改交能〔2013〕160 号）。

二、工程概况

1. 建设规模

厦门柔性直流工程建设"两站一线"，包括 ±320kV 浦园换流站、±320kV 鹭岛换流站、直流线路工程及配套 220kV 交流工程。额定电压 ±320kV，额定输送容量 1000MW，额定电流 1600A。工程动态总投资 29.93 亿元，由国网福建省电力有限公司出资建设。厦门柔性直流工程示意图如图 5-16 所示。

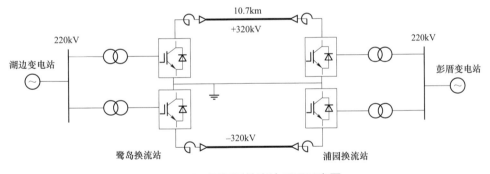

图 5-16　厦门柔性直流工程示意图

（1）浦园换流站工程。浦园换流站位于福建省厦门市翔安区，额定电压 ±320kV，额定换流容量 1000MW，换流器网侧接入 220kV 交流系统。采用对称双极（真双极）接线，采用户内直流场；全站装设 7 台 176.7MVA 单相双绕组油浸式换流变压器，其中 1 台备用（两站共用）；采用模块化多电平柔性直流换流阀，空气绝缘、水冷却、落地支撑式结构；每个阀组有 18 个阀塔共 1296 个子模块（采用 3300V/1500A 的 IGBT）；装设 12 台桥臂电抗器，2 台平波电抗器。换流变压器网侧通过交流电缆接入 220kV 彭厝变电站。换流站不设接地极，通过金属回线连接两端换流站中性线。

（2）鹭岛换流站工程。鹭岛换流站位于福建省厦门市湖里区。额定电压±320kV，额定换流容量 1000MW，换流器网侧接入 220kV 交流系统。采用对称双极（真双极）接线，采用户内直流场；全站装设 6 台 176.7MVA 单相双绕组油浸式换流变压器；采用模块化多电平柔性直流换流阀，空气绝缘、水冷却、落地支撑式结构；每个阀组有 18 个阀塔共 1296 个子模块（采用 3300V/1500A 的 IGBT）；装设 12 台桥臂电抗器，2 台平波电抗器。换流变压器网侧通过交流电缆接入 220kV 湖边变电站。换流站不设接地极，通过金属回线连接两端换流站中性线，在鹭岛换流站接地。

（3）直流线路工程。直流输电线路全线采用陆缆，线路全长 10.7km，其中 9.4km 利用已经建成通车的厦门翔安海底隧道的服务隧道，0.9km 为新建隧道，0.4km 为换流站两侧电缆沟隧道。直流输电线路包括两根 ±320kV 极线直流电缆和一根金属回流线电缆，极线电缆采用截面积为 1800mm² 的交联聚乙烯绝缘直流电缆，金属回流线电缆截面积为 1600mm²。

2. 参建单位

厦门柔性直流工程采取"业主全面负责、EPC 总承包"建设管理模式，国家电网公司科技部负责总体统筹协调，组织开展关键技术和关键设备攻关；国网福建省电力有限公司负责工程建设总体管理和监督协调，厦门供电公司具体负责工程建设管理；总承包单位中国电力技术装备有限公司和北京网联直流工程技术有限公司负责工程建设全过程（设计、设备、施工）具体执行。工程系统研究与成套设计单位为国网经济技术研究院，工程设计单位为福建省电力设计院（换流站）、福建永福电力设计有限公司（直流电缆线路）、中南电力设计院，监理单位为福建和盛工程管理有限公司（浦园换流站、直流线路）、厦门瑞骏电力监理咨询有限公司（鹭岛换流站），施工单位为福建送变电工程有限公司，工程调试单位为福建电力科学研究院，质量监督单位为福建电力建设工程质量监督中心站。

主要设备制造方面，浦园换流站主要供货单位：特变电工沈阳变压器集团有限公司（换流变压器）、西安中扬电抗器厂（桥臂电抗器）、北京电力设备总厂（平波电抗器）、中电普瑞电力工程有限公司（换流阀）、南京南瑞继保电气有限公司（直流控制保护）、北京 ABB 四方电力系统有限公司（直流穿墙套管）、平高东芝（廊坊）避雷器有限公司（换流变压器阀侧及换流阀上下桥臂避雷器）、南阳金冠电气有限公司（换流阀极线侧、中性线侧避雷器和极线避雷器）；鹭岛换流站主要供货单位：山东电力设备有限公司（换流变压器）、南京南瑞继保电气有限公司（直流控制保护）、北京电力设备总厂（平波电抗器、桥臂电抗器）、中电普瑞电力工程有限公司（换流阀）、北京 ABB 四方电力系统有限公司（直流穿墙套管）、平高东芝（廊坊）避雷器有限公司（换流变压器阀侧及换流阀上下桥臂避雷器）、南阳金冠电气有限公司（换流阀极线侧、中性线侧避雷器和极线避雷器）。

3. 建设历程

2013 年 12 月 19 日，工程获得厦门市发展和改革委员会项目核准批复；2014 年 2 月，完成项目 EPC 招标、初设、征地等前期工作；2014 年 7 月 21 日，工程开工建设；2015 年 10 月，工程竣工；2015 年 10～12 月，系统调试、试运行；2015 年 12 月 17 日，工程正式投入运行。

三、建设成果

厦门柔性直流工程是世界上第一个采用真双极、百万千瓦级的柔性直流输电工程，标志着我国柔性直流输电技术达到国际领先水平。依托工程开展的关键技术研究、关键设备研制和工程建设实践取得大量创新成果，荣获中国电力优质工程奖和国家优质投资项目特别奖。

（1）提出并掌握真双极柔性直流输电技术。为进一步提升柔性直流工程输送能力，提高可靠性，率先提出大容量柔性直流输电真双极主接线拓扑结构和主回路设计方案，真双极接线方案相比伪双极接线具有明显优势，直流设备绝缘水平大大降低，降低了设备制造难度和造价；直流故障时只影响故障极，对健全极没有影响，从而提高系统可靠性；易于系统分期建设和增容扩建，先投运单极再投运双极，有利于早日发挥投资效益；可在双极平衡、双极不平衡、单极大地回线、单极金属回线等方式下运行，运行方式灵活多样，通过工程实践验证了真双极柔性直流输电拓扑结构和主接线的可行性与可靠性，并且首次将柔性直流输送能力提升至百万千瓦水平。

（2）成功研制出高电压、大容量柔性直流关键设备。成功研制出世界上首个 320kV/500MW 换流阀及阀控设备，开发了基于百微秒级的"三取二"快速保护系统；研制并应用基于真双极的柔性直流控制保护系统；成功研制并应用首条 320kV 直流电缆，填补了世界相应技术装备的空白，进一步提升了我国柔性直流装备制造能力和水平。

（3）提升厦门岛内电网供电能力和可靠性。工程建成后有效消除了厦门岛作为无缘电网的劣势，不仅可以补充岛内电力缺额，还具备动态无功补偿功能，快速调节岛内电网无功功率，提高供电可靠性和稳定水平。

工程建成后面貌如图 5-17～图 5-19 所示。

图 5-17　浦园 ±320kV 换流站

图 5-18　鹭岛 ±320kV 换流站

图 5-19 浦园换流站阀厅

第五节 渝鄂 ±420kV 背靠背直流联网工程

渝鄂 ±420kV 背靠背直流联网工程是当时世界上电压等级最高、输送容量最大、功能最全的柔性直流输电工程,2019 年 7 月 2 日全面建成投运。直流额定电压 ±420kV、额定输送容量 5000MW。工程首次将柔性直流输电技术应用于大区电网互联,实现西南(川渝)电网和华中(东四省)电网异步互联,首次将柔性直流输电电压、输送容量提升至常规直流水平,与此同时将柔性直流工程运行可靠性提升至常规直流水平,为柔性直流输电技术发展翻开了新篇章。

一、工程背景

渝鄂背靠背直流联网工程之前,川渝电网与华中东部电网通过九盘—龙泉双回、张家坝—恩施双回 500kV 线路相联,受制于线路热稳定,渝鄂断面 4 回 500kV 线路送电湖北极限功率约 2600MW、送电重庆极限功率约 3300MW。随着西南水电特别是西藏水电进一步开发，当时预计 2020 年左右川渝电网与华中东部电网将形成交、直流电网并列运行格局；同时四川电网不断向西延伸，输电距离越来越长，根据国家电网公司规划，西南 500kV 电网将从昌都地区进一步延伸至藏中地区，四川水电外送通道"强直弱交"问题及长距离送电稳定问题日益突出，给电网安全稳定运行带来较大风险。为了解决电网安全稳定问题，综合考虑西南电网构建，国家电网公司规划建设渝鄂背靠背直流联网工程，实现西南与华中异步联网。

考虑渝鄂断面已有九盘—龙泉（北通道）和张家坝—恩施（南通道）两个 500kV 输电通道距离较远，从系统条件看，渝鄂断面南通道湖北侧系统较弱，北通道重庆侧较弱。如采用常规直流技术方案，由于接入系统需要一定的电压支撑能力，联络线 π 接电气点应尽量靠近系统较弱的一侧，即南通道站址应靠近湖北 500kV 恩施变电站，北通道站址应靠近重庆 500kV 九盘变电站，站址选择受系统条件约束大。如采用柔性直流技术方案，受系统条件制约小，可以沿线优选站址。从选站实际工作看，渝鄂输电通道沿线基本为高山大岭，很难选到满足常规直流需求的站址，可选站址大件运输条件差，换流变压器等大型设备进场困难；站址可用水源地势低，最大高差超过 1000m，需采用 5 级泵站升压，取水代价过大，可靠性难以保证。根据现场勘测情况，北通道仅湖北境内沿线具备选址条件（与系统约束条件相反）。考虑综合利用现有运维力量，换流站站址选在湖北侧更有优势。综合考虑上述因素，最终推荐建设方案为在南通道、北通道各建设一座 2×1250MW 柔性直流背靠背换流站，额定输送容量合计 5000MW，站址均选在湖北境内。2015 年 10 月，工程可行性研究报告通过审查。之后，以国家电网发展〔2016〕715 号文上报核准请示。2016 年 12 月 26 日，国家发展和改革委员会印发《国家发展改革委关于渝鄂直流背靠背联网工程项目核准的批复》（发改能源〔2016〕2754 号）。

二、工程概况

1. 建设规模

新建南通道施州换流站、北通道宜昌换流站两个背靠背柔性直流换流站，两站额定电压均为 ±420kV，每站额定输送功率均为 2500MW，工程总输送容量 5000MW。此外，龙泉换流站扩建 500kV 出线间隔 1 个，重庆九盘—湖北龙泉双回 500kV 线路开断 π 进北通道换流站，重庆张家坝—湖北恩施双回 500kV 线路开断 π 进南通道换流站。工程核准动态总投资 64.94 亿元，由国家电网公司投资建设。图 5-20 为渝鄂背靠背直流联网工程示意图。

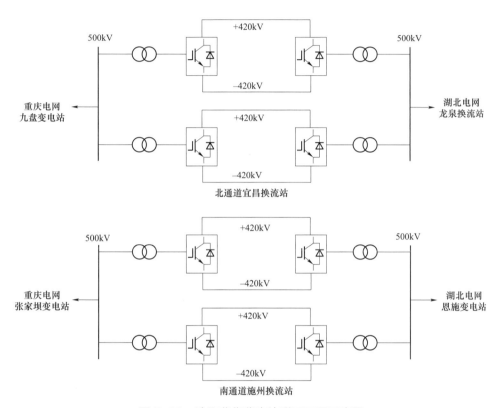

图 5-20　渝鄂背靠背直流联网工程示意图

（1）南通道施州换流站工程。施州换流站位于湖北省恩施自治州咸丰县。新建两个额定电压 ±420kV、额定输送容量 1250MW 的背靠背柔性直流单元；采用对称单极接线（伪双极），全站 4 个柔性直流换流阀组，总换流容量 2500MW；安装 13 台单台容量 460MVA 的联接变压器，其中 1 台备用，交流侧中性点直接接地，直流侧通过联接变压器阀侧中性点经电阻接地。本期 500kV 交流出线 4 回（张家坝—恩施线 π 进），重庆侧出线 2 回至张家坝变电站（118km），湖北侧出线 2 回至恩施变电站（43km）。

（2）北通道宜昌换流站工程。宜昌换流站位于湖北省宜昌市夷陵区。新建两个额定电压 ±420kV、额定输送容量 1250MW 的背靠背柔性直流单元；采用对称单极接线（伪双极），全站 4 个柔性直流换流阀组，总换流容量 2500MW；安装 13 台单台容量 460MVA 的联接变压器，其中 1 台备用，交流侧中性点直接接地，直流侧通过联接变压器阀侧中性点经电阻接地。本期 500kV 交流出线 4 回（九盘—龙泉线 π 进），重庆侧出线 2 回至九盘变电站；湖北侧出线 2 回至龙泉换流站。

2. 参建单位

国家电网公司特高压部（原直流建设部）行使项目法人职责，负责工程建设全过程的总体管理和协调；国网直流建设公司负责南通道恩施换流站、北通道宜昌换流站本体工程建设管理；国网信息通信分公司负责系统通信工程建设管理；国网物资有限公司负责设备物资供应管理；国网湖北省电力公司负责南、北通道换流站"四通一平"工程建设管理，以及配套 500kV 线路切改工程建设管理和换流站生产准备。

工程设计方面，国家电网公司特高压部总体管理与协调，系统研究与成套设计由国网北京经济技术研究院负责，南通道施州换流站由中南电力设计院、湖北省电力设计院承担工程设计，北通道宜昌换流站由中南电力设计院、山西省电力设计院承担工程设计。

主要设备供货方面，施州换流站主要供货商：常州西电变压器有限责任公司（13 台联接变压器）、许继集团有限公司（全站换流阀、直流控制保护）、厦门 ABB 高压开关有限公司（500kV 组合电器）、北京电力设备总厂（桥臂电抗器）、传奇电气（沈阳）有限公司（穿墙套管）、杭州西门子高压开关有限公司（启动回路断路器）、南京南瑞继保工程技术有限公司（直流分压器、直流电流测量装置）、上海久能机电制造有限公司（启动电阻）、上海吉泰电阻器有限公司（中性点接地电阻）、西安西电避雷器有限责任公司（阀厅避雷器）；宜昌换流站主要供货商：特变电工衡阳变压器有限公司（13 台联接变压器）、荣信汇科电气有限公司（单元一换流阀）、中电普瑞电力工程有限公司（单元二换流阀）、北京四方继保工程技术有限公司（直流控制保护）、厦门 ABB 高压开关有限公司（500kV 组合电器）、西安中扬电气股份有限公司（桥臂电抗器）、传奇电气（沈阳）有限公司（穿墙套管）、杭州西门子高压开关有限公司（启动回路断路器）、南京南瑞继保工程技术有限公司（直流分压器、直流电流测量装置）、上海久能机电制造有限公司（启动电阻）、上海吉泰电阻器有限公司（中性点接地电阻）、西安西电避雷器有限责任公司（阀厅避雷器）。北京网联直流工程技术有限公司、中国电力科学研究院、武汉南瑞科技有限公司承担监造和技术咨询。

现场建设方面，南通道施州换流站：浙江电力建设监理有限公司与湖北鄂电监理有限公司联合体（工程监理）、江苏长江机械化基础工程公司（桩基）、湖北送变电公司（场平）、河南省第二建设集团有限公司（土建 A 包）、河南三建建设集团有限公司（土建 B 包）、河南送变电工程公司（电气安装）；北通道宜昌换流站：武汉中超电网建设监理有限公司（工程监理）、中冶集团武汉勘察研究院有限公司（桩基）、宜昌三峡送变电工程有限公司（场平）、辽宁送变电公司（土建工程）、湖北送变电公司（电气安装）；调试试验单位：北京网联直流工程技术有限公司（控制保护联调）、湖北省电力试验研究院（施州站、宜昌交接试验与特殊试验）、中国电力科学研究院（系统调试）。

3. 建设历程

2016 年 12 月 26 日，工程由国家发展和改革委员会核准建设；2017 年 5 月 25 日，举行开工仪式，工程开工建设；2017 年 9 月，换流站主体工程开工；2019 年 1 月 23 日，南通道施州换流站完成系统调试，1 月 31 日完成 168h 试运行；2019 年 6 月 24 日，北通道宜昌换流站完成系统调试，7 月 2 日完成 168h 试运行；2019 年 7 月 2 日，工程全面建成投运。

三、建设成果

渝鄂背靠背直流联网工程是世界上电压等级最高、输送容量最大、功能最全的柔性直流输电背靠背联网工程，首次研发并应用世界上最高电压等级、最大换流容量的柔性直流输电技术，首次规模化应用我国自主研发的最高参数 IGBT 电力电子器件，在柔性直流系统构建、系统支撑能力、可靠性提升、控制策略优化完善等方面实现重大创新，解决了一批国际柔性直流技术发展中遇到的基础性问题。获得国家电网有限公司 2021 年科技进步一等奖。

（1）深度掌握柔性直流系统构建方案。掌握了适应柔性直流特点的过电压与绝缘配合策略、保护动作逻辑、多级控制协调配合逻辑。掌握了柔性直流与大电网的相互作用与故障演化机理，提出了高阻接地柔性直流系统新型拓扑结构和极端故障下暂态应力分级抑制方法，保证了交流断路器失灵、保护拒动等各种复杂故障工况下柔性直流设备的安全性。研究了柔性直流与系统交互引发的高频振荡机理，提出了自适应非线性滤波控制、参数动态调节等柔性直流宽频阻抗调节方法，在不增加设备投资的条件下有效解决了柔性直流系统宽频振荡问题。通过机电暂态、电磁暂态的深度对接，底层算法、端口特性的迭代校验，一次设备、控制系统的精确等值，提出了适应大电网仿真研究的柔性直流模型。

（2）有效提升柔性直流系统支撑能力。通过柔性直流的定电压控制方式，实现了无功功率的快速支撑、连续调节，提高了电压稳定水平。提出了交流电压快速响应和换流站功率稳态复归方法，充分融合有源强系统可调容量大和柔性直流响应快的特点，实现了大容量柔性直流接入有源强系统的交流电压/频率快速紧急支撑。提出了动态低压限流控制、分桥臂暂时性闭锁、子模块动态冗余调压等多层级故障穿越控制方法，确定了换流器故障穿越、保护动作、器件耐受的精准配合逻辑，形成了完善的系统—设备—器件三级协同故障穿越体系，提高了故障期间的功率传输能力；提出了柔性直流频率调制功能，通过柔性直流控制保护和安稳系统协同，实现了渝鄂柔性直流与三峡近区直流、西南水电外送直流的联合调制。

（3）全面提升了柔性直流可靠性。通过深入研究以往柔性直流工程运行故障的特点、规律和原因，针对柔性直流基本特性与运行机理、换流阀中控板、驱动板、电源板、阀控、阀冷、器件选型、控制保护策略与逻辑八个方面进行专项研究，强化设计引领，规范接口规约，严格试验考核，形成 20 项指导文件，提出了 152 项通用要求、64 项强制性要求。调试试验和投运后三年运行表明，换流阀子模块年失效率从以往工程的 3%以上降低到 0.3%以下，平均能量可用率从 70%以下提升到 94%以上，年平均强迫停运率从 3.5 次/极降低到 0.5 次/极以下。依托工程，在国际上首次将柔性直流输电能力和可靠性同步提升到常规直流水平。工程的成功建设与安全可靠运行推进了柔性直流技术从科研示范向成熟工业化应用转变，带动了我国电工装备制造业的创新升级，形成了柔性直流可靠性提升和试验检测技术标准体系，为新型电力系统构建奠定了坚实的技术基础。

（4）进一步优化了我国电网结构。渝鄂柔性直流背靠背工程建成后，首次应用柔性直流实现大区电网异步互联，发挥系统灵活运行和控制的显著优势，实现川渝电网和华中东四省电网异步互联，优化西南电网结构，从根本上解决 500kV 交流电网跨区长链式稳定问题，有效降低特高压电网"强直弱交"带来的结构性风险，简化电网安全稳定控制策略，提高电网运行灵活性和可靠性，是西南电网构建的标志性工程，有效提高了川渝电网与华中东部电网互济能力。

工程建成后面貌如图 5-21～图 5-23 所示。

图 5-21　南通道施州换流站

图 5-22　北通道宜昌换流站

图 5-23　柔性直流换流阀

第六节　张北±500kV 柔性直流电网试验示范工程

张北±500kV 柔性直流电网试验示范工程（简称张北柔直工程）是我国自主研发、设计、建设、运行的世界首个柔性直流电网工程，也是世界上首个汇集和输送大规模风电、光伏、抽蓄等多种形态能源的柔性直流电网工程，首次实现多点汇集、多点送出、柔性直流组网、多能互补，工程于 2020 年 6 月 29 日投入运行。张北柔直工程是 2022 年北京冬季奥运会重点配套工程，大幅提升了张北地区新能源送出能力，提高了京津冀地区绿色电能比例，助力冬奥会绿色电能供应，为解决新能源大规模开发和消纳的世界难题提供了"中国方案"。

一、工程背景

能源安全是国家安全的重要保障。我国能源供给和消费结构性矛盾突出，化石能源对外依存度逐年攀升，必须加快推进能源转型，大力开发利用可再生能源，提升非化石能源占比，增强能源自主保障能力。河北省张北坝上高原的风电、太阳能发电资源十分丰富，距离北京负荷中心仅 200～350km，开发条件十分优越，可开发规模高达 8500 万 kW，是国家规划的大型可再生能源基地。北京能源消耗总量大，电力需求强劲，迫切需要外来电力支撑，近在咫尺的张北新能源是北京乃至华北地区能源结构转型的重要选择。风电、太阳能发电存在波动性大、可控性弱的固有特征，若采用常规交、直流输电技术，需配套大量常规能源发电或储能等设施，才能实现大规模稳定送出。我国待开发的大量新能源均处于电网薄弱的地区，面临大量"清洁"能源难以"清洁、高效"开发利用的困境，张北面临的问题在全国范围内具有典型性。位于华北电网末端、电网结构薄弱的张北地区，现有 5000MW 新能源的消纳压力已经很大，进一步发展的空间受限。

2014 年 4 月，有关专家建议采用柔性直流输电技术实现华北地区风电场群间的互联及电力外送，根治华北雾霾，受到党中央高度重视。2014 年 5 月，国家能源局部署研究张北地区通过柔性直流输电技术实现大规模新能源外送的可行性；2016 年 2 月国家能源局《关于贯彻落实北京市大气污染防治工作座谈会会议精神有关工作安排的通知》提出规划建设张北柔直工程；2016 年 4 月～2017 年 4 月，在国家能源局的大力支持下，国家电网公司多次组织召开张北柔性直流输电技术方案专家咨询论证会，多位院士及国家能源局、中国电力企业联合会、中国国际工程咨询有限公司、电力规划设计总院等单位专家参与，经过反复论证，最终提出了张北工程柔性直流组网方案。

柔性直流电网技术采用全可控的大功率 IGBT 器件和新型换流拓扑进行交直流电变换，采用微秒级的"超高速"测控单元进行系统控制，从根本上获得了与新能源特性相匹配的可控性和适应性，大幅提高了电网侧对新能源的驾驭能力。"柔性"的特征，决定了可不依赖交流电网的强弱独立运行，可为交流电网和清洁能源机组提供动态支撑，使得新能源能够与交流电网无缝衔接，无需传统能源发电支撑。"电网"的特征，决定了可通过"多点汇集""多能互补""大范围时空互补""大范围源网荷协同"，平抑新能源的波动性，实现新能源大规模开发利用和友好消纳。多点馈入的清洁能源可不依赖于交流电网直接孤岛并入直流电网，通过调节端与抽水蓄能电站之间的功率互补，实现新能源侧"波动"发电和负荷侧"稳定"供电。

以张北柔直工程为代表的柔性直流输电工程被列入国家能源技术创新"十三五"和"十四五"规划、《电力发展"十三五"规划》《能源技术革命创新行动计划（2016～2030）》国家重点研发计划和《中国制造 2025》。2016 年 7 月，张北柔直工程可行性研究通过评审，国家电网公司以国家电网发展〔2017〕525号文上报核准请示。2017年4月，国家能源局委托国核电力规划设计研究院进行专题评估，专家组认为示范工程系统方案合适、技术方案可行、投资规模合理、设备具备应用条件。2017年12月14日，国家发展和改革委员会印发发改能源〔2017〕2151号《国家发展改革委关于张北柔性直流电网试验示范工程核准的批复》。

二、工程概况

1. 建设规模

张北柔直工程包括张北、康保、丰宁、北京四个±500kV换流站，以及张北—康保—丰宁—北京—张北±500kV直流架空线路、金属回流线路，配套建设相应的OPGW光纤通信和无功补偿及二次系统设备。工程核准静态投资122.34亿元、动态投资124.78亿元，由国网北京市电力公司（北京换流站、北京市境内线路）、国网冀北电力公司（张北、康保、丰宁换流站及河北省境内线路）出资建设。图5-24为张北柔直工程示意图。

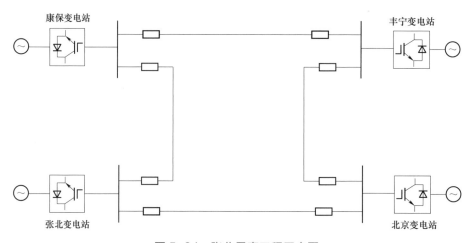

图5-24　张北柔直工程示意图

（1）张北换流站工程。张北换流站位于河北省张家口市张北县公会镇，海拔1344m。换流站额定直流电压±500kV，额定换流容量3000MW，换流器采用对称双极、中性线金属回线接线，每极装设1个1500MW柔性直流换流单元，额定直流电流3000A，采用"半桥MMC+直流断路器"设备配置方案；直流场采用简化单母线接线，换流器高压侧通过快速开关接入直流母线，直流线路侧通过直流断路器接入直流母线，中性线侧设置中性母线，换流器低压侧通过中性母线开关（Neutral busbar switch，NBS）接入中性母线，金属回线通过 MBS 直流断路器接入中性母线。本期 2 回直流出线，至康保换流站、北京换流站各 1 回，本期全站装设 4 台 500kV 直流断路器、4 台 MBS 直流断路器。在换流变压器至换流阀之间设置交流侧启动回路，在直流母线与换流阀之间设置直流启动回路，作为孤岛方式启动。每回每极直流出线装设 1 台 150mH 限流电抗器。每极中性母线装设 2 台 150mH 限流电抗器。每极装设 6 台 50mH 桥臂电抗器。本期安装 6 台 566.7MVA 换流变压器，备用 1 台。为解决孤岛方式下功率盈余问题，在张北换流站内配置 2×4×375MW 交流耗能装置，在 220kV 侧装设 2×600MVA 耗能降压变压器，每台耗能降压变压器低压侧装设 4×375MW 耗能装置。换流变压器交流侧接入 220kV 交流系统，安装 2 组 1200MVA 联络变压器；联络变压器低压侧装设 66kV 无功补偿装置 3×60Mvar 低容和 1×60Mvar 低抗。本期 500kV 交流出线 1 回至 1000kV 特高压张北变电站；220kV 采用双母双分段接线，出线 12 回均为风电场接入。张北换流站正常方式孤岛运行，也可联网运行。

（2）康保换流站工程。康保换流站位于河北张家口市康保县李家地镇，海拔 1385m。换流站额定直流电压 ±500kV，额定换流容量 1500MW，换流器采用对称双极、中性线金属回线接线，每极装设 1 个 750MW 柔性直流换流单元，额定直流电流 1500A，采用"半桥 MMC+直流断路器"设备配置方案；直流场采用简化单母线接线，换流器高压侧通过快速开关接入直流母线，直流线路侧通过直流断路器接入直流母线，中性线侧设置中性母线，换流器低压侧通过 NBS 直流转换开关接入中性母线，金属回线通过 MBS 直流断路器接入中性母线。本期 2 回直流线路至张北、丰宁换流站，远期 3 回直流出线，直流场和直流断路器具备扩建条件。本期全站装设 4 台 500kV 直流断路器、4 台 MBS 直流断路器。在换流变压器至换流阀之间设置交流侧启动回路，在直流母线与换流阀之间设置直流启动回路，作为孤岛方式启动。每回每极直流出线装设 1 台 150mH 限流电抗器。每极中性母线装设 1 台 300mH 限流电抗器。每极装设 6 台 100mH 桥臂电抗器。本期安装 6 台 283.3MVA 换流变压器，备用 1 台。为解决孤岛方式下功率盈余问题，在康保换流站内配置 2×2×375MW 交流耗能装置，在 220kV 侧装设 2×300MVA 耗能降压变压器，每台耗能降压变压器低压侧装设 2×375MW 耗能装置。换流变压器交流侧接入 220kV 交流系统，安装 1 组 1200MVA 联络变压器，低压侧装设 3×60Mvar 低容和 1×60Mvar 低抗。本期 500kV 交流出线 1 回至康保 500kV 变电站；220kV 采用双母双分段接线，出线 8 回均为风电场接入。康保换流站正常方式孤岛运行，也可联网运行。

（3）丰宁换流站工程。丰宁换流站位于河北省承德市丰宁县黄旗镇，海拔958m。额定直流电压 ±500kV，额定换流容量 1500MW，换流器采用对称双极、中性线金属回线接线，每极装设 1 个 750MW 柔性直流换流单元，额定直流电流1500A，采用"半桥 MMC+直流断路器"设备配置方案，直流场采用简化单母线接线，换流器高压侧通过快速开关接入直流母线，直流线路侧通过直流断路器接入直流母线，中性线侧设置中性母线，换流器低压侧通过 NBS 直流转换开关接入中性母线，金属回线通过 MBS 直流断路器接入中性母线。本期 2 回直流出线，分别至北京换流站 1 回，康保换流站 1 回，远期 3 回直流出线，直流场和直流断路器具备扩建条件，本期全站装设 4 台 500kV 直流断路器、4 台 MBS 直流断路器。在换流变压器至换流阀之间设置启动回路。每极装设 1 台 150mH 限流电抗器。每回中性母线装设 1 台 300mH 限流电抗器。每极装设 6 台 100mH 桥臂电抗器。本期安装 6台 283.3MVA 换流变压器，备用 1 台。换流变压器交流侧接入 500kV 交流系统，500kV 交流线路本期 2 回出线至金山岭 500kV 变电站。

（4）北京换流站工程。北京换流站位于北京市延庆区八达岭镇，海拔 608m，与 500kV 变电站合建。额定直流电压 ±500kV，额定换流容量 3000MW，换流器采用对称双极、中性线金属回线接线；每极装设 1 个 1500MW 柔性直流换流单元；采用"半桥 MMC+直流断路器"设备配置方案，直流断路器可以在线隔离换流器和直流线路故障。直流场采用简化单母线接线，换流器高压侧通过快速开关接入直流母线，直流线路侧通过直流断路器接入直流母线，中性线侧设置中性母线，换流器低压侧通过 NBS 直流转换开关接入中性母线，金属回线通过 MBS 直流断路器接入中性母线。本期 2 回直流线路至张北、丰宁换流站，远期 3 回直流出线，直流场和直流断路器具备扩建条件，本期全站装设 4 台 500kV 直流断路器、4 台 MBS 直流断路器。在换流变压器至换流阀之间设置启动回路。每极装设 1 台 150mH 限流电抗器。每回中性母线装设 2 台 150mH 限流电抗器。每极装设 6 台 50mH 桥臂电抗器。本期安装 6 台 567.7MVA 换流变压器，备用 1 台。换流变压器交流侧接入 500kV交流系统，交流 500kV 出线 2 回至昌平 500kV 变电站；本期联络变压器 2×750MVA，低压侧装设 2×60Mvar 低容和 1×60Mvar 低抗；交流 220kV 本期出线 5 回，分别至西白庙 2 回、邓庄 2 回、八达岭牵引站 1 回。

（5）直流输电线路工程。直流输电线路工程为四端环网结构，直流线路与中性线金属回线同塔架设，线路途径河北省张家口市康保县、张北县、万全区、崇礼区、宣化区、怀来县、赤城县、沽源县，承德市丰宁县和北京市延庆区。线路全长658.866km（折单），其中单回双极架设595.294km，双回四极架设63.572km（折单）。河北段线路全长657.522km（折单），北京段1.344km（含极导线和金属回线）。直流输电线路包含张北—康保、康保—丰宁、丰宁—北京和张北—北京共四条±500kV直流架空线路，线路长度分别为49.222、204.032、189.888km（含共塔段31.786km，不含北京段）和215.724km（含共塔段32.254km，含北京段1.344km），在张北—北京直流线路段正极张北换流站侧试用510m、500kV、3000A直流电缆。线路经过地区最高海拔2125m。本工程设计基准风速取27、29、30m/s三种，设计覆冰全线为10mm。全线铁塔合计1275基，其中单回路耐张塔276基、单回路直线塔917基、双回路耐张塔30基、双回路直线塔52基。

一般线路段导线采用4×JL/G2A-720/50钢芯铝绞线，官厅水库跨越段采用4×AACSR/EST-500/230特强钢芯高强度铝合金绞线。金属回流线在一般线路段采用2×2×JNRLH60/G1A-400/35耐热铝合金导线，官厅水库跨越段采用4×AACSR/EST-500/230特强钢芯高强度铝合金绞线。综合考虑地线起晕电场强度、机械特性、防雷要求及导地线配合等多方面因素，工程单回路段两根地线均采用不锈钢管层绞式全铝包钢结构36芯光缆OPGW-130，双回路段采用72芯OPGW-120，官厅水库跨越段采用72芯OPGW-170。

2. 参建单位

国家电网有限公司特高压建设部（原直流建设部）行使项目法人职责，负责工程建设全过程的总体管理和协调。国网北京电力负责北京换流站"四通一平"建设管理，国网冀北电力负责张北、康保和丰宁换流站"四通一平"和直流线路工程建设管理，以及张北、康保换流站主体工程建设管理；国网直流建设分公司负责丰宁和北京换流站主体工程建设管理；国网信通公司负责通信工程建设管理；国网物资公司负责换流站设备物资供应管理；国网经研院、中国电科院、联研院等直属单位作为专业科研机构，为工程建设提供技术支撑。

工程设计方面，国网经研院是工程成套设计单位和工程设计技术牵头单位。换流站设计方面，北京、丰宁、张北、康保换流站分别由中南、西南、浙江电力设计院和福建省电力勘测设计院负责设计。直流输电线路设计单位主要有安徽、湖南、河南、河北、江苏、湖北、东北、华北电力设计院，国核电力规划设计研究院；配套光纤通信工程由华北电力设计院设计。

主要设备制造方面，北京换流站：保定天威保变电气股份有限公司联合重庆ABB变压器有限公司（换流变压器）、中电普瑞电力工程有限公司（柔性直流换流阀）、南京南瑞继保电气有限公司（直流控制保护、直流断路器）、西安中扬电气股份有限公司（桥臂电抗器）、北京电力设备总厂有限公司（极母线限流电抗器）、北京ABB四方电力系统有限公司（直流穿墙套管）。丰宁换流站：西安西电变压器有限责任公司（换流变压器）、许继电气集团有限公司（柔性直流换流阀、直流断路器）、南京南瑞继保电气有限公司（直流控制保护）、北京电力设备总厂有限公司（桥臂电抗器）、西安中扬电气股份有限公司（极母线限流电抗器）、思源电气股份有限公司（直流断路器）、北京ABB四方电力系统有限公司（直流穿墙套管）。张北换流站：山东电力设备有限公司联合广州西门子变压器有限公司（换流变压器）、南京南瑞继保工程技术有限公司（柔性直流换流阀、直流断路器、直流控制保护、直流电压电流测量装置）、西安中扬电气股份有限公司（桥臂电抗器）、北京电力设备总厂有限公司（极母线限流电抗器）、许继柔性输电系统公司（交流耗能装置）、北京ABB四方电力系统有限公司（直流穿墙套管）。康保换流站：特变电工沈阳变压器集团有限公司（换流变压器）、北京ABB四方电力系统有限公司（柔性直流换流阀）、南京南瑞继保电气有限公司（直流控制保护）、北京电力设备总厂有限公司（直流断路器、桥臂电抗器）、西安中扬电气股份有限公司（极线限流电抗器）、许继柔性输电系统公司（交流耗能装置）、中电普瑞电力工程有限公司（直流断路器）、北京ABB四方电力系统有限公司（直流穿墙套管）。国网经研院、中国电科院、国网电科院承担设备监造工作。

现场建设方面，北京换流站：湖南电力工程咨询有限公司（监理）、天津电力建设有限公司（土建A）、上海电力建筑工程有限公司（土建B）、北京电力工程公司（四通一平）、湖南送变电公司（电气安装A）、北京电力工程公司（电气安装B）、冀北电科院（特殊交接试验）；丰宁换流站：湖北环宇工程建设监理有限公司（监理）、辽宁送变电公司（土建A）、河南六建建筑集团有限公司（土建B）、承德昊源电力承装集团有限公司（四通一平）、河北建设勘察研究院有限公司（桩基工程）、山西送变电公司（电气安装）、湖北电科院（特殊交接试验）；张北换流站：山西锦通工程项目管理咨询有限公司（监理）、河南三建建设集团有限公司（土建A）、北京送变电公司（土建B）、张家口宏垣电力实业有限公司（四通一平）、武汉南方岩土工程技术有限公司（桩基工程）、北京送变电公司（电气安装A）、河北省送变电公司（电气安装B）、冀北电科院（特殊交接试验）；康保换流站：北京华联电力工程监理有限公司（监理）、河南省第二建设集团有限公司（土建 A）、山西送变电公司（土建 B）、张家口宏垣电力实业有限公司（四通一平）、安徽送变电公司（电气安装）、冀北电科院（特殊交接试验）。系统调试由中国电科院负责。直流线路工程监理单位：山东诚信工程建设监理有限公司、黑龙江安泰电力工程建设监理有限公司、北京华联电力工程监理有限公司；直流线路工程施工单位有华东、吉林、河北、北京送变电公司和北京电力工程公司。

3. 建设历程

2016 年 7 月，可行性研究报告通过评审；2017 年 5 月，南瑞继保直流控制保护设备通过型式试验。2017 年 7 月，工程成套设计暨初步设计通过评审；2017 年 12 月 14 日，国家发展和改革委员会核准建设本工程；2018 年 2 月 28 日举行开工仪式，直流线路和换流站工程开工建设；2018 年 12 月，广州西门子换流变压器通过型式试验，许继集团有限公司柔性直流换流阀、500kV 直流断路器通过型式试验；2019 年 1 月，中电普瑞电力工程有限公司 500kV 柔性直流换流阀通过型式试验；2019 年 3 月，上海思源电气股份有限公司 500kV 直流断路器通过型式试验；2019 年 12 月，工程启动系统调试；2020 年 4 月，开始张北—北京站和张北—康保站带新能源端对端系统调试，开始丰宁—康保端对端系统调试；2020 年 5 月，四端换流站全接线组网运行。2020 年 6 月，完成了柔性直流环网四站联调和试运行。2020 年 6 月 29 日，工程正式投运。

三、建设成果

柔性直流输电是国际高压输电领域前沿技术和研究热点，面临输电容量提升、可靠性提升的世界级难题，利用柔性直流换流器构建直流电网更是国际空白。国家电网有限公司组织电力、电子、机械行业进行产学研用联合攻关，攻克了张北柔性直流电网构建方案论证、系统分析与成套设计、可靠控制与保护、关键设备研制、大规模新能源接入和孤岛运行等世界级难题，全面掌握了核心技术，成功研制全套关键设备，有力推动了我国电网技术创新发展，提高了电工装备制造业自主创新能力和国际竞争力，有力支撑了新能源大规模开发利用，为我国西部、北部富饶可再生清洁能源大规模开发并网探索出一条新道路。创新成果荣获 2022 年度中国电力科学技术进步奖一等奖。

（1）全面突破和掌握柔性直流组网核心技术。直流电网故障发展速度快、由电力电子器件构成的直流设备耐受能力弱，稳定控制机理复杂，无法沿用交流电网基于发电机特性的稳定理论。直流组网受制于直流侧故障切除困难、稳定机理复杂的难题，长期处于理论探讨阶段。依托张北柔直工程，国家电网公司提出了全球首个柔性直流电网工程成套设计、可靠控制与保护方案，巩固和扩大了我国在世界直流输电领域的技术领先优势，对于促进先进输电装备制造业转型升级具有显著的综合效益和战略意义。首次突破了柔性直流电网构建与稳定控制的核心技术，提出了柔性直流组网、多点汇集、多能互补的直流电网拓扑和系统方案，建立了柔性直流电网稳定控制体系，攻克了柔性直流电网功率盈余与孤岛接入新能源的稳定控制等技术难题，成功实现了世界首个直流电网的稳定运行。

1）提出世界首个适用于柔性直流电网的主拓扑技术方案。工程创新式采用"半桥式模块化多电平换流器+直流断路器"的主拓扑技术方案，通过直流断路器清除直流线路故障，不影响直流功率传输。直流环网具备冗余性，大幅提升了供电可靠性和新能源电力送出能力。

2）提出基于自律分散协同的柔性直流电网稳定控制方法。提出不依赖于站间通信的柔性直流电网稳定控制体系，通过各换流站自律分散协同配合，实现直流电网电压的稳定控制，实现了世界首个直流电网的稳定运行。首创采用多模块同步并行运算与协同工作架构、保护三重化配置等技术路线，控制周期短，实现百微秒级控制链路延时特性。

3）提出柔性直流电网孤岛接入新能源全频域稳定控制技术。将传统电力系统基于 50Hz 的稳定分析方法拓展至柔性直流电网孤岛接入新能源的全频域稳定分析体系，提出柔性直流电网与新能源场站间的宽频带协调控制及全频域振荡风险分析方法，并提出了振荡抑制策略，实现了柔性直流电网孤岛接入新能源的稳定运行。

4）提出柔性直流电网功率盈余的解决方案。针对直流电网故障下电压、电流变化毫秒级时间尺度、发展速度快以及交流设备与安控切机时间尺度不匹配导致功率盈余的问题，首次提出在柔性直流电网送端孤岛换流站交流母线配置交流耗能装置，通过柔性直流电网与耗能装置的精准协调配合，实现有功功率的动态平衡，解决孤岛方式下暂态功率盈余问题。

5）提出了直流电网的安全稳定导则。针对直流电网故障发展迅速、设备耐受能力弱、功率平衡与电压强耦合的特征，提出了直流电网的第一级安全稳定标准（$N-1$原则）和第二级安全稳定标准（$N-2$ 稳控原则），有效解决了稳定控制机理复杂、无法沿用交流电网基于发电机特性的稳定理论的技术难题。

（2）攻克柔性直流输电关键设备和核心器件研制难题。依托工程、产学研用协同攻关，成功取得了大功率半导体器件、直流电缆材料及其附件等核心技术突破，研制了拥有自主知识产权的系列产品，并实现了工程大批量应用，推动了国内相关产业取得突破性创新发展。

1）自主研制和批量应用 4.5kV/3kA 压接式 IGBT 器件。自主研发了 U 型元胞芯片技术，推进了国内第一条 8 英寸全自动化芯片生产线升级，首次研制出代表国际最先进水平的 4.5kV/3kA 压接式 IGBT 器件，提出了行业内首创的高可靠性双面银烧结焊接技术，攻克了国产化压接式 IGBT 器件在自主化芯片研制、封装工艺和批量化生产应用等方面的技术难题，极大提升了器件通流能力及可靠性，实现了批量应用，打破了进口大功率 IGBT 产品在直流输电工程领域的垄断地位，实现了与世界最先进技术水平同步。

2）成功研制了世界最高电压等级最大输送能力直流电缆及其附件。攻克绝缘基料分子结构调控优化、电缆系统多层介质界面绝缘电导匹配、大尺寸电缆长时间挤出缺陷控制及击穿尺寸厚度效应抑制等技术难题，完成了国产 500kV/3000A 直流电缆核心绝缘材料、屏蔽材料的自主研制，实现了国内高端电缆关键材料从 0 到 1 的突破，打破了国外技术垄断。

3）自主研制出世界上最高电压等级、最强开断能力直流断路器。成功研制出世界首批 535kV 混合式、负压耦合式和机械式三种拓扑结构的直流断路器，首次攻克了"大电流直流开断"这一世界性难题。解决了全控型电力电子器件 5 倍电流关断、毫秒级高速机械开关设计、550kV 高电位可靠供能装置等系列技术问题，具备 3ms 开断高达 25kA 的直流短路电流能力，突破了直流组网的关键瓶颈，实现了我国直流输电从"线"到"网"的质变。

4）成功研制世界上最高电压等级、最大换流容量柔性直流换流阀。突破了换流阀设备 IGBT 器件应用、高电位板卡电磁防护、控保系统高容错性能设计等技术难题，实现了单换流器额定容量达 1500MW，比国外柔性直流输电最高纪录超出 50%，首次达到了±500kV 常规直流输电的水平；同时换流阀设备核心组件的年故障率降低至 0.3%水平，已达到国际领先水平。

5）成功研制了世界首套用于柔性直流电网的控制保护系统。利用多路复用高速数据总线技术和并行处理技术，全面优化系统架构，实现了最快处理步长仅 25μs，保护最快不超过 125μs，控制系统链路延时不超过 250μs，各项指标均为国际领先水平。

（3）建立世界一流柔性直流试验研究体系。在已有试验基地基础上，建立了世界一流的柔性直流试验研究体系和试验基地、柔性直流成套设计研发试验中心、系统仿真中心，拥有了世界最高水平的柔性直流电网试验和仿真条件，为我国柔性直流输电技术的不断创新发展奠定了坚实的基础。

1）提出了涵盖柔性直流核心器件级、设备级、柔性直流系统级的全套试验技术体系，统一了各类设备型式试验、例行试验、抽检试验要求，为柔性直流系统可靠性检验、设备改进设计和工程实施提供了关键技术手段。

2）提出了模拟真实工况的 IGBT 功率循环试验、阀模块抗高压开关分合闸电磁干扰、直流断路器极限开断能力试验、直流电缆机—电—热全性能工况考核等设备级可靠性试验检测平台，实现了对柔性直流设备可靠性设计的全面考核。

3）建立了适用于柔性直流电网核心设备的动模试验平台。使用基于真实产品缩比的变压器、直流断路器、换流阀、直流线路等搭建一次系统，与工程策略完成一致的控制保护装置构建二次系统，可模拟系统中单元件故障失效后的故障发展机理，实现对换流阀、直流断路器等设备二次控保系统性能的全面考核。

4）构建了大规模新能源—柔性直流电网—交流系统的大规模全系统实时仿真平台。搭建包含四端直流电网、送受端详细交流系统、4500MW 多类型新能源控制器硬件在环接入的大型互联系统实时仿真电磁暂态模型。通过系统联调试验，攻克源—网—荷协调控制等技术难题，实现了对系统安全稳定性的全面考核。

（4）建立了柔性直流输电和直流电网技术标准体系。依托工程建立了涵盖系统成套、工程设计、设备制造、施工安装、试验调试、运行维护等柔性直流输电工程建设、运行全过程的技术标准体系，形成了《柔性直流输电换流阀技术规范》《柔性直流输电成套设计标准》等 7 项中国国家标准以及 4 项行业标准。此外，2017 年以来，国家电网公司在 IEC/TC115 直流输电标委会主导发起的 4 项柔性直流技术相关标准正式获批准，其中《柔性直流输电系统性能 第 1 部分：稳态》已投票通过，全面引领了国际柔性直流标准体系框架构建。上述标准体系的建设，提升了我国在国际电工领域的话语权，有力支撑了国家电网有限公司 2022 年中标德国 Borwin6 海上风电柔性直流工程项目，标志着我国高端输电技术的国际影响力迈上了新台阶。建立了涵盖系统成套、工程设计、设备制造、施工安装、试验调试、运行维护等柔性直流输电工程建设运行全过程的技术体系，显著提升了我国在国际电工领域的影响力和话语权。依托自主开发并具有独立知识产权的成套技术平台，建立了涵盖主回路设计、稳态参数计算、暂态故障模拟仿真在内的柔性直流电网成套设计技术体系。制定了先进的柔性直流和直流电网设备研制标准理论体系，统一各类设备的选型要求，关键组部件安全裕度及冗余水平要求，关键工艺管控要求等。制定了柔性直流输电设备监造技术导则、柔性直流电网系统联调试验技术规程、柔性直流工程电气安装标准化手册等标准化文件。

工程建成后面貌如图 5-25～图 5-32。

图 5-25　北京 ±500kV 换流站

图 5-26　丰宁 ±500kV 换流站

图 5-27　张北 ±500kV 换流站

图 5-28　康保 ±500kV 换流站

图 5-29 张北柔性直流电网输电线路工程极导线与回流线共塔

图 5-30 张北柔性直流电网输电线路工程官厅水库跨越段

图 5-31　北京换流站阀厅

图 5-32　535kV/25kA 直流断路器

第六章

青藏高原系列输电工程

青藏高原东西长约 2800km，南北宽 300～1500km，包括中国西藏的全部和青海、新疆、甘肃、四川、云南的局部，以及不丹、尼泊尔、印度、巴基斯坦、阿富汗、塔吉克、吉尔吉斯斯坦等国不同面积的土地。一般海拔为 3000～5000m（平均海拔 4000m 以上），年平均温度在 0℃以下，冻土广布，是世界上海拔最高的高原，被称为"世界屋脊""第三极"。

本章内容包含青藏电力联网工程、川藏电力联网工程、藏中电力联网工程、阿里与藏中电网联网工程，是国家电网有限公司在藏区兴建的系列高原输电工程，在世界上海拔最高、生态环境最脆弱、地质地形最复杂、建设难度最大，也是突破生命禁区、挑战生存极限的超级工程。途经西藏、四川、青海 3 省（区），历经十年时间，总投资约 460 亿元，各电压等级输电线路全长约 10000km，将三省（区）藏区电网与国家电网主网相联，直接惠及藏区人口超过 300 万，为解决藏区生产生活用电问题、促进藏区清洁能源开发外送、服务经济社会发展和国防建设发挥了重要作用。

第一节 青藏电力联网工程

电力天路——青藏电力联网工程是青藏高原系列输电工程中的第一个工程，由西宁—柴达木 750kV 输变电工程、柴达木—拉萨 ±400kV 直流输电工程、西藏中部 220kV 电网工程三部分组成，是落实中央第五次西藏工作座谈会精神、实施西部大开发战略 2010 年国家计划新开工 23 项重点工程之一，也是国家电网公司"十二五"规划的重点项目，以及造福青藏各族人民的民生工程、惠民工程和光明工程。2011 年 12 月 9 日工程建成投运，改变了西藏电网长期孤网运行的历史，有利于解决制约西藏社会经济发展的缺电问题，实现了除台湾外全国电网互联，对于全国联网格局形成、促进青藏经济社会发展具有重要意义。

一、工程背景

青藏高原是我国重要的安全屏障、生态屏障和战略资源基地，在国家安全和发展方面具有重要战略地位。2010 年以前，西藏电网长期孤网运行，最高电压等级为110kV（第一个 220kV 曲哥变电站 2010 年 10 月投运），网架薄弱，部分地区仅靠小型水电站、太阳能光伏电站和柴油发电机等供电，边远地区甚至无电可用，不能满足人民生产生活需要，制约经济社会发展。

国家历来高度重视西藏工作，历次西藏工作座谈会都根据现实情况作出重大决策部署。2010 年 1 月，中央第五次西藏工作座谈会指出，要以经济建设为中心，确保经济社会跨越式发展，确保国家安全和西藏长治久安。国家电网公司认真贯彻落实中央决策部署，围绕"加强基础设施建设和能源资源开发"的要求，加快推进藏区电网发展。2006 年 7 月，国家电网公司组织开展向西藏中部电网送电的可行性研究。2007 年 12 月召开青海—西藏直流联网工程可行性研究报告评审会议，2008 年 4 月完成补充可研报告评审，2009 年 7 月中国国际工程咨询公司完成评估，2010 年 5 月再次开展补充可研报告评审，2010 年 6 月 19 日国家发展和改革委员会印发《关于青海格尔木至西藏拉萨 ±400kV 直流联网工程可行性研究报告的批复》（发改能源〔2010〕1322 号）。2008 年 1 月，西宁—西宁二—乌兰—格尔木 750kV 输变电工程可行性研究报告通过评审。2010 年 7 月 18 日，国家发展和改革委员会印发《关于青海西宁—日月山—乌兰—格尔木 750 千伏输变电工程项目核准的批复》（发改能源〔2010〕1581 号）。2007 年 1 月，国网西藏电力公司组织中国电力工程顾问集团公司开展西藏电网高一级电压等级论证工作，认为西藏中部电网（藏中电网）采用 220kV 近远期适应性较好；2008 年 4 月，国网西藏电力公司委托西南电力设计院开展藏中电网 220kV 工程前期论证和可行性研究，2008 年 10 月可研报告通过审查；2008 年 12 月 3 日，西藏自治区发展和改革委员会印发《关于西藏自治区地市电网 220 千伏城网建设与改造项目可行性研究报告的批复》（藏发改交能〔2008〕782 号）；2010 年 7 月，中国国际工程咨询公司完成评估；2011 年 9 月，国家发展和改革委员会印发《国家发展改革委关于西藏格尔木—拉萨（朗塘换流站）直流受端 220kV 接入及日喀则—拉萨主网加强工程可行性研究报告的批复》（发改能源〔2011〕2007 号）、《国家发展改革委关于拉萨 220kV 环网工程可行性研究报告的批复》（发改能源〔2011〕1739 号）。

党中央、国务院高度重视，要求"确保把这项民心工程建设好、管理好，早日发挥效益"。工程穿越青藏高原腹地，沿线高寒缺氧、冻土广布，挑战"沿线海拔最高、冻土区最长"两个世界之最，面对"高原高寒地区冻土施工困难、高原生理健康保障困难、高原生态环境极其脆弱"三大世界难题，国家电网公司提出了"只许成功、务期必成"的要求，确立了将工程建成"安全可靠、优质高效、自主创新、绿色环保、拼搏奉献、平安和谐"和具有世界领先水平的高原交直流输变电精品工程的目标，建立了九大保障体系（组织保障、技术保障、物资供应及运输保障、安全质量保障、通信信息保障、医疗后勤生活保障、环保水保保障、新闻宣传保障、维护稳定保障），为工程建设全面推进和顺利建成打下了坚实基础。

二、西宁—日月山—乌兰—格尔木 750kV 输变电工程

西宁—日月山—乌兰—格尔木 750kV 输变电工程位于青海省境内，东起西宁市，西至海西蒙古族藏族自治州格尔木市，新建 3 座变电站、扩建 1 座变电站，线路全长 2×746km，沿线海拔 2420～3950m，地质条件复杂、生态环境脆弱、气候条件恶劣，是当时世界上海拔最高、输电线路最长、施工难度最大的高原 750kV 输变电工程。工程于 2011 年 9 月 25 日投运。

1. 建设规模

核准建设规模：扩建西宁变电站 750kV 出线间隔 2 个；新建日月山 750kV 变电站，主变压器 1×210 万 kVA，750kV 出线间隔 4 个、并联电抗器 2×42 万 kvar；新建乌兰 750kV 开关站，750kV 出线间隔 4 个、并联电抗器 4×42 万 kvar；新建格尔木 750kV 变电站，主变压器 1×210 万 kVA，750kV 出线间隔 2 个、并联电抗器 2×42 万 kvar；新建西宁—日月山 750kV 同塔双回路线路 2×35km，导线截面积 6×500mm²；新建日月山—乌兰 750kV 两个单回路线路 2×343km，海拔 3000m 以上路段导线截面积 6×500mm²，其余路段 6×400mm²；新建乌兰—格尔木 750kV 两个单回路线路 2×368km，海拔 3000m 以上路段导线截面积 6×500mm²，其余路段 6×310mm²；建设相应的 OPGW 光缆、无功补偿装置和系统二次工程。工程静态投资 73.88 亿元、动态投资 76.65 亿元，由国网青海省电力公司出资。西宁—日月山—乌兰—格尔木 750kV 输变电工程示意图见图 6-1。

具体建设内容如下：

（1）西宁 750kV 变电站。西宁变电站位于西宁市湟中县上新庄乡，海拔 2650m。已建主变压器 2×1500MVA，750kV 出线 4 回，330kV 出线 10 回。本期扩建西宁至日月山 750kV 出线 2 回。

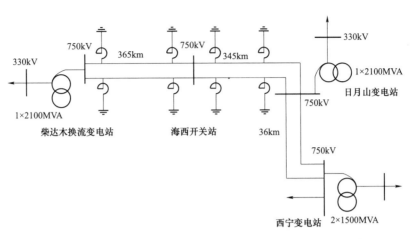

图 6-1 西宁—日月山—乌兰—格尔木 750kV 输变电工程示意图

（2）日月山 750kV 变电站。日月山变电站位于西宁市湟中县通海镇，海拔 2420m。本期 750kV 出线至西宁变电站、海西（乌兰）开关站各 2 回，其中至海西 2 回出线各装设 1 组 420Mvar 并联电抗器；330kV 出线 10 回；主变压器 1× 2100MVA，66kV 侧并联电抗器 2×120Mvar、并联电容器 2×120Mvar。

（3）海西 750kV 开关站。海西开关站位于海西蒙古族藏族自治州乌兰县，海拔 2978m，是当时世界上海拔最高的 750kV 变电站。本期 750kV 出线至日月山、柴 达木（格尔木）各 2 回，每回出线上均装设 1 组 420Mvar 并联电抗器。

（4）柴达木换流变电站。柴达木换流变电站（交直流合建）位于海西蒙古族藏 族自治州格尔木市郭勒木德乡，海拔 2870m。本期 750kV 出线 2 回至海西开关站，每回出线各装设 1 组 420Mvar 并联电抗器。330kV 出线 7 回；主变压器 1× 2100MVA，66kV 侧并联电抗器 4×60Mvar、并联电容器 4×60Mvar。

（5）750kV 输电线路工程。线路工程途经湟中县、湟源县、海晏县、刚察县、天峻县、乌兰县、都兰县、格尔木市 8 个县（市）。线路全长 2×746km，铁塔 3139 基。西宁—日月山段长 2×36km，同塔双回路架设，导线采用 6×LGJ-500/45 型 钢芯铝绞线。日月山—海西段长 2×345km，两个平行单回路架设，导线采用 6× LGJ-500/45 型钢芯铝绞线和 LGJK-400/45 型扩径导线。海西—柴达木段长 2× 365km，两个单回路架设，导线采用 6×LGJ-500/45 型钢芯铝绞线和 LGJK-300/45 型扩径导线。全线海拔 2420～3950m，是当时世界上海拔最高的 750kV 交流输电线路。经过平地、丘陵、草原、戈壁、高山大岭等不同地形。设计 基本风速为 27m/s 和 30m/s。设计冰区为轻冰区 10mm 和中冰区 15mm。

2. 参建单位

2010 年 8 月，国家电网公司与青海省人民政府联合成立青藏交直流联网工程建设领导小组（国家电网办〔2010〕1088 号）。2010 年 9 月，国家电网公司成立青藏交直流联网工程总指挥部（国家电网办〔2010〕1159 号）。受总指挥部委托，青海省电力公司作为建设管理单位对工程建设进行专项管理。为加强建设运行的组织领导和沟通协调，青海省电力公司成立了青藏交直流联网工程（青海段）建设领导小组。

工程设计方面，西北电力设计院是工程设计的牵头和设计总协调单位。西北电力设计院承担西宁变电站、日月山变电站、柴达木换流变电站及西宁—日月山—海西输电线路的设计工作，国核电力规划设计研究院承担海西开关站的设计工作，青海电力设计院承担海西—柴达木输电线路的设计工作。

主要设备制造方面，西宁变电站主要设备制造单位为新东北电气集团高压开关有限公司（750kV GIS 组合电器）；日月山变电站主要设备制造单位为保定天威保变电气股份有限公司（主变压器）、新东北电气集团高压开关有限公司（750kV GIS 组合电器）、特变电工沈阳变压器集团有限公司（750kV 电抗器）；海西开关站主要设备制造单位为西安西电开关电气股份有限公司（750kV GIS 组合电器）、特变电工衡阳变压器有限公司（750kV 电抗器）；柴达木换流变电站主要设备制造单位为特变电工衡阳变压器有限公司（主变压器）、河南平高电气股份有限公司（750kV GIS 组合电器）、西安西电变压器有限责任公司（750kV 电抗器）。

现场建设方面，西宁变电站扩建工程监理单位为青海智鑫电力建设监理公司，施工单位为青海送变电公司；日月山变电站监理单位为中国电力建设工程咨询公司、施工单位为青海送变电公司/青海火电工程公司联合体；海西开关站监理单位为陕西银河工程监理公司，施工单位为青海火电工程公司/青海送变电公司联合体；柴达木变电站监理单位为湖北环宇工程建设监理公司，施工单位为华东送变电公司，变电工程特殊交接试验单位为青海电科院；线路工程监理单位为甘肃光明电力工程咨询监理公司、青海省迪康咨询监理公司、青海智鑫电力建设监理公司，施工单位为青海、吉林、甘肃、陕西、山东、北京、湖南、新疆送变电公司，宁夏电力建设工程公司、湖北输变电公司、中国安能江夏水电公司、北京电力工程公司；系统调试单位是中国电力科学研究院。

3. 建设历程

2009 年 5 月 11 日，青海省电力公司召开西宁—日月山—乌兰—格尔木 750kV

输变电工程启动会议。2009 年 5 月 28 日,日月山 750kV 变电站工程开工建设。2010 年 3 月 25 日,海西 750kV 开关站工程、柴达木换流变电站工程交流部分开工建设。2010 年 4 月 8 日,西宁 750kV 变电站五期扩建工程开工建设。2010 年 7 月 29 日,青藏交直流联网工程在格尔木、拉萨举行开工仪式。2010 年 8 月 2 日,线路工程在 1 标段举行首基试点。2010 年 8 月 23 日,青藏交直流联网工程建设领导小组成立。2010 年 9 月 3 日,青藏交直流联网工程总指挥部成立。2010 年 9 月 25 日,750kV 西宁变电站五期扩建工程、750kV 西宁—日月山输电线路工程、750kV 日月山变电站竣工投运。2011 年 9 月 25 日,西宁—日月山—乌兰—格尔木 750kV 输变电工程全面建成投运。工程建成后面貌如图 6-2～图 6-10 所示。

图 6-2　西宁 750kV 变电站

图 6-3　日月山 750kV 变电站

图 6-4　海西 750kV 开关站

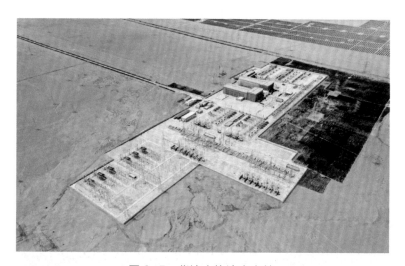

图 6-5　柴达木换流变电站

图 6-6　西宁—日月山—乌兰—格尔木 750kV 输变电工程输电线路 1

图 6-7 西宁—日月山—乌兰—格尔木 750kV 输变电工程输电线路 2

图 6-8 西宁—日月山—乌兰—格尔木 750kV 输变电工程输电线路 3

图 6-9 西宁—日月山—乌兰—格尔木 750kV 输变电工程输电线路 4

图 6-10　西宁—日月山—乌兰—格尔木 750kV 输变电工程输电线路 5

三、柴达木—拉萨 ±400kV 直流输电工程

柴达木—拉萨 ±400kV 直流输电工程北起青海省柴达木（格尔木）换流变电站，南至西藏拉萨换流站，直流输电线路全长 1038km，本期输送容量 600MW、远期 1200MW。工程沿线平均海拔 4500m，最高海拔 5300m，海拔 4000m 以上地区超过 900km，穿越多年冻土地区 550km，是当时世界上海拔最高、高寒地区建设规模最大、穿越多年冻土最长、施工难题最多的输电工程。工程于 2011 年 12 月 9 日建成投入试运行。

1. 建设规模

核准建设规模：新建青海格尔木换流站 1 座，新增换流容量 600MW，无功补偿装置总容量192Mvar；新建西藏拉萨换流站 1 座，新增换流容量 600MW，无功补偿装置总容量 200Mvar，静止无功补偿装置（SVC）1×60Mvar；新建格尔木—拉萨 ±400kV 直流线路 1038km，导线截面积采用 4×400mm²；新建格尔木换流站侧接地极 1 座，相应建设接地极线路 25km；新建拉萨换流站侧接地极 1 座，相应建设接地极线路 12.5km；配套建设相应的低压无功补偿装置、OPGW 光缆和二次系统工程。工程静态投资 61.83 亿元、动态投资 62.53 亿元，中央预算内投资

29.40 亿元，国家电网公司出资 33.13 亿元。柴达木—拉萨 ±400kV 直流输电工程示意图见图 6-11。

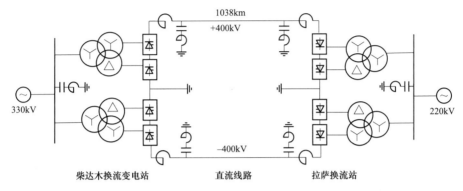

图 6-11　柴达木—拉萨 ±400kV 直流输电工程示意图

具体建设内容如下：

（1）柴达木换流变电站。柴达木换流变电站（交直流合建）位于青海省海西蒙古族藏族自治州格尔木市郭勒木德乡，海拔 2870m。最大日温差 30.6℃，大风天气多（50 年一遇最大风速 35m/s）。直流场高压设备布置在户内，330kV 交流配电装置采用户外 GIS。

直流系统额定电压 ±400kV，额定容量 600MW（远期 1200MW）。单相三绕组换流变压器 6×117.7MVA；采用 4 英寸换流阀，额定电流 750A，双极每极 1 个 12 脉动换流器（远期再并联 1 个 12 脉动阀组）；每极 2 台 300mH 干式平波电抗器，采用串联方式；直流滤波器为每极 1 个双调谐 12/24 滤波器+1 个双调谐 12/36 滤波器。±400kV 直流出线 1 回，接地极出线 1 回。330kV 本期 2 组换流变压器、2 组滤波器组进线接入变电站 330kV 母线；交流滤波器 2 大组 8 小组（小组容量 24Mvar），4 组 BP11/13+4 组 HP24/36；66kV 低压并联电抗器 1×60Mvar。

（2）拉萨换流站。拉萨换流站位于西藏拉萨市林周县甘曲镇，海拔 3830m。最大日温差 29.9℃，日照紫外线强大（瞬时最大总辐射 1500W/m^2）。220kV 交流配电装置采用户内 GIS。

直流系统额定电压 ±400kV，额定容量 600MW（远期 1200MW）。单相三绕组换流变压器 6×117.7MVA；采用 4 英寸换流阀，额定电流 750A，双极每极 1 个 12 脉动换流器（远期再并联 1 个 12 脉动阀组）；每极 1 台 600mH 油浸式平波电抗器；直流滤波器为每极 1 个双调谐 12/24 滤波器 +1 个双调谐 12/36 滤波器。±400kV 直流出线 1 回，接地极出线 1 回。220kV 本期出线 2 回；交流滤波器 2 大组 8 小组（小组容量 25Mvar），4 组 HP11/13+4 组 HP24/36；35kV 静止无功补偿装置（SVC）1×60Mvar+1 组备用晶闸管控制电抗器（TCR），低压并联电抗器 4×10Mvar。

（3）直流线路。直流线路工程北起柴达木换流变电站，南至拉萨换流站，全线双极单回路架设，沿青藏公路、青藏铁路两侧走线，途经青海省的海西藏族蒙古族自治州、玉树藏族自治州，西藏自治区的那曲市、拉萨市，总长 1038km，杆塔总数 2361 基，其中多年冻土区 550km、杆塔 1207 基。青海段 613km，西藏段 425km。导线为 4×LGJ-400/35 钢芯铝绞线，两根地线一根为镀锌钢绞线，另一根为 OPGW-110。柴达木换流变电站接地极线路全长 20km，拉萨换流站接地极线路全长 13km。海拔 2880～5300m。沿线地形高山大岭占 5%，一般山地占 30%，丘陵占 16%，平地占 31%，沙漠占 3%，泥沼占 15%。设计基本风速为 27、31.5、34m/s。设计冰区为轻冰区 5、10mm。

（4）通信工程。采用光纤复合架空地线（OPGW）通信方式，全线新建光缆 1333km，安装传输设备的通信站 9 个（中继站 6 个、换流站 2 个、调度中心 1 个）；建设 3 条格尔木到拉萨的光传输电路，新安装同步数字系列（SDH）2.5Gbit/s 光传输设备 21 套，扩容 SDH 设备 5 套。

（5）安全稳定控制系统工程。青海侧安全稳定控制系统由 3 个 750kV 变电站、2 个 330kV 变电站的 10 套安全自动装置组成，以及对原有的青海海西地区 330kV 电网安全自动装置进行改造。西藏侧安全稳定控制系统由 29 个厂站 43 套安全自动装置组成，其中拉萨换流站 2 套，4 个 220kV 厂站共 8 套装置，17 个 110kV 厂站共 26 套装置，35kV 厂站 7 套装置，重要厂站采用双重化配置。

2. 参建单位

2010 年 8 月，国家电网公司与青海省人民政府联合成立青藏交直流联网工程建设领导小组。2010 年 9 月，国家电网公司成立青藏交直流联网工程总指挥部。受总指挥部委托，青海省电力公司作为建设管理单位对直流线路（青海段）工程建设进行专项管理，国网直流建设分公司作为建设管理单位对两端换流站和直流线路（西藏段）工程建设进行专项管理，国网信息通信公司作为建设管理单位对通信工程建设进行专项管理，中国安能建设总公司负责医疗保障。

工程设计方面，北京网联直流公司负责成套设计，西北电力设计院牵头。换流站工程设计单位为西北电力设计院（柴达木换流站）、西南电力设计院（拉萨换流站）。线路工程设计单位为西北、陕西、青海、西南、中南电力设计院。

主要设备制造方面，柴达木换流变电站主要设备制造单位为中国西电电气股份有限公司（换流变压器、换流阀、直流场设备）、北京电力设备总厂（平波电抗器）、南瑞继保电气有限公司（控制保护系统）、GIS（西开电气有限公司）；拉萨换流站主要设备制造单位为特变电工沈阳变压器有限公司（换流变压器、平波电抗器）、许继集团有限公司（换流阀）、中国西电电气股份有限公司（直流场设备）、南瑞继保电气有限公司（控制保护系统）、GIS（平高电气有限公司）。

现场建设方面，线路工程监理单位为甘肃光明电力工程咨询监理公司、青海智鑫电力监理咨询公司、四川电力工程建设监理公司、青海省迪康咨询监理公司，施工单位为青海、甘肃、四川、贵州送变电公司，青海火电工程公司、西藏电力建设总公司、中国安能江夏水电公司；柴达木换流站监理单位为湖北环宇工程建设监理公司，桩基施工单位为中冶武堪岩土工程公司，土建施工单位为天津电力建设公司，电气施工单位为青海、黑龙江送变电公司，拉萨换流站监理单位为四川电力工程建设监理公司，土建施工单位为青海火电工程公司、中国安能江夏水电公司，电气施工单位为湖北输变电公司、山东送变电公司。试验和调试单位是中国电力科学研究院和四川、陕西、青海电力科学研究院。

3. 建设历程

2010 年 7 月 29 日，青藏交直流联网工程在格尔木、拉萨举行开工仪式。2010 年 9 月 2 日，拉萨换流站土建主体工程开工建设。2010 年 9 月 16 日，柴达木换流变电站土建主体工程开工建设。2010 年 10 月 1 日，线路装配式基础吊装浇注工作全面展开。2011 年 3 月 19 日，线路工程全线转入组塔施工阶段。2011 年 4 月 26 日，线路工程放线施工试点顺利举行。2011 年 6 月 5 日，直流线路配套通信光缆完成首个接续点熔接施工。2011 年 7 月 18 日，青藏交直流联网工程线路全线贯通。2011 年 10 月 15 日，站系统调试全部完成，青藏直流联网工程成功解锁进入系统调试阶段，11 月 11 日进入现场试运行阶段。2011 年 12 月 9 日，青藏直流联网工程举行投入试运行仪式，宣布工程投入试运行。工程建成后面貌如图 6-12～图 6-18 所示。

图 6-12　柴达木换流变电站

图 6-13　拉萨换流站

图 6-14　柴达木—拉萨 ±400kV 直流输电工程线路 1

图 6-15　柴达木—拉萨 ±400kV 直流输电工程线路 2

图 6-16　柴达木—拉萨 ±400kV 直流输电工程线路 3

图 6-17　柴达木—拉萨 ±400kV 直流输电工程线路 4

图 6-18 柴达木—拉萨 ±400kV 直流输电工程线路 5

四、西藏中部 220kV 电网工程

西藏中部 220kV 电网工程由夺底、乃琼、曲哥、多林 4 个 220kV 变电站和 558km 输电线路组成，是青藏交直流联网工程的配套"落地"工程，位于西藏自治区拉萨市、日喀则市境内，工程沿线平均海拔 4200m，最高海拔 5300m，是世界上海拔最高的 220kV 输变电工程（乃琼变电站 3675m，夺底变电站 3825m，曲哥变电站 3738m，多林变电站 3900m）。工程于 2011 年 8 月 18 日投运（多林变电站及多林—乃琼线路于 2012 年 12 月 29 日投运）。西藏中部 220kV 电网工程示意图如图 6-19 所示。

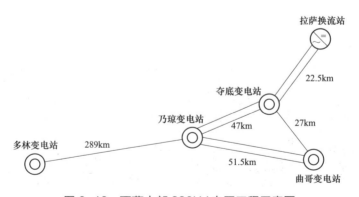

图 6-19 西藏中部 220kV 电网工程示意图

1. 建设规模

（1）藏发改交能〔2008〕782 号文件核准的建设规模。新建 220kV 交流线路 558km，新建拉萨 220kV 变电站 2 座，总容量 300MVA，新建日喀则 220kV 变电站 1 座，变电容量 150MVA，以及相应的二次系统。项目总投资 25 亿元，资金来源为申请国家投资、申请国家电网公司配套。西藏电力公司为项目法人。

（2）发改能源〔2011〕1739 号文件核准的建设规模。新建夺底 220kV 变电站，安装主变压器 1×15 万 kVA，220kV 出线 5 回，110kV 出线 8 回；新建乃琼 220kV 变电站，安装主变压器 1×15 万 kVA，220kV 出线 5 回，110kV 出线 7 回；扩建曲哥变电站 220kV 出线间隔 3 个；新建 220kV 线路 224km（夺底—乃琼 2×47km、乃琼—曲哥 2×51.5km、曲哥—夺底 27km）；新建 110kV 线路 20km（夺底—北郊 2×7.5km、夺底—拉火 2×5km）；西郊—城东 110kV 线路 π 入夺底变电站（新建线段 2×12.5km）；东嘎—羊八井 110kV 线路 π 入乃琼变电站（新建线段 4.5km）；经开区—东嘎 110kV 线路东嘎侧改接至乃琼变电站（新建线段 2×3.5km）；东嘎—西郊第 1 回 110kV 线路西郊侧接至乃琼变电站（新建线段 3.5km）；东嘎—西郊第 2、3 回 110kV 线路东嘎侧接入乃琼变电站（新建线段 3.5km）；以及相应的 OPGW 光缆、无功补偿和二次系统工程。工程静态投资 87766 万元，动态投资 88637 万元，安排中央预算内投资 43883 万元，其余部分通过贷款解决。西藏电力公司作为项目法人。

（3）发改能源〔2011〕2007 号文件核准的建设规模。新建多林 220kV 变电站，安装主变压器 1×15 万 kVA，220kV 出线间隔 1 个，110kV 出线间隔 2 个；日喀则变电站、日喀则南变电站各扩建 110kV 出线间隔 1 个；建设多林—乃琼 220kV 线路 289km；建设朗塘换流站—夺底 220kV 线路 2×22.5km；建设多林—日喀则 110kV 线路 11km；建设多林—日喀则南 110kV 线路 20km（同塔双回路单侧挂线）。工程静态投资 82447 万元，动态投资 83306 万元，安排中央预算内投资 41224 万元，其余部分通过贷款解决。西藏电力公司作为项目法人。

2. 参建单位

2010 年 8 月，国家电网公司与青海省人民政府联合成立青藏交直流联网工程建设领导小组。2010 年 9 月，国家电网公司成立青藏交直流联网工程总指挥部。建设管理单位为西藏电力公司。

西南电力设计院承担设计任务。监理单位为青海省迪康咨询监理有限公司（夺底变电站、曲哥变电站、输电线路）、水利部丹江口水利枢纽管理局建设监理中心（乃琼变电站、多林变电站）、四川电力工程建设监理有限公司（输电线路）。变电工程施工单位为西藏电力建设总公司（乃琼变电站）、山西省电力公司供电工程承装公司（夺底变电站、曲哥变电站）、中国安能江夏水电公司（多林变电站）。线路工程施工单位为中国安能江夏水电公司、青海长源电力有限公司、西藏电力建设总公司、葛洲坝集团电力有限公司、甘肃送变电公司。调试单位是西藏电力科学研究院。

主要设备方面，主变压器制造单位为特变电工衡阳变压器有限公司、常州西电变压器有限公司、天威云南变压器股份有限公司，GIS 组合电器制造单位为山东泰开高压开关有限公司、上海西电高压开关有限公司、新东北电气（沈阳）高压开关有限公司。

3. 建设历程

2010 年 1 月 20 日，乃琼—夺底 220kV 输电线路工程进行首基浇筑试点仪式。2010 年 7 月 20 日，乃琼—曲哥 220kV 输电线路工程正式开工建设。2010 年 7 月 30 日，乃琼 220kV 变电站、夺底 220kV 变电站正式开工建设。2010 年 10 月 26 日，西藏第一座 220kV 变电站——曲哥变电站竣工投运。2011 年 1 月 5 日，朗塘—夺底、夺底—乃琼、曲哥—夺底 220kV 线路工程开工建设。2011 年 1 月 10 日，乃琼—曲哥 220kV 线路工程投运。2011 年 6 月 25 日，曲哥—夺底 220kV 线路工程投运。2011 年 6 月 27 日，夺底 220kV 变电站投运。2011 年 6 月 30 日，夺底 220kV 变电站、曲哥—夺底 220kV 线路、拉萨换流站—夺底 110kV 线路工程配套工程建成投运，为拉萨换流站工程安装调试提供用电保障。2011 年 8 月 4 日，夺底—乃琼 220kV 线路工程投运。2011 年 8 月 6 日，220kV 乃琼变电站 1 号主变压器的成功带电运行，标志着西藏中部 220kV 电网正式建成投产，形成了藏中电网环网。2011 年 8 月 18 日，拉萨换流站—夺底 220kV 输电线路竣工投运，实现藏中电网 220kV 环网与青藏 ±400kV 直流工程的对接，标志着青藏联网工程西藏落地准备工作完成。

2011 年 6 月 25 日，多林 220kV 变电站工程、多林—乃琼 220kV 线路工程开工。2012 年 12 月 29 日，西藏中部 220kV 电网工程全面建成投运。工程建成后面貌如图 6-20～图 6-26 所示。

图 6-20 夺底 220kV 变电站

图 6-21 乃琼 220kV 变电站

图 6-22 曲哥 220kV 变电站

图 6-23 多林 220kV 变电站

图 6-24 西藏中部 220kV 电网工程线路 1（跨越拉萨河）

图 6-25 西藏中部 220kV 电网工程线路 2

图 6-26 西藏中部 220kV 电网工程线路 3

五、建设成果

青藏电力联网工程的成功建设，攻克了多年冻土、高寒缺氧、生态脆弱和高海拔过电压与绝缘配合等世界难题，创造了高原高海拔地区电网工程建设奇迹。这是国家电网公司贯彻中央西藏工作决策部署、践行"人民电业为人民"宗旨的具体实践，是电网规划、科研攻关、工程设计、设备制造、施工安装和系统调试等各方面攻坚克难、创新发展的重大成果，是青藏高原上的"电力天路"和"雪域丰碑"。工程有效解决了西藏经济社会发展急需的用电问题，显著提升了西部电网在国家能源综合运输体系中的作用，积累的宝贵经验十分有益于后续工程借鉴。

（1）青藏电力联网工程建成结束了西藏电网孤网运行的历史，加强了西藏、青海及西北电网的主网架结构，提高了电网输送能力和安全稳定水平，为从根本上解决西藏城乡居民生活和工农业生产用电问题、促进西藏经济社会跨越式发展创造了条件。

（2）藏中 220kV 电网建成标志着世界上最高海拔 220kV 电网形成，西藏电网电压等级由 110kV 提升为 220kV，藏中电网核心网架结构加强，提高了供电能力和可靠性。

（3）青藏是世界生态之源，以水能为主的再生能源资源丰富，西藏电源结构以水电为主体，西藏与西北主网互联实现电力互济，解决了西藏中部电网季节性供需矛盾，提升了资源优化配置效率，有利于促进西藏水电资源的开发利用。

（4）青藏电力联网工程加强了青海省海西电网和主网的联系，提高了海西电网输送能力和供电可靠性，有利于满足柴达木循环经济试验区和藏青工业园区的用电需求，同时为海西地区 1000MW 光伏电源并网发电提供坚强网架支撑，促进清洁能源发展。

（5）青藏电力联网工程丰富了我国直流输电工程的电压等级序列，取得了一批拥有自主知识产权、国内领先、国际一流的技术成果和完善的高原直流输电技术标准体系，填补了高原生理健康、高原生态环境保护、高原高寒地区冻土基础设计与施工、高海拔地区电网系统技术、设备研制与运输、施工技术等多方面的技术空白，推动了电网技术进步和升级。形成专利 59 项（其中发明专利 12 项），国家级和部级工法 8 项，发表论文 100 余篇，荣获国家科技进步二等奖、中国工业大奖、中华宝钢环境奖生态文明类大奖、国家优质工程金奖、国家优质投资项目特别奖、首批"国家水土保持生态文明工程"等多项荣誉，750kV 西宁变电站、日月山变电站分别荣获中国建设工程"鲁班奖"。

（6）青藏电力联网工程将主网电力安全可靠送到藏族人民生活居住区和边防驻地，有效解决了制约西藏发展和边防建设的缺电问题，极大地支持了西藏经济社会发展和边防建设，为维护边疆地区稳定、助力国防建设、增进民族团结、扶贫攻坚和保护生态环境等发挥了重要作用。

（7）青藏直流联网工程跨越暖温带和温带，地形地貌变化丰富，气候环境多样，沿线穿越高寒荒漠、高寒草原、高寒草甸、沼泽湿地等高寒生态系统，穿越可可西里国家级自然保护区、三江源自然保护区、色林错黑颈鹤自然保护区、雅鲁藏布江中游河谷黑颈鹤自然保护区和热振国家森林公园，珍稀濒危野生动植物物种资源多样，连片的多年冻土、湖盆、湿地，是我国及南亚地区重要的"江河源"和"生态源"。沿线自然生态环境原始、独特、敏感、脆弱，工程建设面临高原高寒植被及自然景观保护、珍稀野生动物栖息及迁徙（移）环境保护、自然保护区及江河源生态环境保护、高原冻土及高原湿地环境保护、水土流失控制等一系列重大环境问题。国家电网公司组织开展了《高原直流输电线路环境保护、电磁环境研究》《青海—西藏直流联网线路工程高原施工环保及水保研究》《青藏直流联网工程植被恢复与实验示范研究》等高原环境保护科技攻关，研究成果为工程环境保护设计和实施提供了科学依据。水土保持设施专项验收及竣工环境保护验收分别于2013年和2014年顺利通过水利部和环境保护部的专项验收，获得了高度评价。2012年获得"国家水土保持生态文明工程"称号，2014年荣获了生态保护类中华宝钢环境大奖。

（8）建立实践了基于工程建设的高原医疗卫生保障体系。青藏电力联网工程全线海拔在2800～5300m，其中800余km在4500～5300m的特高海拔无人区，占全线的80%左右，沿线自然条件十分恶劣，面临低气压、低氧、低温、干燥、大风、强辐射的工作环境，为鼠疫等自然疫源疾病的疫区，含氧量约为内地的50%，极端温差最大接近70℃，极易发生高原肺水肿、脑水肿等高原疾病，而且沿线医疗资源匮乏，医疗保障难度极大。为了践行"以人为本"的理念，克服高原高寒缺氧环境和自然疫源性疾病对人体的危害，保护参建人员的生命安全、身体健康、劳动能力，确保建设者上得去、站得稳、干得好，国家电网公司首次提出并建立统一的三级医疗卫生保障体系，组织开展了特高海拔高原肺水肿的临床救治、高原地区施工现场高压氧治疗、建设者由平原进入高海拔地区血压动态变化特征、高原坑洞施工现场长管道吸氧效果等方面的研究，解决了施工人员高原医疗保障难题，为实现零高原死亡、零高原伤残、零高原病后遗症、零鼠疫传播的"四零"目标提供了技术支持，确保了工程建设任务目标顺利实现。

（9）形成了多年冻土区基础设计与施工关键技术。在青藏联网工程建设之前，输电工程大多建设在低海拔、高纬度低温多年冻土区，高海拔多年冻土地区输电线路的工程勘察与评价、基础选型设计及施工的参考资料较少。青藏电力联网工程开展了勘察、设计、施工和监测四个方向的研究，课题包括"冻土分布及物理力学特性研究""高海拔多年冻土地区基础选型及设计研究""高海拔多年冻土区锥柱基础真型试验""预制装配基础试验研究""高海拔、多年冻土地区铁塔基础施工技术研究""冻土地温监测与稳定性"等多个专题研究。基于真型和模型试验成果，提出适合高原冻土区线路特性的多种基础型式及玻璃钢模板等多种防冻措施和相应的施工技术，首创了高海拔多年冻土区的预制装配式基础及抗冻拔效果显著的锥柱基础；在理论研究的基础上，经过反复论证，提出了多年冻土区基础经过一个冻结期而不需要一个冻融循环周期就可进行施工转序组塔的理论，经多年综合验证，冻土的含水量、密实度和强度均达到了设计要求；建立了多年冻土区输电线路冻土基础长期稳定性监测系统，为工程安全稳定运行提供了基础信息。历时五年，坚持产学研用紧密结合，攻克了多年冻土区输电线路杆塔基础工程的关键技术，取得了多项具有世界先进水平的冻土科研成果，总结了极具推广价值的工程实践经验。

（10）形成了高海拔电气设计及设备制造成套技术。依托工程开展高海拔电气设计及设备制造技术研究，优化高海拔输变电设备绝缘配置，提升输电线路防雷特性，降低金具电磁环境影响，研制适应高海拔、强辐照、大温差环境的变压器、换流阀、电抗器等成套设备，填补了世界空白，占领了高海拔输变电装备的技术制高点，为工程长期安全稳定运行奠定基础。

第二节　川藏电力联网工程

　　川藏电力联网工程是继青藏电力联网工程之后的第二条"电力天路"，由乡城—巴塘—昌都 500kV 输变电工程和昌都—玉龙、昌都—邦达 220kV 输变电工程组成，是国家电网公司贯彻中央有关西藏工作部署、落实西部大开发战略、服务川藏两地藏区经济社会发展和长治久安的重要工程，是造福藏区各族人民的德政工程、民生工程和光明工程。乡城—巴塘—昌都 500kV 输变电工程是我国 500kV 交流电压等级中海拔最高、生态环保要求最严格的输变电工程，也是世界上已知海拔最高的500kV 交流输变电工程，以及地质条件最复杂、地形高差最大的输变电工程。2014年 11 月 20 日，川藏电力联网工程建成投运，改变了西藏东部、四川甘孜南部电网长期孤网运行的历史，从根本上解决了制约当地经济社会发展和各族百姓群众生产生活条件改善的无电缺电问题，对于推动川藏水电资源开发、促进藏区发展、稳藏兴藏具有重要意义。

一、工程背景

　　四川甘孜和西藏昌都是康巴藏区的核心，历史源远流长，社会人文独特，民族文化灿烂，地形高险奇峻。域内千川汇流，水电资源丰富，是我国西南水电资源开发的核心地带，具有集中规模开发外送的巨大潜力。

　　为了建设团结、民主、富裕、文明、和谐的新西藏，2010 年 1 月中央第五次西藏工作座谈会提出以经济建设为中心，以改善民生为出发点和落脚点，紧紧抓住发展和稳定两件大事，确保经济社会跨越式发展，确保国家安全和西藏长治久安，藏区迎来了新的发展机遇。西藏、四川水电可开发容量分别达 1.4 亿 kW 和 1.2 亿 kW，主要集中在金沙江、雅砻江、大渡河、澜沧江、怒江、雅鲁藏布江等流域，两省区尚有超过 2 亿 kW 的清洁水电未开发。建设川藏电力联网工程，对于促进西藏东部和四川西部地区的经济社会发展、推动能源资源优势转化为经济优势、服务民生福祉改善、保障社会和谐稳定具有十分重要的现实意义和战略意义。

为了贯彻落实中央关于藏区跨越式发展的战略部署，2011 年 10 月，国家电网公司启动昌都电网与外区电网联网方案初步研究工作，以解决昌都地区用电和水电外送等问题。2012 年 5 月 29 日，国家电网公司组织召开川藏电力联网工程前期工作启动会议，联网工程可行性研究全面启动。2012 年 7 月，国家电网公司向国家发展和改革委员会报送《关于西藏昌都与四川联网工程项目建议书的请示》（国家电网发展〔2012〕1923 号）。2012 年 10～12 月，联网工程可行性研究报告通过审查。2013 年 7 月 25 日，中国国际工程咨询公司印发《关于西藏昌都电网与四川电网联网工程（项目建议书）的咨询评估报告》（咨能发〔2013〕2662 号）。2013 年 8 月 2 日，国家发展和改革委员会印发《关于西藏昌都电网与四川电网联网工程项目建议书的批复》（发改能源〔2013〕1495 号）。2013 年 8 月，国家电网公司向国家发展和改革委员会上报可行性研究报告请示文件；2013 年 12 月 2 日，国家电网公司再次向国家发展和改革委员会上报补充可行性研究报告请示文件。2013 年 12 月 11 日，中国国际工程咨询公司印发《关于西藏昌都电网与四川电网联网工程（补充可行性研究报告）的咨询评估报告》（咨能发〔2013〕3509 号）。2014 年 1 月 22 日，国家发展和改革委员会印发《国家发展改革委关于西藏昌都电网与四川电网联网工程可行性研究报告的批复》（发改能源〔2014〕133 号）。

川藏电力联网工程地处"三江"断裂带，施工环境恶劣，沿线地形复杂，平均海拔 3850m，高寒缺氧，气候极端多变，地质灾害易发，运输通道艰险，生命保障艰难，生态环境脆弱，是世界上最艰难的高海拔超高压交流输变电工程。党中央、国务院高度重视，川藏两省区党委政府和沿线人民大力支持，国家电网公司严密组织、周密策划，遵循"严密组织，精心设计，安全建设，保障有力，平安环保，拼搏奉献"的建设方针，确定了"七不三零五优"的建设目标（不发生施工安全事故、不发生质量事故、不发生较大交通安全事故、不发生地质地灾事故、不发生环境污染破坏事故、在藏区不发生政治敏感事件、不发生森林火灾事故；高原病零死亡、零伤残、鼠疫及重大疫源性疾病零传播；争创国家电网公司科技进步一等奖、争创水保环保优质工程、争创国家优质投资项目、争创中国电力优质工程奖、争创国家优质工程金奖），建立了十大保障体系（组织保障、医疗卫生保障、安全质量保障、工程技术保障、物资供应保障、生活后勤保障、和谐建设工作保障、通信信息保障、环境保护保障、投资资金保障），坚决做到"两个确保、两个健全"（确保安全、确保质量，健全应急、健全保障），为工程建设的有序推进和顺利建成投运奠定了基础。

二、工程概况

乡城—巴塘—昌都 500kV 输变电工程起于四川省甘孜藏族自治州乡城县在建中的乡城 500kV 变电站，经巴塘 500kV 变电站，至西藏昌都 500kV 变电站；昌都—玉龙、昌都—邦达 220kV 输变电工程从昌都变电站，分别至玉龙 220kV 变电站、邦达 220kV 变电站。工程属于"藏东、川西高山、高原区"地貌，海拔 2400～5000m，平均海拔 3850m，线路分别沿巴楚河、金沙江、澜沧江等河谷及高海拔台地走线，相对高差为 300～1500m。图 6-27 为川藏电力联网工程示意图。

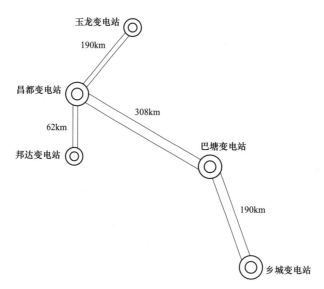

图 6-27　川藏电力联网工程示意图

1. 建设规模

核准建设规模：新建昌都 500kV 变电站（本期仅建设 220kV 部分），安装主变压器 2×12 万 kVA，220kV 出线间隔 4 个，110kV 出线间隔 6 个，至巴塘 500kV 线路安装高压并联电抗器 2×18 万 kvar（本期降压 220kV 运行）；新建巴塘 500kV 变电站（本期仅建设 220kV 部分），安装主变压器 1×18 万 kVA，220kV 出线间隔 4 个，110kV 出线间隔 2 个，至昌都 500kV 线路安装高压并联电抗器 2×15 万 kvar，至乡城 500kV 线路安装高压并联电抗器 2×18 万 kvar（本期均降压 220kV 运行）；新建玉龙 220kV 变电站，安装主变压器 1×12 万 kVA，220kV 出线间隔 2 个，110kV 出线间隔 2 个；新建邦达 220kV 变电站（本期仅建设 110kV 部分），安装主变压器 2×2 万 kVA，110kV 出线间隔 2 个；新建乡城—巴塘 500kV 线路 2×193km（本期降压 220kV 运行），其中 2×63km 同塔双回路架设，2×130km 单回路架设，导线截面积为 4×500mm²；新建巴塘—昌都 500kV 线路 2×311.6km（本期降压 220kV 运行），其中 2×31.1km 同塔双回路架设、2×280.5km 单回路架设，导线截面积为 4×500mm²；新建昌都—玉龙 220kV 线路 2×193.2km，其中 2×22.9km 同塔双回路架设，2×170.3km 单回路架设，导线截面积为 2×400mm²；新建昌都—邦达 220kV 线路 2×62.8km（本期降压 110kV 运行），单回路架设，导线截面积为 2×240mm²；金河—昌都中心变电站、金河—下加卡 110kV 线路 π 入昌都变电站，新建同塔双回路 110kV 线路 2×2km，导线截面积为 1×185mm²；江达—青泥侗 110kV 线路 π 入玉龙变电站，新建同塔双回路 110kV 线路 2×7km，导线截面积为 1×185mm²；以及相应的无功补偿装置和二次系统工程。工程静态投资 650652 万元，动态投资 663125 万元，安排中央预算内投资 248977 万元，其余由国网四川省电力公司出资并作为项目法人。

具体建设内容如下：

（1）巴塘变电站：位于四川省甘孜藏族自治州巴塘县夏邛镇，地质基本烈度为 8 度，最大风速为 27m/s，海拔 3300m。220kV 和 110kV 均采用户内 GIS 设备。本期不建设 500kV 部分。

（2）昌都变电站：位于西藏自治区昌都县卡诺镇，地质基本烈度为 7 度，最大风速为 21.9m/s，海拔 3300m。220kV 和 110kV 均采用户内 GIS 设备。本期不建设 500kV 部分。

（3）玉龙变电站：位于西藏自治区昌都市江达县，地质基本烈度为 7 度，海拔 4008m。220kV 和 110kV 均采用户内 GIS 设备。

（4）邦达变电站：位于西藏自治区昌都市八宿县益青乡，地质基本烈度为 7 度，海拔 4336m，是世界上海拔最高的 220kV 变电站。110kV 采用户内 GIS 设备。本期不建设 220kV 部分。

（5）500kV 输电线路：乡城—巴塘—昌都线路全长 2×498.828km，杆塔 1763 基。其中，乡城—巴塘段长 2×190.307km、杆塔 646 基（同塔双回路长 2×62.064km，单回路长 2×128.243km），海拔 2650～4600m，基准风速为 27、31、33m/s，设计冰区为 10、15mm；巴塘—昌都段长 2×308.521km，杆塔 1117 基（同塔双回路长 2×31.076km，单回路长 2×277.445km），海拔 2700～4926m，基准风速为 27、31、33m/s，设计冰区 10、15、20mm。

（6）220kV 输电线路：全长 2×252.344km，杆塔 1001 基。其中，昌都—玉龙线路长 2×190.134km（同塔双回路长 2×22.629km，单回路长 2×167.505km），杆塔 701 基，海拔 3200～4800m；昌都—邦达线路长 2×62.21km，单回路架设，杆塔 300 基，海拔 3200～4650m。

2. 参建单位

2013 年 7 月 5 日，国家电网公司成立川藏电力联网工程建设领导小组，负责统筹指导工程建设工作，协调解决建设中的重大问题；同时成立川藏电力联网工程建设指挥部，全面负责贯彻执行工程建设领导小组的各项决定和工程建设的管理策划，负责工程建设的现场指挥领导和组织协调。依托国网四川电力和国网西藏电力，工程建设指挥部下设四川段工程建设现场项目部和西藏段工程建设现场项目部，负责贯彻落实工程指挥部的各项管理要求和决定，具体负责施工现场的组织协调等管理工作。2013 年 8 月 2 日，国家电网公司与四川省人民政府、西藏自治区人民政府联合成立川藏电力联网工程建设领导小组。国网信通公司牵头建立通信系统，国网四川电力物资公司负责物资供应，四川电力医院、武警水电二总队负责建立三级生命医疗卫生保障体系。

工程设计方面，西南电力设计院是工程 500kV 部分设计的牵头和设计总协调单位，四川电力设计咨询有限责任公司（简称川电设计公司）是工程 220kV 及 110kV 部分设计的牵头单位。变电工程设计单位为西南电力设计院（巴塘变电站、昌都变电站）、川电设计公司（玉龙变电站、邦达变电站）。500kV 线路工程设计单位为西南、甘肃、西北、中南电力设计院和川电设计公司；220kV 线路工程设计单位为国核电力规划设计研究院、川电设计公司和青海、陕西电力设计院。

现场建设方面，巴塘变电站工程：监理单位为北京华联监理公司，施工单位为四川送变电公司；昌都变电站工程监理单位为四川电力监理公司、施工单位为黑龙江送变电公司；邦达变电站工程监理单位为山西锦通工程项目管理咨询公司，施工单位为湖北送变电公司；玉龙变电站工程监理单位为甘肃光明电力监理公司，施工单位为湖南送变电公司。500kV 线路工程监理单位为辽宁电力监理公司、重庆渝电监理公司、湖南电力监理咨询公司、四川电力监理公司，施工单位为四川蜀能电力公司、西藏电力建设公司和吉林、江西、四川、湖南、山西、河南、甘肃、青海送变电公司。220kV 线路工程监理单位为山西锦通工程项目管理咨询公司、青海智鑫电力监理公司、甘肃光明电力监理公司，施工单位为青海、华东、陕西送变电公司和山西供电承装公司。试验调试单位为四川、西藏电力科学研究院。

主要设备制造方面，巴塘变电站主要设备制造单位为山东达驰电气有限公司（主变压器）、北京北开电气有限公司（GIS）、特变电工沈阳变压器公司（高压并联电抗器）；昌都变电站主要设备制造单位为西电变压器有限公司（主变压器、高压并联电抗器）、新东北电气高压开关有限公司（GIS）；玉龙变电站主要设备制造单位为特变电工新疆变压器厂（主变压器）、山东泰开高压开关有限公司（GIS）；邦达变电站主要设备制造单位为南通晓星变压器公司（主变压器）、西电高压开关有限公司（GIS）。

3. 建设历程

2013 年 8 月 6 日，川藏电力联网工程建设指挥部分别进驻巴塘、昌都组织施工准备工作。2014 年 3 月 18 日，国家电网公司组织召开川藏电力联网工程开工建设动员会议，宣布工程开工。2014 年 6 月 22 日，线路基础施工全面完成。2014 年 6 月 25 日，变电土建工程主体完工。2014 年 7 月 25 日，变电站主要设备安装就位。2014 年 8 月 25 日，线路组塔完工。2014 年 10 月 18 日，安全控制系统联合调试完成。2014 年 10 月 20 日，架线工程完工，同日系统调试启动；2014 年 11 月 12 日昌都电网和四川主网并网，标志着昌都电网与国家电网主网首次联网运行；2014 年 11 月 16 日，塘澜 I 线人工短路试验成功，全部调试任务完成。2014 年 11 月 20 日，国家电网公司举行工程投运仪式，宣布工程投运。

三、建设成果

川藏电力联网工程是继青藏交直流联网工程之后又一条穿越雪域高原的"电力天路"，是国家"十二五"期间支持西藏发展，服务川藏两地经济社会发展的重点项目，为川藏两地经济社会跨越式发展架起了新的桥梁，为藏区高海拔、无人区电网建设积聚了具有里程碑式指导意义的宝贵经验，创造了高标准、高质量、高效率、零伤亡、零事故的世界高海拔地区电网建设奇迹，谱写了各民族和谐发展的新篇章。

（1）改善电网结构，促进藏区经济社会发展。西藏昌都、四川甘孜，地处横断山脉和三江（金沙江、澜沧江、怒江）流域，高山横亘、江河阻隔，基础设施落后，电网长期孤网运行，缺电制约了经济社会发展和民生改善。工程建成后结束了西藏昌都、四川甘孜南部地区电网长期孤网运行的历史，对于促进川藏两地藏区经济发展和社会进步，改善该地区 70 余万人民群众的生产生活条件，维护社会稳定大局和国家安全，增进民族团结具有重大意义。

（2）发挥大电网优势，助力川藏水电开发。西藏、四川水电可开发容量分别达 1.4 亿、1.2 亿 kW，主要集中在金沙江、雅砻江、大渡河、澜沧江、怒江、雅鲁藏布江等流域，开发总量不足 6000 万 kW，超过 2 亿 kW 的清洁水电尚未开发。川藏电力联网工程为西藏电网与四川电网更大规模地联网创造了条件，有利于三江流域水电资源开发利用，促进能源资源优化配置。

（3）积累高原建设经验，为后续工程提供借鉴。川藏电力联网工程地处西南三江断裂带，施工环境恶劣，沿线地形复杂，高寒缺氧，气候极端多变，地质灾害易发，交通运输艰险，生命保障艰难，生态环境脆弱，工程建设面临特殊困难。国家电网公司加强组织领导，精心周密部署，发挥集团化优势，联合各方力量，建立十大保障体系，做到"三个确保，两个健全"。2 万余名建设者发扬国家电网"努力超越、追求卓越"的企业精神，以"在艰险中保安全、在艰难中树丰碑"的使命追求，在崇山峻岭之巅和无人禁区之中挑战生命极限，战天斗地、披荆斩棘、拼搏奉献，经过 15 个月艰苦奋战，工程提前半年建成投运，创造了世界电网建设的新奇迹，谱写了雪域高原电网建设和民族和谐团结的新篇章，为川藏乃至西南电网的发展积累了宝贵经验，攻克了高海拔、地形高差大、地质构造复杂、生态环境脆弱、高原高寒缺氧、物资运输和医疗后勤保障艰难、受端电网薄弱风险大等一系列难题，建成了国家优质工程金奖工程，积累了大量宝贵的高原工程经验。

（4）聚焦难点攻关，取得多项科技创新成果。围绕川藏电力联网工程海拔高、地形复杂、气候恶劣、地震及地灾频发、交通和通信困难、电网薄弱的特点和难点，确定了"施工难点突破、地质灾害预防、系统安全稳定、运行维护方便、管理效率提升"五大科技创新方向，专题研究取得了多项成果，填补了高原地区输变电工程建设多项技术空白。针对以往线路中易发生事故的金具问题，首次开展高海拔、长寿命、免维护金具的深入研究，避免了金具故障发生，提高了金具寿命。建立了输变电工程地质灾害危险性及危害性评价模型，创建了输电线路地质灾害风险全过程管控体系，提出了地质灾害风险控制措施，为未来川藏地区电网工程地质灾害防控提供理论和数据支撑。针对高海拔工程特殊工艺、安全措施、新型工器具和设备进行全面研究，形成了高海拔环境下的标准工艺和典型工法。成功研制自适应组合式滑车、轻型旋挖机、新型复合材料抱杆、自动化索道等新型工机具并在工程中应用，解决了高原山地施工降效和安全管理等难题。形成专利、软件著作权 30 项，发表学术论文 28 篇，工程科技创新取得了丰硕成果，荣获国家电网公司科技进步一等奖等多项科技奖项。

（5）完善高原医疗后勤保障体系，成功实现"三零"（高原病零死亡、零伤残、鼠疫及重大疫源性疾病零传播）目标。工程沿线高原寒温带季风性气候混杂，"一天有四季，十里不同天"，全年日均气温 5℃，极端温差近 60℃。大部分参建人员来自内地，面临高寒、缺氧、狂风、强辐射、鼠害等严峻考验，高原病和传染病风险非常高，加之沿线交通不便，当地医疗条件差，治疗及应急救援十分困难，确保参建人员生命安全和身体健康，实现"三零"目标任务艰巨。针对工程特殊环境条件，建立健全了习服、体检和医疗应急保障制度，明确规定参建人员"不习服、不体检、不培训"不上线。建立覆盖全线的三级医疗保障体系，开通医疗保障绿色通道，与当地卫生部门建立医疗救助联动机制，在全国范围内引进有丰富高原病防治经验的专家驻扎现场全程指导医疗保障工作。医疗保障人员深入一线、深入施工点，对施工现场宿营地卫生、食品安全、传染病预防、防寒保暖等进行面对面检查指导，及时消除安全隐患，实现了"三零"目标，保障了全线人员的生命安全和健康。

（6）聚焦物资运输难点，创新构建"兵站式"管理模式。川藏电力联网工程是中国运输距离最长、交通运输条件最艰险的输变电工程。沿线无铁路和大件公路，物资需从成都、大理和丽江沿川藏和滇藏公路超长距离中转运输抵达现场，最长中转运输距离 1150km，工程物资运输里程达 450 万 km，60% 的铁塔位于车辆无法到达区域。国家电网公司高度重视物资供应计划管理，强化物资质量优化管控和运输过程安全监控，针对运输道路条件恶劣、安全风险大的特点，建立了"兵站式"物资运输与工班制道路保通相结合的物资运输保障体系，以及配套的车辆维修、医疗服务、油料供应等后勤保障。创新构建供应商生产配送管控平台，实现铁塔按基、变电物资按台次的精细化管理，实现了物资供应与现场需求的无缝衔接，累计发运车辆 5417 次，安全行驶里程约 487.5 万 km，为工程按期投运提供了坚强的物资供应保障。

（7）优化环水保管理模式，树立工程绿色建设典型。川藏电力联网工程所处"三江"断裂带，是世界上地质构造最为复杂、地质灾害分布最广的地区。工程沿线多为高山峻岭和无人区，高原生态环境极其脆弱，一旦破坏很难恢复。国家电网公司坚决贯彻"江河草原不受污染、野生动物繁衍不受影响"的环保水保理念，创新、优化工程环保水保管理模式，引入第三方环保水保监理，建立起"五位一体"的环保水保管理体系，从环水保设计、管理办法、考核方式、专项检查等方面全面推进工程环保水保规范化、制度化，落实到工程建设各个环节。委托专业绿化单位，严格按照环水保专项方案对工程重点塔基、牵张场、施工道路、临时施工营地等进行植被恢复，全线推广索道运输减少林木砍伐和植被破坏，对临时施工营地、临时道路、材料站，以及塔基区、索道区、牵张场等临时占地破坏的植被进行全面恢复。全过程全方位加强宣传培训，累计向参建人员发放各种环保水保宣传培训手册 1 万余册，开展宣传培训活动 10 余次，有效提升全体参建人员环境保护与水土保持意识，以实际行动建设"资源节约型、环境友好型"绿色和谐工程，荣获水利部"国家水土保持生态文明工程奖"。

工程建成后面貌如图 6-28～图 6-37 所示。

图 6-28　乡城 500kV 变电站

图 6-29　巴塘 500kV 变电站

图 6-30　昌都 500kV 变电站

图 6-31　川藏电力联网工程 500kV 输电线路 1

图 6-32　川藏电力联网工程 500kV 输电线路 2

图 6-33　川藏电力联网工程 500kV 输电线路 3

图 6-34　邦达 220kV 变电站

图 6-35　玉龙 220kV 变电站

图 6-36　川藏电力联网工程 220kV 输电线路 1

图 6-37　川藏电力联网工程 220kV 输电线路 2

第三节 藏中电力联网工程

藏中电力联网工程是国家电网有限公司"十三五"期间电力援藏的重大工程，是国家电网贯彻党中央"治国必治边、治边先稳藏"战略、巩固祖国西南边陲的国防工程，也是服务西藏经济社会发展、助力西藏脱贫攻坚、造福西藏各族人民的"德政工程"和"民心工程"。该工程是继青藏电力联网工程、川藏电力联网工程之后，工程难度和规模再次突破的又一项挑战生存极限、突破生命禁区的高原超高压输变电工程。2018 年 11 月 23 日藏中电力联网工程建成投运，实现了青藏电力联网工程与川藏电力联网工程的互联，西藏电网电压等级实现从 220kV 升压至 500kV 的历史性跨越，藏中电网实现与全国主网互联，是新时代电力建设者竖立的又一座丰碑。

一、工程背景

西藏自治区位于中国青藏高原西南部，面积超过 120 万 km²，约占全国总面积的 1/8，平均海拔超过 4000m，素有"世界屋脊"之称，2015 年末常住人口总数为 324 万人。截至 2015 年底，西藏自治区形成了西藏中部电网和昌都、阿里两个地区电网"一大二小"三个独立统调电网，以及由农村小水电、太阳能光伏电站供电的众多独立小电网和分散户用系统。西藏中部电网存在"大直流、小系统""大机小网"和调峰调频问题；昌都电网则"大机小网"问题突出；阿里电网结构薄弱，电源出力稳定性差，运行可靠性有待提升，而且不能满足"十三五"期间电力负荷高速增长的需求。

党中央、国务院高度重视西藏发展，1980~2015 年先后召开了 6 次中央西藏工作座谈会，研究制订出台重大政策举措，推动西藏经济发展和社会稳定。2015 年 8 月，第六次座谈会提出"治国必治边、治边先稳藏"的战略思想，以及"依法治藏、富民兴藏、长期建藏、凝聚人心、夯实基础"的重要原则。国家电网公司以贯彻落实党中央、国务院决策部署为己任，将藏中电力联网工程列为"十三五"期间电力援藏的重大工程。建设藏中电力联网工程，有利于为国家整体发展战略和边防安全提供电力保障；有利于解决"十三五"期间西藏中部电网枯期缺电问题，满足西藏中部电网负荷发展需求；有利于扩大电网覆盖范围，提高沿线供电能力，兼顾远期川藏铁路及滇藏铁路西藏段供电；有利于改善电网运行条件，提高电网供电可靠性；有利于西藏中部地区水电开发，促进地方经济发展和节能减排；有利于提高西藏中部电网新能源接纳能力和西藏中部地区电源外送能力。

2014 年 9 月 26 日，国家电网公司在北京组织召开西藏藏中和昌都电网联网工程及川藏铁路拉萨至林芝段供电工程（简称藏中电力联网工程）可行性研究启动会。2015 年 6 月 4 日，中国国际工程咨询公司印发《关于藏中和昌都电网联网工程（项目建议书）的咨询评估报告》（咨能发〔2015〕1207 号）、《关于川藏铁路拉萨至林芝段供电工程（项目建议书）的咨询评估报告》（咨能发〔2015〕1206 号）。2016 年 1 月 5 日，电力规划设计总院印发《关于印发西藏川藏铁路拉萨至林芝段供电工程可行性研究报告评审意见的通知》（电规规划〔2016〕2 号）、《关于印发西藏藏中和昌都电网联网工程可行性研究报告评审意见的通知》（电规规划〔2016〕7 号）。2016 年 2 月 1 日，国家发展和改革委员会印发《国家发展改革委关于西藏藏中和昌都电网联网工程项目建议书的批复》（发改能源〔2016〕211 号）、《国家发展改革委关于川藏铁路拉萨至林芝段供电工程项目建议书的批复》（发改能源〔2016〕218 号）。2016 年 9 月 21 日，中国国际工程咨询公司印发《中国国际工程咨询公司关于川藏铁路拉萨至林芝段供电工程（可行性研究报告）的咨询评估报告》（咨能源〔2016〕1705 号）、《中国国际工程咨询公司关于藏中与昌都电网联网工程（可行性研究报告）的咨询评估报告》（咨能源〔2016〕1706 号）。2017 年 3 月 22 日，国家发展和改革委员会印发《国家发展改革委关于藏中和昌都电网联网等 2 项工程可行性研究报告的批复》（发改能源〔2017〕556 号）。

藏中电力联网工程高、难、险特点突出，是前所未有的建设难度最大的输变电工程，工程所在地平均海拔近 4000m，最高塔位海拔 5295m，塔位最大高差 3100m，海拔 4300m 的芒康变电站是国内海拔最高的 500kV 变电站。工程地处西藏中东部横断山脉和念青唐古拉山区，穿越高寒荒漠、高原草甸、高寒灌丛等不同生态系统，多次跨越大江大河、高山大岭和国家级重点生态保护区域，地形地貌复杂多样，气候多变，工程建设面临极其恶劣的气候、地质、地形和交通条件考验，生命保障、设备运输、安全施工、植被保护面临巨大挑战。国家电网公司高度重视工程建设，与西藏自治区党委政府联合成立工程建设领导小组，组成工程建设指挥部，建立安全质量、医疗卫生、工程技术、物资供应、环境保护等十大保障体系，提出"安全可靠、优质高效、科学组织、绿色环保、平安和谐、拼搏奉献"建设方针和"十不三零五优"建设目标（不发生六级及以上人身事件、不发生因工程建设引起的六级及以上电网和设备事件、不发生因工程建设引起的六级及以上质量事件、不发生六级及以上施工机械设备损坏事件、不发生森林火灾事件、不发生地质地灾事件、不发生环境污染事件、不发生负主要责任的一般交通事故、不发生基建信息安全事件、不发生影响社会和谐民族团结的重大事件；零死亡、零伤残、零疫情；国家电网公司科技进步一等奖、环保水保优质工程奖、国家优质投资项目、中国电力优质工程奖、国家优质工程奖），为工程建设积极稳妥推进和安全优质如期建成投运打下了坚实基础。

二、工程概况

藏中电力联网工程由昌都至林芝输变电工程和拉萨至林芝铁路供电工程两部分组成，起于西藏昌都市芒康县，止于山南市桑日县，途经西藏三市十区（县），新建线路 2738km，新建 6 座、扩建 3 座 500kV 变电站（开关站），新建 2 座、扩建 3 座 220kV 变电站，扩建 2 座 110kV 变电站，工程动态总投资约 162 亿元。图 6-38 为藏中电力联网工程示意图。

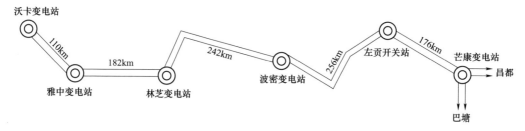

图 6-38　藏中电力联网工程示意图

1. 建设规模

核准建设规模：新建 6 座 500kV 变电站（开关站）、扩建 3 座 500kV 变电站，新增变电容量 1000 万 kVA；新建 2 座 220kV 变电站、扩建 3 座 220kV 变电站，新增变电容量 78 万 kVA；扩建 2 座 110kV 变电站；新建 500kV 线路 1983.6km，220kV 线路 440.9km，110kV 线路 312.9km。工程静态投资 160.22 亿元，动态投资 162.16 亿元。中央预算内投资 80 亿元，其余资金通过贷款等方式解决。国网西藏电力公司、国网四川省电力公司作为项目法人。

（1）藏中和昌都电网联网工程。项目法人为国网西藏电力公司和国网四川省电力公司。

1）国网西藏电力公司部分：

新建波密 500kV 变电站：500kV 变压器 2×75 万 kVA；220kV 变压器 1×12 万 kVA；500kV 出线间隔 4 个（至左贡开关站、林芝变电站各 2 个），线路均安装高压并联电抗器 12 万 kvar；110kV 出线间隔 2 个（至扎木变电站、然乌变电站各 1 个）；静止无功补偿装置（SVC）2×6 万 kvar。

新建芒康 500kV 变电站：500kV 变压器 2×50 万 kVA；500kV 出线间隔 6 个（至左贡开关站、澜沧江变电站、巴塘变电站各 2 个），至左贡线路安装高压并联电抗器 1×18 万 kvar；110kV 出线间隔 3 个（至嘎托变电站 2 个、至旺达变电站 1 个）；静止无功补偿装置（SVC）2×6 万 kvar。

新建左贡 500kV 开关站：500kV 出线间隔 4 个（至波密变电站、芒康变电站各 2 个），至芒康线路安装高压并联电抗器 1×18 万 kvar，至波密线路安装高压并联电抗器 2×12 万 kvar。

扩建澜沧江（昌都）500kV 变电站：500kV 变压器 2×75 万 kVA；500kV 出线间隔 2 个（至芒康变电站）；220kV 出线间隔 2 个（至邦达变电站）。

扩建嘎托 110kV 变电站：110kV 出线间隔 1 个（至芒康变电站）。

新建林芝—波密 500kV 线路 2×242km，其中同塔双回路 2×71km，单回路 2×171km，导线截面积为 4×500mm^2。

新建波密—左贡 500kV 线路 2×256km，其中同塔双回路 2×66km，单回路 2×190km，导线截面积为 4×500mm^2。

新建左贡—芒康 500kV 线路 2×176km，其中同塔双回路 2×7.5km，单回路 2×168.5km，导线截面积为 4×500mm^2。

巴塘—昌都双回 500kV 线路 π 入芒康变电站，新建线路 2×23.8km，其中同塔双回路 2×2km，单回路 2×21.8km，导线截面积为 4×500mm^2。

新建芒康—嘎托 110kV 线路 8.4km，导线截面积为 185mm^2。

嘎托—旺达 110kV 线路 π 入芒康变电站，新建线路 2.5km，导线截面积为 185mm^2。

相应的无功补偿装置和二次系统工程。

2）国网四川省电力公司部分：

扩建巴塘 500kV 变电站：500kV 变压器 2×75 万 kVA；500kV 出线间隔 4 个（至乡城变电站、芒康变电站各 2 个）。

扩建乡城 500kV 变电站：500kV 出线间隔 2 个（至巴塘变电站）。

乡城—巴塘线路升压改造，新建同塔双回路 500kV 线路 2×2km，导线截面积为 4×500mm²。

相应的无功补偿装置和二次系统工程。

（2）川藏铁路拉萨至林芝段供电工程。项目法人为国网西藏电力公司。

新建沃卡（拉萨）500kV 变电站：500kV 变压器 2×75 万 kVA；500kV 出线间隔 2 个（至雅中变电站），线路安装高压并联电抗器 1×9 万 kvar；220kV 出线间隔 6 个（至拜珍牵引站、加查牵引站各 1 个，至山南变电站、墨竹工卡变电站各 2 个）。

新建雅中 500kV 变电站：500kV 变压器 2×75 万 kVA；500kV 出线间隔 4 个（至沃卡变电站、林芝变电站各 2 个），至林芝线路安装高压并联电抗器 1×18 万 kvar，至沃卡线路安装高压并联电抗器 1×9 万 kvar；220kV 出线间隔 3 个（至加查牵引站 1 个、朗县牵引站 2 个）；静止无功补偿装置（SVC）2×6 万 kvar。

新建林芝 500kV 变电站：500kV 变压器 2×75 万 kVA；500kV 出线间隔 4 个（至雅中变电站、波密变电站各 2 个），至波密线路安装高压并联电抗器 2×12 万 kvar，至雅中线路安装高压并联电抗器 1×18 万 kvar；220kV 出线间隔 6 个（至米林牵引站、卧龙牵引站、布久牵引站各 2 个）。

新建吉雄（贡嘎）220kV 变电站：220kV 变压器 2×15 万 kVA；220kV 出线间隔 2 个（至羊湖变电站、山南变电站各 1 个）；110kV 出线间隔 6 个（至扎囊牵引站、贡嘎变引站各 2 个，至扎囊变电站、桑达变电站各 1 个）。

新建卧龙 220kV 变电站：220kV 变压器 2×12 万 kVA；220kV 出线间隔 4 个（至林芝变电站、康莎牵引站各 2 个）；110kV 出线间隔 4 个（至米林变电站、下觉牵引站各 2 个）。

扩建布久 220kV 变电站：220kV 变压器 1×12 万 kVA；220kV 出线间隔 2 个（至林芝变电站）；110kV 出线间隔 2 个（至林芝牵引站）。

扩建新区（柳梧）220kV 变电站：220kV 出线间隔 2 个（至拉萨南牵引站）；110kV 出线间隔 2 个（至协荣牵引站）。

扩建山南 220kV 变电站：220kV 出线间隔 1 个（至拜珍牵引站）；110kV 出线间隔 1 个（至泽当牵引站）。

扩建泽当 110kV 变电站：110kV 出线间隔 1 个（至泽当牵引站）。

新建沃卡—雅中 500kV 线路 2×110km，其中同塔双回 2×14km，单回路

$2 \times 96km$，导线截面积为 $4 \times 500mm^2$。

新建雅中—林芝 500kV 线路 $2 \times 182km$，其中同塔双回 $2 \times 23km$，单回路 $2 \times 159km$，导线截面积为 $4 \times 500mm^2$。

山南—墨竹工卡双回 220kV 线路 π 入沃卡变电站，新建线路 3.4km，其中同塔双回 $2 \times 0.35km$、同塔双回单侧挂线 0.7km、单回路 2km，导线截面积为 $2 \times 400mm^2$。

新建林芝—布久 220kV 同塔双回线路 $2 \times 27km$，导线截面积为 $2 \times 240mm^2$。

新建林芝—卧龙 220kV 线路 $2 \times 62km$，其中同塔双回单侧挂线 $2 \times 2km$、单回路 $2 \times 60km$，导线截面积为 $2 \times 240mm^2$。

山南—羊湖 220kV 线路 π 入吉雄变电站，新建线路 4km，其中同塔双回单侧挂线 2km、单回路 2km，导线截面积为 $2 \times 400mm^2$。

新建拉萨南牵引站—柳梧双回 220kV 线路 10km，其中同塔双回路单侧挂线 1km、单回路 9km，导线截面积为 $2 \times 240mm^2$。

新建康莎牵引站—卧龙双回 220kV 线路 3km，其中同塔双回单侧挂线 0.6km、单回路 2.4km，导线截面积为 $2 \times 240mm^2$。

新建拜珍牵引站—山南 220kV 线路 28km，其中同塔双回单侧挂线 7km、单回路 21km，导线截面积为 $2 \times 240mm^2$。

新建拜珍牵引站—沃卡 220kV 线路 21km，其中同塔双回单侧挂线 1km、单回路 20km，导线截面积为 $2 \times 240mm^2$。

新建加查牵引站—雅中 220kV 线路 40.5km，其中同塔双回单侧挂线 2km、单回路 38.5km，导线截面积为 $2 \times 240mm^2$。

新建加查牵引站—沃卡 220kV 线路 70km，其中同塔双回单侧挂线 2km、单回路 68km，导线截面积为 $2 \times 240mm^2$。

新建朗县牵引站—雅中双回 220kV 线路 30km，其中同塔双回单侧挂线 4km、单回路 26km，导线截面积为 $2 \times 240mm^2$。

新建米林牵引站—林芝双回 220kV 线路 53km，其中同塔双回单侧挂线 4km、单回路 49km，导线截面积为 $2 \times 240mm^2$。

柳梧—贡嘎 110kV 线路 π 入吉雄变电站，新建线路 9km，导线截面积为 $240mm^2$。

扎囊—贡嘎 110kV 线路 π 入吉雄变电站，新建线路 3km，导线截面积为 $185mm^2$。

新建协荣牵引站—柳梧双回 110kV 线路 2×39km，导线截面积为 2×150mm²。

新建扎囊牵引站—吉雄双回 110kV 线路 2×37km，导线截面积为 185mm²。

新建泽当牵引站—山南 110kV 线路 17km，导线截面 185mm²。

新建泽当牵引站—泽当 110kV 线路 1km，导线截面积为 185mm²。

新建下觉牵引站—卧龙双回 110kV 线路 2×54.5km，导线截面积为 2×150mm²。

新建林芝牵引站—布久双回 110kV 线路 2×5.5km，导线截面积为 185mm²。

相应的无功补偿装置和二次系统工程。

2. 参建单位

2016 年 2 月 17 日，国家电网公司、西藏自治区人民政府联合印发《国家电网公司西藏自治区人民政府关于联合成立藏中和昌都联网工程、拉林铁路供电工程建设领导小组的通知》（国家电网办〔2016〕170 号），由建设领导小组负责确定工程建设目标、里程碑计划，总体指导、协调、监督工程建设各项工作。2016 年 2 月 22 日，国家电网公司印发《国家电网公司关于成立藏中和昌都联网、拉林铁路供电工程建设指挥部的通知》（国家电网基建〔2016〕171 号），工程建设指挥部由国网西南分部牵头，联合国网西藏电力公司、国网四川省电力公司及有关单位组建，下设昌林现场指挥部和拉林现场指挥部，分别负责西藏藏中和昌都电网联网工程、川藏铁路拉萨至林芝段供电工程现场建设管理，按照国家电网公司基建管理有关要求组建业主项目部，开展工程现场建设管理工作。物资供应工作由国网物资公司牵头负责，信息通信保障工作由国网信通公司负责，全线医疗卫生保障工作由四川电力医院（国网高原病防治中心）负责。

工程设计方面，变电工程：西北电力设计院（芒康 500kV 变电站）、广东省电力设计研究院（左贡 500kV 开关站、澜沧江 500kV 变电站扩建）、河南省电力勘测设计院（波密 500kV 变电站）、安徽省电力设计院（林芝 500kV 变电站）、福建永福电力设计公司（雅中 500kV 变电站）、湖南省电力设计院（沃卡 500kV 变电站）、西南电力设计院（吉雄 220kV 变电站、巴塘 500kV 变电站扩建）、西安亮丽电力工程设计公司（卧龙 220kV 变电站）、湖南送变电勘察设计咨询公司（布久 220kV 变电站扩建、新区 220kV 变电站扩建）、国核电力规划设计研究院重庆公司（嘎托 110kV 变电站扩建）、四川电力设计咨询公司（山南 220kV 变电站扩建、泽当 110kV 变电站扩建）；线路工程：500kV 部分由西北、陕西、广东、湖南省电力设计院，河北、河南省电力勘测设计院，国网经济技术研究院有限公司设计，220kV 和 110kV 部分由西南、青海、湖南省电力设计院，国核电力规划设计研究院重庆公司、四川电力设计咨询公司、湖南送变电勘察设计咨询公司设计。环保水保专项设计单位为成都勘测设计研究院、长江勘测规划设计研究院。

现场建设方面，芒康变电站监理单位为四川电力建设监理公司，施工单位为青海送变电公司；左贡开关站监理单位为重庆渝电监理公司，施工单位为四川蜀能工程公司；波密变电站监理单位为江苏省宏源电力监理公司，施工单位为四川送变电公司；林芝变电站监理单位为四川电力工程监理公司，施工单位为四川送变电公司；雅中变电站监理单位为天津电力监理公司，施工单位为湖北送变电公司；沃卡变电站监理单位为天津电力监理公司，施工单位为湖南送变电公司。线路工程监理单位为四川电力监理公司、四川赛德工程监理公司、黑龙江电力监理公司、西藏信和监理咨询公司；线路工程施工单位为青海、江西、甘肃、四川、湖南、吉林、河南、新疆、辽宁、内蒙古、华东、陕西、贵州、湖北、山西送变电公司，四川蜀能电力公司、中国葛洲坝集团电力公司、西藏电力建设公司、广东电网能源发展公司。试验调试单位为四川、西藏电力科学研究院和国网电科院武汉南瑞公司。

主要设备制造方面，芒康变电站：重庆 ABB 有限公司（500kV 主变压器）、河南平芝高压开关有限公司（500kV GIS）、恒大电气有限公司（500kV 氧化锌避雷器）、山东泰开互感器有限公司（500kV 电压互感器）、特变电工沈阳变压器有限公司（500kV 高压并联电抗器）、湖南长高高压开关公司（500kV 隔离开关）；左贡开关站：山东泰开高压开关有限公司（500kV GIS）、特变电工衡阳变压器有限公司（500kV 高压并联电抗器）、山东泰开互感器有限公司（500kV 电容式电压互感器）；波密变电站：特变电工衡阳变压器有限公司（500kV 主变压器、500kV 高压并联电抗器 3×40Mvar）、西安西电高压开关有限公司（500kV GIS 开关设备）、南阳金冠电气有限公司（500kV 避雷器）、山东泰开互感器有限公司（500kV 电容式电压互感器）、湖南长高高压开关公司（500kV 隔离开关）；林芝变电站：特变电工衡阳变压器有限公司（500kV 主变压器）、山东电力设备有限公司（500kV 高压并联电抗器）、河南平芝高压开关有限公司（500kV GIS 组合电器）、南阳金冠电气有限公司（500kV 避雷器）、西安西电电力电容器有限公司（500kV 电容式电压互感器）、湖南长高高压开关公司（500kV 隔离开关）、西安西电高压电瓷有限公司（500kV 支柱绝缘子）；雅中变电站：西安西电变压器有限公司（500kV 主变压器）、山东电力设备有限公司（500kV 高压并联电抗器 3×60Mvar、3×30Mvar）、西安西电高压开关电气有限公司（500kV GIS 开关设备）、南阳金冠电气有限公司（500kV 避雷器）、西安西电电力电容器有限公司（500kV 电容式电压互感器）、湖南长高高压开关公司（500kV 隔离开关）、河南省中联红星电瓷有限公司（500kV 支柱绝缘子）；沃卡变电站：常州西电变压器有限公司（500kV 主变压器）、特变电工沈阳变压器有限公司（500kV 高压并联电抗器 4×30Mvar）、山东泰开高压开关有限公司（500kV GIS 开关设备）、南阳金冠电气有限公司（500kV 避雷器）、西安西电电力电容器有限公司（500kV 电容式电压互感器）、湖南长高高压开关公司（500kV 隔离开关）。

3. 建设历程

2016 年 5 月 4 日，西藏自治区人民政府给国家电网公司发送《西藏自治区人民政府关于商请提前开工建设藏中联网与拉林铁路配套供电工程的函》。2016 年 5 月25~26 日，在线路 26 标段举行基础浇筑首基试点。2017 年 4 月 6 日，国家电网公司在西藏林芝组织召开藏中电力联网工程开工动员大会，标志着藏中电力联网工程正式全面开工建设。2017 年 5 月 18 日，500kV 线路首基铁塔组立。2018 年 6 月 22 日，藏中电力联网工程启动验收委员会第一次会议在西藏林芝召开。2018 年 6 月 29 日，500kV 线路工程全线贯通。2018 年 7 月 27 日，500kV 沃卡变电站 220kV 成功带电，标志着藏中电力联网工程带电投运工作拉开序幕。2018 年 8 月 10 日，500kV 芒康变电站投运启动工作正式开始，8 月 14 日世界海拔最高的 500kV 芒康变电站进入 72h 试运行，标志着西藏电网电压等级实现由220kV 到 500kV 的历史性跨越。2018 年 10 月 25 日，500kV 波林 Ⅰ 线、Ⅱ 线带电，标志着西藏藏中电网、昌都电网成功联网，西藏东中部电网成功并入西南500kV 主网，西藏电网迈入超高压交直流混联电网时代。至此藏中联网 500kV主体工程全线带电，藏中电力联网工程进入试运行阶段。2018 年 10 月 30 日，500kV 林朗 Ⅱ 线人工短路试验顺利完成。2018 年 11 月 23 日，国家电网有限公司在北京公司总部、西藏林芝变电站现场举行竣工投运仪式，标志着藏中电力联网工程正式投运。

三、建设成果

藏中电力联网工程的建成，实现了西藏中部与东部电网互联，结束了西藏昌都地区长期孤网运行历史，标志着西藏电网迈入超高压时代，有利于藏电外送、外电内送，满足西藏经济社会发展对电力的需求，促进西藏丰富的光伏资源、水电资源开发外送。

（1）为国家整体发展战略和边防安全提供电力保障。西藏自治区位于祖国西南边陲，是重要的国家安全屏障、生态安全屏障、战略资源储备基地和面向南亚的开放通道，具有特殊重要战略地位。国家电网公司积极履行央企责任，2011年与2014年分别建成青藏电力联网工程与川藏电力联网工程，基本解决了西藏中部和东部缺电问题。藏中电力联网工程投运，有助于加强西藏电网的网架结构，提高供电保障能力，满足边防用电的需要，提升国防水平，保障边疆更加稳固。

（2）满足西藏中部经济社会发展电力需求。藏中电网覆盖拉萨、日喀则、山南、那曲和林芝等地区，是西藏电网的主要负荷中心，"十三五"期间负荷高速增长。由于能源资源、运输条件、建设成本和环保等因素限制，藏中地区电源规划无新增火电，只能以水电为主，但是水电建设周期较长、丰枯特性明显，无法根本解决藏中电网缺电问题。藏中电力联网工程的投运，使藏中电网与交流大电网相联，可有效解决"十三五"期间藏中缺电问题，满足电力负荷发展需要。

（3）扩大西藏主电网覆盖范围，兼顾川藏、滇藏铁路供电。工程投运前，占林芝地区面积约70%的墨脱县、波密县和察隅县尚未纳入主电网覆盖范围，依靠孤网运行的小水电，居民用电可靠性较低。藏中电力联网工程建成投运，实现了林芝地区主电网全覆盖，将波密、察隅、墨脱3县纳入主网，为工程沿线3070个小城镇（中心村）156万各族人民生活提供可靠电力保障，同时有效满足川藏、滇藏铁路供电需要。

（4）改善电网运行条件，提高电网供电可靠性。藏中电力联网工程建设投运，西藏中部电网纳入交流大电网，一方面增大了受端电网规模，提高了青藏直流联网工程的有效短路比，改善了直流工程的运行条件；另一方面，新增了交流联网通道，依托大平台实现电力调剂，保障西藏电力供应，加速西藏电网升级，提高了西藏电网的供电能力和可靠性。

（5）促进西藏清洁能源开发，推进节能减排。西藏中部地区水、风、光资源丰富，是我国重要的清洁能源基地。由于自身消纳能力有限，西藏中部地区清洁能源项目主要定位为外送电力。藏中电力联网工程建设投运，一方面为沿线清洁能源开发项目提供了施工电源；另一方面，提升了该地区清洁能源的外送能力，推动将西藏清洁能源在全国范围内优化配置消纳，促进西藏地区资源优势转化为经济优势，为降低二氧化碳排放起到积极的作用。

（6）践行环保理念，打造工程绿色施工名片。藏中电力联网工程穿越高原草甸、高寒灌丛、原始森林等不同生态系统，全线林木密集，存在原始林区。自然生态环境原始、独特，生态系统极其脆弱、敏感，破坏扰动后很难恢复，极易造成泥石流等次生灾害。国家电网公司秉承绿色施工理念，坚持以最少扰动自然环境为首要前提，以最大限度保护自然景观为首要准则，践行"绿水青山就是金山银山"环保理念，建立由工程建设指挥部、设计单位、施工单位、监理单位和监测验收单位组成的"五位一体"环保水保管理体系，实行环保工作设计、监理和施工三统一，架设运输索道近千条、总长超过 1200km，线路绕行"72 道拐"和米堆冰川等景区，线路全部高跨通过波密至林芝中国最后完备原始森林等，大力推动工程绿色环保施工，确保了施工区域江河水源不受污染，动植物繁衍生息不受影响，线路两侧自然景观不受破坏，相关工作得到中央环保督察组的高度肯定。

（7）攻克系列技术难题，取得多项科技创新成果。藏中电力联网工程位于西藏东南部，地理上处于世界地质构造最复杂、地质灾害分布最广泛的区域，工程沿线无人区广布，地质灾害风险巨大，施工环境极其恶劣，建设运行面临前所未遇的困难条件和技术难题。国家电网公司围绕工程特点难点，研究确立了地灾防控、环境保护、电网建设、运维检修、系统稳定、信息通信六大类重点研究方向，在院士专家咨询团队的指导下，组织国家级重点实验室和多家科研机构开展研究工作，取得多项创新成果并在工程中全面应用，指导了工程建设、调试和运行。编制、修订行业标准、团体标准、企业标准 20 余项，出版了成套技术专著。

（8）实现高原医疗保障"三零"目标。藏中电力联网工程施工区域平均海拔3750m，最高海拔 5295m，自然条件十分恶劣，气候干燥，高海拔低气压，严寒缺氧，风大、强紫外线辐射，无霜期长，昼夜温差大，天气多变，为鼠疫自然疫源地，高原病、自然疫源性疾病发病率和病死率高。工程全线参建人员多、分布广，高峰时期大约 5 万人，医疗卫生保障难度极大。国家电网公司践行"以人为本"理念，坚持"上得去、站得稳、干得好、下得来"和"保障在前、撤退在后"的原则，建立健全习服、体检和医疗应急保障制度，构建覆盖全线的三级医疗保障体系，强化高原反应和急性高原病知识教育，强化施工现场宿营地卫生、食品安全、传染病预防、防寒保暖等检查指导，严格执行"三热"（热菜、热饭、热汤）"三有"（安全的房屋、板房或帐篷，床和被褥）"一保护"（防寒保暖设施）食、宿、劳保等硬性标准，实现了高原病零死亡、零伤残、鼠疫及重大疫源性疾病零传播"三零"医疗保障目标。

工程建成后面貌如图6-39～图6-55所示。

图6-39 沃卡（许木）500kV变电站

图6-40 雅中（郎县）500kV变电站

图 6-41　林芝 500kV 变电站

图 6-42　波密 500kV 变电站

图 6-43　左贡 500kV 开关站

图 6-44 芒康 500kV 变电站

图 6-45 藏中电力联网工程输电线路 1（波密松宗盔甲山）

图 6-46 藏中电力联网工程输电线路 2（昌都芒康觉巴山）

图 6-47　藏中电力联网工程输电线路 3（海拔 4600m 安久拉山）

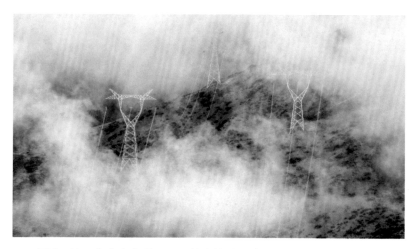

图 6-48　藏中电力联网工程输电线路 4（海拔 4600m 业拉山）

图 6-49　藏中电力联网工程输电线路 5（海拔 5000m 东达山）

图 6-50　藏中电力联网工程输电线路 6（横断山系）

图 6-51　藏中电力联网工程输电线路 7（澜沧江）

图 6-52　藏中电力联网工程输电线路 8（雅鲁藏布江）

图 6-53　藏中电力联网工程输电线路 9（怒江）

图 6-54　藏中电力联网工程输电线路 10（通麦天险）

图 6-55　藏中电力联网工程输电线路 11

第四节 阿里与藏中电网联网工程

阿里与藏中电网联网工程是国家电网有限公司继青藏电力联网工程、川藏电力联网工程和藏中电力联网工程之后，建设的第四个突破生命禁区、挑战生存极限的超高海拔、超大难度的输变电工程，平均海拔 4572m，是世界上最高海拔的电网工程。2020 年 12 月 4 日工程建成投运，标志着全国陆路地区最后一个地级行政区域电网接入国家大电网，西藏由此迈入了主电网覆盖全区 7 地市 74 县（区）的统一电网新时代，对于推动国家整体发展战略实施、维护边疆民族地区安全稳定、扩大西藏主电网覆盖范围、推动西藏全面建成小康社会和打造面向南亚开放的电力通道意义重大。

一、工程背景

截至 2018 年底，西藏自治区形成了西藏电网、阿里电网"一大一小"两个独立统调电网。阿里电网规模较小，安全稳定水平和供电质量较低，不能满足经济社会发展日益增长的电力需求。2015 年 8 月中央第六次西藏工作座谈会提出"加快电网建设，推动川藏联网，实现阿里和藏中电网联网"。《关于进一步推进西藏经济社会发展和长治久安的意见》（中发〔2015〕23 号）指出，西藏要增强能源保障能力，力争区内电网覆盖所有县（区），解决无电人口用电问题，实现区内电网互联。《电力发展"十三五"规划》（2016～2020 年）提出，"十三五"期间在立足优先保障自身电力供应的前提下，综合技术、经济、国防等多方面因素，推进建设阿里电网与藏区主网互联工程，实现主网覆盖西藏各地区。西藏自治区人民政府在 2017 年《政府工作报告》明确要求"加快推进阿里电网工程前期工作，全面启动 74 个县接入主网工程"。"十三五"初期，国家电网公司提出了 2020 年实现阿里电网与藏中电网联网的目标，2016 年 4 月启动可行性研究，2018 年 7 月可研报告通过评审，之后以国家电网发展〔2018〕948 号请示上报国家发展和改革委员会。2019 年 4 月 22 日，国家发展和改革委员会印发《国家发展改革委关于阿里与藏中电网联网工程可行性研究报告的批复》（发改能源

[2019] 739 号）。

阿里与藏中电网联网工程是世界上海拔最高、生态环境最脆弱的超高压输电工程，平均海拔 4572m，最高海拔 5500m，气候条件恶劣，含氧量仅为内地的 50%～60%，半均气温 0～5℃，最低气温达零下 45℃，昼夜温差达 25℃以上，人员、机械降效严重，年有效工期仅有 6 个月，工程建设面临巨大挑战。国家电网有限公司遵循"安全可靠、优质高效、科学组织、绿色环保、平安和谐、拼搏奉献"和"九不三零五优"建设目标，统筹"六位一体"（安全、质量、技术、造价、进度、外协）和"三大抓手"（标准化、依法合规、队伍建设），建立"十大"保障体系，保障了工程安全优质高效建设，树立了又一座"电力天路"丰碑。

二、工程概况

阿里与藏中电网联网工程起于西藏日喀则市桑珠孜区已建多林 220kV 变电站，止于阿里地区噶尔县新建巴尔 220kV 变电站，途经西藏日喀则、阿里两地市十区县。工程处于高海拔高严寒地区，紫外线强、环境温差大、极端温度低，6 个变电站海拔均超过 4000m（萨嘎变电站高达 4688m）、年最低气温的多年平均值在零下 20℃以下（个别变电站达到零下 40℃）；500kV 线路海拔 3842～5357m，220kV 线路海拔 4000～5500m，风速 33m/s，设计覆冰 10mm，极端最低气温-45℃。图 6-56 为阿里与藏中电网联网工程示意图。

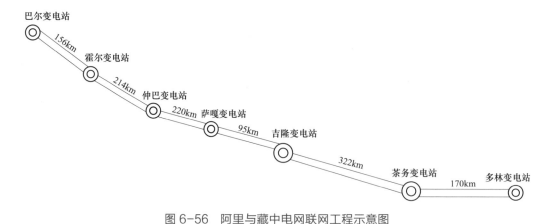

图 6-56 阿里与藏中电网联网工程示意图

1. 建设规模

核准建设规模：新建 500kV 变电站 2 座（本期建设 220kV 部分）、220kV 变

电站 4 座,扩建 220kV 变电站 1 座;线路全长 1689.2km,其中 500kV 线路 944km
(本期降压 220kV 运行)、220kV 线路 731km、110kV 线路 14.2km。工程静态投
资 73.19 亿元,动态投资 74.06 亿元,安排中央预算内投资 36.59 亿元,其余资金
通过贷款等方式解决,国网西藏电力有限公司作为项目法人。

具体内容如下:

(1)新建茶务 500kV 变电站:本期建设 220kV 部分,主变压器 2×12 万 kVA;
220kV 出线间隔 4 个 (至多林变电站、吉隆变电站各 2 个),每回线路安装高压并
联电抗器 1×15 万 kvar;110kV 出线间隔 4 个 (至拉孜变电站 2 个、昂仁变电站 1
个、定日变电站 1 个);静止无功补偿装置 (SVC) 2×3 万 kvar。站址位于日喀则
市拉孜县查务乡,海拔 4002~4006m。

(2)新建吉隆 500kV 变电站:本期建设 220kV 部分,主变压器 2×12 万 kVA;
220kV 出线间隔 3 个 (至茶务变电站 2 个、萨嘎变电站 1 个),至茶务变电站每回
线路安装高压并联电抗器 1×15 万 kvar;110kV 出线间隔 1 个 (至门布变电站)。
站址位于日喀则市吉隆县宗嘎镇,海拔 4095~4115m。

(3)新建萨嘎 220kV 变电站:主变压器 1×12 万 kVA;220kV 出线间隔 2 个
(至吉隆变电站、仲巴变电站各 1 个),每回线路安装高压并联电抗器 1×1.5 万 kvar;
110kV 出线间隔 1 个 (至措勤变电站)。站址位于日喀则市萨嘎县,海拔 4685~
4690m。

(4)新建仲巴 220kV 变电站:主变压器 1×9 万 kVA;220kV 出线间隔 2 个
(至萨嘎、霍尔变电站各 1 个),每回线路安装高压并联电抗器 1×1.8 万 kvar。站址
位于日喀则市仲巴县帕羊西镇,海拔 4566~4588m。

(5)新建霍尔 220kV 变电站:主变压器 1×12 万 kVA;220kV 出线间隔 2 个
(至仲巴变电站、巴尔变电站各 1 个),至仲巴变电站线路安装高压并联电抗器 1×1.5
万 kvar;110kV 出线间隔 1 个 (至普兰变电站)。站址位于阿里地区普兰县霍尔乡,
海拔 4640~4655m。

(6)新建巴尔 220kV 变电站:主变压器 1×12 万 kVA;220kV 出线间隔 1 个
(至霍尔变电站),线路安装高压并联电抗器 1×2.4 万 kvar;110kV 出线间隔 3 个
(至札达变电站 1 个、狮泉河变电站 2 个);静止无功补偿装置 (SVC) 1×3 万 kvar。
站址位于阿里地区噶尔县门士乡,海拔 4560~4564m。

(7)扩建多林 220kV 变电站:220kV 出线间隔 2 个 (至茶务变电站)。

(8)新建多林—茶务 500kV 线路 2×150km (本期降压 220kV 运行),导线截

面积为 4×500mm²；新建多林—茶务（多林变电站进线段）220kV 线路 2×20km，导线截面积为 2×240mm²。

（9）新建茶务—吉隆 500kV 线路 2×322km（本期降压 220kV 运行），导线截面积为 4×500mm²；新建茶务—吉隆（吉隆变电站进线段）220kV 线路 2×3km，导线截面积为 2×240mm²。

（10）新建吉隆—萨嘎—仲巴—霍尔—巴尔 220kV 线路 685km，其中吉隆—萨嘎 95km、萨嘎—仲巴 220km、仲巴—霍尔 214km、霍尔—巴尔 156km，导线截面积为 2×240mm²。

（11）拉孜—昂仁、拉孜—定日 110kV 线路 π 入茶务 500kV 变电站，新建线路 14.2km（同塔双回 2×1.3km、同塔双回单侧挂线 6km、单回路 5.6km），导线截面积为 185mm²。

相应的无功补偿装置和二次系统工程。

2. 参建单位

2019 年 5 月 20 日，国家电网有限公司、西藏自治区人民政府联合下发《国家电网有限公司、西藏自治区人民政府关于联合成立阿里与藏中电网联网工程、"三区两州"深度贫困地区电网工程建设领导小组的通知》（国家电网办〔2019〕236 号）。国网西藏电力有限公司组建了工程建设指挥部，行使建设管理职能，成立工程技术部等 8 个部门和定日、普兰 2 个业主项目部，负责贯彻执行工程建设领导小组的各项决定，组织工程建设实施的各项工作。国网西藏电力信通公司负责通信保障，北京洛斯达公司负责信息保障，四川电力医院负责医疗保障。

工程设计方面，西南电力设计院负责工程总体汇总、变电工程设计牵头及系统通信工程、安稳系统设计，湖南电力设计院负责 500kV 线路设计牵头，四川电力设计咨询公司负责 220kV 线路设计牵头。变电工程设计单位：湖南电力设计院（查务变电站、巴尔变电站、多林变电站扩建）、西南电力设计院（吉隆变电站、霍尔变电站）、甘肃电力设计院（萨嘎变电站）、青海电力设计院（仲巴变电站）。500kV 线路工程设计单位：陕西、湖南（含配套 110kV 线路）、安徽、西北、西南电力设计院和国核电力规划设计研究院、四川电力设计咨询公司。220kV 线路工程设计单位：四川电力设计咨询公司、湖南经研院和青海、甘肃、河北电力设计院。

现场建设方面，线路工程监理单位：500kV 部分为湖北环宇监理公司、山西锦通监理公司、四川赛德监理公司，220kV 部分为四川公众监理公司、黑龙江电力监理公司；线路工程施工单位：500kV 部分为宁夏、湖南、湖北、云南、天津、江西、四川送变电公司和西藏电建公司，220kV 部分为中国安能江夏水电公司、西藏电建公司和内蒙古、重庆、青海送变电公司。变电工程监理单位：山西锦通监理公司（查务变电站、吉隆变电站），西藏信和监理公司（萨嘎变电站），湖北环宇监理公司（仲巴变电站），黑龙江电力监理公司（霍尔变电站），四川赛德监理公司（巴尔变电站）；变电工程施工单位：内蒙古送变电公司（查务变电站）、吉林送变电公司（吉隆变电站）、贵州送变电公司（萨嘎变电站）、甘肃送变电公司（仲巴变电站）、陕西送变电公司（霍尔变电站）、中国安能江夏水电公司（巴尔变电站）。

主要设备制造方面，三相油浸式有载变压器、单相油浸式并联电抗器制造单位为山东电力设备有限公司，GIS 组合电器制造单位为上海思源高压开关有限公司，避雷器制造单位为恒大电气有限公司、正泰电气有限公司、宁波镇海国创高压电器有限公司、南阳金冠电气有限公司，电压互感器制造单位为大连华亿电力电器有限公司、山东泰开互感器有限公司，支柱绝缘子制造单位为中材江西电瓷电气有限公司、大连电瓷集团输变电材料有限公司、河南省中联红星电瓷有限公司、湖南华联火炬电瓷电器有限公司、抚顺电瓷制造有限公司。

3. 建设历程

2019 年 6 月 6 日，变电工程"四通一平"破土动工。2019 年 7 月 25 日，工程建设指挥部完成全线 23 个医疗站和 3 个习服基地的建立。2019 年 8 月 18 日，线路工程基础首基浇筑试点。2019 年 9 月 17 日，开工动员大会召开，工程全面开工。2019 年 12 月 11 日，线路工程首基铁塔组立。2020 年 5 月 2 日，在海拔 5357m 的西藏日喀则市拉孜县与定日县交界处的嘉措拉山上，工程 4R053 号世界最高 500kV 输电线路铁塔成功组立，刷新了世界超高压电网建设领域新纪录。2020 年 5 月 4 日，线路工程首段导线展放。2020 年 6 月 18 日，线路工程首次跨越雅鲁藏布江，吉隆变电站主变压器开始安装。2020 年 6 月 30 日，在海拔 5342.7m 的西藏日喀则市吉隆县孔唐拉姆山上，世界上海拔最高的 220kV 输电线路铁塔成功组立。2020 年 7 月 26 日，工程全线贯通。2020 年 9 月 3 日，工程启动验收委员会第一次会议在拉萨召开。2020 年 10 月 28 日～11 月 28 日，查务、吉隆、萨嘎、仲巴、霍尔、巴尔变电站和相关线路成功带电。2020 年 12 月 4 日，工程投入运行。

三、建设成果

阿里与藏中电网联网工程的建成投运，实现了阿里电网与全国主电网互联，结束了阿里电网长期孤网运行的历史，从根本上解决了阿里地区和日喀则西部无电缺电问题，有利于为经济社会发展和国防安全提供充足可靠的电力供应保障，对于助力国家边境地区建设和打赢"三区三州"深度贫困地区脱贫攻坚战，实现边疆巩固、增进民族团结和维护社会稳定、全面建成小康社会具有重要作用。

（1）为国家整体发展战略和国防安全提供电力保障。日喀则市和阿里地区位于西藏西部，南隔喜马拉雅山与尼泊尔、印度相邻，西与印度克什米尔地区接壤，是我国重要的边境国防线之一，战略地位十分重要。工程为上述地区提供稳定、可靠的能源保障，进一步加强包括阿里地区在内的边境地区与藏中地区乃至祖国内地的联系，促进经济交流、文化交融、民族认同，对巩固边疆、促进民族团结和社会稳定具有重要作用。

（2）满足阿里电网负荷发展需求，助力脱贫攻坚。"十三五"及其后，阿里电网较为明确的规划电源阿青水电站造价高、工期长，燃油机组运行成本较高且存在环保问题，地热、风能和太阳能资源由于技术经济原因存在较大不确定性，因此近期面临缺电问题及孤网运行供电质量和可靠性问题。建设阿里与藏中电网联网工程，可以从根本上满足阿里电网负荷发展需要，为日喀则市西部的仲巴、萨嘎、吉隆和聂拉木 4 县及阿里地区的普兰、改则和措勤 3 县纳入主电网创造条件，为当地社会经济发展提供充足可靠的电力供应，助力边境地区建设，决胜脱贫攻坚，全面建成小康社会。

（3）改善电网结构并兼顾远期铁路供电和中尼联网需要。阿里与藏中电网联网工程实施前，拉孜、昂仁、定日、定结和萨迦等 5 县经一回 110kV 长链式线路与日喀则主网相联，供电质量和供电可靠性较差；阿里电网孤网运行，自身规模较小，供电质量和安全稳定水平较低。阿里与藏中电网联网工程将阿里电网纳入西南电网，提高拉孜等 5 县及阿里电网供电质量和可靠性。工程线路路径与规划中的中尼铁路日喀则市—吉隆段走向基本一致，可兼顾远期电气化铁路供电对主网架的需要。工程建成后西藏 500kV 电网将延伸至与尼泊尔相邻的吉隆县，为远期西藏电网与尼泊尔电网联网打下基础。

（4）有利于生态环境保护和推进节能减排。在中央第五次西藏工作会议上，中央将西藏定位为"两屏四地"（国家安全屏障、生态安全屏障、战略资源储备基地、高原特色农产品基地、中华民族特色文化保护地和世界旅游目的地）。阿里与藏中电网联网工程建成后阿里地区火电作为特殊情况下备用电源，大电网可靠的电力保障给阿里及日喀则西部地区电采暖创造条件，改变燃烧煤炭、秸秆、动物粪便等传统取暖方式，同时为日喀则以西丰富的风能资源和太阳能资源开发利用发挥积极作用，促进环境保护和节能减排。

（5）聚焦工程特点难点创新成果丰硕。开展超高海拔架空输电线路外绝缘配置研究，建立了绝缘修正系数标准；建立了适应高海拔运行人员健康要求的富氧系统建设标准；全线 55% 范围采用机械化施工，是全国机械化施工率最高的大型超高压工程；首次采用螺旋锚基础施工，首次采用全线网格式护坡，播种耐寒耐旱草籽，最大限度减少土石方开挖量，减少水土流失，提升环境保护水平；首次在超高海拔地区应用"海拉瓦"技术开展线路选线和变电站选址，成功设计了岗巴羊头塔和日土羊头塔，以及具有浓郁藏式风格的变电站，是目前全国运用景观塔最多的超高压工程；首次运用碳铅电化学储能作为变电站应急电源，实现"变电站、充放电（储能）站、数据中心站"三站合一的建设运营，将传统变电站转变为能量双向流动的能源信息枢纽；首次推行"共享铁塔""共享光缆"建设理念，在沿线铁塔上为 5G 和国防应急通信等预留了空间和接口，实现资源共享、合作共赢；首次采用三维数字施工图设计，建立"1+3"基建全过程数字化综合管控平台，全力打造"1 个中心（三维建模的工程建设指挥中心）+3 个 App（现场安全管控、物资五方网签、医疗一键呼救）"的全过程信息化管理系统；工程建设全过程所有信息优化集成，每个铁塔和设备都拥有"身份证"，为建设数字电网、服务电网安全运行创造了条件。

工程建成后面貌如图 6-57～图 6-67 所示。

图 6-57　查务变电站

图 6-58　吉隆变电站

图 6-59　萨嘎变电站

图 6-60　仲巴变电站

图 6-61 霍尔变电站

图 6-62 巴尔变电站

图 6-63 多林变电站

图 6-64　阿里与藏中电网联网工程输电线路 1

图 6-65　阿里与藏中电网联网工程输电线路 2

图 6-66　阿里与藏中电网联网工程输电线路 3

图 6-67 世界海拔最高塔（5357m）

第七章

抽水蓄能电站工程

抽水蓄能电站是特殊的水电站，通常由具有一定落差（150～700m）的上、下两个水库，可逆式水泵水轮机组和输水系统等组成。在电网负荷低谷时利用电力从下水库抽水到上水库将电能转化为水的势能储存起来，在电网负荷高峰时通过水力发电将水的势能转化为电能，由此有效调节电力系统生产、供应、使用之间的动态平衡，实现电能的时空移动，并把低价值能源转换成高价值能源。抽水蓄能是技术成熟、具有大规模开发条件的电力系统灵活调节手段，具备容量大、工况多、速度快、可靠性高、经济性好等优势，具有调峰、填谷、调频、调相、储能、系统备用和黑启动等多种功能，对保障大电网安全、促进新能源消纳、提升全系统性能具有重要作用，是电力系统的重要组成部分。

全球第一座抽水蓄能电站为 1882 年建成的瑞士苏黎世奈特拉电站，装机容量 515kW，利用落差 153m，是一座季调节型抽水蓄能电站，至今已有 140 年历史。首座电站诞生于 20 世纪 50 年代是抽水蓄能发展的起步阶段，电站机组从最初的四机式（水轮机、发电机、水泵、电动机）过渡到三机式（水轮机、发电-电动机、水泵），再发展到两机可逆式水泵水轮机组，西班牙 1929 年建成的乌尔迪赛电站最早采用可逆式机组，装机容量 7.2MW。1950 年全球抽水蓄能总装机约 1300MW。20 世纪 50～60 年代，全球工业化加速，电力负荷迅速增长，抽水蓄能快速发展，到 1970 年全球总装机达 16010MW，美国抽水蓄能装机容量居世界第一。20 世纪 70～90 年代，随着核电站迅猛发展，急需增加电网调峰能力，到 1990 年全球总装机增至 86879MW。之后，受发达国家经济增速放慢、核电建设放缓、燃气电站大量建设等因素影响，抽水蓄能增速下降，至 2000 年全球总装机 114000MW。日本在 90 年代超过美国成为抽水蓄能电站装机容量最大的国家。进入 21 世纪，中国等亚洲国家用电需求旺盛，抽水蓄能电站快速发展，2010 年全球抽水蓄能总装机容量达到 135000MW，2020 年达到 159490MW。

中国 20 世纪 60 年代后期开始抽水蓄能电站研究开发。1968 年，河北岗南水库电站安装了一台容量 11MW 的进口抽水蓄能机组；1973 年和 1975 年，北京密云水库白河水电站分别安装了两台国产 11MW 抽水蓄能机组（天津发电设备厂），建设了两座小型混合式抽水蓄能电站。改革开放后我国经济快速发展，电网规模不断扩大，急需发展抽水蓄能电站以解决电网调峰问题。20 世纪 80～90 年代，在西藏建设了羊卓雍湖抽水蓄能电站（90MW），在华南、华北、华东等地区先后建成广州（2400MW）、北京十三陵（800MW）、浙江天荒坪（1800MW）等抽水蓄能电站，到 2000 年底总容量达到 5520MW，其中广州抽水蓄能电站是当时世界装机容量最大的抽水蓄能电站。这一阶段我国抽水蓄能电站单机容量、装机规模已达到较高水平，但机组设计制造仍依赖进口。进入 21 世纪，我国相继开工建设了一大批大型抽水蓄能电站，装机规模不断增加，到 2010 年、2015 年和 2020 年底，我国抽水蓄能装机分别达到 16910、23030MW 和 31490MW。2017 年，我国抽水蓄能总装机（28490MW）超过日本，成为全球抽水蓄能电站规模最大的国家。在这一过程中，我国抽水蓄能电站的整体设计、设备制造和建设安装技术不断进步，达到了国际先进水平，并产生了一批新的具有里程碑意义工程。

本章内容包括我国抽水蓄能发展史上的重要标志性工程：羊卓雍湖抽水蓄能电站（世界上海拔最高、水头最高）、广州抽水蓄能电站（我国首座大型抽水蓄能电站）、安徽响水涧抽水蓄能电站（电站机组全面自主化）、广东阳江抽水蓄能电站（机组单机容量最大）和河北丰宁抽水蓄能电站（世界装机容量最大）。

第一节　西藏羊卓雍湖抽水蓄能电站工程

羊卓雍湖抽水蓄能电站（简称羊湖抽蓄电站）是一座混合式抽水蓄能电站，位于西藏自治区浪卡子县和贡嘎县境内，距拉萨市约 80km，海拔 3600～4400m。上水库为羊卓雍湖，下水库为雅鲁藏布江，引水隧洞长 5883m，上、下水库水位落差 840m，压力钢管最大设计水头 1020m。这是我国目前海拔最高、水头最高、库容最大、引水隧洞最长的抽水蓄能电站。羊湖抽蓄电站是 20 世纪末西藏自治区最大的能源基地，为西藏自治区经济社会发展提供了电力支撑。1997 年 9 月工程竣工。

一、工程背景

西藏和平解放以来，特别是党的十一届三中全会以来，经济社会快速发展，人民生活水平不断提高，用电负荷日益增长。作为西藏自治区政治、经济、文化中心的拉萨市，1986 年电力系统装机容量 4.22 万 kW。拉萨电网的负荷主要是生活用电，其次为工业用电，负荷极不平衡，日负荷变化大，峰高谷低明显，高峰时系统严重缺电，低谷时电力有余，峰谷电量差率为当时全国少见。为满足拉萨"八五"末期和 2000 年用电要求，经多方论证，提出及早修建羊湖电站，近期主要解决拉萨地区缺电问题，远期与日喀则、山南地区联网，满足工农业发展和人民生活用电需要。

20 世纪 50 年代，燃料工业部、水利部、中国科学院先后派专家对羊卓雍湖的自然条件和开发利用进行过考察研究。1973 年水利电力部成都勘测设计院开始羊湖电站规划选点工作，同年 12 月提出《拉萨地区水电选点报告》，推荐羊湖电站为近期开发对象，1974 年 2 月水电部、西藏自治区审查通过。1977 年 7 月提出初步设计，1983 年 3 月完成补充初设。1984 年 4 月～1985 年 3 月，水利电力部请瑞士电力工程顾问集团进行了设计咨询，同时期编制了《环境影响评价报告书》；1985 年 9 月完成《修改初步设计书》，建设 4×2.25 万 kW 常规发电机组，并为二期工程建设单独的抽水泵房留出接口，10 月通过审查后国家计划委员会批准按一期规模开工。因考虑到水电站首期常规发电机组建成发电后会使羊卓雍湖水位下降，影响生态环境，1986 年 7 月国家计划委员会通知停建，研究不降低羊卓雍湖天然水位的前提下修建抽水蓄能电站的可行性。1987 年 11 月水利电力部向国家计划委员会报送项目建议书，1988 年 6 月完成《抽水蓄能可行性研究报告》。1989 年 8 月 28 日，国家计划委员会批准羊湖抽蓄电站复工建设，电站运行以不降低羊卓雍湖水位为原则，发挥抽水蓄能电站在拉萨电网丰水期蓄水、枯水期发电的调节作用，满足负荷变化的要求，提高电力系统运行可靠性和经济效益，同时有利于高原生态保护。

二、工程概况

1. 建设规模

羊湖抽蓄电站的上水库是位于浪卡子县境内的大型高原封闭湖泊羊卓雍湖，下水库是西藏高原最大的河流雅鲁藏布江。从羊卓雍湖取水，穿越岗巴拉山岭，通过引水隧洞和压力钢管，向北引水至雅鲁藏布江右岸一级阶地发电。负荷低谷时，抽取雅鲁藏布江水入羊卓雍湖蓄能，负荷高峰时利用羊卓雍湖湖面和雅鲁藏布江落差进行发电。电站厂房内安装 4 台单机容量为 22.5MW 的三机式抽水蓄能机组（90MW）和 1 台 22.5MW 的常规发电机组，总装机容量为 112.5MW。电站投入运行后，担负拉萨系统的调峰、调频和事故备用任务，是西藏地区的重要电源。

电站枢纽建筑物主要由羊卓雍湖进出水口、有压引水隧洞、上室差动式调压井、联合供水压力钢管、地面厂房、尾水渠、江边取水口、低扬程泵房、沉砂池、抽水钢管、110kV 开关站等组成。

上水库羊卓雍湖库容 150 亿 m³，湖水来水充沛，年内水位变幅小，可保证湖内水位及湖区原有的生态环境。羊湖抽蓄电站正常蓄水位 4440.50m，最低发电运行水位 4437.00m，相应有效库容约 19.0 亿 m³。

下水库为与上水库相距约 9.5km、高差 840m 的雅鲁藏布江。电站在运行过程中，夏季利用系统多余电能抽水，只在系统峰荷时进行短时发电；冬季主要承担系统峰荷和腰荷，只在系统低谷负荷时进行短时抽水。即利用丰水期多余电量将雅鲁藏布江水抽到羊卓雍湖，在枯水期发电。发电用水量与抽水量平衡，总体上不改变羊卓雍湖水量。设计发电引用流量 15.80m³/s，抽水流量 8m³/s。

上水库进水口为压力墙式，进水口布置在距湖边约 100m 处的较新鲜中厚层砂岩夹板岩内，引水明渠与压力墙式进水口呈"一"字形布置，进水口左右两侧布置挡土墙与明渠两岸连接，上部平台布置启闭机房、值班房等。进水口长 15.20m，前段设一道拦污栅，其孔口尺寸为 4.0m×6.0m（宽×高），栅槽同时兼作检修闸门槽；后段设有一道工作闸门，其孔口尺寸为 2.5m×2.5m（宽×高），最大引用流量 16m³/s。闸室建基高程为 4424.00m，底板顶高程 4426.00m，上部工作平台高程 4443.50m。引水明渠长 103.50m，梯形断面，底宽 4.00m。

有压引水隧洞全长 5883.1m，包含混凝土衬砌段和压力钢管段。隧洞埋深 50～450m，平均纵坡 8.6‰，最大设计压力 0.715MPa，过水断面为圆形。引水隧洞上段（从上水库进水口至 2900m 处）内径 2.5m，根据隧洞围岩地质情况和承担内水压力的大小，采用单层或双层钢筋混凝土衬砌，衬砌厚度相应为 30cm 和 50cm；下段隧洞内径 2.2m，采用钢筋混凝土和钢板衬砌，钢筋混凝土衬厚 60cm、80cm，钢管壁厚 12mm。下段隧洞后接调压井。

调压井为带上室的差动式调压井，底板高程 4375.4m，由竖井、升管、上室大井组成。升管及竖井均采用内径为 2.50m 的圆形断面，上室大井为内径 11.00m 的圆形断面。

调压井后为联合供水压力钢管，全长 3044.8m，内径为 2.1～2.5m，由埋藏管、明管及厂区岔支管系统三部分组成。压力钢管采用 1 根主管供水，前段为埋藏管，长 754.4m，内径为 2.5～2.3m，由上平段、斜井段和下平段组成，埋藏管最大设计内水压力为 2.24MPa，埋藏管段采用 16MnR 钢材，壁厚 14～20mm，管外回填 0.6m 厚的 C15 混凝土；蝶阀室位于埋管段末端，下接压力明管。明管段长2290.4m，沿线依据地形起伏共布置 14 个弯管，在弯管处和管长超过 150m 的直段中间设置镇墩，两镇墩间每隔 10～12m 设一滑动支座，镇墩下游侧设套筒式伸缩节，每隔一个镇墩设一个进人孔。全线共设 20 个镇墩、172 个支墩、18 个伸缩节和 9 个进人孔。明管外径由 2.3m 经 2.2m 变为 2.1m，明管中低压段采用 SPV355钢制造；中高压段采用抗拉强度 610MPa 的 HS610U 或 HS610UM0D 钢制造，管壁厚 20～54mm。主管末端用岔管分为上、下 2 根主支管，上主支管经 4 个岔管分为 5 根分支管通往 5 台水轮机；下主支管经 3 个岔管分为 4 根分支管通往 4 台蓄能泵。主支管上的 7 个岔管均为月牙形内加强肋"卜"型岔管。岔管最大壁厚 60mm，最大肋厚 150mm，支管直径为 1.8～0.65m。

主厂房包括主机间及安装间，全长 87.48m。其中主机间长 69.80m、宽 15.4m、高 38.2m。主机间内安装 4 台 22.5MW 的三机式抽水蓄能机组（1～4 号机）和 1台 22.5MW 的常规冲击式发电机组（5 号机），机组间距为 12m 和 14m。

沉沙池设在雅鲁藏布江边，沉沙池紧接低扬程泵房下游，全长 139.91m，宽度除收缩段外，其余均为 31.90m（包括输水管），正常运行水位 3605.50m，最大工作流量为 9.0m³/s。通过沉沙池将雅鲁藏布江水中粒径大于 0.1mm 的泥沙颗粒沉淀80% 以上，减少泥沙对机组的磨损。

低扬程泵房上接江边取水口，下接沉沙池，顺水流方向全长 26.72m。泵房总长 39.75m，宽 19.6m（含下游侧副厂房），总高 24.9m。泵房共分为四层，从下至上依次为进水室、蝶阀层、水泵运转操作层、下游侧副厂房，内装 5 台 1000HLQ/B-10轴流立式水泵。

羊湖抽蓄电站以两回长约 80km 的 110kV 线路接入拉萨电网。2000 年水平年，电站装机容量 90MW；2004 年完成 5 号机组（常规发电机组）扩建。电站运行要求在当年内（或多年内）发电总耗水量和总抽水量保持平衡。工程总投资 18.69亿元。

2. 参建单位

（1）业主单位：西藏自治区工业电力厅。

（2）建设、施工总承包单位：中国人民武装警察部队水电第三总队。

（3）设计单位：中国电建集团成都勘测设计研究院有限公司（原水利电力部成都勘测设计院）。

（4）主要设备制造厂。水泵水轮机：奥地利伊林—福伊特（ELIN-VOITH）公司（1～4 号机），哈尔滨电机厂有限责任公司（5 号机）；主变压器：伊林联合公司（1～4 号机），西安西电变压器有限责任公司（5 号机）；监控系统：南京南瑞继保工程技术有限公司（1～4 号机）；国电南京自动化股份有限公司（5 号机）；高压开关：上海思源高压开关有限公司。

3. 建设历程

（1）电站工程于 1985 年 8 月开工建设，1986 年 7 月国家计划委员会通知停建。1989 年 9 月 8 日，能源部以能源计〔1989〕894 号文转发了国家计委《关于西藏羊卓雍湖抽水蓄能电站复工问题的批复》，1989 年 9 月 13 日复工兴建。

（2）引水隧洞于 1991 年 1 月 20 日开始开挖，先后分 8 个工作面掘进，至 1993 年 9 月 25 日全线贯通。1995 年 9 月达到充水调试条件，电站引水隧洞分别在 1995 年 9 月 7 日和 12 月 7 日两次充水，均出现工程质量问题，1996 年 1 月对引水隧洞、压力钢管及调压井进行补强加固处理。压力钢管于 1997 年 3 月 31 日通过了整体水压试验。

（3）1997 年 6 月 25 日第 1 台机组正式并网发电，其余 3 台机组于 1997 年 9 月 19 日前先后完成发电和充水工况试验后投运。1998 年 9 月 18 日，电站经过一年的试运行，顺利通过国家组织的竣工验收，西藏自治区在羊湖抽蓄电站举行了竣工移交典礼。

三、建设成果

20 世纪 80 年代末期，在西藏高原海拔 4400m 高寒缺氧等艰苦恶劣条件下建设的羊湖抽蓄电站，厂房海拔 3600m，是世界上海拔最高、水头最高、引水隧洞最长的抽水蓄能电站，也是当时西藏自治区最大的能源基地，它的建成使西藏总装机容量首次突破 30 万 kW。电站压力钢管设计压力达 10MPa，HD 值（H 为水头、D 为压力管道内径）达 2000m×m，是 20 世纪末国内抽水蓄能电站明钢管设计规模最大、长度最长的。电站的建设为高海拔、高寒地区水电站建设施工提供了重要的技术借鉴。

羊湖抽蓄电站担负着藏中电网调峰、调频、调相和事故备用任务，是藏中电网的骨干电站，电站的建成有效解决了拉萨长期冬季缺电的问题，促进了拉萨与山南、日喀则三地市电网联网和电力装备技术升级，为西藏经济社会发展提供了有力的电力保障。羊湖抽蓄电站建成后面貌如图 7-1～图 7-3 所示。

图 7-1 羊湖抽蓄电站厂区枢纽整体布置远照

图 7-2 羊湖抽蓄电站主、副厂房近照

图 7-3 羊湖抽蓄电站全景

第二节 广东广州抽水蓄能电站工程

广州抽水蓄能电站（简称广州抽蓄电站）位于广东省广州市东北部的从化市吕田镇。广州抽蓄电站是我国第一座大容量、高水头抽水蓄能电站，一、二期各 4 台机组分别于 1994 年、2000 年投产，全部投产后电站总装机容量达 2400MW，是当时世界上装机规模最大的抽水蓄能电站。广州抽蓄电站由我国自行设计施工，电站的建设实现了我国大型抽水蓄能电站设计、施工、建设管理水平质的飞跃，为我国抽水蓄能电站建设的蓬勃发展提供了示范和宝贵经验，标志着我国大型抽水蓄能电站的设计、施工和管理水平跨入国际先进行列。

一、工程背景

20 世纪 80 年代，随着改革开放带来的广东经济快速发展，广东用电负荷迅速增长，峰谷差逐渐增大，调峰问题尤为突出。1984 年，为解决广东电网调峰问题，广东省电力工业局委托广东省水利电力勘测设计研究院开展对新丰江水电站扩大装机容量的可行性研究工作。研究论证发现，新丰江扩建容量有限，不能满足负荷发展要求，而广东省境内可以承担调峰任务的待建大中型水电站不多，需要建设抽水蓄能电站以解决调峰问题。广东省水利电力勘测设计研究院在广东电力负荷中心广州市方圆 100km 范围内进行抽水蓄能站点普查工作，筛选出 4 个站点。1984 年 10 月，经实地踏勘、综合分析比较后认为，位于广州从化的流溪河站点（即现广州抽蓄电站站址）条件比较优越，建议做好开发规划工作。

1985 年 9 月，受水利电力部华南电网办公室、广东省电力工业局委托，广东省水利电力勘测设计研究院开始广州抽蓄电站可行性研究工作，1986 年 11 月完成了可行性研究。可研表明，为满足设计水平年 2000 年电力电量平衡需要，并尽量吸收负荷低谷时的核电及水电电能，发挥抽水蓄能电站调峰填谷的作用，电站装机宜在 900～1500MW 之间，推荐装机容量 1200MW。

1986 年 12 月，水利电力部水电规划设计总院和广东省计划委员会对可行性研究报告进行了审查。1987 年 4 月水利电力部予以批复。1987 年 6 月，国家计划委员会委托中国国际工程咨询公司对广州抽蓄电站可研报告进行了评估，认为抽水蓄能电站装机 120 万 kW 是合理的，目前已具备建设条件，建议国家列入近期建设计划。此时，大亚湾核电站（2×900MW）已于 1987 年开工建设，根据与大亚湾核电站同步建设的目标要求，广州抽蓄电站一期工程于 1988 年 3 月由广东省计划委员会批准进行开工准备。

1989 年 12 月，受广州抽水蓄能电站联营公司委托，广东省水利电力勘测设计研究院完成广州抽蓄电站二期工程可行性研究报告，1990 年 5 月水利水电规划设计总院会同广东省计划委员会主持召开二期工程可行性研究报告审查，1991 年 1 月能源部批复二期工程可研。1992 年 4 月国家计划委员会批复了二期工程项目建议书。1992 年 11 月国家计划委员会委托中国国际工程咨询公司对二期工程进行了评估，建议将该项目列入国家建设计划。1994 年国家计划委员会下达计划将广州抽蓄电站二期工程列为 1994 年新开工项目。

二、工程概况

1. 建设规模

广州抽蓄电站距广州市直线距离约 90km，电站总装机容量 2400MW，分两期建设，一期工程和二期工程各装机 1200MW，均含 4 台 300MW 可逆式抽水蓄能机组。

电站属一等大（1）型工程，主要建筑物按 1 级建筑物设计。枢纽建筑物由上水库、下水库、输水系统、地下厂房洞室群等组成。在一期工程的建设中，上、下水库工程按二期工程的建设规模一次建成，二期工程在建时枢纽建筑物主要有输水厂房系统。

上水库位于召大水上游的陈禾洞小溪上，正常蓄水位 816.8m，死水位 797.0m，水位最大消落深度 19.8m，调节库容 1686 万 m³，总库容 2618 万 m³。上水库修建一座钢筋混凝土面板堆石坝，最大坝高 68m，坝顶长 319m，坝顶宽 7m，大坝左岸布置开敞式侧槽溢洪道。

下水库位于九曲水上游的小衫盆地，正常蓄水位 287.4m，死水位 275.0m，水位最大消落深度 12.4m，调节库容 1713 万 m³，总库容 2828 万 m³。下水库修建一座碾压混凝土重力坝，最大坝高 43.5m，坝顶长 153m，坝顶宽 7m，在坝体中部设置溢流坝段泄洪。

一期和二期输水系统布置基本相同。一期工程输水系统全长约 3857m，二期约

4407m。输水隧洞采用一洞四机布置，主洞直径分别为 9.0m 和 8.5m，支管直径为 3.5m，设置上、下游调压井。

地下厂房洞室群由主副厂房洞、主变压器洞、母线洞、交通洞、排风兼出渣洞、排水廊道和高压电缆洞等组成。二期厂房与一期厂房相距约 200m，每期厂房内安装 4 台单机容量为 30 万 kW 的立轴单级混流可逆式水泵水轮—发电电动机组。一期工程地下厂房（含副厂房和安装间）尺寸为 146.5m×21m×44.54m（长×宽×高）。二期工程地下厂房尺寸为 146.5m×21m×47.64m（长×宽×高）。

机组额定转速为 500r/min，最大水头为 541.8m，额定水头为 522m，最小水头为 509.6m。水轮机工况额定出力为 306MW，额定流量为 68.73m³/s；水泵工况最大入力为 326MW，最大扬程为 550m，最小扬程为 514m，最大流量为 60.03m³/s。

采用 500kV 电压等级接入广东电力系统，一期工程设地面 500kV 出线场，长 107m、宽 38m，场内设户外出线构架，两回出线分别接至增城变电站和佛山（罗洞）变电站，输电距离分别为 83km 和 142km。二期工程设地面开关站，长 127m、宽 71m，场内布置 GIS 楼和出线构架，共三回出线，其中一回利用一期至增城变电站的线路，一回为新增的二期至增城变电站的线路，还有一回为一、二期联络线。

电站一期工程概算总投资 21.19 亿元，竣工决算投资 26.84 亿元（剔除汇率变化影响，实际投资比概算节省 7228 万元）；二期工程概算总投资 19.54 亿元，竣工决算投资约 30.35 亿元。

2. 参建单位

（1）业主单位：广州抽水蓄能电站由广东省电力工业局、国家能源投资公司和广东核电公司联合投资建设，按政企分开、投资所有权与经营权分离的原则，组建了广东抽水蓄能电站联营公司，作为电站项目的业主单位。业主单位负责电站的筹款、建设、运营、还贷，以及国有资产的保值、增值的全过程管理。联营公司下设电厂，负责电站的运行管理。香港中华电力有限公司购买了一期电站 50% 的使用权。

（2）设计单位：广东省水利电力勘测设计研究院，其中电力系统论证和接入系统设计由广东省电力设计院承担。

（3）监理单位。一期工程：中国水利水电建设工程咨询中南有限公司和葛洲坝工程局联合组成。二期工程：中国水利水电建设工程咨询中南有限公司。

（4）施工单位。主体工程施工和设备安装：中国水利水电第十四工程局有限公司。

（5）主要设备厂。

广州抽蓄电站一期工程利用法国政府贷款，由法国 CEGELEC 集团公司提供主机及其附属设备。在签订一期电站设备合同时，电站联营公司与法国电力公司签订技术援助服务合同，聘请法国专家到电厂工作。1994 年 9 月技术援助合同结束，电厂交由中方管理。

经国家主管部门批准，广州抽蓄电站二期工程主要机电设备利用亚洲开发银行贷款和联合融资采购，按照亚洲开发银行采购导则规定的程序进行国际公开招标。水泵水轮机和附属机械设备由德国福伊特公司生产，发电电动机和监控系统设备由德国西门子公司生产，主变压器由英国皮布尔公司生产，500kV 充油电缆设备由法国阿尔卡特公司生产。

3. 建设历程

（1）一期工程。

1988 年 7 月，电站场内永久公路开工，施工准备开始。

1989 年 5 月，电站主厂房顶拱开始开挖，电站主体工程开工。

1989 年 12 月，上水库大坝开工；1991 年 1 月，下水库大坝开工。

1991 年 4 月，上水库开始蓄水；1992 年 4 月，下水库开始蓄水。

1991 年 5 月，1 号机组蜗壳吊装，机电安装全面展开。

1993 年 3 月，1 号机组首次启动调试；1993 年 6 月，1 号机组投入可靠性运行；1994 年 12 月，4 台机组全部投产。

1996 年 10 月，一期工程通过国家竣工验收。

（2）二期工程。

1994 年 9 月，二期主体工程开工，厂房顶拱开始开挖。

1996 年 8 月，5 号机组（二期首台机组）尾水肘管吊装，开始进行机电设备安装。

1998 年 8 月，二期水道充水。

1998 年 9 月，5 号机组首次启动调试；1998 年 12 月，5 号机组并网发电；2000 年 3 月，二期 4 台机组全部投产。

2000 年 7 月，二期工程举行竣工仪式，标志着广州抽蓄电站（8×300MW）全面建成。

三、建设成果

广州抽蓄电站是我国建成的第一座大容量、高水头抽水蓄能电站，开创了我国抽水蓄能电站建设史上的重要里程碑，取得了多项重要建设成果。

（1）广州抽蓄电站创造了 3 项重要纪录。电站是全国最早建成的大型抽水蓄能电站（1994 年一期工程建成），二期建成后是当时在运装机容量世界最大的抽水蓄能电站（总装机 2400MW），也是当时建设速度世界最快的抽水蓄能电站（从主体工程开工到第一台机组投产仅用 49 个月）。

（2）工程建设采用了多项新技术。电站建设采用了多项国内外先进技术，解决了工程设计、施工多项技术难题。一系列的设计创新与优化使我国抽水蓄能设计实现了"引进、消化、吸收、再创新"的成功转化。

1）首次在高压隧洞成功应用钢筋混凝土透水衬砌。一期工程建成了我国第一条高水头、大直径水工隧洞，洞径为 8～9m，最大静水头为 611m，采用 40～60cm 厚单层钢筋混凝土透水衬砌。一期隧洞设计突破我国原有规范约束，明确了依靠围岩受力的设计思想，优化衬砌配筋，限制衬砌裂缝扩展在允许裂缝宽度范围内，这一设计思想得到了实践运行的检验。

2）首次建成大型高压钢筋混凝土衬砌岔管。广州抽蓄电站建成前，我国超过 100m 水头电站均采用钢衬岔管，由此在加工制作、洞内运输、现场拼装焊接等方面带来技术难题。广州抽蓄电站首次建成了大型高压钢筋混凝土衬砌岔管，经过多年运行检验和三次放空检查，证明应用成功。

3）成功解决了隧洞斜井施工技术难题。广州抽蓄电站一期高压隧洞采取两级 50°长斜井布置，斜井总落差 535m，总长 753.7m。斜井扩挖采用自制扩挖平台车自上而下钻爆全断面扩挖，全洞喷锚支护跟进；斜井直线段衬砌引进国外斜井滑模技术和设备加以改进完善；斜井灌浆采用液压滑升作业平台车，自下而上进行灌浆作业，属于国内首次应用。

4）成功应用钢筋混凝土面板堆石坝。因地制宜采用钢筋混凝土面板堆石坝和碾压混凝土重力坝两种近代推广的新坝型，特别是钢筋混凝土面板堆石坝为国内的后续推广积累了宝贵经验。

5）建成国内最大的岩壁吊车梁。广州抽蓄电站地下厂房采用岩壁吊车梁，即利用岩壁锚杆锚固支承行车大梁而取消柱式支承，具有缩短工期和减少厂房跨度的优点。广州抽蓄电站一、二期工程建成两座岩壁吊车梁，跨度 19.5m，荷载 2×200t，是当时国内最大的岩壁吊车梁。

（3）电站开创了一种标准建设模式。广州抽蓄电站工程的建设培养了一批勘测设计、建设管理、运行维护人才。广州抽蓄电站三大洞室（主副厂房洞、主变压器洞、尾闸洞）平行布置、300MW 单机容量和 1200MW 总装机容量配置，成为此后我国抽水蓄能电站设计、建设广泛采用的标准模式。

（4）工程建设取得多项科技及创优成果。

1）广州抽蓄电站获得中国建筑工程鲁班奖，电站管理获电力部授予的全国水电厂第一家"一流水力发电厂"称号。2009 年入选"新中国成立 60 周年百项经典暨精品工程"。

2）广州抽蓄电站高压长斜井和高压岔管勘测、设计与施工达到国际领先水平，该项成果获 1997 年度国家科技进步奖二等奖。长斜井衬砌优化设计和快速施工技术获电力部系统 1995 年科技进步一等奖。

工程建成后面貌如图 7-4～图 7-8 所示。

图 7-4 广州抽蓄电站上水库全貌

图 7-5　广州抽蓄电站上水库大坝

图 7-6　广州抽蓄电站下水库进出水口和电厂管理营地

图 7-7　广州抽蓄电站下水库全貌

图 7-8　广州抽蓄电站地下厂房

第三节　安徽响水涧抽水蓄能电站工程

安徽响水涧抽水蓄能电站（简称响水涧抽蓄电站）位于安徽省芜湖市弋江区峨桥镇。响水涧抽蓄电站是我国第一个抽水蓄能技术全面自主化的项目，主机及关键控制设备设计、制造全部实现国产化。响水涧抽蓄电站作为华东电网的调峰电源，对优化华东电网电源结构，有效地配合"皖电东送"，保障华东主网安全、稳定、经济运行具有重要价值。2012 年 11 月，响水涧抽蓄电站全面投入商业运行，在我国水电发展史上具有里程碑意义。

一、工程背景

进入 21 世纪，随着华东地区产业结构不断调整，华东电网的用电和电源结构发生较大变化，电网峰谷差逐年大幅上升，电网面临的调峰形势严峻，调峰电源的合理配置问题成为电网较为突出的矛盾。根据有关电源规划，按照区域资源的优化配置要求，安徽省作为华东区域电力市场的电力输出省，规划建设电源包括两淮和沿江大型燃煤电厂，在华东区域内实现"皖电东送"。响水涧抽蓄电站位于华东电网西部，紧靠华东电网主网架，可与华东电网东部的天荒坪抽水蓄能电站、桐柏抽水蓄能电站、新安江水电站等配合运行。响水涧抽蓄电站建成后，对优化华东电网调峰电源布局，有效缓解华东电网调峰压力，避免电力潮流的大范围交换，提高"皖电东送"电能质量，增强主网结构的稳定性十分有利。

2003 年前，我国有 9 座大型抽水蓄能电站，42 台套主机及成套设备均依靠国外进口，机电设备投资成本约占总投资的 50%，比例显著高于国际市场水平，制约着我国抽水蓄能事业的发展。为提高我国机电装备工业水平，2003 年国家发展和改革委员会决定依托国家电网公司河南宝泉、湖北白莲河和南方电网广东惠州 3 座抽水蓄能电站，通过统一招标和技贸结合方式，为东方电机厂、哈尔滨电机厂引进国外机组设备设计和制造技术，逐步实现我国抽水蓄能电站机组设备制造国产化。2005 年，依托辽宁蒲石河、湖南黑麋峰抽水蓄能电站，采取国产制造、外方技术支持形式，东方电机厂、哈尔滨电机厂两厂进一步掌握了抽水蓄能机组核心技术，奠定了完全自主化基础。其后核准建设的响水涧抽蓄电站，是按国家发展和改革委员会统一部署要求建设、我国第一个机组设备全面自主化的抽水蓄能项目。2006 年 9 月，国家发展和改革委员会核准批复响水涧抽蓄电站，明确要求"巩固抽水蓄能电站机组设备技术引进成果，实现抽水蓄能电站机组设备自主化（国产化）目标"。2007 年，国家电网公司科技项目"大型抽水蓄能电站国产化调速励磁系统的研制及示范应用项目"立项，由国网新源控股有限公司、哈尔滨电机厂、东方电机厂、中国电建集团华东勘测设计研究院有限公司、南瑞集团联合承担攻关任务，在响水涧抽蓄电站工程进行示范应用研发、设计、制造。2008 年 12 月，哈尔滨电机厂获得响水涧抽蓄电站主机设备的设计制造合同。2011 年 12 月～2012 年 11 月，4 台机组先后投入运行。响水涧抽蓄电站机组的自主化，实现了我国抽水蓄能产业的技术跨越，显著提升了我国高端装备制造业的自主创新能力和市场竞争力。

二、工程概况

1. 建设规模

响水涧抽蓄电站与芜湖市区直线距离 30km。电站装设 4 台 250MW 的可逆式抽水蓄能机组，总装机容量 1000MW，年发电量 17.62 亿 kWh，以两回 500kV 出线接入华东电网，承担华东电网的调峰、填谷、调频、调相及事故备用等任务。

电站属二等大（2）型工程，主要建筑物按 2 级建筑物设计。电站枢纽建筑物由上水库、下水库、输水系统、地下厂房洞室群、地面开关站、中控楼等建筑物组成。

上水库位于浮山东部的响水涧沟源坳地，由主坝、南副坝、北副坝、库盆等组成。上水库正常蓄水位 222m，正常消落水位 198m，死水位 190m，总有效库容 1282 万 m^3，水位最大消落深度 32m。主坝、南副坝和北副坝均为混凝土面板堆石坝，最大坝高分别为 87.0、65.0、53.50m，坝顶长度分别为 520、339、174m，坝顶宽度均为 8.6m。

下水库位于浮山东面的湖荡洼地，由均质土围堤圈围而成。下水库正常蓄水位 14.6m，正常运行水位 12.4m，死水位 2.0m，有效库容 1282 万 m^3。围堤基础座落在粉质粘土层上，堤身由粉质粘土填筑而成，堤长约 3784m，堤顶宽 7.5m，最大堤高 25.8m。

输水系统由引水系统和尾水系统组成，总长 861.5～858.3m。引水及尾水系统均采用一洞一机布置形式，引水设一级竖井，高约 220m，引水系统除部分下平洞为压力钢管段外，其余洞段均采用钢筋混凝土衬砌，洞径为 6.4～3.5m；尾水系统除尾水下平洞为压力钢管段外，其余洞段采用钢筋混凝土衬砌，洞径为 6.8m。

地下厂房系统主要洞室有主副厂房洞、母线洞、主变压器洞、500kV 电缆出线洞、进厂交通洞、通风兼安全洞、排水廊道、交通电缆洞、排风竖井、排烟兼排水洞、交通兼管道竖井等。主副厂房洞（包括安装场）开挖尺寸为 175.0m×25.0m×55.7m（长×宽×高），主变压器洞开挖尺寸为 167.0m×18.0m×（20.8～26.95）m（长×宽×高）。

地面建筑物有开关站、继保楼、GIS 室、中控楼、柴油机房等。电站通过 2 回 500kV 线路接入 500kV 繁昌变电站，电气距离约为 18.8km。

水泵水轮机为立轴单级混流可逆式水泵水轮机，额定出力为 250MW，额定转速为 250r/min，额定水头为 190m，吸出高度为-54m。发电电动机为立轴半伞式空冷可逆式同步电机，额定电压为 15.75kV。主变压器为三相强迫油循环水冷却（ODWF），额定容量为 300MVA，高压侧额定电压为 525kV。

电气主接线为发电电动机和主变压器采用单元接线，每两台主变压器高压侧接入一套地下 500kV GIS 联合单元，经 500kV 高压 XLPE 电缆接入地面 500kV GIS。地面 GIS 共两回进线、两回出线。水泵工况启动采用以静止变频启动装置（SFC）为主、两台机组背靠背启动为备用的启动方式。

电站按无人值班（少人值守）要求设计，设置电站计算机监控系统对全厂进行集中监控，由华东电网调度中心和安徽省电力调度中心调度。

工程概算动态总投资为 37.75 亿元，竣工决算投资 35.16 亿元。

2. **参建单位**

响水涧抽蓄电站由国网新源控股有限公司、安徽省能源集团有限公司、华东电网有限公司、上海市电力公司、安徽省电力公司五方股东投资兴建，项目法人单位（业主单位）为安徽响水涧抽水蓄能有限公司，由国网新源控股有限公司管理。

主要参建单位有：

（1）业主单位：安徽响水涧抽水蓄能有限公司。

（2）设计单位：中国电建集团华东勘测设计研究院（地下厂房系统）和上海勘测设计研究院（上、下水库）。

（3）监理单位：中国水利水电建设工程咨询北京公司。

（4）主要施工单位。上水库工程：中国水利水电第五工程局有限公司；输水系统及地下厂房工程：中国水利水电第十二工程局有限公司；下水库工程：中国安能建设总公司；机电设备安装：中国人民武装警察部队水电第二总队。

（5）主要设备制造商。主机设备：哈尔滨电机厂有限责任公司；500kV 主变压器：特变衡阳变压器厂；550kV GIS：苏州阿海珐（AREVA）高压电气开关有限公司；500kV 电缆：普睿司曼电力电缆有限公司；计算机监控系统、调速器、励磁系统、机组保护：南京南瑞集团公司。

3. **建设历程**

2006 年 12 月，电站筹建期工程开工；2007 年 9 月，通风兼安全洞完成，2008 年 5 月进厂交通洞完成。

2007 年 12 月，地下厂房顶拱开挖，主体工程开工。

2007 年 12 月，上水库开工；2011 年 7 月上水库蓄水。

2008 年 1 月，下水库开工；2011 年 7 月下水库蓄水。

2009 年 11 月，地下厂房完成开挖。

2009 年 8 月，开始机组尾水管安装，2010 年 7 月完成 1 号机组发电机层浇筑。

2011 年 9 月，1 号机组整体启动调试。

2011 年 12 月，1 号机组投入商业运行；其后 3 台机组分别于 2012 年 4 月、8 月、11 月投运。

2013 年 12 月，完成枢纽工程竣工验收。

三、建设成果

响水涧抽蓄电站投运后设备运行稳定可靠，机组性能指标达到国际领先水平，标志着国家提出的抽水蓄能电站机组自主化战略目标的全面实现。电站的建设显著提高了我国机电装备工业水平，对推动抽水蓄能产业升级、降低工程造价、促进我国抽水蓄能行业健康发展具有重大意义。

1. 工程建设成果

（1）机组及成套设备国产化。采用基础研究、设备研制、系统集成、试验验证、工程应用的技术线路，对抽水蓄能机组及成套设备全部核心技术进行自主研发，在水泵水轮机、发电电动机、计算机监控系统、静止变频系统、调速系统、励磁系统、继电保护系统及调试、运行等方面取得全面突破，研发出全套具有自主知识产权的关键技术，实现了抽水蓄能电站主辅设备设计制造全面国产化，促进了我国抽水蓄能机组和成套设备制造业的技术跨越。

在大型水泵水轮机转轮设计、机组参数及结构设计、励磁系统及调速器、电站计算机监控系统等领域实现多项创新。机组进水球阀公称直径 3.3m，为国内最大口径进水阀，自主化球阀设计制造进入国际先进水平。电站投运后设备运行稳定可靠，机组性能指标达到国际领先水平。

依托响水涧抽蓄电站机组安装、调试自主化实践，建立了适用我国抽水蓄能电站机组安装、调试、试运行的技术、管理标准体系。

（2）工程设计、施工。地下厂房及机电设备优化布置创新探索了三维布置及精细化设计。响水涧工程首次利用国内自主研发的水电水利工程三维数字化设计平台进行厂房及机电设备布置的三维协同设计，提升了工程设计精准性；运用三维软件互动指导安装调整及提升安装工艺。

结合区域特点优化枢纽布置，开展"节地、环保"设计，实现工程建设、农业开发及环境保护三赢局面。上水库利用响水涧沟源洼地筑坝成库。下库为平原湖荡洼地，针对抽水蓄能电站运行水位变化频繁、水头变化大的特点，采用长堤筑坝成库的设计形式并成功应用，为国内首创。输水系统布置紧凑，距高比仅为 3.3。充分利用开挖土料弃渣造田，节地 2000 亩，实现耕地征补平衡，节地成绩突出。

（3）工程经济效益及社会效益。通过优化设计和设备节能特性，优化运行调度等措施，电站综合效率达 80.7%，高于可研设计的 77.5%。从主体工程开工到首台机组投产仅 48 个月，创造了国内同类型电站建设工期的新纪录。

2. 科技及创优成果

（1）大型抽水蓄能电站机组关键技术、成套设备及工程应用成果获得 2014 年中国电力科学技术奖一等奖。抽水蓄能电站库盆防渗关键技术研究及应用成果获 2010 年中国岩石力学与工程学会科技进步一等奖、2010 年水力发电科学技术二等奖。水电水利工程三维数字化设计平台获 2013 年中国电力规划设计协会"水电行业优秀计算机软件一等奖"。

（2）响水涧抽蓄电站工程获 2013~2014 年度国家优质工程奖、2017 年度国家水土保持生态文明工程奖。

（3）获得 34 项专利，8 项 QC 成果分获国家与省部级奖，4 项成果被评为省部级工法。

（4）依托工程技术成果，编制了 10 项国家标准、5 项行业标准，出版了 1 部专著。

响水涧抽蓄电站建成后面貌如图 7-9~图 7-14 所示。

图 7-9　响水涧抽蓄电站上、下水库鸟瞰图

图 7-10　响水涧抽蓄电站上水库全貌

图 7-11　响水涧抽蓄电站下水库全貌及造田区

图 7-12　响水涧抽蓄电站主厂房发电机层

图 7-13　响水涧抽蓄电站进水球阀（直径 3.3m）

图 7-14　响水涧抽蓄电站调速器系统

第四节　广东阳江抽水蓄能电站工程

广东阳江抽水蓄能电站（简称阳江抽蓄电站）位于广东省阳春市与电白县交界处的八甲山区。阳江抽蓄电站是我国单机容量最大、钢筋混凝土衬砌水道水头最高的抽水蓄能电站，是我国超高水头、40 万 kW 级抽水蓄能机组设备自主化的依托项目。电站规划总装机规模 2400MW，分近、远期建设，近期装机容量 1200MW。2021 年 12 月，我国首台 700m 水头段、40 万 kW 级、具有完全自主知识产权的阳江抽水蓄能机组正式投入运行，成功填补了我国在超高水头、高转速、大容量抽水蓄能机组设计制造上的空白，机组设计制造总体达到国际领先水平，标志着我国抽水蓄能机组站在了世界抽水蓄能的最前沿。

一、工程背景

粤西地区是广东省电源基地，核电规划规模大，同时也是西电东送交流输电与直流输电的重要落点地区，建设阳江抽蓄电站可以配合核电机组安全稳定运行，促进风电和西电东送电量合理消纳。

2003 年 12 月，受中国广核集团有限公司委托，广东省水利电力勘测设计研究院完成《广东第四抽水蓄能电站选点规划报告》，在粤东、粤西和粤中地区分别筛选出 2～6 个站点，推荐阳江九曲河站址为粤西片的代表站。阳江站址地质条件好、水头高、交通方便、投资较少，且阳江站址接入系统投资省、潮流分布合理，总体上阳江站址较优。水电水利规划设计总院于 2004 年 7 月印发《广东第四抽水蓄能电站选点规划报告审查意见》。2004 年 8 月，广东省水利电力勘测设计研究院和广东省电力设计研究院完成阳江抽蓄电站工程预可行性研究报告，2006 年 7 月完成阳江抽蓄电站可行性研究报告。

2011 年 2 月，中国广核集团有限公司与南方电网公司签订资产转让协议，阳江抽蓄电站项目由南方电网公司接管。2011 年 4 月，南方电网调峰调频公司委托原设计单位对阳江抽蓄电站进行可研重编工作。2011 年 12 月，完成阳江抽蓄电站分期建设论证专题报告，水电水利规划设计总院审查同意项目分期建设。阳江抽蓄电站水头达 700m，为充分利用水泵水轮机比转速水平、改善水泵水轮机制造检修空间、提高机组运行稳定性、适应电力系统接受能力，电站设计单机容量为 400MW、额定转速为 500r/min。

2012 年 10 月，国家发展和改革委员会印发《关于同意广东阳江抽水蓄能电站开展前期工作的复函》（发改办能源〔2012〕2972 号），明确电站列为 400MW 级抽水蓄能电站机组设备自主化的依托项目。2015 年 10 月，广东省发展和改革委员会核准批复阳江抽蓄电站项目。

二、工程概况

1. 建设规模

阳江抽蓄电站处于广州—湛江粤西片的中部，距广州市直线距离 230km，距阳江市 60km，距阳春市 50km。电站规划装机容量 2400MW，分两期建设，其中近期装机容量 1200MW，远期工程根据电力市场的发展情况适时建设。电站上水库、下水库、进出水口按装机容量 2400MW 在近期一次建成。

工程为一等大（1）型工程，主要建筑物按 1 级建筑物设计。近期枢纽工程主要由上水库、下水库、进出水口、近期输水隧洞、地下厂房洞室群及地面开关站、场内交通道路等组成。

上水库地处阳春市八甲镇河尾山林场，即白水河的源头九曲河处，水库正常蓄水位 773.7m，死水位 745.0m，水位最大消落深度 28.7m，调节库容 2212 万 m³，总库容 2836 万 m^3。上水库建筑物包括挡水大坝和生态景观放水管，上水库坝址位于已建白水水库大坝下游约 330m 处的峡谷中，为碾压混凝土重力坝，最大坝高 101m，坝顶宽 8m，坝顶长 477m，在坝体中部设置溢流坝段泄洪。

下水库位于八甲镇高屋村，为天然库盆，正常蓄水位 103.7m，死水位 75.0m，水库水位最大消落深度 28.7m，调节库容 2223 万 m^3，总库容 3105 万 m^3。下水库建筑物包括大坝、溢洪道、导流泄放洞等，大坝为沥青混凝土心墙堆石坝，最大坝高 52.6m，坝顶宽 7m，坝顶长 847m。在靠近右坝头的垭口处布置溢洪道泄洪。

电站输水系统方案采用一管三机、中部开发方式。输水系统建筑物包括上/下水库进出水口、输水隧洞、引水调压井、尾水调压井及尾调通气洞等。近期输水系统总长约 3645.8m，主洞直径为 7.5m。

地下厂房系统由主副厂房、主变压器洞、母线洞、尾水闸门室、尾闸运输洞、高压电缆洞、交通洞、上层进风洞、进风竖井、排风竖井、排水廊道及地面开关站等组成。近期地下厂房尺寸为 156.5m×25.5m×61.3m（长×宽×高），共安装 3 台单机容量为 400MW 的立轴单级可逆式抽水蓄能机组。

鉴于工程为分期开发，近期以一回 500kV 线路接入电力系统。地面开关站位于厂房西北方，长 92m，宽 48m，站内布置 GIS 楼和出线构架，1 回出线接入阳江蝶岭变电站，输电距离为 64km，同时考虑到两期电站内部联络的可能性预留场地。

机组额定转速为 500r/min，最大水头 694.4m，额定水头 653.0m，最小水头 626.1m。水轮机工况额定出力为 408MW，额定流量为 69.29m^3/s。水泵工况最大入力为 431MW，最大扬程为 705.9m，最小扬程为 644.9m，最大流量为 59.34m^3/s。

电站调节性能为周调节，电站设计平均年发电量 12.0 亿 kWh，平均年抽水用电量 16.0 亿 kWh。近期工程总投资为 76.27 亿元。

2. 参建单位

（1）业主单位：南方电网调峰调频发电有限公司作为阳江抽蓄电站的项目法人单位，授权委托其工程建设管理分公司履行电站建设管理职能，后期注册成立阳江蓄能发电有限公司负责电站的生产运行管理。

（2）设计单位：广东省水利电力勘测设计研究院。前期工作中电力系统分析和接入系统设计由广东省电力设计研究院完成。

（3）监理单位：中国水利水电建设工程咨询中南有限公司。

（4）主要施工单位。输水发电系统：中国水利水电第七工程局有限公司；上水库工程、料场开采及砂石加工系统：中国水利水电第八工程局有限公司；下水库工程：广东水电二局股份有限公司；机电安装工程：中国水利水电第十四工程局有限公司；主变压器及 GIS 安装和调试：广东电网能源发展有限公司；500kV 高压电缆安装和调试：青岛汉缆股份有限公司。

（5）主要设备厂。主机设备：哈尔滨电机厂有限责任公司；500kV 主变压器：特变电工衡阳变压器有限公司；500kV GIS：西安西电开关电气有限公司；500kV 高压电缆：青岛汉缆股份有限公司。

3. 建设历程

2015 年 11 月，工程开工。

2017 年 7 月，电站主厂房顶拱开挖，电站主体工程开工。

2018 年 5 月，上水库大坝开工；2019 年 11 月，坝基开挖完成，开始混凝土浇筑。

2020 年 6 月，下水库大坝开始施工；2020 年 12 月，开始坝体填筑。

2020 年 1 月，首台机组尾水肘管吊装，开始机电设备安装。

2021 年 7 月，上水库蓄水；2021 年 9 月，实现系统倒送电；2021 年 10 月，下水库蓄水；2021 年 11 月，水道首次充水试验，机组首次并网。

2021 年 12 月，首台机组发电，2022 年 6 月全部机组投产。

三、建设成果

阳江抽蓄电站工程建设过程中成功攻克了多项重大关键技术，在 40 万 kW 抽水蓄能机组国产化和超高水头钢筋混凝土衬砌水道建设等方面取得了重大突破。电站的建成投产标志着我国抽水蓄能电站设计、建设水平迈上新台阶。

（1）投产运行的单机容量 400MW 的抽水蓄能机组为全国最大，由我国自主设计、研发、制造和安装，标志着我国抽水蓄能设备自主化水平的新进步。

1）工程设计单机容量 400MW，根据选定的单机容量和机组转速，水力开发难度、发电电动机设计制造难度属国内最高，在国际上也属前列。

2）哈尔滨电机厂在南方电网公司及相关设计、科研单位的大力支持下，解决了机组水力稳定性和效率难以兼顾的世界性难题，取得了一系列原创性成果。采用 5 长 5 短的长短叶片转轮，为国内 400MW 级超高水头抽水蓄能机组首次应用，获得国家发明专利。

3）在机组整机调试中，所有试验全部一次成功，试运行稳定，振动、温度数据良好，上导、下导、水导摆度均在 0.1mm 以内。

（2）成功建成世界首条 800m 级超高水头钢筋混凝土衬砌水道并充水运行，高压隧洞透水衬砌设计理论的研究与应用取得重要突破。阳江抽蓄电站输水系统下平洞和高压岔管最大静水头 799m，最大动水压力达 1108m，主洞最大内径为 7.5m，其规模位于世界前列。电站水道采用钢筋混凝土衬砌设计和施工难度很大（已有工程经验表明 500m 级高压水道采用钢筋混凝土衬砌是成熟的）。设计和科研机构联合开展了高压隧洞裂隙岩体渗透稳定性、超高水头下钢筋混凝土岔管与围岩联合承载机理等研究，在地质探洞内选择与输水隧洞地质条件相似的洞段，按照 1:1 比例开展高压固结灌浆现场试验，优化了设计参数和施工工艺。电站水道充水一次性成功。

工程建成后面貌如图 7-15～图 7-19 所示。

图 7-15　阳江抽蓄电站枢纽三维效果图

图 7-16　阳江抽蓄电站上水库大坝

图 7-17　阳江抽蓄电站地下厂房顶拱开挖

图 7-18　阳江抽蓄电站下水库进出水口和大坝

图 7-19　阳江抽蓄电站地下厂房首台机组投产

第五节 河北丰宁抽水蓄能电站工程

河北丰宁抽水蓄能电站（简称丰宁抽蓄电站）地处河北省承德市丰宁满族自治县四岔口乡。电站装机容量3600MW，安装10台300MW的定速抽水蓄能机组和2台300MW的变速抽水蓄能机组，以4回500kV线路并入华北电网，是目前世界上装机规模和建设规模最大的抽水蓄能电站。电站的建设打造了抽水蓄能建设史上的新丰碑，标志着我国抽水蓄能电站设计、建设达到世界领先水平，为今后大型抽水蓄能电站的开发建设提供了重要的技术保障和工程示范。

一、工程背景

20世纪80年代末至90年代，针对京津唐电网调峰要求，北京勘测设计研究院在华北地区开展抽水蓄能电站资源调查和规划选点。丰宁抽蓄电站位于滦河干流的上游，邻近京津冀负荷中心和冀北新能源基地，上水库天然封闭、库容大，地理位置和自然条件优越，装机规模大，具有周调节性能，是优良的特大型抽水蓄能电站。

1999年12月，北京勘测设计研究院受丰宁县政府丰宁水电站筹建处委托承担丰宁抽蓄电站预可行性研究工作，2001年6月完成了预可行性研究报告，同年10月报告通过审查。2003年3月，完成丰宁抽蓄电站项目建议书。2005年6月，国家发展和改革委员会同意开展丰宁抽蓄电站前期工作。2006年4月，国网新源控股有限公司委托北京勘测设计研究院开展丰宁抽蓄电站可行性研究工作。

2006年5月，北京勘测设计研究院全面开展丰宁抽蓄电站可行性研究阶段的勘测、设计、科研工作。2010年4月，现场地勘工作全部结束。2010年8月，编制完成可行性研究报告，其中输水发电系统按1800MW规模考虑，上、下水库按最终3600MW规模考虑。丰宁抽蓄电站主要承担京津唐电网调峰、填谷、调频、调相、紧急事故备用及黑启动任务，并配合风电、煤电机组运行，优化电源结构，提高系统对新能源和区外来电消纳能力，实现能源资源优化配置。

2010年10月，丰宁抽蓄电站可行性研究报告通过审查。2012年8月，丰宁抽蓄电站（一期工程）获国家发展和改革委员会核准，装机规模1800MW。2014年11月二期工程可行性研究报告通过审查，2015年7月获得河北省发展和改革委员会核准，装机规模 1800MW。

二、工程概况

1. 建设规模

丰宁抽蓄电站距北京市区直线距离 180km，电站总装机容量 3600MW，分两期开发。电站属一等大（1）型工程，枢纽建筑物主要由上水库、下水库、输水系统、地下厂房洞室群及开关站等组成。一期工程建设时，上、下水库按两期工程最终规模一次建成，二期工程主要建筑物包括水道系统和地下厂房及其附属洞室。

上水库库区位于灰窑子沟沟首部位，在库区西侧三条支沟交汇处下游地形较窄处修筑大坝形成上水库库盆，成库条件较好。上水库正常蓄水位 1505m，正常水位对应库容 4437 万 m^3，死水位 1460m，调节库容 4053 万 m^3。大坝为钢筋混凝土面板堆石坝，最大坝高 120.3m。上水库库周山体较为雄厚，分水岭地下水位较高，渗漏封闭条件较好，采用局部帷幕防渗处理，防渗总长度（含坝肩）为 2708m。

下水库位于永利村附近滦河干流上，利用已建成的丰宁水电站水库改建而成，分为蓄能专用下水库（简称蓄能库）和拦沙库两部分，两者之间设置溢洪道和补水闸连通。蓄能库正常蓄水位 1061m，死水位 1042m。正常蓄水位对应库容 6448 万 m^3，调节库容 4513 万 m^3。拦沙库正常蓄水位对应库容 1373 万 m^3。蓄能库主要建筑物有拦河坝、溢洪道和泄洪放空洞等，拦河坝为在已建砂砾石面板堆石坝基础上加高改建而成的混合坝，最大坝高 51.3m；拦沙库主要建筑物有拦沙坝、溢洪道、泄洪排沙洞等，拦沙坝为建在软基上的复合土工膜防渗心墙堆石坝，最大坝高 23.5m。生态流量泄放设施共布置有 2 套，一套布置于泄洪排沙洞进水塔闸门井左侧的阀室内，一套布置于下水库拦河坝右岸重力副坝内。

一、二期工程输水系统沿鞭子沟、拐子沟沟首与榆树沟之间的山脊布置，二期输水系统位于一期工程输水系统南侧，一、二期工程各有三套独立的输水系统，一期输水系统总长 3236m，二期输水系统总长 3444m，距高比 7.6。输水系统采用六洞十二机的洞机组合方式，设置引水、尾水调压室，高压管道采用双斜井布置，高压管道及尾水支管采用钢板衬砌，其余采用钢筋混凝土衬砌；上、下水库进出水口均采用侧式进出水口，高压钢岔管采用对称"Y"型的内加强月牙肋钢岔管。

一期、二期工程厂区建筑物合并布置，厂区建筑物主要由地下厂房、主变洞、母线洞、交通电缆洞、交通洞、通风洞、排风系统建筑物、出线系统建筑物、排水系统建筑物及其他附属洞室等组成，两期工程主厂房洞总开挖尺寸为414m×25.0m×54.5m（长×宽×高）。

一、二期工程装机容量均为 1800MW，其中一期工程安装 6 台（1～6 号机）单机容量 300MW 的定速水泵水轮机—发电电动机组，二期工程安装 4 台（7～10 号机）单机容量 300MW 的定速水泵水轮机—发电电动机组和 2 台（11、12 号机）单机容量 300MW 的变速水泵水轮机—发电电动机组。

电站年设计发电量 66.12 亿 kWh，年抽水电量 87.16 亿 kWh，以 500kV 一级电压、4 回出线接入华北电网。一、二期工程总投资 192.37 亿元。

2. 参建单位

（1）业主单位：国网新源河北丰宁抽水蓄能有限公司。由国网新源控股有限公司，国网冀北、北京、天津电力公司，新天绿色能源股份公司，丰宁县水电开发公司共同出资组建。

（2）设计单位：北京勘测设计研究院。

（3）监理单位：浙江华东工程咨询有限公司。

（4）主要施工单位。上、下水库工程：中国葛洲坝集团股份有限公司；一、二期工程引水工程：中国水利水电第三工程局有限公司；一期工程厂房及尾水工程：中国水利水电第七工程局有限公司；二期工程厂房及尾水工程：中国水利水电第十四工程局有限公司；砂石料系统：中国葛洲坝集团路桥工程有限公司；机电安装：中国水利水电第三、第七工程局有限公司联合体。

（5）主要设备厂。一期工程主机设备：哈尔滨电机厂有限责任公司；二期工程主机设备（定速机组）：东方电机有限公司；二期工程主机设备（变速机组）：安德里茨（中国）有限公司；500kV 主变压器：山东电力设备有限公司；500kV GIS：山东泰开高压开关有限公司；500kV 电缆：特变电工山东鲁能泰山电缆有限公司。

3. 建设历程

2013 年 5 月，一期工程筹建期工程开工。

2014 年 8 月，上、下水库工程开工。

2015 年 9 月，二期工程开工。

2015 年 12 月，电站主厂房顶拱开挖，电站主体工程开工。

2016 年 5 月，一、二期工程同期建设方案通过审查，两期工程实现同步建设，一体推进主厂房、引水工程、尾水工程等建设。

2019 年 10 月，地下厂房完成开挖。

2019 年 12 月，开始尾水管安装，转入机电安装工程。

2020 年 11 月，下水库蓄水；2021 年 5 月，上水库蓄水。

2021 年 10 月，首批两台机组（1、10 号）开始整组启动调试。

2021 年 12 月，首批两台机组（1、10 号）投产发电。

三、建设成果

丰宁抽蓄电站具有周调节能力，是世界上装机容量最大的抽水蓄能电站，电站直接连接张北柔性直流电网调节端，是服务北京冬奥"绿电"供应、助力国家"双碳"目标实现的一项绿色能源重点工程。电站的建设取得了多项重要成果。

（1）建成了世界最大抽水蓄能电站。开创了抽水蓄能电站建设四项世界之最：① 装机容量世界第一，总装机达 360 万 kW；② 电站储能能力世界第一，库容可供 12 台 30 万 kW 机组满发 10.8h；③ 单体地下厂房规模世界第一，地下主厂房尺寸 414m×25m×54.5m；④ 电站洞室群规模世界第一，地下洞室多达 190 条，累计长度 50km。

（2）掌握了复杂地质条件下大型抽水蓄能电站建造关键技术。电站地处燕山山脉两亿年前（三叠纪）形成的岩体中，洞室围岩节理发育、完整性差，叠加超大规模洞室群产生的放大效应，开挖变形风险显著增加，施工难度前所未有。电站重点开展了复杂地质条件大型地下厂房洞室群围岩稳定性分析研究，形成"两超前一转换"（超前锚杆、超前地质预报、开挖支护工序转换）、"一炮一支护"（每一爆破完成后及时进行系统支护）等系列设计施工技术措施，攻克了不良地质构造下超大型洞室岩体变形稳定控制难题，为今后的大型抽水蓄能电站建设提供了重要的工程示范。

（3）实现了抽水蓄能电站首次接入柔性直流电网。电站接入张北柔直电网，有效实现新能源多点汇集、风光储多能互补、时空互补、源网荷协同，支持具有网络特性的直流电网高可靠、高效率运行，为新能源大规模开发利用提供了重要解决方案。

（4）实践应用了大型变速抽水蓄能机组技术。二期工程首次在国内采用了 2 台交流励磁变速机组，与传统定速机组相比，具有水泵功率有效调节、适应更宽水头范围、调度更灵活等优越性。变速机组应用进一步推进了我国抽水蓄能电站建设水平的提升。

（5）改善了滦河和站区生态环境。丰宁抽蓄电站精心建设水利枢纽，主动配合滦河水环境治理。下水库由拦沙库、蓄能库构成，承担着重要的泄洪排沙、生态放流等作用，增加工程区内湿地面积 800 余亩，改善滦河湿地生态环境。工程建设采用植被混凝土、植生袋等综合治理措施，成功破解高陡边坡生态恢复难题。

（6）解决了严寒地区面板堆石坝建设难题。丰宁抽蓄电站开发了严寒大温差地区高度 200m 级混凝土面板一次施工成型技术，提升了面板施工质效。采用高抗冻标号混凝土+表面柔性止水+面板表面喷涂聚脲和抗冰拔涂料的综合措施，有效解决了严寒地区面板坝的防冰冻问题。

（7）形成了丰硕知识产权成果。获得科技进步奖 20 项，编制国家、行业技术标准 6 项，获各类创新成果 21 项，专利授权 44 项。

丰宁抽蓄电站建成后面貌如图 7-20～图 7-24 所示。

图 7-20　丰宁抽蓄电站一期工程地下厂房

图 7-21　丰宁抽蓄电站二期工程地下厂房

图 7-22　丰宁抽蓄电站下水库全景图

图 7-23　丰宁抽蓄电站上水库全景图

图 7-24　丰宁抽蓄电站上水库大坝

附录 A　国家风光储输示范工程

　　国家风光储输示范工程是国家财政部、科技部、能源局批准立项，国家电网公司牵头组织实施的国家"金太阳示范工程"首个重点项目，是世界首个集风力发电、光伏发电、多类型储能和智能输电"四位一体"的大规模新能源发电综合示范工程，是世界上新能源综合利用试验检测能力最强、运行方式最灵活、装备种类最全的试验基地。2011 年 12 月一期工程建成投运，2014 年 12 月二期工程建成投运，填补了国内外相关领域的技术空白，提升了我国新能源装备技术和产业发展水平，对于促进新能源技术发展具有重要意义。

一、工程背景

　　为了人类可持续发展，大力开发和利用新能源已成为世界共识。由于风电、光伏等新能源所固有的随机性、波动性和间歇性特点，在电力系统集中体现为预测难、调度难、控制难，成为制约新能源大规模开发利用的突出问题。我国新能源在快速发展的同时，面临着装备关键核心技术依靠进口、设备水平良莠不齐、技术标准缺失等诸多问题，新能源脱网等问题时有发生。为了突破新能源并网面临的技术瓶颈，促进新能源技术及产业健康持续发展，2009 年 4 月国家财政部、科技部、能源局和国家电网公司召开国家"金太阳示范工程"协调会，启动国家风光储输示范工程建设。2009 年 12 月，工程开工建设；2011 年 8 月，220 千伏智能变电站实现带电运行，风光外送通道打通；2011 年 10 月，工程进入全面联合调试阶段；2011 年 12 月，一期工程建成投运。在深入研究总结一期工程建设运行成果的基础上，2013 年 5 月，二期工程开工建设；2014 年 12 月，二期工程建成投运。

二、工程概况

1. 建设规模

　　国家风光储输示范工程位于河北张家口坝上地区，总用地面积 7500 余亩，分两期建设风电场 496MW、光伏电站 100MW、储能电站 33MW（目标建设容量 70MW），配套建设一座 220kV 智能变电站，接入张北 1000kV 特高压变电站，通过张北—雄安 1000kV 特高压交流输变电工程送出。项目总投资 120 亿元。

（1）风电场。总装机容量 496MW，风机台数 186 台。其中一期装机容量 96.5MW，风机台数 42 台，包括 24 台 2MW 双馈型风力发电机组、15 台 2.5MW 直驱型风力发电机组、2 台 3MW 直驱型风力发电机组和 1 台 5MW 直驱型风力发电机组。二期风电场装机容量 399.5MW，风机台数 144 台，包括 35 台 2MW 双馈型风力发电机组、28 台 2.5MW 直驱型风力发电机组、70 台 3MW 双馈型风力发电机组和 11 台 4.5MW 直驱型风力发电机组。

（2）光伏电站。总容量 100MW。其中一期装机容量 40MW，分为示范区和试验区。示范区装机容量 28MW，采用多晶硅组件，以最佳倾角固定支架形式布置。试验区装机容量 12MW，采用 5 种光伏组件和 4 类光伏支架形式。二期光伏电站装机容量 60MW，全部采用多晶硅组件，以最佳倾角固定方式布置。

（3）储能电站。目标建设容量 70MW，已建成装机容量 33MW。其中一期储能电站建设容量 20MW，包括 14MW 磷酸铁锂电池、2MW 全钒液流电池、2MW 胶体铅酸电池、1MW 钛酸锂电池和 1MW 超级电容，共计 30 多万节电池单体。二期储能电站建设容量 13MW，包含 10MW 虚拟同步机和 3MW 梯次利用储能电池系统。

国家风光储输示范工程全景图如图 A.1 所示。图 A.2 为多类型并网光伏电站示意图。

图 A.1　国家风光储输示范工程全景图

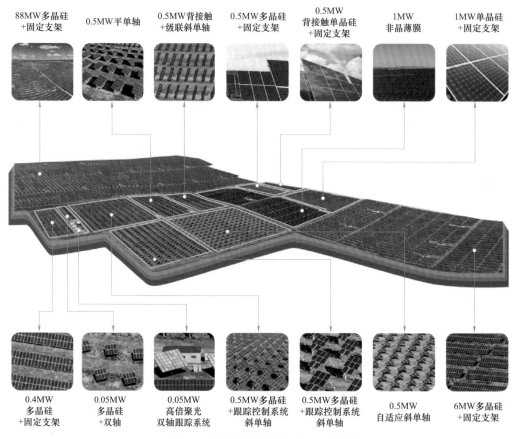

88MW多晶硅
+固定支架

0.5MW平单轴

0.5MW背接触
+级联斜单轴

0.5MW多晶硅
+固定支架

0.5MW
背接触单晶硅
+固定支架

1MW
非晶薄膜

1MW单晶硅
+固定支架

0.4MW
多晶硅
+固定支架

0.05MW
多晶硅
+双轴

0.05MW
高倍聚光
双轴跟踪系统

0.5MW多晶硅
+跟踪控制系统
斜单轴

0.5MW多晶硅
+跟踪控制系统
斜单轴

0.5MW
自适应斜单轴

6MW多晶硅
+固定支架

图 A.2　多类型并网光伏电站示意图

2. 参建单位

国网新源张家口风光储示范电站有限公司（后更名为国网冀北张家口风光储输新能源有限公司）行使项目法人职能，负责国家风光储输示范工程建设与运营。

（1）工程设计。

一期工程设计由上海电力设计院承担；二期扩建工程总协调和风电场、变电站设计由华北电力设计院承担，光伏、储能设计由上海电力设计院承担。

（2）新能源设备制造。

一期工程设备供应商主要为特变电工衡阳变压器有限公司（220kV/150MVA 三相双绕组电力变压器）、新疆金风科技股份有限公司（2.5MW 风力发电机组）、许昌许继风电科技有限公司（2MW 风力发电机组）、湘电风能有限公司（5MW 风力发电机组）、无锡尚德太阳能电力有限公司（37MW 多晶硅光伏组件）、瑞士

SunPower 有限责任公司（1MW 背接触式光伏组件）、山东力诺光伏高科技有限公司（1MW 单晶硅光伏组件）、福建钧石能源有限公司（1MW 非晶硅薄膜光伏组件）、比亚迪股份有限公司（36MWh 磷酸铁锂电池）、东莞新能源科技有限公司（16MWh 磷酸铁锂电池）、中航锂电（洛阳）有限公司（9MWh 磷酸铁锂电池）、万向电动汽车有限公司（2MWh 磷酸铁锂电池）、北京普能世纪科技有限公司（8MWh 液流电池储能设备）、浙江南都电源动力股份有限公司（管式胶体铅酸电池）、江苏双登集团有限公司（管式胶体铅酸电池）、中电普瑞科技有限公司（35kV 静止无功发生装置）。

　　二期扩建工程设备供应商主要为山东泰开变压器有限公司（220/35kV、180MVA 三相油浸式有载变压器）、南京南瑞继保工程技术有限公司（SVG 动态无功补偿装置设备，降压型）、思源电气股份有限公司（SVG 动态无功补偿装置设备，直挂型）、许昌许继风电科技有限公司（2MW 风力发电机组）、新疆金风科技股份有限公司（2.5、4.5MW 风力发电机组）、东方电气集团东方汽轮机有限公司（3MW 风力发电机组）、国电联合动力技术有限公司（3MW 风力发电机组）、英利能源（中国）有限公司（28MW 多晶硅光伏组件）、晶科能源控股有限公司（20MW 多晶硅光伏组件）、上海比亚迪有限公司（12MW 多晶硅光伏组件）、许继电气股份有限公司（9MWh 梯次利用磷酸铁锂电池）、惠州比亚迪电池有限公司（1.65MWh 虚拟同步机磷酸铁锂电池）、天津力神电池股份有限公司（1.65MWh 虚拟同步机磷酸铁锂电池）、国电南瑞科技股份有限公司（风光功率预测系统）、同方股份有限公司（智能辅助控制系统设备）。

　　一期、二期项目均由国网冀北电力物资分公司承担设备监造和相关验收工作。

　　（3）现场建设。

　　一期工程监理为北京华联电力工程监理公司，施工单位有北京送变电有限公司（光伏东区施工、光伏西区施工、孟家梁风电场风机及箱式变电站基础施工）、天津电力建设公司（场地平整、变电站及光伏集电线路施工、综合楼及附属建筑施工、储能电站施工、风机吊装）、葛洲坝电力工程公司（小东梁风电场风机及箱式变电站基础施工）、张家口输变电公司（风电场集电线路施工）、华北电力科学研究院（调试）。

　　二期扩建工程监理为北京华联电力工程监理公司，施工单位有北京送变电有限公司（光伏电站施工、变电站施工、储能区域场平弃方、张北南及尚义风电场

道路、张北北部集电线路施工，以及 20 台 2.0MW、14 台 2.5MW、32 台 3.0MW
风机基础施工及吊装）、天津电力建设有限公司（生产辅助楼施工、38 台 3.0MW
风机基础施工及吊装）、北京电力建设有限公司（14 台 2.5MW 风机基础施工及
吊装、临建及棚库施工）、新疆电建（15 台 2.0MW 风机基础施工及吊装）、张
家口宏垣电力（尚义张北南集电线路施工）、中电建建筑集团有限公司（梯次利
用系统施工）、河北中硕建筑工程有限公司（虚拟同步机系统施工）、华北电科院
（调试）。

3. 建设历程

2009 年 4 月 29 日，国家财政部、科技部、能源局和国家电网公司召开"国家
金太阳工程协调会"，确定由国家电网公司牵头组织实施示范项目，正式启动国家风
光储输示范项目。2009 年 8 月 19 日，国网新源河北风光储示范项目筹建处成立。
国家风光储输示范项目一期工程于 2009 年底获河北省发改委核准。2011 年 3 月 8
日，国家风光储输示范工程全面开工建设。4 月 22 日，220kV GIS 楼主体结构完
成；7 月 6 日，SVG 楼主体结构完成；7 月 31 日，首台风机吊装完成；8 月 18 日，
220kV 智能变电站"倒送电"完成，实现带电运行；8 月 28 日，首批风机、光伏
发电设备完成并网调试；10 月 28 日，首套储能发电单元顺利并网；10 月 30 日，
工程进入全面联调；12 月 25 日，一期工程竣工投产。

2013 年 11 月 5 日，金阳风光储变电站全站停电，二期扩建工程开始。2014 年
11 月 7 日，国内陆上单机容量最大的 5MW 永磁直驱型风机完成吊装；12 月 31 日，
二期扩建工程竣工。

2017 年 7 月 15 日，二期扩建工程电站式虚拟同步储能项目开工。8 月 19 日，
国内外首次厂站级虚拟同步机测试完成；2018 年 11 月，全球首个场站级虚拟同步
机功能测试与区域孤岛启动试验在国家风光储输示范基地完成；2019 年 8 月 28 日
至 31 日，风光储电站黑启动实验，构建了高新能源占比区域电网试验环境，完成虚
拟同步机相关测试工作。

2020 年 3 月 31 日，国家电网公司批复续建国家风光储输示范工程二期扩建
工程剩余 50MW 风电项目。9 月 12 日，50MW 风电场工程首台风机吊装完成；
12 月 27 日，国内首个单机容量 4.5MW 的 50MW 级智慧型风电场全容量调试并
网完成。

三、建设成果

通过自主创新掌握了一系列国际领先的关键核心技术，为突破大规模新能源消纳的世界难题提供了"中国方案"，相关成果在青海格尔木和甘肃敦煌等示范工程推广应用，极大提升了我国新能源装备技术和产业发展水平，全面促进了新能源产业成本的下降，带动产业链上下游健康发展，促进了地方经济可持续发展，并通过国内外广泛交流合作，以及绿色冬奥向全世界展现了建设成就。

1. 建成了世界上第一个风光储输新能源综合示范工程

国家电网公司联合中国科学院等 5 大科研院所和清华大学等 11 所高校协同攻关，上海电力设计院、华北电力设计院、葛洲坝集团等单位自主设计建设，金风科技、比亚迪股份等 52 家国内装备企业生产制造，建成国内首个智能源网友好型风电场，风机应用范围覆盖 6 种陆上主流机型，首次应用国内陆上单机容量最大的 5MW 直驱风机，引领风机向大容量、高效率技术方向发展；建成国内最大的多类型并网光伏电站，覆盖全部 5 种光伏组件、4 种追光方式、2 种容量逆变器；开创储能规模化应用先河，建成世界规模最大的多类型电化学储能电站，实现 5 类、共 30 多万节电池的系统集成与协调管理，响应时间小于 900ms，出力误差小于 1.5%，为储能在电力系统的规模化应用指明了发展方向。

2. 突破了大规模新能源友好并网关键技术难题

突破了新能源开发利用存在的"风光资源难预测、难控制、难调度""总体装备水平亟待提升"两大难题，以"风光互补、储能调节、智能输电、平稳可控"为目标，研发应用全球首创的"风光储输联合发电"技术路线，实现风光储七种运行模式自动组态和灵活切换，揭示了风光储出力互补及与送出电网的耦合机制，发电出力 10 分钟平均波动率由 30% 降低至小于 5%。

建成世界首个具备虚拟同步机功能的新能源电站，研制"源–荷–储"全场景 4 大类 26 款虚拟同步机装备，实现了自动有功调频、无功调压、黑启动等综合功能，提升了新能源发电并网稳定性。

建成世界上规模最大风电整机并网性能试验、手段最全的风光储联合运行新能源检测试验基地，成为新设备的试验田、新技术的风向标。

3. 建立了完整的风光储输联合发电标准和检测体系

依托示范工程取得了 200 余项发明专利，发起成立 IEC 大容量可再生能源接入电网新技术委员会，发布《大容量可再生能源并网及大容量储能接入电网》等 3 部 IEC 技术白皮书，主导制定国际标准 3 项，国家标准 13 项、行业标准 21 项，形成拥有中国自主知识产权的核心关键技术。

4. 推动了新能源自主技术创新，带动装备产业升级

集中应用风电、光伏、储能等新技术和新装备，具有自主知识产权的各类首台套设备 186 台，国产化率达到 99%，促进了国内新能源装备制造企业在技术路线、产品设计、材料工艺等环节的转型升级，成功打破国外技术垄断，实现了从依赖进口到自主可控的跨越。建成新能源检测试验基地，风电机组试验检测能力、储能系统并网特性检测能力等达到了国际领先水平，并与国际认证机构完成资质互认，推动了我国新能源产业链的发展和完善。以金风、比亚迪为代表的 52 家新能源企业系列产品出口世界 33 个国家，带动了中国制造和中国服务"走出去"。

5. 促进了能源生产与生态环境友好发展

2012 年 9 月，国家风光储输示范工程清洁发展机制（CDM）项目通过联合国执行委员会的审核并正式注册成功，截至 2022 年 5 月，已累计输出超过 86 亿 kWh 优质绿色电能，节约标准煤 35 亿吨，减少排放二氧化碳 86 亿吨、二氧化硫 2.6 亿吨、氮氧化物 1.3 亿吨，有力推动能源生产与生态环境可持续发展。国际大电网、国际能源署等 28 个国际组织，美国、德国等 60 余个国家的 1300 余名专家与示范工程开展了长期有效的交流合作。

6. 创新成果先后获得了一系列重要奖项和荣誉

2013 年全国五一劳动奖状、2015 年国家优质投资项目特别奖、2016 年中国电力优质工程奖、2016 年中国工业大奖、2017 年国家优质工程金质奖、2017 年全国质量奖卓越项目奖、2018 年中国城市能源变革十大"样板工程"、2020 年中国电力科学技术进步奖一等奖、2020 年全国文明单位、2021 年国际 QC 最高奖等。

工程建成后面貌如图 A.3～图 A.7 所示。

图 A.3 国家风光储输示范工程风电场

图 A.4 国家风光储输示范工程 5MW 风力发电机组

图 A.5 国家风光储输示范工程光伏电站

图 A.6　国家风光储输示范工程储能电站

图 A.7　国家风光储输示范工程 2MW 液流电池厂房

附录B　上海35kV千米级超导电缆示范工程

上海 35kV 千米级超导电缆示范工程是目前世界上输送距离最长、接头数量最多的全商业化运行超导电缆输电工程，开创了千米级超导电缆在全球城市核心区域的应用先例，是我国超导输电关键技术及应用领域取得的一项重大成果。2021 年 12 月 22 日投入商业运行。

一、工程背景

1911 年，荷兰物理学家 Onnes 等人在温度低于−269.15℃的水银中，首次发现了超导电现象。由于电流在超导体中传输没有电阻损耗，利用其传输电能必将带来革命性的影响。1986 年，液氮温区高临界温度超导体的发现，使得将超导体用于大规模电能输送成为可能。高温超导电缆使用高温超导材料替代传统的铜或铝导线来输送电能，20 世纪 90 年代以来美国、欧洲、日本、中国和韩国等国家和地区相继开展了高温超导电缆的研究，进行了多组关于高温超导电缆的研制及示范应用等工作，逐渐由实验室验证阶段进入挂网运行阶段。

在美国，2008 年 4 月 600m、138kV/574MVA 三相交流高温超导电缆安装在纽约州长岛，为 30 万户家庭供电；在欧洲，2014 年 4 月 1km、10kV/40MVA 三相交流高温超导电缆替换原有 110kV 电缆，连接德国埃森市两个变电站，投入商业化运行；在日本，2012 年 10 月 250m、66kV/230MVA 三相交流高温超导电缆接入横浜市旭变电站试验运行，2015 年 10 月石狩市光伏电站与网络数据中心之间实现 500m、±10kV/100MVA 超导直流输电；在韩国，2011 年 8 月 410m、22.9kV/50MVA 三相交流高温超导电缆接入利川市变电站，2014 年 11 月 500m、80kV/500MVA 直流高温超导电缆在济州岛金岳变电站安装完成，2016 年 3 月 1km、154kV/1GVA 三相交流高温超导电缆在同一站内投运。在中国，2004 年 7 月 33.5m、35kV/120MVA 三相交流高温超导电缆在昆明普吉变电站并网。

高温超导电缆具有容量大、损耗低、体积小、环境友好等优点；与常规输电线路比较，相同的传输容量，超导输电线路可以减小1～2个电压等级；集中大容量超导输电还可以简化电网结构，移除一个或者更多的变压器以及相关辅助设备，增大电厂/变电站选址的自由度。2016年9月，国家电网公司同上海市政府就超导电缆示范应用达成意向。2017年1月，国家电网公司科技部专程赴上海调研超导电缆工程应用的可行性。2017年9月，国家电网公司立项《国产公里级高温超导电缆系统关键技术及示范应用研究》科技项目。2017年12月，国家电网公司批复示范工程可行性研究报告。2018年3月，国网上海市电力公司与上海电缆研究所签订示范工程建设协议，明确示范工程出资建设范围。2019年2月，上海市政府批复同意国产化高温超导电缆研制项目纳入上海市第十二批战略性新兴产业重大项目，并安排专项资金支持，项目正式启动。2019年7月，上海市发展改革委核准批复示范工程。

二、工程概况

1. 建设规模

上海35kV千米级超导电缆示范工程位于上海中心城区，连接漕溪220kV变电站和长春220kV变电站，电缆全长约1.2km，额定容量133MVA，额定电流2200A，相当于4～6回同电压等级传统电缆的输电能力，工程使用的35kV超导电缆结构如图B.1所示。超导电缆系统由超导电缆本体、2个中间接头、2个终端接头，以及制冷和监控系统组成。沿电缆线路路径配套新建电力排管850m，顶管202m，工井9座，搬迁常规35kV电缆10回、常规110kV电缆1回，涉及站内负荷调整8仓，并于长春变电站内新建冷却泵站一座，图B.2所示为35kV超导电缆制冷设备冷却泵房。

图B.1　工程使用的35kV超导电缆结构

图 B.2　35kV 超导电缆制冷设备冷却泵房

为最大发挥超导电缆建成后的经济效益和载流优势，项目选址负荷密度高的徐汇中心城区。超导电缆运行工况为零下 200℃的液氮环境，超导材质外侧留有液氮通路，并覆盖真空绝热层，同路径敷设一回液氮回流管，确保电缆保持超导状态。示范工程电缆线路长度约 1.2km，其中超导部分约 1.1km，方案紧贴超导电缆生产极限 421m，中间设两套中间接头分配长度。电缆冷却至运行工况后，会产生长达数米的收缩，为此在全线多处预留水平蛇形敷设位置，并有效控制轴向力，使其满足热机械力对电缆终端、接头的损伤，同时保证电缆不会发生超限的纵向位移。

2. 参建单位

建设单位：国网上海市电力公司市南供电公司。

设计单位：上海电力设计院有限公司。

施工单位：上海送变电工程有限公司。

监理单位：上海思南电力建设工程监理有限公司。

电缆制造单位：上海国际超导科技有限公司。

试验单位：华东电力试验研究院有限公司。

3. 建设历程

2020 年 4 月，工程正式开工。2020 年 10 月，完成定制二次保护装置开发，负荷调整翻仓工作完成。为获取"排管敷设"关键技术参数，建设试验场地，复刻现场最复杂工况，完成了试拉试验。2020 年 12 月，长春变电站泵房土建完成。2021 年 2 月，打通宜山路过路通道。2021 年 6 月，漕溪 220kV 变电站、长春 220kV

变电站仓位扩容完成，定制二次保护装置完成调试。2021 年 9 月，超导电缆生产完成，全线通道顺利贯通。2021 年 10 月，超导电缆全线敷设完成。2021 年 11 月，超导电缆系统联调完成。2021 年 12 月 22 日，工程投运。

三、建设成果

上海 35kV 千米级超导电缆示范工程顺利建成投运，验证了超导电缆输电的技术可行性、设备可靠性、系统安全性。依托试验示范工程，全面掌握了超导电缆在城市中心输电的核心技术，成功应用了代表世界最高水平的超导设备，在世界上首次建立了千米级超导输电技术标准体系。

1. 建成世界首条千米级、全商业运营 35kV 超导电缆工程

在目前世界上的超导工程中，本工程输送距离最长、接头数量最多，首次采用全程排管敷设超导电缆。开创了千米级超导电缆在全球城市核心区域的应用先例，解决了大城市电网窄通道大容量的输电难题，有助于消除负荷热点地区的供电"卡脖子"现象，为城市电网的升级改造提供了新思路、新手段。

2. 攻克了 35kV 千米级高温超导电缆系统设计与试验关键技术

形成了涵盖超导电缆系统设计、超导电缆的线路特性及继电保护策略等技术成果，解决了超导电缆与常规电气设备协调、高温超导电缆继电保护与监控系统配置、高温超导制冷系统液氮泄漏及噪声控制等诸多技术难题，形成了可复制的超导电缆工程设计成果。攻克了超导电缆试验技术，包括超导电缆的绝缘性能、通流性能、真空和压力性能，在国际上首次明确了超导电缆的电磁兼容特性与振动特性；创新了超导电缆敷设冷缩补偿方法，保证超导电缆从室温至液氮温度的安全运行。同时依托工程推进超导技术实验室建设，在超导电缆的状态监测、故障检测、例行试验、在线监测、事件演化及故障处理机制等方面开展进一步的深入研究。

3. 针对超导独特结构研发了成套施工技术和装备

通过全景复原实际敷设线路中最复杂工况进行超导电缆试拉试验，收集复杂环境下电缆敷设时的牵引力、侧压力等关键参数，验证和优化施工方案。提出了超导电缆敷设牵引和输送相结合的敷设方法，研制了带动力的大截面电缆展放架、自走式电缆牵引机、超导电缆侧压力监测系统、适用于超导电缆敷设的输送滚轮等成套装备，提升电缆敷设装备机械化程度，保障了超导电缆敷设一次成功。

4. 形成系列技术标准规范

在超导电缆工程建设领域，建立了安装、试验、验收、运维、检修、应急处理、在线监测等方面相应的技术规范体系。编制完成专著《超导电缆在城市电网中的应用》。申请发明专利 50 余项，申请 IEEE 标准《超导电缆系统设计导则》。形成 2 项行业标准、1 项团体标准，为超导电缆的应用提供了技术基础和应用标杆。

35kV 千米级超导电缆工程长春、漕溪变电站如图 B.3、图 B.4 所示。35kV 超导电缆敷设使用的大截面电缆展放平台如图 B.5 所示。

图 B.3　35kV 千米级超导电缆工程长春变电站

图 B.4　35kV 千米级超导电缆工程漕溪变电站

图 B.5　35kV 超导电缆敷设使用大截面电缆展放平台

参 考 文 献

1. 国家电网有限公司. 三峡输变电工程史料选编［M］. 北京：中国电力出版社，2022.

2. 刘泽洪. 大容量特高压直流输电技术［M］. 北京：中国电力出版社，2022.

3. 韩先才. 中国特高压交流输电工程（2006～2021）［M］. 北京：中国电力出版社，2022.

4. 中国南方电网有限责任公司. 昆北—柳北—龙门特高压多端柔性直流输电工程［M］. 北京：中国电力出版社，2021.

5. 国网浙江省电力有限公司. 500kV 架空线路大跨越设计与施工关键技术［M］. 北京：中国电力出版社，2021.

6. 中国电力企业联合会. 中国电力工业史 综合卷［M］. 北京：中国电力出版社，2021.

7. 中国电机工程学会电力建设专委会. 青藏电力联网工程投运十年关键技术评价. 2021.

8. 国家电网有限公司. 中国特高压交流输电工程创新实践［M］. 北京：中国电力出版社，2020.

9. 国家电网有限公司直流建设分公司. 渝鄂直流背靠背联网工程［M］. 北京：中国电力出版社，2020.

10. 浙江通志编纂委员会. 浙江通志第五十七卷能源业志［M］. 杭州：浙江人民出版社，2019.

11. 中国电力企业联合会. 改革开放四十年的中国电力［M］. 北京：中国电力出版社，2018.

12. 中国南方电网有限责任公司. 中国南方电力工业志（1888～2002）［M］. 北京：中国电力出版社，2018.

13. 世界大型电网发展百年回眸与展望编撰委员会. 世界大型电网发展百年回眸与展望［M］. 北京：中国电力出版社，2017.

14. 徐政，等. 柔性直流输电系统（第2版）［M］. 北京：机械工业出版社，2017.

15. 中国南方电网有限责任公司超高压输电公司. 超高压输电公司志（2002～2012）[M]. 北京：中国电力出版社，2016.

16. 中国电力企业联合会. 电力史话 [M]. 北京：中国电力出版社，2015.

17. 国家电网公司. 哈密南—郑州 ±800kV 特高压直流输电工程（换流站篇）[M]. 北京：中国电力出版社，2015.

18. 国家电网公司. 哈密南—郑州 ±800kV 特高压直流输电工程（线路篇）[M]. 北京：中国电力出版社，2015.

19. 国家电网公司. 川藏电力联网工程 [M]. 北京：中国电力出版社，2015.

20. 国家电网公司. 向家坝—上海±800kV 特高压直流输电示范工程 [M]. 北京：中国电力出版社，2014.

21. 中国电力百科全书编辑委员会. 中国电力百科全书（第三版）综合卷 [M]. 北京：中国电力出版社，2014.

22. 中国电力百科全书编辑委员会. 中国电力百科全书（第三版）输电与变电卷 [M]. 北京：中国电力出版社，2014.

23. 中国南方电网有限责任公司. 中国南方电网志（2002～2012）[M]. 北京：中国电力出版社，2014.

24. 华北电力设计院有限公司. 华北电力设计院工程有限公司 60 年（1953～2013）. 2013.

25. 辽阳供电公司志编审委员会. 辽阳供电公司志（1972～2012）. 2012.

26. 国家电网公司. 青藏电力联网工程 [M]. 北京：中国电力出版社，2012.

27. 赵畹君. 高压直流输电工程技术 [M]. 北京：中国电力出版社，2011.

28. 刘振亚. 宁东—山东 ±660kV 直流输电示范工程总结 [M]. 北京：中国电力出版社，2011.

29. 国家电网公司. 中国三峡输变电工程 [M]. 北京：中国电力出版社，2008.

30. 中国水力发电史编辑委员会. 中国水力发电史（1904～2000） 第三册 [M]. 北京：中国电力出版社，2007.

31. 国家电网公司. 750kV 输变电示范工程建设总结 [M]. 北京：中国电力出版社，2006.

32. 国家电网公司建设运行部. 西北—华中联网灵宝背靠背工程总结 [M]. 北京：中国电力出版社，2006.

33. 杨元春，张克宝. 输电跨越塔设计回顾与展望 [J]. 特种结构，2006，23（3）：70-76.

34. 东北电力工业史志编辑委员会. 中华人民共和国电力工业史 东北卷［M］. 北京：中国电力出版社，2005.

35. 东北电力设计院史编辑委员会. 东北电力设计院史（1950～2005）. 2005.

36. 国家电网公司. 三峡—常州±500kV 直流输电工程（换流站）［M］. 北京：中国电力出版社，2004.

37. 国家电网公司. 三峡—常州±500kV 直流输电工程（线路）［M］. 北京：中国电力出版社，2004.

38. 北京市电力工业史编辑委员会. 中华人民共和国电力工业史 北京卷［M］. 北京：中国电力出版社，2004.

39. 辽宁省电力工业史编纂委员会. 中华人民共和国电力工业史 辽宁卷［M］. 北京：中国电力出版社，2004.

40. 中国电力工业史华北卷编辑委员会. 中华人民共和国电力工业史 华北卷［M］. 北京：中国电力出版社，2004.

41. 张家口电业志编纂委员会. 张家口电业志（1917～1988）. 张家口供电局，2003.

42. 黑龙江省电力有限公司. 中华人民共和国电力工业史 黑龙江卷［M］. 北京：中国电力出版社，2002.

43. 卢元荣. 中国电网建设［M］. 北京：中国电力出版社，2002.

44. 抚顺电业局志编审委员会. 抚顺电业局志［M］. 沈阳：辽宁科学技术出版社，2000.

45. 北京送变电公司史志编纂小组. 北京送变电公司志（1954～2000）. 北京送变电公司，2000.

46. 中国电业史志编辑委员会. 中国电力工业志［M］. 北京：当代中国出版社，1998.

47. 西北电力建设志编委会. 西北电力建设志［M］. 北京：水利电力出版社，1997.

48. 山西省电力工业志编纂委员会. 山西省电力工业志［M］. 北京：中国电力出版社，1997.

49. 甘肃省电力工业志编纂委员会. 甘肃省电力工业志［M］. 北京：当代中国出版社，1996.

50. 陕西省电力工业志编纂委员会. 陕西省电力工业志［M］. 北京：中国电力出版社，1996.

51. 华东电力工业志编纂委员会. 华东电力工业志［M］. 北京：中国电力出版社，1996.

52. 东北电力工业志编纂委员会. 东北电力工业志［M］. 北京：当代中国出版社，1995.

53. 安徽省电力工业志编纂委员会. 安徽省电力工业志［M］. 北京：当代中国出版社，1995.

54. 武警水电三总队技术处. 羊湖电站简介［J］. 水利水电技术，1995年第1期.

55. 中国超高压输变电建设公司. 葛洲坝—上海±500kV直流输电工程总结，1994.

56. 江苏省电力工业志编委会. 江苏省电力工业志［M］. 北京：水利电力出版社，1994.

57. 湖北省电力工业志编纂委员会. 湖北省电力工业志［M］. 北京：水利电力出版社，1994.

58. 华中电力工业志编纂工作委员会. 华中电力工业志［M］. 北京：水利电力出版社，1993.

59. 东北电业志编纂委员会. 辽宁省电力工业志［M］. 沈阳：辽宁大学出版社，1993.

60. 北京供电志编辑委员会. 北京供电志 1888-1988［M］. 北京：水利电力出版社，1993.

61. 黑龙江省地方志编纂委员会. 黑龙江省电力工业志 1905~1985［M］. 哈尔滨：黑龙江人民出版社，1992.

62. 锦州电业局志编纂委员会. 锦州电业局志第一卷（1916~1985）. 1991.

63. 鞍山电业局志编辑委员会. 鞍山电业局志第一卷（1917~1985）［M］. 沈阳：辽宁人民出版社，1991.

64. 浙江省电力工业局. 舟山直流输电工业性试验工程资料论文集［C］. 1990.

65. 当代北京工业丛书编辑部. 当代北京电力工业［M］. 北京：北京日报出版社，1989.

66. 安徽送变电志. 1985.

67. 水利电力部平武输变电工程总指挥部. 平武 500kV 输变电工程设计总结. 1984.

68. 岑立庆. 我国第一条 330 千伏刘天关超高压输电线及变电设备运行十年总结. 1984.

69. 水利电力部东北电力设计院. 500 千伏元锦辽送电线工程设计技术总结. 1982.10.

70. 电力工业部平武输变电工程总指挥部. 平武工程总指挥部工作总结. 1982.2.

71. 水电部陕甘青宁电力办公室. 刘天关 330 千伏系统和设备运行小结. 1977.1.

72. 330 工程联合指挥部指挥扩大会议纪要. 1969.4.

73. 兰州军区, 水电部军管会. 330 工程设计纲要审查及建设部署会议总结报告 [R]. 1969.2.

后　记

　　几年前就萌生编写这本书的念头，费了很大的劲儿，现在终于完成了，很有点如释重负的感觉。首先要感谢郭贤珊、陈兵、陈海波、张亚迪等参与编写的每位成员，还有在本书编写过程中给予我们帮助的所有老前辈和同事们、朋友们。受到刘广峰同志（曾就职于英大传媒集团）的启发，又补写了这篇后记，记录本书编写过程中的点点滴滴，同时也有对一些工程具体情况的说明，并借此向提供帮助的同志们表示感谢。

　　我的职业生涯一直在电网建设领域，平时比较注意积累工程资料。多年前得到一本书——中国电力出版社 2002 年出版的《中国电网建设》（卢元荣编著），初步了解到新中国电网建设的情况，引发我很大的兴趣，希望比较系统地了解中国电网发展史上的重要工程。新中国成立后，电网发展历程上留下一路里程碑标志性工程，把它们记录下来，从一个侧面来反映新中国电力工业发展进步、从落后到赶超、直到走向引领的全过程，应该是一件非常有意义的事情。我觉得，每个电网人都应该知道这个行业的过去和现在。有了这个念头之后，我就更加注意各种史料的积累，陆续购买了不少书籍，零星地做着准备，而真正开始动手，则是 2022 年春天的事。

　　2022 年是中国有电 140 年，很适合做这件事。首先我与同事郭贤珊谈到这个想法，他非常赞成，愿意与我合作共同努力。我们首先从有关史料中选择出标志性的里程碑工程，讨论列出目录，然后开始着手准备起草。之后，又邀请中国南方电网超高压输电公司陈兵同志负责南方电网部分，国网抽水蓄能和新能源部陈海波同志负责抽水蓄能部分，国网西南分部张亚迪同志负责青藏高原部分，他们都很乐意参与此事，然后分头开始工作。2022 年 5～7 月，初稿陆续汇总，经过几个月的审核和修改，基本完成了送审稿，具备提交给出版社的条件了。

　　为了使读者获得有用的信息，我在组稿时提出，内容方面主要是描写"工程背景、工程概况、建设成果"，质量方面应"全面、简要、准确、规范"。通俗地说，就是这个工程是什么"江湖地位"，怎么立项的，是个什么样子，谁做的，什么时间做的，收获的主要成果是什么。说实话，高质量做到这些并不容易。2000 年以后的工程，资料搜集整理的难度相对小一些。麻烦的是早期工程，距今已有几十年，最长的近 70 年，当时的资料本来就未必完整，有的即便有完整原样保存至今也不容易找到，至于当事人则基本找不到，所以搜集资料相当困难。加之又遇到新冠疫情，交流活动受到很大限制，找人找东西更加不容易。找到的资料，其全面性、准确性往往不够完美，有些资料之间还存在矛盾，辨析起来就更加费劲儿。在编写本书和审稿时，主要以书面记录为依据，遇到矛盾和不清晰的问题进行多方面的比较辨析，口头的、网上的信息只作为参考，总之我们希望尽最大努力记载真实的历史。

关于新中国的第一个 110kV 输变电工程，《中国电网建设》中指明是官京线，从 110kV 全压运行这个角度看是准确的。新中国成立时，只有东北有日伪满时期建成的 110、154、220kV 输电线路，其他地区最高电压等级是 77kV。国家"一五"计划提出在华北、华东、华中、西北、西南等地建设 110kV 输电线路，在东北建设自主化 220kV 线路。110kV 官京线在《当代北京电力工业》中记载为 1955 年 12月 15 日投运，是有据可查资料中最早的。与其投运时间相近的其他 110kV 工程，其一是下官线，《张家口电业志》记载 1954 年 12 月建成后降压至 35kV 运行、1955年 12 月升压至 110kV 运行，《中华人民共和国电力工业史 华北卷》记载其与官京线投运同期升压运行（以下《中华人民共和国电力工业史》简称为《电力工业史》）；其二是山西省第一个 110kV 输电工程——太原经榆次、寿阳至阳泉线路及马家坪变电站，《山西省电力工业志》记载该工程于 1955 年 12 月 28 日建成投产；其三是华北地区第一条 110kV 线路——北京南苑—天津白庙线，1954 年 11 月建成后降压至77kV 运行，1957 年升压至 110kV 运行，《当代北京电力工业》《北京供电志》《电力工业史 华北卷》《电力工业史 北京卷》均有记载；其四是华东地区第一条 110kV线路——安徽马铜线，1955 年 3 月建成后以 66kV 运行，1958 年 5 月升压至 110kV运行，《安徽省电力工业志》《华东电力工业志》《中国电力工业史 电网与输变电卷》均有记载；其五是黑龙江佳木斯—双鸭山的佳双乙线，《电力工业史 黑龙江卷》《中国电力工业史 电网与输变电卷》记载其于 1955 年建成后降压至 66kV 运行、1958年 10 月升压至 110kV 运行，《佳木斯电业局志 第一卷》也有以上相关描述，实际上《黑龙江省电力工业志》记载的黑龙江省第一条 110kV 输电线路是 1956 年 1 月投产的鸡牡一回。由此可见，官京线的确是第一个全压投运的 110kV 工程。至于官京线工程具体情况，相关史志介绍都不够全面，特别是变电方面。通过各方面搜集并进行梳理整合，本书补充了一些信息。如通过官厅水电站现任站长奚静波了解到主变压器和开关的参数和制造厂，神奇的是官厅升压站当年的变压器居然至今还在服役。通过官京线当年的建设者、90多岁的电力老职工刘谷南老前辈，得知导线型号是 AC-120，之后在档案图册中得到印证。最不确定的是东北郊变电站的主变压器制造厂，我曾专程去该变电站现场寻访，可是人非物也非，现在已经变成无人值守的 220kV 变电站，现场和资料一点踪迹也没有；当时的设计院（华北电力设计院前身）因为后来曾经被解散过，现在也找不到相关档案。很想找一张当年变电站的老照片，多方努力也未如愿。本书中认为主变压器为沈阳变压器厂（简称沈变）供货，主要是基于两个信息：一是从中国工程院朱英浩院士处了解到，1953年沈变参照苏联部分图纸自主设计制成了与东北郊变电站同型号的变压器；二是在档案中查到一个呈送给华北电业管理局的报告，内容是东北郊变电站主变压器拟采用其他工程已采购的同型号的沈变产品，做一些修改后可以使用到该工程的请示。而且当时国内其他变压器厂都没有相应的技术能力，也未查到进口的信息，由此可以基本确定为沈变的产品。只有《北京送变电公司志》中明确记录了110kV开关是匈牙利制造的少油断路器。此外，参与收集本工程有关情况的，还有国家电网公司田璐、刘永奇、吕军、王晓宁、李明、郊鑫，国网华北分部周煜，国网山西电力刘福义，国网北京电力曹瑾，英大传媒集团王惠娟，华北电力设计院庞亚东等同志。

关于新中国的第一个220kV输变电工程，毫无疑问是松东李工程（506工程），有关情况在各种史志中都有介绍，输电线路的情况记载得很详细，但是关于两端的变电工程基本没有描述。我查阅了《中国电力工业史 综合卷》《中国电力工业史 电网和输变电卷》《东北电力工业志》《电力工业史 东北卷》《电力工业史 辽宁卷》《辽宁省电力工业志》《抚顺电业局志》《中国电网建设》《东北电力设计院史》等史料，联系了丰满水电厂、东北电力设计院、国网辽宁电力等单位，还向曾在东北工作多年的老前辈请教过，还是没有获得满意的信息。从掌握的情况看，506工程的自主化成果主要体现在线路方面，在苏联专家的帮助下，参照苏联的技术规范，成功完成了线路设计和施工。变电方面，送端丰满水电厂、受端李石寨变电站都是之前已建成投运的220kV厂站，各方面都找不到资料介绍，包括设计、施工、设备厂家的名称等。结合当时的实际情况，我想设计应该是套用之前的，两端出线间隔的开关等主设备应该是进口设备（甚至可能是厂站原来预留的）。直到1956年7月建成投运3001工程（虎石台一次变电所），才体现出新中国第一个自主设计、自主施工的220kV变电站工程自主化成果，但是变压器、开关等依然是进口设备。另外，李石寨变电所建设、220kV松抚线建成，以及降压至154kV送电、升压至220kV运行、停运、恢复至154kV送电、再升压至220kV运行的过程，上述史料均没有仔细交代，本书中的相关描述，是本人依据各种史料推敲整合的结果。另外，《东北电力设计院史》指出 1952 年 7 月东北电力设计院接受任务时，松东李工程是为了将丰满水电厂 1953 年装机完成后的电力送往东北南部缺电地区，具体落点不明确，中间的东陵变电所只是计划中的（设计未开展），直到 1953 年 3 月沈阳会议后才确定线路在东陵附近预留适当接入点，直接接入已有的李石寨变电所，这就是"松东李"的来历。为收集该工程有关情况提供帮助的，有东北电力设计院张福生和林柏春、华北电力设计院庞亚东、国网东北分部孙国等同志，以及卢元荣老前辈。

关于新中国的第一个 330kV 输变电工程——刘天关输变电工程，史料中的描述同样是线路介绍得清楚，变电基本没有描述。其实变电站的建设规模、主接线方式、主要设备参数及制造厂，是重要的技术资料，是了解工程技术水平、自主化程度的基础材料，不知道为什么往往被忽视。其实 330kV 刘天关输变电工程的设备是自主研制的，非常有必要在历史上记载下来。关于刘天关输变电工程的设备情况，我在网上搜索到的两篇文章很有用（参考文献 67、70），又通过曾在国网西北分部工作过的李新建同志查询，有的设备还请制造厂负责人核实过，如西安西电变压器有限责任公司的刘延同志，尽管如此也没有能够收全。此外，陕西送变电工程有限公司邓允征、甘肃送变电工程有限公司潘鑫、国网特高压部吕铎等同志帮助搜集的资料也发挥了重要作用。

关于中国的第一个 500kV 输变电工程，我之前大约知道平武工程是第一个建成投运的，元锦辽海工程是包括设备国产化在内的全自主化工程，两项工程都是 1979 年 11 月开工，具体细节了解不够多。10 年前试着查过，到底哪一个工程先开工，当时也没有弄明白。通过这次梳理，基本上搞清楚了。元锦辽海工程的提出早于平武工程，开展工程前期研究和开工建设也都是如此（元锦辽海工程 1979 年 11 月 1 日开工，平武工程同年 11 月 15 日开工）。因为平武工程采用进口设备，1981 年 12 月建成投产。元锦辽海工程研制国产 500kV 设备，因此安排分段、分期建设，大部分线路建成后先降压至 220kV 运行，之后再升压。事实上，国产 500kV 设备研制并不一帆风顺，出了一些问题。一些史料上记载元锦辽海工程于 1985 年建成投运，具体细节描写不大清晰，从我梳理的情况看，全部工程建成投运是 1986 年 12 月 29 日。比较起来，平武工程资料相对元锦辽海工程好找一些。围绕这两个工程，我与许多同志多次联系，如电力规划设计总院尹鹏、东北电力设计院张福生、中南电力设计院彭开军、河南电力设计院翟炎、西安西电开关电气有限公司李心一、河南平高电气股份有限公司庞庆平和韩书谟、新东北电气集团有限公司李彧，国网特高压建设分公司寻凯、国网特高压部赵江涛、国网档案室张喜波等，与他们进行讨论或请他们帮助查询。还有个有意思的细节，这两个同期建设的工程，变电站 500kV 配电装置主接线方式不同，元锦辽海工程采用双母线带旁路接线方式，平武工程是后来主流的 3/2 接线方式。

关于输电线路大跨越工程。因为本书中收录了当今世界第一高塔（舟山 380m 西堠门大跨越），因此我专门查询了大跨越的发展历史，通过各方面查找资料并与许多同志交流讨论，基本上梳理清楚了。据《安徽送变电志》《安徽省电力工业志》《华东电力工业志》记载，"万里长江上的第一座电力大桥"是 35kV 皖中临时跨江线。这是 1958 年 10 月安徽省电力工业局接受的一个紧急任务，因为芜湖地区急需用电，要求力争两周内把电力从长江以北的裕溪口变电所送到长江以南的芜湖地区。1958 年 10 月 15 日～11 月 2 日，安徽送变电人历经 18 个昼夜，以长江中的曹姑洲为中心站，用 3 基门型木塔（2 基 72m 和 1 基 62m）、9 基普通木杆，架起一条跨越长江的 35kV 线路（跨江段绝缘水平按 110kV 设计），跨距为西江 1327m、东江 850m，11 月 2 日送电首次实现皖南、皖北联网。1959 年 10 月跨江线路两端分别改接至杨柳圩变电所和芜湖电厂、升压至 110kV 运行，1960 年 9 月停运，1961 年拆除。另据《重庆市志电力工业志（1906～1985）》记载，1954 年 1 月 1 日 35kV 弹子石变电站建成投运（包括 35kV 弹子石—大溪沟过江线），更早的还有大佛寺—矛溪过江线，但是没有查到具体细节。其他地区是否有更早的不了解，所以第一条跨越长江的输电线路尚不能确定。至于真正意义上的大跨越，据《中国电力工业史 电网与输变电卷》记载，中国输电线路大跨越工程始于 220kV 武汉沌口长江大跨越（见图 1），经过查证的确如此，《华中电力工业志》《湖北省电力工业志》也有记载，这是连接珞珈山变电站和锅顶山变电站的 110kV 输电线路，在武昌西湾和汉阳沌口之间跨越长江，按双回路 220kV 设计，跨距 1722m，钢筋混凝土塔高 135.65m，架空地线钢架最高悬挂点 146.75m，电压等级和塔高均为当时亚洲第一，工程于 1958 年 7 月 1 日开工，1960 年 3 月 5 日以 110kV 运行，1975 年 7 月、1979 年 9 月一回、二回先后升压至 220kV 运行，2006 年停止使用，2017 年南岸塔拆除。与其建成时间相近的跨越工程，一是《江苏省电力工业志》记载的 110kV 镇扬线在镇江五峰山横跨长江，跨距 1593m，北岸为 84.5m 木塔，南岸为五峰山上的 27m 钢杆，1960 年 6 月 1 日建成送电，1984 年拆除；二是《安徽送变电志》《安徽省电力工业志》《华东电力工业志》记载的 220kV 皖中东西梁山大跨越，位于芜湖市下游东西梁山之间，跨距 1411m，钢筋混凝土塔，南岸塔高 104m，北岸塔高 107m，工程于 1958

年8月开工，1960年8月8日建成，1960年9月29日以110kV运行，1973年4月、1976年4月一回、二回先后升压至220kV运行，2014年退役，2019年拆除。20世纪80年代后，中国大跨越工程迅猛发展，输电大跨越工程数量、跨距、塔高均创世界纪录。1987年建成的500kV狮子洋珠江大跨越（跨距1547m，组合角钢塔高235.5m，见图2）成为中国首个世界第一高塔；1992年建成的500kV南京大胜关长江大跨越（跨距2053m，钢筋混凝土塔高257m，见图3）再次刷新世界纪录，至今仍是世界上最高的混凝土结构输电塔；此后，2004年建成投运的500kV江阴长江大跨越（跨距2303m，组合角钢塔高346.5m，见图4）、2010年建成投运的500kV舟山螺头水道大跨越（跨距2756m，钢管混凝土塔高370m，见图5）、2019年建成投运的舟山500kV西堠门大跨越（超长跨海2656m，钢管混凝土塔高380m，见图6）又先后刷新世界纪录。2022年建成投运的1000kV螺山长江大跨越（跨距2413m，塔高371m，见图7）是特高压第一高塔。2023年即将投运的江苏省500kV凤城—梅里线路长江大跨越（跨距2550m，塔高385m，与500kV江阴长江大跨越邻近，见图8）将成为新的世界第一高塔。参与这部分搜资和研讨的有电力规划设计总院尹鹏、中南电力设计院彭开军、国网安徽电力陈曦明、国网江苏电力陈松涛和王昊、国网重庆电力李铮、国网特高压建设分公司王力争和熊织明、国网特高压部程述一等同志。

图1　220kV武汉沌口长江大跨越

图2 500kV狮子洋珠江大跨越

图3 500kV南京大胜关长江大跨越

图4 500kV江苏江阴长江大跨越

图 5　500kV 舟山螺头水道大跨越

图 6　500kV 舟山西堠门大跨越

图 7　1000kV 螺山长江大跨越

417 ●

图 8　500kV 凤城—梅里线路长江大跨越（2023 年即将投运）

关于直流输电工程。1954 年瑞典建成世界上第一个工业性直流输电工程（哥特兰岛直流工程），1962 年苏联建成 ±400kV 工业性试验线路，1985 年美国建成 ±500kV 直流输电工程，1986 年巴西建成 ±600kV 直流输电工程（伊泰普水电站送出）。中国于 20 世纪 60 年代开始直流输电技术研究，1987 年建成自主化舟山直流工程（−100kV/50MW），1990 年建成超高压大容量长距离 ±500kV 葛上直流工程（1200MW），2001 年建成 ±500kV 天广直流工程（1800MW），2003 年建成 ±500kV 三常直流工程（3000MW），从此中国直流输电的电压等级、输送容量、输电距离、自主化程度、技术水平不断创新发展，成功研发 ±800kV（±1100kV）特高压输电技术、柔性直流输电技术并实现大规模工程应用，中国直流输电技术从引进消化吸收到输出国外（±800kV 特高压直流输出巴西、±660kV 超高压直流输出巴基斯坦、±320kV 柔性直流输出德国），中国已经成为名副其实的直流输电技术大国和强国。本书从电压等级、容量、技术、工程类型等方面选择标志性工程，分三章做相应介绍。国网特高压部赵江涛、孔玮、张进、王广克，国网巴西控股公司孙涛，国网特高压建设分公司寻凯、刘洪涛、刘蔚宁、唐宁，国网北京经济技术研究院黄宝莹，国网直流技术中心廖文锋，国网福建电力林志和，国网湖北电力施通勤，国网山东电力马诗文，中国电力科学研究院班连庚、周立宪等同志在查核资料、图片方面提供了帮助。

此外，750kV 电压等级选择首个示范工程作为代表；青藏高原系列输电工程在世界上海拔最高、挑战生命极限，工程建设面临特殊困难，有关工程集中在第六章介绍；抽水蓄能工程是大电网的重要调节手段，在未来的新型电力系统中大有可为，其重点工程也单独成章作为第七章。国网水新部王成、国网物资部易建山、国网设备部程逍、国网西北分部赵临云、国网特高压建设分公司张金德、国网北京经济技术研究院黄宝莹、国网西藏电力张明勋、国网青海电力公司何恩家和王树潭、英大传媒集团谢南希、西北电力设计院杨林和钟西岳、福建永福公司王建明、四川电力设计院雷军辉等同志在搜集资料和照片方面提供了许多帮助。还有一些工程曾经"中国第一"或者具有里程碑意义，但是因为篇幅所限只能舍弃了。例如，1993 年建成的第一个 220kV 城市地下变电站（上海人民广场），1993 年建成的"西电东送"早期典型工程——932km 的 500kV 天生桥至广东 I 回输变电工程，2000 年建成的第一个 500kV 同塔双回路工程——二滩水电站送出工程（自贡—成都）、中国第一个途经高海拔（3568m）、重覆冰（50mm）地区的 500kV 线路（二滩—自贡），2004 年建成的"西电东送"重点工程—— ± 500kV 三峡—广东直流输电工程首次实现华中电网与南方电网异步互联，2008 年建成的世界上单个换流单元容量最大的直流工程——高岭背靠背直流输电工程，2009 年建成投运的中国首个 750kV 同塔双回工程——750kV 兰州东—平凉—乾县输变电工程，2011 年建成的首个国际直流输电工程——中俄直流联网黑河背靠背换流站工程等。国家风光储输示范工程和上海 35kV 千米级超导电缆示范工程作为附录，有利于读者了解电网新技术，刘汉民、庞洋、臧鹏同志为国家风光储输示范工程的资料搜集和编写提供了帮助。

再次向所有为本书的编写提供各种帮助的各位同志表示衷心的感谢！希望我们的努力能够给读者带来益处。

韩先才

2022 年 12 月

索　引